□ 应用统计学丛书   28

华东师范大学精品教材建设项目

Statistical Analysis with R

R 语言与统计分析

（第二版）

汤银才　主编

R YUYAN YU TONGJI FENXI

中国教育出版传媒集团

高等教育出版社·北京

图书在版编目 (CIP) 数据

R 语言与统计分析 / 汤银才主编. –– 2 版. –– 北京: 高等教育出版社，2024.5
ISBN 978–7–04–060771–0

I. ①R… II. ①汤… III. ①程序语言–程序设计 ② 统计分析–应用软件 IV. ① TP312 ② C819

中国国家版本馆 CIP 数据核字 (2023) 第 124750 号

R 语言与统计分析
R Yuyan yu Tongji Fenxi

| 策划编辑 | 吴晓丽 | 责任编辑 | 吴晓丽 | 封面设计 | 王凌波 姜 磊 |
| 版式设计 | 李彩丽 | 责任校对 | 张 薇 | 责任印制 | 朱 琦 |

出版发行	高等教育出版社	网　　址	http://www.hep.edu.cn
社　　址	北京市西城区德外大街 4 号		http://www.hep.com.cn
邮政编码	100120	网上订购	http://www.hepmall.com.cn
印　　刷	北京宏伟双华印刷有限公司		http://www.hepmall.com
开　　本	787mm×1092mm 1/16		http://www.hepmall.cn
印　　张	39.25		
字　　数	680 千字	版　　次	2008 年 11 月第 1 版
插　　页	4		2024 年 5 月第 2 版
购书热线	010–58581118	印　　次	2024 年 5 月第 1 次印刷
咨询电话	400–810–0598	定　　价	79.00 元

本书如有缺页、倒页、脱页等质量问题，请到所购图书销售部门联系调换
版权所有　侵权必究
物 料 号　60771–00

第二版序言

本书自 2008 年出版至今已经经历了十多个年头, 回看当时所写的序言, 仍有许多适合当下大数据与人工智能时代统计学的教学、科研和应用. 首先, 统计学仍是一门 "有着坚实理论基础、应用性与技术性很强的服务性学科"; 其次, 统计的教与学都高度依赖基于编程的数据分析实践; 最后, R 语言仍是统计学及相关专业师生最好的选择. 值得庆幸的是, 许多高校的师生及数据分析从业人员从本书的第一版就受益匪浅. 此书历经多次重印, 至今销量已经突破二万六千册, 在此作者要向过去一直支持并使用本教材的广大读者致以深深的谢意.

然而, 随着大数据及人工智能时代的到来, 一方面统计学已经上升为我们国家的一级学科; 统计学不仅没有过时, 也不会过时, 而且成了推进人工智能发展的灵魂性学科, 并奠定了其在数据科学这个交叉性学科中的重要地位. 另一方面, 在过去的十多年里, R 语言曾一度遇到因数据容量及维数大幅增加而产生的计算性能的危机 (瓶颈), 但基于以 Hadley Wickham 和谢益辉为代表的专家、R 语言核心开发团队及广大 R 语言爱好者的默默无私的奉献, 现在已经构建起了一个崭新的 R 语言生态环境, 其依靠的是同样免费而又无比强大的 Rstudio 这个集成开发环境 (IDE), 性能超强的 tidyverse 系列程序包, 以及包括 CRAN, Github 和 Bioconductor 上已经突破 2 万个 R 程序包的支持. 过去曾被 Python 倒逼, 甚至在统计学科的教师队伍中有相当多的人对 R 一度产生了怀疑, 而今 R 与 Python 已经并驾齐驱, 不仅在传统的中、小样本数据分析与可视化上, 甚至在对高性能计算有很高要求的机器学习领域, 也因 data.table, dplyr, future, purrr, bigstatsr, mlr3verse, tidymodels 等程序包的出现, 在性能上完全可以与 Python 的 pandas 及 scikit-learn 等库相媲美, 与 Python 一起已成为统计学及数据科学人才培养最为重要的倚天剑与屠龙刀.

作为从事统计学教学近四十年的一线老教师和使用 R 语言长达二十多年的重度用户, 作者亲身经历了过去十多年里 R 语言在国内从不被认可到逐步被认可, 并在高校不断普及的过程, 这离不开 "统计之都" 及始于中国人民大学及华东师范大学的全国性 R 语言会议的推动. 尽管这些年也涌现了许多像吴喜之和王斌会等老师围绕 R 语言统计分析方向的教材, 但总体上仍是基于传统的 R 语言, 能反映 R 语言新生态环境的教材很少. 作者近几年尝试在一些高校积极推行基于 R 和 Python 语言的文学化统计编程的理念与实践,通过与一线教师的交流深切感受到我国高校在统计学与数据科学相关课程的教学理念、教学方式和教学技能上并没有很好地做到与时俱进,相关的教材更新也很慢. 如何更好地培养具备"统计思维、算法思维、数据思维和交叉思维"的创新型高质量数据分析人才,弥补当下大数据统计分析人才的缺口(按陈松蹊院士在 2023 年全国两会期间的测算,"十四五"期间全国大数据人才的需求总量将达到 2000 万人左右,每年达 30% 的增长速度),使他们能更好、更快地适应这个快速发展时代的需要,这是作者重新修订本教材的动机与动力所在.

工欲善其事,必先利其器. 即使拥有了倚天剑与屠龙刀,也需要经常磨与练,这样才能做到事半功倍,在保证质量的同时大幅提升效率.

《R 语言与统计分析(第二版)》在基本保持第一版结构的基础上进行了大幅修改,尝试加入一些在数据治理与可视化方面 R 新生态的功能,使整个教材能更好地适应大数据时代高校统计学及数据科学人才培养的需要. 全书对原有的章节重新进行了梳理和增删,主要变动有:

1) 去掉了一些老旧的知识点;

2) 对代码进行了更新,采用具有高亮显示的 R Markdown 实现;

3) 强化了 R 新生态下数据处理、可视化及统计分析的内容,新增了 R 数据治理、数据可视化基础与进阶;

4) 附录作了较大调整,仅保留了原来的附录 B (R Commander 介绍,并作了优化),增加了两个新的附录:Rstudio 介绍及 R 文学化统计编程.

第二版的资源 (包括数据、代码、案例、教案等) 及相关材料将会陆续在作者的 Github 网站上公布.

在本书的修订过程中,作者参考了近十年出版的一些新的书籍和网上的资料,并得到了华东师范大学统计学院教学改革项目和华东师范大学精品教材建设专项基金项目的资助. 作者刚刚过世的博士生导师茆诗松教授在生前对本书的修订提出了宝贵的建议.

在全书的编写过程中,作者得到了高等教育出版社科技著作部门赵天夫主任和吴晓丽女士的关心和帮助,在此一并表示感谢.

由于作者水平有限,书中一定存在不足甚至错误之处,欢迎读者不吝指正.

电子邮件地址: yctang@stat.ecnu.edu.cn.

作者

2023 年 4 月

第一版序言

统计学的任务是研究收集、整理、分析数据，从而对所考察的问题作出统计推断. 首先，作为一门科学，统计学有其坚实的理论基础，研究统计学方法的理论基础问题的那一部分，构成了所谓数理统计学的内容. 其次，统计学就其本质来讲，是一门实用性很强的科学，它在人类活动的各个领域都有着广泛的应用. 因此数理统计的理论与方法应该与实际相结合，解决社会、经济、工农业生产、生物制药、航空航天、质量管理、环境资源等领域中的各种问题. 最后，统计学又是一门技术性很强的科学，由于所研究的问题越来越复杂、变量之间关联性越来越强、数据的规模越来越大，使得原有的计算方法无法顺利实现. 现在，计算机的不断发展与普及，特别是近二十年来统计计算的突破性进展及统计软件的不断完善和成熟，使得解决这些问题不仅成为可能，而且越来越容易、快速.

目前许多大学中几乎所有理工科甚至文科的许多专业都开设了"数理统计"或"应用统计"之类的课程，有的还编写了相应的教材，这是可喜的. 这些课程与教材的共同特点是以较大的篇幅介绍数理统计的理论、方法与实际背景，并配有一定数量的例子和习题. 部分学校还为统计专业和应用数学专业的学生开设 SAS 或 Matlab 统计软件课程，为经济统计专业的学生开设 SPSS 或 EViews 统计软件课程，但这还远远不够.

作者长期从事概率论与数理统计、统计计算及统计软件的教学工作. 我们发现目前的统计教学普遍存在的问题有：一、关于教学内容：在有限的课时中，对于非统计专业的学生采用针对统计专业学生的教学方式，过多强调理论的重要性，反而忽视了统计思想和数据处理能力的培养；有的因为仅用一学期 (54 课时或更少) 讲授概率论与数理统计，面面俱到的概率论教学使学生无法学到诸如回归分析与方差分析的重要内容. 二、关于软件教学：由于没有软件支持，使用传统的教学方法和教材，无论是老师讲解例题，还是学生完成习题都要花费大量的时间进行手工计算，且错误率高. 使用软件可使数据分析更具直观性、灵活性和可重复性，可起到举一反三的作用，提高学生的学习兴趣和动手 (操作或编程) 能力. 三、关于统计教学与软件教学是否分开：统计教学与软件教学分开会产生一定的重复，从而浪费有限的教学课时，降低学习的效率. 分开的教学会使大部分非统计专业的学生不能得到统计软件操作和数据分析能力的培养. 有了统计软件, 可大大增加教学的信息量, 将节省下来的时间用于培养学生统计软件的上机操作能力; 有了统计软件, 使得大规模或海量数据分析和精确计算成为可能, 也使教材中的许多附表 (如常用分布的分位数表) 失去其必要性. 四、关于 R 软件: 本书之所以采用 R 软件, 主要原因是其具有强大的数据的图形展示和统计分析功能, 可以免费使用和更新, 同时又有大量可随时加载的有针对性的软件包. 而 SAS, Matlab, SPSS, EViews 却都是收费软件, 与 R 功能几乎相同的 S-PLUS 也是收费的. R 高效的代码、简洁的输出和强大的帮助系统使得在统计软件辅助下的统计教学成为可能. 基于 R 开发的菜单式驱动的图形界面工具 R Commander 和 PMG(见附录 B) 使得基础统计分析像 SPSS 一样容易实现.

本书介绍了 R 的基本功能、常用的数据处理与分析方法及它们在 R 中的实现. 全书共分 11 章及 3 个附录: 第 1 章: R 介绍, 介绍了 R 软件的功能与安装. 第 2 章: R 的基本原理与核心, 简明扼要地介绍了 R 软件的使用方法, 主要侧重于不同类型的数据的操作与函数的使用. 第 3 章: 概率与分布, 介绍了常用的离散与连续型分布及 R 中有关的 4 类函数: 分布函数、概率函数、分位数函数和随机数生成函数. 第 4 章: 探索性数据分析, 介绍了单组和多组数据中特征量的提取方法及数据的图形展示方法. 第 5 章: 参数估计, 主要介绍了单总体与两总体正态及二项分布参数的点估计与区间估计. 第 6 章: 参数的假设检验, 主要介绍了单总体与两总体正态及二项分布参数的假设检验. 第 7 章: 非参数的假设检验, 主要介绍了常用的几种非参数检验方法. 第 8 章: 方差分析, 主要介绍了多组数据比较的单因子与双因子方差分析及协方差分析方法. 第 9 章: 回归分析与相关分析, 介绍了随机变量之间相关性的度量与回归分析及诊断方法. 第 10 章: 多元统计分析介绍, 介绍了多元分析中常用的主成分分析、因子分析、判别分析、聚类分析、典型相关分析及对应的分析方法. 第 11 章: 贝叶斯统计分析, 介绍了贝叶斯分析中单参数与多参数模型、分层模型及回归模型的分析方法. 最后是附录, 附录 B 介绍了基于 R 开发的基础统计分析的菜单式工具 R Commander 和 PMG, 附录 C 介绍了 R 的 3 个编程环境: R WinEdt, Tinn-R 及 SciViews-R. 全书的所有程序都在 R 的 2.6.0 版本上调试通过, 原则上在其他版本上也可以运行.

本书的特点是: 注重统计思想、实用性和可操作性. 我们在内容的设计上尽可能简化统计理论与方法的推导过程, 对于主要的统计知识都通过一个具体例子展开、讲清要解决问题的思想、方法和具体的实现过程. 所有方法的实现都给出了相应的 R

函数的调用格式,而例子讲解的 R 程序全部嵌入在正文中,便于读者举一反三,解答习题或进行其他类似的数据分析.

本书可作为各专业本科生、研究生数理统计或应用统计课程的基础教材或实验教材,也可作为从事数据统计分析的研究人员、工程技术人员的工具书或参考读物. 本书整个的教学安排可考虑以 1∶3 的比例安排上机时间. 教学内容可根据需要进行取舍,具体可参考下表安排课时:

教学内容	选取章节	课时安排
R 语言入门	第 1 章、第 2 章、附录 B	12
探索性数据分析	第 3 章、第 4 章	12
数据统计分析	第 5 章、第 6 章、第 8 章、第 9 章	24
选讲内容	第 7 章	8
	第 10 章	8
	第 11 章	8

作者在本书的编写过程中参考了大量的资料文献,得到了华东师范大学金融与统计学院全体老师,特别是终身教授茆诗松老师的支持. 作者的学生魏晓玲参与了本书第 4 章和第 5 章初稿的编写工作,徐安察参与了本书第 6 章和第 7 章初稿的编写工作,于巧丽参与了本书第 8 章和第 9 章初稿的编写工作,岳昳婕参与了本书第 11 章初稿的编写工作,上海师范大学的朱杰老师参与了本书第 10 章的编写工作. 在全书的编写过程中,作者得到了高等教育出版社领导和自然科学学术著作分社王丽萍女士的关心和帮助,在此一并表示感谢.

由于作者水平有限,书中一定存在不足甚至错误之处,欢迎读者不吝指正.

作者

2008 年 5 月

目录

第 1 章

R 介绍

本 章 概 要

- R 的功能与特点
- R 的安装与运行
- R 程序包的安装与运行

1.1 S 语言与 R

R 是一个有着强大统计分析及作图功能的软件系统, 在 GNU 协议 General Public Licence 下免费发行, 最先由新西兰奥克兰大学 Ross Ihaka 和 Robert Gentleman 共同创立, 并由 R 开发核心小组 (R Development Core Team) 维护, 他们的开发完全自愿、工作努力负责, 并将全球优秀的统计应用程序严格地审核后打包提供给我们共享.

R 可以看作贝尔实验室的 Rick Becker, John Chambers 和 Allan Wilks 开发的 S 语言的一种实现形式. 因此, R 是一种软件也可以说是一种语言. S 语言主要内含在由 Insightful 公司 (2008 年被 TIBCO 收购) 经营的 S-PLUS 软件中. 我们可以将 R 和 S-PLUS 视为 S 语言的两种形式, S/S-PLUS 方面的文档都可以直接用于 R, 但前者逐渐被人们遗忘. R 和 S 在设计理念上存在着许多不同, 而且 R 经过过去二十多年的发展, 特别是由于 Hadley Wickham 对 R 生态的重新构建、谢益辉等通过 Rstudio 这个 R 集成开发环境所打造的文学化统计编程的便利性以及 R 社区的不断壮大, R 在当今的大数据时代变得越来越强大了. 关于 R 的历史的详细内容大家可以参考 Ihaka & Gentleman (1996) 或随 R 同时发布的 R-FAQ. 本书今后主要使用 R, 有时也使用 R 软件、R 语言或 R 系统来称呼这种形式的 S 语言.

经过二十多年的发展, R 和 Python 语言成为大数据时代众多数据科学家最欢迎的编程语言, 而 R 则是统计人的最爱!

1.2   R 的特点

现在越来越多的人开始接触、学习和使用 R, 因为它有显著的优点, 主要包括:

1) **免费**: S-PLUS 曾经是非常优秀的统计分析软件, 但是需要支付一笔费用, 而 R 是一个免费的统计分析软件 (环境);

2) **浮点运算功能强大**: R 可以作为一台高级科学计算器, 因为 R 同 Matlab 一样不需要编译就可执行代码;

3) **高度兼容性**: R 可以运行于 Linux, Windows 和 MacOS 操作系统上, 它们的安装文件以及安装说明都可以在 CRAN (Comprehensive R Archive Network) 社区下载;

4) **帮助功能完善**: R 嵌入了一个非常实用的帮助系统——随软件所附的 pdf 或 html 帮助文件可以随时通过主菜单打开浏览或打印. 通过 help 命令可随时了解 R 所提供的各类函数的使用方法和例子;

5) **作图功能强大**: R 内嵌的作图函数能将产生的图形展示在一个独立的窗口中, 并能将之保存为各种形式的文件 (例如 jpg, png, bmp, ps, pdf, xfig). 此外, 更为高级的绘图包 lattice, ggplot2, plotly 等为用户提供了非常便利的绘图元素的设定和经过优化的各类统计图形的绘制. 详见 R 高级绘图一章的介绍;

6) **统计分析能力尤为突出**: R 内嵌了许多实用的统计分析函数, 统计分析的结果也能被直接显示出来, 一些中间结果 (如 p-值、回归系数、残差等) 既可保存到专门的文件中, 也可以作为 R 的对象直接用于进一步的分析.

R 的部分统计功能整合在 R 语言的底层, 但是大多数功能则以程序包的形式提供. 一些常用的程序包和 R 同时发布 (被称为“标准”和“推荐”程序包), 更多的程序包可以通过网上或其 CRAN 社区得到, 它们都配有完整的 pdf 帮助文件, 且其版本会随 R 新版本的发行得到更新. 还有一些作者会选择将自己开发的 R 程序包通过 Git 发布或托管到 Github 上, 而一些从事生物统计和基因信息相关的 R 程序包会发布在 Bioconductor 上. 这些程序包通过安装并加载后 (见后面小节的介绍) 就可融入原来的 R 中, 实现有针对性的分析;

7) **可移植性强**: 许多常用的统计分析软件 (如 SPSS, SAS, Stata 及 Excel) 的数据文件都可读入 R, 这样其他软件的数据或分析的中间结果可用于 R, 并作出进一步的分析;

8) **强大的拓展与开发能力**: R 作为一种语言, 具有开发新的交互式数据分析工具 (软件) 的能力. 例如附录 A 介绍的 **R Commander** 就是一个非常成功的例子. 我们可以编制自己的函数来扩展现有的 R 语言, 或制作相对独立的统计分析包. 最后, 借助非常强大的 Shiny 包, 帮助用户轻松构建 Web 用户框架, 使不懂前端知识的软件初学者都有能力将数据分析变成可交互的 Web 应用;

9) **灵活而不死板**: 一般的软件往往会直接展示分析的结果, 而 R 则将这些结果都存放在一个对象 (object) 里, 所以常常在分析执行结束后并不显示任何结果. 使用者 (特别是初学者或非专业人员) 可能会对此感到困惑, 其实这样的特点是非常有用的, 因为我们可以有选择地显示我们感兴趣的结果. 而有的软件 (如 SAS 和 SPSS) 会同时显示几个窗口, 内容太多会使使用者无从选择.

1.3　R 的资源

R 的核心开发与维护小组通过 R 的主页, 即 R 工程 (**R Project**) 网站及时发布有关信息, 包括 R 的简介、R 的更新及程序包信息、R 常用手册、已经出版的关于 R 的图书、R 的通信和会议信息等. 读者还可通过该主页预订邮件, 通过电子邮件发出求助或提供帮助.

R 的 **CRAN** 社区是我们获得软件 (及源代码) 和资源的主要场所, 通过它或其镜像站点我们可以下载最新版本及大量的统计程序包 (**packages**).

本书的代码经过 Windows 10 或 MacOS Catilina (10.15.5) 操作系统上的 R4.0.1 测试. 除 R 自带的运行平台 R-GUI(R Graphic User's Interface) 外, 本书附录 B 还提供了跨平台的 Rstudio, 它是目前功能最为强大的 R 编辑器及 R 集成开发平台.

1.4　R 的安装与运行

1.4.1　R 软件的安装、启动与关闭

R 的安装: 从 CRAN 社区下载最新的封装好的 R 安装程序到本地计算机, 运行可执行的安装文件, 通常 Windows 中 R 的默认安装目录为 C:\Program Files\R\R-x.x.x, 其中 x.x.x 为版本号. 安装时也可以改变安装目录.

R 的启动: 安装完成后点击桌面上 R x.x.x 快捷图标就可启动 R 的交互式用户

窗口 (R-GUI). 在 R-GUI 中, R 是按照问答的方式运行的, 也即在命令提示符 ">" 后输入命令并回车, R 就完成一些操作. 例如输入命令

```
plot(rnorm(1000))
```

就可得到图 1.1, 此命令的具体含义我们将在第 2 章叙述.

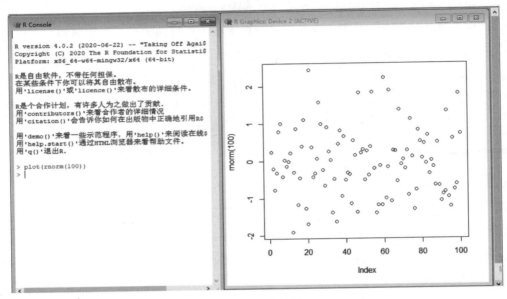

图 1.1 R 的启动

R 的退出: 在命令行输入 q( ) 或点击 R-GUI 右上角的叉. 退出时可选择保存工作空间, 默认文件名为 R 安装目录的 bin 子目录下的 R.RData. 以后可以通过命令 load( ) 或通过菜单"文件"下的"载入工作空间"加载, 进而继续前一次的工作.

1.4.2 CRAN 上 R 程序包的安装与使用

来自 CRAN 的 R 程序包的安装有三种方式:

1) **菜单方式**: 在已经联网的条件下, 按步骤"程序包 → 安装程序包 → ⋯ → 选择 CRAN 镜像服务器 → 选定程序包"进行实时安装;

2) **命令方式**: 在已经联网的条件下, 在命令提示符后输入

```
install.packages("PKname")
```

完成程序包 PKname 的安装.

许多程序包的开发都依赖于其他已经存在的程序包, 这时安装程序包时也必须安装与之关联的程序包. 另外, 有些程序包可能较大, 或因默认的 CRAN 主

站的下载速度较慢, 我们建议正式使用 R 时选择一个速度较快的服务器镜像站点. `install.packages( )` 的调用格式如下:

```
install.packages(pkgs, lib, repos = getOption("repos"),
                 dependencies = NA, INSTALL_opts, ...)
```

说明: pkgs 为字符串或字符串向量 (一次安装多个包); dependencies = TRUE 指明同时安装与待安装包所依赖的包; 选项 repos 指定包所在的镜像站点, 例如指定清华大学的站点使用

```
repos="https://mirrors.tuna.tsinghua.edu.cn/CRAN/"
```

3) **使用 Rstudio 的程序包管理器**: 基于 Rstudio 程序包管理器的 R 包安装、更新、加载步骤如下:

- 进入 Rstudio 右下的窗口中的 Packages
- 选择 Install
- 输入包的名称, 再点击 Install 进行安装
- 在管理器中还可以加载安装包 (选中程序包) 和更新安装包 (选中并点击 update)

Rstudio 默认的 CRAN 镜像是 Rstudio 官方网站, 速度相对较慢. 为了加快包的安装, 我们可以选择一个速度较快又不受网络限制的 CRAN 镜像站点. 仍以清华的站点为例, 在 Rstudio 上方菜单上依次完成下面的操作:

```
Tools -> Global Options... -> Packages -> Change... ->
-> China(Beijing 1[https] - TUNA Team, Tsinghua University
```

更多关于 Rstudio 的介绍见附录 B.

4) **本地离线安装**: 在无上网条件下, 先从 CRAN 社区下载需要的程序包及与之关联的程序包, 再按第一种方式通过 "程序包" 菜单中的 "用本机的 zip 文件安装程序包" 选定本机上的程序包 (zip 文件) 进行安装.

1.4.3 Github 上包的安装

下面以 Hadley 的 dplyr 包为例来说明 Github 上程序包的安装方法. dplyr 程序包已经放到 CRAN 上, 当然可以直接通过 CRAN 安装. Github 上程序包的安装主要有两种方法:

1) 基于开发者工具包 devtools, 安装步骤如下:

- 先安装 devtools (如果没有安装过!)

```
if (!require("devtools"))
    install.packages("devtools")
```

- 再安装 dplyr 包

```
library(devtools)
install_github("hadley/dplyr") # 也可选择 tidyverse/dplyr
```

或者

```
devtools::install_github("hadley/dplyr")
```

2) 基于封装包 githubinstall, 安装步骤如下:

```
if (!require("githubinstall"))
install.packages("githubinstall")
library(githubinstall)
githubinstall("dplyr") # 或者 gh_install_packages("dplyr")
```

1.4.4   Bioconductor 上包的安装

Bioconductor 是一个基于 R 语言的生物信息软件包, 主要用于生物数据的注释、分析、统计以及可视化. Bioconductor 是和 R 版本绑定的, 这是为了确保用户不把包安装在错误的版本上. Bioconductor 发行版本每年更新两次, 它在任何时候都有一个发行版本, 对应于 R 的发行版本. 此外, Bioconductor 还有一个开发版本, 对应于 R 的开发版本.

在 R-3.5 (Bioconductor-3.7) 前, Bioconductor 都是通过 biocLite( ) 安装相关的 R 包, 命令如下:

```
source("https://bioconductor.org/biocLite.R")
biocLite(pkgs)
```

但是从 R-3.5 (Bioconductor-3.8) 起, Bioconductor 更改了 R 程序包的安装方式: 它们通过发布在 CRAN 的 BiocManager 包来对 Bioconductor 的程序包进行安装和管理, 安装有三个步骤:

1) 选择 Bioconductor 镜像 (以加快安装速度), 仍以清华站点为例

```
options(BioC_mirror="https://mirrors.tuna.tsinghua.edu.cn
        /bioconductor")
```

2) 通过 CRAN 安装 BiocManager 包

```
if (!requireNamespace("BiocManager", quietly = TRUE))
    install.packages("BiocManager")
```

3) 安装 Bioconductor 的 R 程序包

```
BiocManager::install("PKname")
```

也可通过字符串向量一次安装多个程序包.

另外, 通过命令

```
BiocManager::install()
```

可安装来自 Bioconductor 的 R 核心程序包.

通过命令

```
BiocManager::available()
```

查看可供使用的来自 Bioconductor 的 R 程序包.

1.4.5　R 程序包的载入

除 R 的标准程序包 (如 base 包) 外, 新安装的程序包在使用前必须先载入, 有三种载入方式:

1) **菜单方式**: 按步骤 "程序包 → 载入程序包 → ⋯", 再从已有的程序包中选定需要的一个加载.

2) **命令方式**: 在命令提示符后输入

```
library("PKname")
```

来加载程序包 PKname.

3) **命令方式**: 在命令提示符后输入

```
require("PKname")
```

来加载程序包 PKname.

library( ) 与 require( ) 的区别: 两者主要体现在待载入的程序包是否存在. 如果一个程序包不存在, 则执行到 library( ) 时将会停止执行, 并提示包不存在的错误信息; 而执行到 require( ) 时将会继续执行, 并提示包不存在的警告信息.

若有必要, 我们还可通过步骤 "程序包 → 更新程序包 → ⋯" 对本机的程序包进行实时更新.

注意: R 命令对大小写敏感, 这在使用命令方式安装和载入程序包时应特别注意.

习题

练习 1.1   R 与你学过的统计软件, 如 SPSS, SAS, Matlab 有何区别, 其主要的特点有哪些?

练习 1.2   到 CRAN 社区下载并安装 R 的最新版本, 并尝试 R 的启动与退出.

练习 1.3   R 可以作为一台很方便的计算器. 任取两个非零实数, 试用 R 完成它们的加、减、乘、除、乘方、开方、指数、对数等运算.

练习 1.4   John Fox 基于 R 开发了一套进行基础统计分析的菜单驱动的分析系统, 称为 R Commander. 附录 A 介绍了两种菜单式的安装方法. 另一种是采用命令方式进行安装与加载, 其步骤为:

1) 用命令

```
install.packages("Rcmdr")
```

来安装程序包 Rcmdr(需要等待几分钟);

2) 再用命令

```
load("Rcmdr")
```

加载程序包 Rcmdr.

R Commander 的使用方法参见附录 A 的说明. 更具体的使用方法可参见程序包中的 pdf 说明文件和 John Fox(2017) 的 *Using the R Commander: A Point-and-Click Interface for R.*

练习 1.5   animation 是由谢益辉开发的概率统计动态演示程序包, 请用命令或菜单的方法安装并加载 animation, 并尝试下面的两个例子:

- 蒲丰投针试验:

```
buffon.needle(nmax = 500, interval = 0)
```

- 中心极限定理:

```
f = function(n) rchisq(n, 5)
clt.ani(FUN = f)
```

练习 1.6   登录 R 的社区主页, 并进入左侧 Software 下的 Packages, 浏览并感受 R 所提供的资源 (程序包). 选择其中感兴趣的程序包进行安装与试用, 例如概率统计教学演示程序包 TeachingDemos 和其在 R Commander 下的插件 RcmdrPlugin.TeachingDemos.

练习 1.7　swirl 包是一个非常适合 R 语言初学者的包, 具备以下优点:

- 内容全: 几乎囊括了所有 R 语言的内容;
- 结构好: 每一小段讲解都会配合作业, 学以致用;
- 正反馈: 难度小, 形成良好的反馈.

1) 使用 install.package( ) 安装 swirl 包;
2) 使用 Rstudio 的 R 包管理器安装 swirl 包;
3) 尝试用 swirl 包开始你的 R 学习之旅.

练习 1.8　Github 上程序包在按 1.4.3 节的方法安装时常会遇到网络问题, 显示 "Connection refused", 这时你可依次考虑下面的安装方法, 前两种从网上直接安装, 你需要多试几次, 第三种为离线安装. 下面以新冠疫情数据包 nCov2019 为例展示代码, 请依次进行尝试.

1) 使用 remotes 包安装

```
install.packages("remotes") # 首先安装 remotes 包
remotes::install_github("GuangchuangYu/nCov2019")
```

2) 从 gitee.com 上安装

```
remotes::install_git('https://gitee.com/GuangchuangYu/nCov2019')
```

3) 离线安装

先从 Github 上下载 zip 压缩文件, 设定路径后安装

```
devtools::install_local("nCov2019-master.zip")
```

练习 1.9　Bioconductor 的 limma 程序包是对基因芯片表达矩阵的分析, 请尝试用 BiocManager 进行安装.

练习 1.10　通过 Rstudio 完成 CRAN 镜像的选取, 并安装 Hadley Wickham 的 tidyverse 系列包.

第 2 章

R 的基本原理与核心

本章概要

- R 的基本原理
- R 的求助方法
- R 的主要数据结构
- R 数据的存储与读取
- R 的编程方法

2.1 R 的基本原理

如第 1 章所述, 如果 R 已经被安装在你的计算机中, 它就能立即运行一些可执行的命令了. R 默认的命令提示符是 ">", 它表示正在等待输入命令. 如果一个语句在一行中输不完, 按回车键, 系统会自动产生一个续行符 "+", 语句或命令输完后系统又会回到命令提示符. 在同一行中输入多个命令语句, 则需要使用分号来隔开. 启动 R 后, 能直接运行下拉菜单中的一些操作命令 (如在线帮助、打开文件等). 在学习一些 R 的命令之前, 让我们先了解 R 的基本工作原理.

首先, 同 Matlab 一样, R 是一种编程语言, 但我们没有必要对此感到害怕, 因为 R 是一种解释性语言, 而不是编译语言, 也就意味着输入的命令能够直接被执行, 而不需要像其他语言 (如 C 和 FORTAN) 需要编译和连接等操作.

其次, R 的语法非常简单和直观. 例如, 线性回归的命令 lm(y~x) 表示以 x 为自变量, y 为响应变量来拟合一个线性模型. 合法的 R 函数总是带有圆括号的形式, 即使括号内没有内容 (如 ls( )). 如果直接输入函数名而不输入圆括号, R 则会自动显示该函数的一些具体内容. 因此在 R 中所有的函数后都带有圆括号以区别于对象 (object). 当 R 运行时, 所有变量、数据、函数及结果都以对象的形式存入计算机的活动内存中, 并冠以相应的名字代号. 我们可以通过一些运算 (如算术、逻辑、比较等) 和一些函数 (其本身也是对象) 来对这些对象进行操作.

运行一个 R 函数可能不需要设定任何参量, 原因是所有的参量都有默认值, 当然也有可能该函数本身就不含任何参量.

再次, 在 R 中进行的所有操作都是针对存储在活动内存中的对象的. 数据、结果或图表的输入与输出都通过对计算机硬盘中的文件读写而实现. 用户通过输入一些命令调用函数, 分析得出的结果可以被直接显示在屏幕上, 也可以存入某个对象或被写入硬盘 (如图片对象). 因为产生的结果本身就是一种对象, 所以它们也能被视为数据并能像一般数据那样被分析处理. 数据文件既可从本地磁盘读取也可通过网络传输从远程服务器端获得.

最后, 所有能使用的 R 函数都被包含在一个库 (`library`) 中, 该库存放在 R 安装文件夹的 `library` 目录下. 这个目录下含有具有各种功能的程序包 (`packages`), 各个程序包也是按照目录的方式组织起来的. 其中名为 `base` 的程序包是 R 的核心, 因为它内嵌了 R 语言中所有像数据读写与操作这样最基本的函数. 在上述目录中的每个程序包内, 都有一个子目录 R, 这个目录里又都含有一个与此包同名的文件, 该文件正是存放所有函数的地方.

R 语言中最简单的命令莫过于通过输入一个对象的名字来显示其内容了. 例如, 一个名为 n 的对象, 其内容是数值 10:

```
n
[1] 10
```

方括号中的数字 1 表示从 n 的第一个元素开始显示. 其实该命令的功能在这里与函数 `print( )` 相似, 输出结果与 `print(n)` 相同. 对象的名字必须以一个字母开头 (A–Z 或 a–z), 中间可以包含字母、数字 (0–9)、点 (.) 及下划线 (_). 因为 R 的对象名区分大小写, 所以 `x` 和 `X` 就可以代表两个完全不同的对象.

一个对象可以通过赋值操作来产生, R 语言中的赋值符号一般是由一个尖括号与一个负号组成的箭头标志, 该符号可以是从左到右的方向 (" –> "), 也可以相反 (" <– "). 赋值也可以用函数 `assign( )` 实现, 还可以用等号 "="(等价于 " <– "), 但它们很少使用. 例如

```
(n <- 10)
[1] 10
```

```
(10 -> n)
[1] 10

(assign("n", 10))
[1] 10

(n=10)
[1] 10
```

这里的一对括号 ( ) 等价于命令 print( ). 当然也可以只是输入函数或表达式而不把它的结果赋给某个对象 (如果这样, 在窗口中展示的结果将不会被保存到内存中), 这时我们就可将 R 作为计算器使用. 下面的例子说明了 R 中的算术运算符 (加、减、乘、除、乘方、开方、指数) 的使用方法.

```
((10 + 2) * 5-2^4)/4
[1] 11

sqrt(3)+exp(-2)
[1] 1.867386
```

更为常用的是常量、向量、矩阵、数组等其他对象的赋值与运算, 我们将在后面讲述.

所有的高级语言都有注释语句, R 中使用井号 (#) 表示注释的开始.

2.2   R 的在线帮助

学习一门编程语言离不开语句、函数和编程的语法和语义, R 中的程序包都由大量的进行统计分析或其他数据操作的函数组成, 它们的含义和使用方法对于熟练使用 R 进行数据分析是至关重要的. 在此我们将 R 的帮助分成两类:

1) 关于 R 的基本知识: 通过命令

```
help.start( )
```

或 R 用户界面上的"帮助"菜单的"html 帮助"得到.

i. R 的常见问题 (FAQ): 系统提供了两个版本, 其一为"R FAQ", 其二为"R for Windows FAQ", 它们随 R 的新版本同时发布与更新, 内容包括 R 的特点、安装、使用、界面、编程规则等.

ii. R 帮助手册, 也随新版本发布与更新, 共有 7 本手册: *An Introduction to R,*

R Reference, R Data Input/Export, R Language Definition, Writing R Extensions, R Internals, R Installation and Administration. "帮助" 菜单提供了它们的 pdf 电子版本, 便于打印. 初学者可看一下其中的第一本.

2) 关于 R 中的函数或关键字符:

i. 命令

```
help(fun)
```

或

```
?fun
```

会立即显示名为 "fun" 函数的帮助页面, 而命令

```
help("char")
```

则会显示某个具有特殊语法意义的字符 "char" 的帮助页面.

在默认状态下, 函数 help( ) 只会在被载入内存的程序包中搜索. 选项 try.all.package 的默认值是 FALSE, 但如果把它设为 TRUE, 则可在所有已安装的程序包中进行搜索. 如果读者确实想打开这样的页面而所属程序包又没有被载入内存时, 可以使用 package 这个选项. 请读者试试下面的两个命令.

```
help("bs",try.all.packages=TRUE)
help("bs",package = "splines")
```

ii. 命令

```
apropos(fun)
```

或

```
apropos("fun")
```

找出所有在名字中含有指定字符串 "fun" 的函数, 但只会在被载入内存的程序包中进行搜索.

注意: 如果 "fun" 不是完整的函数名, 则前者会出错.

iii. 命令

```
help.search("char")
```

列出所有在帮助页面含有字符 "char" 的函数, 它的搜索范围比 apropos("fun") 更广.

iv. 命令

```
find(fun)
```

或

```
find("fun")
```

得到名为"fun"函数所在的程序包.

    v. 命令

```
args(fun)
```

或

```
args("fun")
```

得到名为"fun"函数的自变量列表.

    对初学者而言, 帮助中例子 (Examples) 部分的信息是很有用的. 而仔细阅读自变量 (Arguments) 中的一些说明也是非常有必要的. 帮助中还包含了其他一些说明部分, 如注释 (Notes), 参考文献 (References) 或作者 (Author(s)) 等.

2.3　一个简短的 R 会话

    下面通过一个具体的例子来说明如何利用 R 进行数据的统计分析, 此例使用 R 内嵌的数据集 mtcars. 它在 datasets(数据) 包中, 此包像 base 一样随 R 的启动自动加载.

数据的描述

    命令

```
?mtcars
```

显示数据集 mtcars 的基本信息. 它是美国 Motor Trend 收集的 1973 到 1974 年期间总共 32 辆汽车的 11 个指标: 油耗及 10 个设计及性能方面的指标.

数据的浏览与编辑

    1) 数据的浏览

    • 命令

```
mtcars
```

可以显示数据集 mtcars 中的全部 32 个观测值.

- 命令

```
head(mtcars)
```

仅显示数据集 mtcars 中的前 7 个观测值.

- 命令

```
names(mtcars)
```

仅显示数据集 mtcars 中的变量, 在此为 11 个指标.

2) 数据的编辑

数据的编辑主要有两种方式 (函数):

- 命令

```
data.entry(mtcars)
```

通过 R 的数据编辑器打开数据集 mtcars, 除了浏览数据集外, 这里我们还可以对变量及其观测值进行修改.

- 命令

```
MTcars <- edit(mtcars)
```

同样启动 R 的数据编辑器, 在此可对原来的数据集 mtcars 进行编辑, 完成后将生成的新的数据集赋给 MTcars, 而原来的数据集保持不变. 如果你要修改原来的数据集, 使命令 edit( ) 前后的数据集同名即可. 因此命令 edit(mtcars) 将无法完成对数据的修改. 命令

```
xnew <- edit(data.frame( ))
```

可以编辑生成新的数据集 xnew. 另外, 对于一维的数据, edit( ) 打开的是 R Editor. 试比较下面的例子中两个命令的区别

```
(x <- c(10.4, 5.6, 3.1, 6.4, 21.7))
[1] 10.4  5.6  3.1  6.4 21.7

data.entry(x)

edit(x)
```

- 命令

```
fix(mtcars)
```

可以完成数据集 mtcars 的直接修改. 因此它等价于命令

```
mtcars <- edit(mtcars)
```

注意:

1) 使用上面的三个命令将挂起 R 的对话窗口 (R Console), 关闭编辑器即可继续进行 R 的对话.

2) 我们这里说的数据集就是下面一小节要讲的数据框 (data frame). 数据对象中除了上面已经出现的向量和数据框外, 下面一节还要讲矩阵、数组和列表. 命令 data.entry( ) 和 edit( ) 都可用于编辑向量、矩阵、数据框和列表, 前者启用的都是 R 的数据编辑器, 后者有所不同: 对于向量、列表和数组, edit( ) 启用的是 R Editor.

3) 尽管我们在 R 中可以浏览与编辑数据集 mtcars, 但它们还无法对此数据集进行直接操作 (分析), 例如命令

```
mpg
```

无法看到变量 mpg(每加仑所行的英里数) 的具体数值. 这时我们需要激活或挂接 (attach) 数据集 mtcars. 命令

```
attach(mtcars)
```

就可激活 mtcars, 使之成为当前的数据集. 这时通过命令

```
mpg
```

就可浏览变量 mpg 的 32 个值, 我们将在后面进行其他分析.

属性数据的分析

变量 cyl(汽缸数) 为属性变量, 命令

```
table(cyl)
```

告诉我们变量 cyl 取 3 个值: 4, 6, 8, 相应的频数为 11, 7, 14. 而命令

```
barplot(table(cyl))
```

显示了 cyl 的频数直方图. 要注意的是, 命令

```
barplot(cyl)
```

在此不适用, 它仅适用于数值型变量.

数值型数据的分析

统计分析主要涉及数值型数据. 对此我们可考查它们的图形特征及常用的特征量.

- 画茎叶图 (stem-and-leaf plot), 命令为

```
stem(mpg)
```

- 画直方图, 命令为

```
hist(mpg)
```

- 画框须图 (box-and-whisker plot), 命令为

```
boxplot(mpg)
```

- 计算平均值, 命令为

```
mean(mpg)
```

- 计算截去 10% 的平均值, 命令为

```
mean(mpg, trim = .1)
```

- 按分组变量 cyl 计算 mpg 的分组平均值, 命令为

```
tapply(mpg,cyl,mean)
```

- 计算 cyl 为 4 的那些 mpg 的平均值, 命令为

```
mean(mpg[cyl == 4])
```

- 计算四分位数的极差 (interquartile range), 命令为

```
IQR(mpg)
```

- 计算样本常用的分位数: 极小、极大、中位数及两个四分位数, 命令为

```
quantile(mpg)
```

或者

```
fivenum(mpg)
```

- 计算由向量 prob 给定的各概率处的样本分位数, 命令为

```
quantile(mpg, probs)
```

例如 probs = c(1, 5, 10, 50, 90, 95, 99)/100. 可见, quantile( ) 比 fivenum( ) 更为一般.

- 计算常用的描述性统计量, 它们分别是最小值 (Min.)、第一四分位数 (1st

Qu.)、中位数 (Median)、平均值 (Mean)、第三四分位数 (3rd Qu.) 和最大值 (Max.),
命令为

```
summary(mpg)
```

- 计算标准差, 命令为

```
sd(mpg)
```

- 计算中位绝对离差 (median absolute deviation), 命令为

```
mad(mpg)
```

寻找二元关系

- 画二维散点图, 例如 cyl 与 mpg 的散点图, 可通过下面的命令得到:

```
plot(cyl,mpg)
```

注意: 相仿命令

```
plot(hp,mpg)
```

可得到 hp 与 mpg 的散点图. 但 32 个点对应了不同的汽缸, 因此按 cyl 为图例作出
散点图更清晰, 命令为

```
plot(hp,mpg,pch=cyl)
legend(250,30,pch=c(4,6,8),
legend=c("4 cylinders","6 cylinders","8 cylinders"))
```

- 拟合线性回归, 例如命令

```
(z <- lm(cyl ~ mpg, data=mtcars))
```

可以得到

```
Call:
lm(formula = cyl ~ mpg, data = mtcars)


Coefficients:
(Intercept)              mpg
   11.2607          -0.2525
```

线性回归的截距为 11.2607, 斜率为 -0.2525.

- 相关系数 (或 R^2) 考查回归拟合好坏的程度. 命令

```
cor(cyl,mpg)
[1] -0.852162
```

可以得到皮尔逊相关系数 R, 其平方

```
cor(cyl,mpg)^2
[1] 0.72618
```

得到 R^2 为 0.7262, 表明数据变化的 72.62% 可以用汽缸数 (cyl) 与每加仑所行的英里数 (mpg) 来刻画.

- 残差分析:

```
lm.res <- lm(cyl ~ mpg)        # 将回归对象保存到 lm.res 中
lm.resids <- resid(lm.res)     # 提取残差向量
plot(lm.resids)                # 考查残差的散点图
hist(lm.resids)                # 考查残差的直方图: 钟形?
qqnorm(lm.resids)              # 残差的 QQ 图是否落在直线上?
```

结论: 从残差分析我们得出汽车的汽缸数与每加仑所行的英里数可以用线性回归来刻画.

结束分析并退出 R

```
detach(mtcars)                 # 从内存中清除数据集 mtcars
q( )                           # 退出 R
```

2.4 R 的数据结构

2.4.1 R 的对象与属性

我们已经知道 R 是通过一些对象来运行的, 这些对象是用它们的名称和内容来刻画的, 也可通过对象的数据类型 (即属性) 来刻画. 所有的对象都有两个内在属性: **类型**和**长度**. 类型是对象元素的基本种类, 共有四种:

- 数值型, 包括
  - i. 整型
  - ii. 单精度实型
  - iii. 双精度实型

- 字符型
- 复数型 [1]
- 逻辑型 (FALSE, TRUE 或 NA)

虽然还存在其他的类型, 例如函数或表达式, 但是它们并不能用来表示数据; 长度是对象中元素的数目. 对象的类型和长度可以分别通过函数 mode( ) 和 length( ) 得到. 例如

```
x <- 1
mode(x)
[1] "numeric"
length(x)
[1] 1
A <- "Gomphotherium"; compar <- TRUE; z <- 1i
mode(A); mode(compar); mode(z)
[1] "character"
[1] "logical"
[1] "complex"
```

无论什么类型的数据, 缺失数据总是用 NA (Not Available 的意思) 来表示; 对很大的数值则可用指数形式表示:

```
(N <- 2.1e23)
[1] 2.1e+23
```

R 可以正确地表示无穷的数值, 如用 Inf 和 -Inf 表示 $+\infty$ 和 $-\infty$. R 计算过程中出现的无意义的结果会用 NaN (Not a Number 的意思) 返回. 试比较:

```
(x <- 5/0)
[1] Inf
exp(x)
[1] Inf
exp(-x)
[1] 0
```

---

[1] 本书不讨论复数型.

```
Inf - Inf
[1] NaN

0/0
[1] NaN

sqrt(-7)
[1] NaN

sqrt(-17+0i)   # 按照复数进行运算
[1] 0+4.123106i
```

字符型的值输入时须加上双引号 ("), 如果需要引用双引号的话, 可以让它跟在反斜杠 (\) 后面, 在某些函数如 cat( ) 的输出显示或 write.table( ) 写入磁盘时会以特殊的方式处理. 例如

```
(x <- "Double quotes \" delimitate R's strings.")
[1] "Double quotes \" delimitate R's strings."
cat(x)
Double quotes " delimitate R's strings.
```

另一种表示字符型变量的方法, 即用单引号 (') 来界定变量, 这种情况下不需要用反斜杠来引用双引号.

```
(x <- 'Double quotes " delimitate R\'s strings.')
[1] "Double quotes \" delimitate R's strings."
```

表 2.1 概括了数据对象的类型.

说明:

1) 向量是一个变量的取值, 是 R 中最常用、最基本的操作对象; 因子是一个分类变量; 数组是一个 k 维的数据表; 矩阵是数组的一个特例, 其维数 $k = 2$.

注意: 数组或者矩阵中的所有元素都必须是同一种类型的; 数据框是由一个或几个向量和 (或) 因子构成的, 它们必须是等长的, 但可以是不同的数据类型; "ts" 表示时间序列数据, 它包含一些额外的属性, 例如频率和时间; 列表可以包含任何类型的对象, 包括列表!

2) 对于一个向量, 用它的类型和长度足够描述数据; 而其他的对象则另需一些额外信息, 这些信息由外在的属性给出, 例如这些属性中表示对象维数的 dim. 比如

表 2.1   数据对象的类型

对象	类型	是否允许同一个对象中有多种类型?
向量	数值型, 字符型, 复数型, 逻辑型	否
因子	数值型, 字符型	否
数组	数值型, 字符型, 复数型, 逻辑型	否
矩阵	数值型, 字符型, 复数型, 逻辑型	否
数据框	数值型, 字符型, 复数型, 逻辑型	是
时间序列 (ts)	数值型, 字符型, 复数型, 逻辑型	否
列表	数值型, 字符型, 复数型, 逻辑型, 函数, 表达式 ⋯	是

一个 2 行 2 列的矩阵, 它的 dim 是一对数值 [2, 2], 但是其长度是 4.

3) R 中有三种主要类型的运算符, 表 2.2 是这些运算符的列表. 其中数学运算符和比较运算符作用于两个元素上 (例如 x + y, a < b); 数学运算符不只作用于数值型或复数型变量, 也可以作用在逻辑型变量上; 在后一种情况中, 逻辑型变量被强制转换为数值型变量. 比较运算符可以适用于任何类型: 结果是返回一个或几个逻辑型变量; 逻辑型运算符适用于一个 (对于 "!" 运算符) 或两个逻辑型对象 (对于其他运算符), 并且返回一个 (或几个) 逻辑型变量. 运算符 "逻辑与" 和 "逻辑或" 存在两种形式: "&" 和 "|" 作用在对象的每一个元素上并且返回和比较次数相等长度的逻辑值; "&&" 和 "||" 只作用在对象的第一个元素上.

表 2.2   R 中的运算符

数学运算		比较运算		逻辑运算	
+	加法	<	小于	! x	逻辑非
–	减法	>	大于	x & y	逻辑与
*	乘法	<=	小于或等于	x && y	同上
/	除法	>=	大于或等于	x | y	逻辑或
^	乘方	==	等于	x || y	同上
%%	模	!=	不等于	xor(x, y)	异或
%/%	整除				

2.4.2 浏览对象的信息

函数 `ls( )` 的功能是显示所有在内存中的对象. `ls( )` 只会列出对象名, 例如:

```
name <- "Carmen"; n1 <- 10; n2 <- 100; m <- 0.5
ls( )
 [1] "A"              "child_docs"     "child_docs_all"
 [4] "compar"         "m"              "n"
 [7] "N"              "n1"             "n2"
[10] "name"           "x"              "z"
```

如果只要显示出在名称中带有某个指定字符的对象, 则通过设定选项 `pattern` 来实现 (可简写为 `pat`):

```
ls(pat = "m")
[1] "compar" "m"          "name"
```

如果进一步限定显示名称中以某个字母开头的对象, 则可使用命令:

```
ls(pat = "^m")
[1] "m"
```

运行函数 `ls.str( )` 将会显示内存中所有对象的详细信息:

```
ls.str( )
A :   chr "Gomphotherium"
child_docs :   chr "body/chapter_5.Rnw"
child_docs_all :   chr [1:14] "body/chapter_1.Rnw" ...
compar :   logi TRUE
m :   num 0.5
n :   num 10
N :   num 2.1e+23
n1 :   num 10
n2 :   num 100
name :   chr "Carmen"
x :   chr "Double quotes \" delimitate R's strings."
z :   cplx 0+1i
```

在 `ls.str( )` 函数中另一个非常有用的选项是 `max.level`, 它将规定显示有关对象信息的详细级别. 在默认情况下, `ls.str( )` 将会列出关于对象的所有信

息, 包括数据框、矩阵或数据列表的详细信息, 显示结果可能会很长. 但如果设定
`max.level =-1` 就可以避免这种情况了. 试比较:

```
M <- data.frame(n1, n2, m)
ls.str(pat = "M")
M : 'data.frame': 1 obs. of  3 variables:
 $ n1: num 10
 $ n2: num 100
 $ m : num 0.5
```

要在内存中删除某个对象, 可利用函数 `rm( )`. 例如

- 运行 `rm(x)` 将会删除对象 `x`
- 运行 `rm(x,y)` 将会删除对象 `x` 和 `y`
- 运行 rm(list=ls( )) 则会删除内存中的所有对象
- 运行 rm(list=ls(pat="^m")) 则会删除对象中以字母 m 开头的对象

下面我们通过具体的例子说明向量 (包括数值型向量、字符型向量、逻辑型向量
和因子型向量)、矩阵、数据框、列表和时间序列的构成方法.

2.4.3　向量的建立

数值型向量的建立

统计分析中最为常用的是数值型向量, 它们可用下面的四种函数建立:

```
seq( ) #或 ":"       # 若向量(序列)具有较为简单的规律
rep( )               # 若向量(序列)具有较为复杂的规律
c( )                 # 若向量(序列)没有什么规律
scan( )              # 通过键盘逐个输入
```

　　例如

```
1:10
[1]  1  2  3  4  5  6  7  8  9 10

1:10-1
 [1] 0 1 2 3 4 5 6 7 8 9

1:(10-1)                      # 注意括号有无的区别
[1] 1 2 3 4 5 6 7 8 9
```

```
(z <- seq(1,5,by=0.5))              # 等价于 seq(from=1,to=5,by=0.5)
[1] 1.0 1.5 2.0 2.5 3.0 3.5 4.0 4.5 5.0

(z <- seq(1,10,length=11))          # 等价于 seq(1,10,length.out=11)
 [1]  1.0  1.9  2.8  3.7  4.6  5.5  6.4  7.3  8.2  9.1
[11] 10.0

(z <- rep(2:5,2))                   # 等价于 rep(2:5, times=2)
[1] 2 3 4 5 2 3 4 5

(z <- rep(2:5,rep(2,4)))
[1] 2 2 3 3 4 4 5 5

(z <- rep(1:3, times = 4, each = 2))
[1] 1 1 2 2 3 3 1 1 2 2 3 3 1 1 2 2 3 3 1 1 2 2 3 3

(z <- c(42,7,64,9))
[1] 42  7 64  9

z <- scan( )                        # 通过键盘建立向量
1: 1.0 1.5 2.0 2.5 3.0 3.5 4.0 4.5 5.0
10:
Read 9 items
z
[1] 1.0 1.5 2.0 2.5 3.0 3.5 4.0 4.5 5.0
```

注意: R 中的另一个函数 sequence( ) 与 seq( ) 的区别, 试比较:

```
(z <- sequence(3:5))
[1] 1 2 3 1 2 3 4 1 2 3 4 5

(z <- sequence(c(10,5)))
[1]  1  2  3  4  5  6  7  8  9 10  1  2  3  4  5
```

字符型向量的建立

字符和字符型向量在 R 中被广泛使用, 比如图表的标签. 在显示的时候, 相应的字符串由双引号界定, 字符串在输入时可以使用单引号 (') 或双引号 ("). 引号 (") 在输入时应当写作 \". 字符型向量可以通过连接函数 c( ) 进行连接. 函数 paste( )

可以接受任意个参数, 从它们中逐个取出字符并连成字符串, 形成的字符串的个数与参数中最长字符串的长度相同. 如果参数中包含数字, 数字将被强制转换为字符串. 在默认情况下, 参数中的各字符串是被一个空格分隔的, 不过通过参数 `sep=string` 用户可以把它更改为其他字符串, 包括空字符串. 例如

```
(Z <- c("green","blue sky","-99"))
[1] "green"    "blue sky" "-99"

(labs <- paste(c("X","Y"), 1:10, sep=""))
[1] "X1"  "Y2"  "X3"  "Y4"  "X5"  "Y6"  "X7"  "Y8"
[9] "X9"  "Y10"
```

逻辑型向量的建立

与数值型向量相同, R 允许对逻辑型向量进行操作. 一个逻辑型向量的值可以是 TRUE, FALSE 和 NA. 前两个通常简写为 T 和 F[1]. 逻辑型向量是由条件给出的. 譬如

```
x <- c(10.4, 5.6, 3.1, 6.4, 21.7)
(temp <- x > 13)
[1] FALSE FALSE FALSE FALSE  TRUE
```

`temp` 为一个与 x 长度相同, 元素根据是否与条件相符而由 TRUE 或 FALSE 组成的向量. 逻辑型向量可以在普通的运算中被使用, 此时它们将被转换为数值型向量, FALSE 当作 0, 而 TRUE 当作 1. 再看几个简单的例子:

```
7!=6
[1] TRUE

!(7==6)
[1] TRUE

!(7==6)==1
[1] TRUE

(7==9)|(7>0)
[1] TRUE
```

---

[1] 注意 T 和 F 仅仅是默认被指向 TRUE 和 FALSE 的变量, 而不是系统的保留字.

```
(7==9)&(7>0)
[1] FALSE
```

因子型向量的建立

一个因子或因子型向量不仅包括分类变量本身, 还包括变量不同的可能水平 (即使它们在数据中不出现). 因子利用函数 factor( ) 创建. factor( ) 的调用格式如下:

```
factor(x, levels = sort(unique(x), na.last = TRUE),
       labels = levels, exclude = NA, ordered = is.ordered(x))
```

说明: levels 用来指定因子的水平 (默认值是向量 x 中不同的值); labels 用来指定水平的名字; exclude 表示从向量 x 中剔除的水平值; ordered 是一个逻辑型选项, 用来指定因子的水平是否有次序. 这里 x 可以是数值型或字符型的, 这样对应的因子也就被称为数值型因子或字符型因子. 因此, 因子可以通过字符型向量或数值型向量来建立, 且可以相互转换.

1) 将字符型向量转换为因子

```
a <- c("green", "blue", "green", "yellow")
(a <- factor(a))
[1] green  blue   green  yellow
Levels: blue green yellow
```

2) 将数值型向量转换为因子

```
b <- c(1,2,3,1)
(b <- factor(b))
[1] 1 2 3 1
Levels: 1 2 3
```

3) 将字符型因子转换为数值型因子

```
a <- c("green", "blue", "green", "yellow")
a <- factor(a)
levels(a) <- c(1,2,3,4)
a
[1] 2 1 2 3
```

```
Levels: 1 2 3 4
(ff <- factor(c("A", "B", "C"), labels=c(1,2,3)))
[1] 1 2 3
Levels: 1 2 3
```

4) 将数值型因子转换为字符型因子

```
b <- c(1,2,3,1)
b <- factor(b)
levels(b) <- c("low", "middle", "high")
b
[1] low    middle high   low
Levels: low middle high

(ff <- factor(1:3, labels=c("A", "B", "C")))
[1] A B C
Levels: A B C
```

注: 函数 `levels( )` 用来提取一个因子中可能的水平值, 例如

```
(ff <- factor(c(2, 4), levels=2:5))
[1] 2 4
Levels: 2 3 4 5

levels(ff)
[1] "2" "3" "4" "5"
```

5) 函数 `gl( )` 能产生有规则的因子序列. 这个函数的用法是 `gl(k,n)`, 其中 k 是水平数, n 是每个水平重复的次数. 此函数有两个选项: `length` 用来指定产生数据的个数, `label` 用来指定每个水平因子的名字. 例如

```
gl(3, 5)
[1] 1 1 1 1 1 2 2 2 2 2 3 3 3 3 3
Levels: 1 2 3

gl(3, 5, length=30)
 [1] 1 1 1 1 1 2 2 2 2 2 3 3 3 3 3 1 1 1 1 1 2 2 2 2 2 3
[27] 3 3 3 3
Levels: 1 2 3
```

```
gl(2, 6, label=c("Male", "Female"))
[1] Male    Male    Male    Male    Male    Male    Female
[8] Female Female Female Female Female
Levels: Male Female

gl(2, 10)
[1] 1 1 1 1 1 1 1 1 1 1 2 2 2 2 2 2 2 2 2 2
Levels: 1 2

gl(2, 1, length=20)
[1] 1 2 1 2 1 2 1 2 1 2 1 2 1 2 1 2 1 2 1 2
Levels: 1 2

gl(2, 2, length=20)
[1] 1 1 2 2 1 1 2 2 1 1 2 2 1 1 2 2 1 1 2 2
Levels: 1 2
```

数值型向量的运算

向量可以用于算术表达式中, 操作是按照向量中的元素逐个进行的. 同一个表达式中的向量并不需要具有相同的长度, 如果它们的长度不同, 表达式的结果是一个与表达式中最长向量有相同长度的向量, 表达式中较短的向量会根据它的长度被重复使用若干次 (不一定是整数次), 直到与长度最长的向量相匹配, 而常数将被不断重复——这一规则称为循环法则 (recycling rule). 例如, 命令

```
x <- c(10.4, 5.6, 3.1, 6.4, 21.7)
y <- c(x,0,x)
v <- 2*x + y + 1
```

产生一个长度为 11 的新向量 v, 其中 $2 * x$ 被重复 2.2 次, y 被重复 1 次, 常数 1 被重复 11 次. 为了方便使用, 我们对向量的运算稍做细分:

• 向量与一个常数的加、减、乘、除为向量的每一个元素与此常数进行加、减、乘、除;

• 向量的乘方 (^) 与开方 (sqrt) 为每一个元素的乘方与开方, 这对像 $\log, \exp, \sin, \cos, \tan$ 等初等函数同样适用;

• 同样长度向量的加、减、乘、除等运算为对应元素进行加、减、乘、除等;

• 不同长度向量的加、减、乘、除遵从循环法则, 但要注意这种场合通常要求向量的长度为倍数关系, 否则会出现警告"长向量并非是短向量的整数倍".

下面举例说明

```
5+c(4,7,17)
[1]  9 12 22

5*c(4,7,17)
[1] 20 35 85

c(-1,3,-17)+c(4,7,17)
[1]  3 10  0

c(2,4,5)^2
[1]  4 16 25

sqrt(c(2,4,25))
[1] 1.414214 2.000000 5.000000

1:2+1:4
[1] 2 4 4 6

1:4+1:7
Warning in 1:4 + 1:7: longer object length is not a multiple of
shorter object length
[1]  2  4  6  8  6  8 10
```

常用统计函数

最后列出统计分析中常用的函数与作用, 见表 2.3.

表 2.3　统计分析中常用的函数与作用

统计函数	作用
$\mathtt{max}(x)$	返回向量 x 中最大的元素
$\mathtt{min}(x)$	返回向量 x 中最小的元素
$\mathtt{which.max}(x)$	返回向量 x 中最大元素的下标
$\mathtt{which.min}(x)$	返回向量 x 中最小元素的下标
$\mathtt{mean}(x)$	计算样本 (向量) x 的均值

续表

统计函数	作用
$\mathtt{median}(x)$	计算样本 (向量) x 的中位数
$\mathtt{mad}(x)$	计算中位绝对离差
$\mathtt{var}(x)$	计算样本 (向量) x 的方差
$\mathtt{sd}(x)$	计算向量 x 的标准差
$\mathtt{range}(x)$	返回长度为 2 的向量: $\mathtt{c(min}(x),\mathtt{max}(x))$
$\mathtt{IQR}(x)$	计算样本的四分位数极差
$\mathtt{quantile}(x)$	计算样本常用的分位数[1]
$\mathtt{summary}(x)$	计算常用的描述性统计量 (最小、最大、平均值、中位数和四分位数)
$\mathtt{length}(x)$	返回向量 x 的长度
$\mathtt{sum}(x)$	给出向量 x 的总和
$\mathtt{prod}(x)$	给出向量 x 的乘积
$\mathtt{rev}(x)$	取向量 x 的逆序
$\mathtt{sort}(x)$	将向量 x 按升序排序, 选项 decreasing=TRUE 表示降序
$\mathtt{order}(x)$	返回 x 的秩 (升序), 选项 decreasing=TRUE 得到降序的秩
$\mathtt{rank}(x)$	返回 x 的秩
$\mathtt{cumsum}(x)$	返回向量 x 和累积和 (其第 i 个元素是从 $x[1]$ 到 $x[i]$ 的和)
$\mathtt{cumprod}(x)$	返回向量 x 和累积积 (其第 i 个元素是从 $x[1]$ 到 $x[i]$ 的积)
$\mathtt{cummin}(x)$	返回向量 x 和累积最小值 (其第 i 个元素是从 $x[1]$ 到 $x[i]$ 的最小值)
$\mathtt{cummax}(x)$	返回向量 x 和累积最大值 (其第 i 个元素是从 $x[1]$ 到 $x[i]$ 的最大值)
$\mathtt{var}(x,y)$	计算样本 (向量) x 与 y 的方差
$\mathtt{cov}(x,y)$	计算样本 (向量) x 与 y 的协方差
$\mathtt{cor}(x,y)$	计算样本 (向量) x 与 y 的相关系数
$\mathtt{outer}(x,y)$	计算样本 (向量) x 与 y 的外积[2]

---

[1] quantile(x) 仅计算 x 的极小、极大、中位数及两个四分位数, 更一般地使用 quantile(x, probs) 可计算给定向量 probs 处的样本分位数.

[2] 函数 outer( ) 的一般形式为 (x,y,"op"), 其中 op 可为任一四则运算符.

说明: 函数 max( ), min( ), median( ), var( ), sd( ), sum( ), cumsum( ), cumprod( ), cummax( ), cummin( ) 对于矩阵及数据框的意义有方向性. 对于矩阵, cov( ) 和 cor( ) 分别用于求矩阵的协方差阵和相关系数阵, 这些将在后面举例说明.

向量的索引 (index) 与子集 (元素) 的提取

选择一个向量的子集 (元素) 可以通过在其名称后追加一个方括号中的索引向量来完成. 更一般地, 任何结果为一个向量的表达式都可以通过追加索引向量来选择其中的子集. 这样的索引向量有四种不同的类型.

1) 正整数向量——提取向量中对应的元素. 这种情况下索引向量中的值必须在集合 $\{1, 2, \ldots, \text{length}(x)\}$ 中. 返回的向量与索引向量有相同的长度, 且按索引向量的顺序排列. 例如 x[6] 是 x 的第六个元素, 而

```
x[1:10]
[1] 10.4   5.6   3.1   6.4 21.7   NA   NA   NA   NA   NA
```

选取了 x 的前 10 个元素 (假设 x 的长度不小于 10).

```
x[c(1,4)]
[1] 10.4   6.4
```

取出向量 x 的第 1 和第 4 个元素.

2) 负整数向量——去掉向量中与索引向量对应的元素. 例如

```
y <- x[-(1:5)]
```

从 x 中去除前 5 个元素得到 y.

3) 字符串向量——这种可能性只存在于拥有 names 属性并由它来区分向量中元素的向量. 在这种情况下一个由名称组成的子向量起到了和正整数的索引向量相同的效果. 例如

```
fruit <- c(5, 10, 1, 20)
names(fruit) <- c("orange", "banana", "apple", "peach")
(lunch <- fruit[c("apple","orange")])
apple orange
    1      5
```

4) 逻辑值向量——取出满足条件的元素. 在索引向量中返回值是 TRUE 的元素

将被选出, 返回值为 FALSE 的元素将被忽略. 例如

```
x <- c(42,7,64,9)

x > 10                       # 值大于10的元素逻辑值
[1]  TRUE FALSE  TRUE FALSE

x[x>10]                      # 值大于10的元素
[1] 42 64

x[x<40 & x>10]
numeric(0)

(x[x>10] <- 10)
[1] 10

y = runif(100,min=0,max=1)   #(0,1)上100个均匀分布随机数
sum(y<0.5)                   # 值小于0.5的元素的个数
[1] 56

sum(y[y<0.5])                # 值小于0.5的元素的值的和
[1] 14.74548

y <- x[!is.na(x)]            # x中的非缺失值
z <- x[(!is.na(x))&(x>0)]    # x中的非负非缺失值
```

2.4.4 数组与矩阵的建立

前面已经指出数组是一个 $k(\geqslant 1)$ 维 (dim) 的数据表; 矩阵是数组的一个特例, 其维数 $k = 2$, 而上面所述的向量自然也可看成维数 $k = 1$ 的数组[1]. 而且向量、数组或者矩阵中的所有元素都必须是同一种类型的. 对于一个向量, 其属性由其类型和长度构成; 而对于数组与矩阵, 除了类型和长度两个属性外, 还需要维数 dim 这个属性来描述. 因此如果一个向量需要在 R 中以数组的方式被处理, 则必须含有一个维数向量 dim 作为它的属性.

数组的建立

R 中数组由函数 array( ) 建立, 其一般格式为:

---

[1]通常使用 c( ) 建立向量, 使用 matrix( ) 建立矩阵, 使用 array( ) 建立数组, 因此它们在 R 中的属性是不同的.

```
array(data, dim, dimnames)
```

其中 data 为一个向量, 其元素用于构建数组; dim 为数组的维数向量 (为数值型向量); dimnames 为由各维的名称构成的向量 (为字符型向量), 默认值为空.

以一个 3 维的数据为例来说明. 设 A 是一个存放在向量 a 中的 24 个数据项组成的数组, A 的维数向量为 c(3,4,2). 维数可由命令

```
dim(A) <- c(3,4,2)
```

建立. 这样, 命令

```
A <- array(a, dim = c(3,4,2))
```

就建立了数组 A. 24 个数据项在数组 A 中的顺序依次为: $a[1,1,1]$, $a[2,1,1]$, $\ldots$, $a[2,4,2]$, $a[3,4,2]$. 我们再来看一个具体的例子:

```
(A <- array(1:8, dim = c(2, 2, 2)))
, , 1
     [,1] [,2]
[1,]    1    3
[2,]    2    4
, , 2
     [,1] [,2]
[1,]    5    7
[2,]    6    8

dim(A)
[1] 2 2 2
(dimnames(A) <- list(c("a", "b"), c("c", "d"), c("e", "f")))
[[1]]
[1] "a" "b"
[[2]]
[1] "c" "d"
[[3]]
[1] "e" "f"
colnames(A)
[1] "c" "d"

rownames(A)
```

```
[1] "a" "b"

dimnames(A)
[[1]]
[1] "a" "b"
[[2]]
[1] "c" "d"
[[3]]
[1] "e" "f"
```

如果数据项太少, 则采用循环准则填充数组 (或矩阵).

矩阵的建立

因为矩阵是数组的特例, 因此矩阵也可以用函数 array( ) 来建立, 例如

```
(A <- array(1:6, c(2,3)))
     [,1] [,2] [,3]
[1,]   1    3    5
[2,]   2    4    6
(A <- array(1:4,c(2,3)))
     [,1] [,2] [,3]
[1,]   1    3    1
[2,]   2    4    2
(A <- array(1:8,c(2,3)))
     [,1] [,2] [,3]
[1,]   1    3    5
[2,]   2    4    6
```

然而, 由于矩阵在数学及统计中的特殊性, 在 R 中最为常用的是使用命令 matrix( ) 建立矩阵, 而对角阵用函数 diag( ) 建立更为方便, 例如

```
X <- matrix(1, nr = 2, nc = 2)
X <- diag(3)    # 生成单位阵
v <- c(10, 20, 30)
diag(v)
     [,1] [,2] [,3]
```

```
[1,]   10    0    0
[2,]    0   20    0
[3,]    0    0   30
diag(2.5, nr = 3, nc = 5)
     [,1] [,2] [,3] [,4] [,5]
[1,] 2.5  0.0  0.0    0    0
[2,] 0.0  2.5  0.0    0    0
[3,] 0.0  0.0  2.5    0    0
(X <- matrix(1:4, 2))   # 等价于 X <- matrix(1:4, 2, 2)
     [,1] [,2]
[1,]    1    3
[2,]    2    4
rownames(X) <- c("a", "b")
colnames(X) <- c("c", "d")
X
  c d
a 1 3
b 2 4
dim(X)
[1] 2 2
dimnames(X)
[[1]]
[1] "a" "b"

[[2]]
[1] "c" "d"
```

注意:

• 循环准则仍然适用于 matrix( ),但要求数据项的个数等于矩阵的列数的倍数,否则会出现警告.

• 矩阵的维数使用 c( ) 会得到不同的结果 (除非是方阵),因此需要小心.

• 数据项填充矩阵的方向可通过参数 byrow 来指定,其默认是按列填充的

(byrow=FALSE). byrow=TRUE 表示按行填充数据.

再看几个例子:

```
(X <- matrix(1:4, 2, 4))            # 按列填充
     [,1] [,2] [,3] [,4]
[1,]    1    3    1    3
[2,]    2    4    2    4

X <- matrix(1:4, 2, 3)
(X <- matrix(1:4, c(2, 3)))
     [,1] [,2]                      # 不经常使用
[1,]    1    3
[2,]    2    4

(X <- matrix(1:4, 2, 4, byrow=TRUE)) # 按行填充
     [,1] [,2] [,3] [,4]
[1,]    1    2    3    4
[2,]    1    2    3    4
```

数组与矩阵的索引 (index) 与子集 (元素) 的提取

同向量的索引一样, 矩阵与数组的索引可以使用正整数、负整数和逻辑表达式, 从而实现子集的提取或修改. 考查矩阵

```
(x <- matrix(1:6, 2, 3))
     [,1] [,2] [,3]
[1,]    1    3    5
[2,]    2    4    6
```

• 提取一个元素

```
x[2,2]
[1] 4
```

• 提取一个或若干个行或列 [1]

---

[1] R 的默认规则是返回一个维数尽可能低的对象, 这可以通过修改选项 drop 的值来改变.

```
x[2,]
[1] 2 4 6

x[,2]
[1] 3 4

x[,2,drop=FALSE]
     [,1]
[1,]    3
[2,]    4

x[,c(2,3),drop=FALSE]
     [,1] [,2]
[1,]    3    5
[2,]    4    6
```

- 去掉一个或若干个行或列

```
x[-1,]
[1] 2 4 6

x[,-2]
     [,1] [,2]
[1,]    1    5
[2,]    2    6
```

- 添加与替换元素

```
(x[,3] <- NA)
[1] NA

(x[is.na(x)] <- 1)    # 缺失值用1代替
[1] 1
```

对矩阵的运算 (函数)

对于矩阵的运算, 我们分通常的矩阵代数运算与统计运算分别讨论.

1) 矩阵的代数运算

- 转置函数 t( ):

```
(X <- matrix(1:6, 2, 3))
     [,1] [,2] [,3]
[1,]    1    3    5
[2,]    2    4    6
t(X)
     [,1] [,2]
[1,]    1    2
[2,]    3    4
[3,]    5    6
```

- 提取对角元 diag( ):

```
X <- matrix(1:4, 2, 2)
diag(X)
[1] 1 4
```

- 几个矩阵按行合并 rbind( ) 与按列合并 cbind( ):

```
m1 <- matrix(1, nr = 2, nc = 2)
m2 <- matrix(2, nr = 2, nc = 2)
rbind(m1, m2)
     [,1] [,2]
[1,]    1    1
[2,]    1    1
[3,]    2    2
[4,]    2    2
cbind(m1, m2)
     [,1] [,2] [,3] [,4]
[1,]    1    1    2    2
[2,]    1    1    2    2
```

- 矩阵的逐元乘积 "*":

```
m2*m2
     [,1] [,2]
[1,]    4    4
[2,]    4    4
```

- 矩阵的代数乘积"%*%":

```
rbind(m1, m2) %*% cbind(m1, m2)
     [,1] [,2] [,3] [,4]
[1,]    2    2    4    4
[2,]    2    2    4    4
[3,]    4    4    8    8
[4,]    4    4    8    8
cbind(m1, m2) %*% rbind(m1, m2)
     [,1] [,2]
[1,]   10   10
[2,]   10   10
```

- 方阵的行列式 det( )

```
(X <- matrix(1:4, 2))
     [,1] [,2]
[1,]    1    3
[2,]    2    4
det(X)
[1] -2
```

- 其他函数: 交叉乘积 (cross product), 函数为 crossprod( ); 特征根与特征向量, 函数为 eigen( ); QR 分解, 函数为 qr( ), 等等.

2) 矩阵的统计运算

在讲述向量时我们已经提到过函数 max(), min(), median(), var(), sd(), sum( ), cumsum( ), cumprod( ), cummax( ), cummin( ) 对于矩阵 (及数据框) 有方向性. 而函数 cov( ) 和 cor( ) 分别用于计算矩阵的协方差阵和相关系数阵.

正是由于矩阵的排列是有方向性的, 在 R 中规定矩阵是按列排的, 若没有特别说明上述函数的使用也是按列计算的, 但也可以通过选项 MARGIN 来改变. 下面我们要用到对一个对象施加某种运算的函数 apply( ), 其格式为

```
apply(X, MARGIN, FUN)
```

其中 X 为参与运算的矩阵, FUN 为上面的一个函数或"+""-""*""\"(必须放在引号中), MARGIN=1 表示按行计算, MARGIN=2 表示按列计算, MARGIN=c(1,2) 表示按行列计算 (在至少 3 维的数组中使用). 我们还用到 sweep( ) 函数, 命令

```
sweep(X, MARGIN, STATS, FUN)
```

表示从矩阵 X 中按 MARGIN 计算 STATS, 并从 X 中除去 (sweep out). 下面举几个
例子加以说明:

- 求均值、中位数等:

```
m <- matrix(rnorm(n=12),nrow=3)
apply(m, MARGIN=1, FUN=mean)  # 求各行的均值
[1] -0.2940742  0.2259542  1.0790970

apply(m, MARGIN=2, FUN=mean)  # 求各列的均值
[1] 1.0641158  0.2743360  -0.5126459  0.5221036
```

- 标准化:

```
scale(m, center=T, scale=T)
             [,1]         [,2]         [,3]         [,4]
[1,] -0.96251675 -1.1223093  -0.9259522   1.1180974
[2,] -0.07116458  0.3259603  -0.1344847  -0.8088360
[3,]  1.03368134  0.7963490   1.0604369  -0.3092614
attr(,"scaled:center")
[1]  1.0641758  0.2743360  -0.5126459   0.5221036
attr(,"scaled:scale")
[1]  1.3943308  0.6480664   1.1005826   0.5046239
```

- 减去中位数:

```
row.med <- apply(m, MARGIN=1, FUN=median)
sweep(m, MARGIN=1, STATS=row.med, FUN="-")
             [,1]         [,2]         [,3]         [,4]
[1,]  0.08755199 -0.08755199 -1.16628986   1.4517652
[2,]  0.66518608  0.18581712 -0.96042022  -0.1858171
[3,]  1.78303175  0.06798528 -0.06798528  -0.3563948
```

2.4.5 数据框 (data frame) 的建立

统计分析中一个完整的数据集通常是由若干个变量的若干个观测值组成的, 在
R 中称为数据框. 数据框是一个对象, 它与前面讲的矩阵与二维数组形式上是类似的,
也是二维的, 也有维数这个属性, 且各个变量的观测值有相同的长度. 但不同的是, 在

数据框中, 行与列的意义是不同的, 其中的列表示变量, 而行表示观测. 显示数据框时左侧会显示观测值的序号.

数据框的建立分为直接的与间接的两种方法.

数据框的直接建立

若我们在 R 中建立了一些向量并试图由它们生成数据框, 则可以使用函数 data.frame( ). 例如

```
x <- c(42,7,64,9)
y <- 1:4
(z.df = data.frame(INDEX = y, VALUE = x))
  INDEX VALUE
1     1    42
2     2     7
3     3    64
4     4     9
```

数据框中的向量必须有相同的长度或长度有倍数关系, 如果其中有一个比其他的短, 它将按循环法则"循环"整数次. 例如

```
weight <- c(70.6, 56.4, 80, 59.5)
x <- (c("adult", "teen", "adult", "teen"))
(wag <- data.frame(weight, age = x))
  weight    age
1   70.6  adult
2   56.4   teen
3   80.0  adult
4   59.5   teen

x <- 1:4; y <- 2:5
data.frame(x, y)
  x y
1 1 2
2 2 3
3 3 4
4 4 5
```

数据框的间接建立

一个数据框还可以通过数据文件 (文本文件、Excel 文件或其他统计软件的数据文件) 读取并建立, 在此我们仅通过一个例子来说明如何通过函数 read.table( ) 读取文件c:\data\foo.txt中的观测值, 并建立一个数据框. 其他间接方法可参考下一节"数据的存储与读取"的介绍. 已知存于 foo.txt 上的数据如下:

```
treat weight
  A     3.4
  B     NA
  A     5.8
```

则下面的命令建立了数据框 foo:

```
(foo <- read.table(file = "c:/data/foo.txt", header = T))
   treat weight
1     A     3.4
2     B      NA
3     A     5.8
```

适用于数据框的函数

在上一小节中我们讨论的关于矩阵的统计计算函数 max(), min(), median(), var(), sd(), sum(), cumsum(), cumprod(), cummax(), cummin(), cov(), cor() 同样适用于数据框, 意义也相同. 这里通过 R 内嵌的另一个数据集 Puromycin 来说明 summary(), pairs() 和 xtable() 等的使用:

```
attach(Puromycin)    # 挂接数据集使之激活
help(Puromycin)      # 显示前几行
summary(Puromycin)   # 显示主要的描述性统计量
      conc              rate            state
 Min.   :0.0200    Min.   : 47.0    treated  :12
 1st Qu.:0.0600    1st Qu.: 91.5    untreated:11
 Median :0.1100    Median :124.0
 Mean   :0.3122    Mean   :126.8
 3rd Qu.:0.5600    3rd Qu.:158.5
 Max.   :1.1000    Max.   :207.0
```

从 summary 可以看出, 变量 conc 和 rate 是数值型的, 而 state 为因子变量. 变量之间的关系可以通过成对数据散点图考查 (图 2.1):

```
pairs(Puromycin, panel = panel.smooth)
```

最后使用 xtabs( ) 函数由交叉分类因子产生一个列联表:

```
xtabs(~state + conc, data = Puromycin)
          conc
state     0.02 0.06 0.11 0.22 0.56 1.1
  treated     2    2    2    2    2   2
  untreated   2    2    2    2    2   1
```

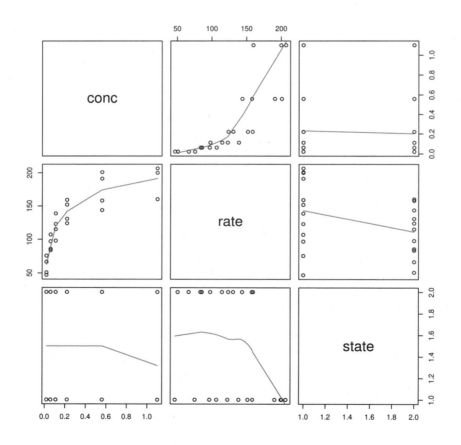

图 2.1 Puromycin 的成对散点图

数据框的索引 (index) 与子集的提取

数据框的索引与子集的提取与矩阵基本相同. 不同的是, 对于列我们可以使用变量的名称, 仍以数据集 Puromycin 为例说明.

- 提取单个元素

```
Puromycin[1, 1]
[1] 0.02
```

- 提取一个子集, 例如第 1, 3, 5 行, 第 1, 3 列

```
Puromycin[c(1, 3, 5), c(1, 3)]
  conc   state
1 0.02 treated
3 0.06 treated
5 0.11 treated
```

常使用变量名称来指定列的位置, 上面的命令等价于

```
Puromycin[c(1, 3, 5), c("conc", "state")]]
```

- 提取一列 (变量的值). 一个数据框的变量对应了数据框的一列, 如果变量有名称, 则可直接使用"数据框名 $ 变量名"这种格式指向对应的列. 例如

```
Puromycin$conc     # 等价于 Puromycin[,1]
 [1] 0.02 0.02 0.06 0.06 0.11 0.11 0.22 0.22 0.56 0.56
[11] 1.10 1.10 0.02 0.02 0.06 0.06 0.11 0.11 0.22 0.22
[21] 0.56 0.56 1.10
```

```
Puromycin$state
 [1] treated   treated   treated   treated   treated
 [6] treated   treated   treated   treated   treated
[11] treated   treated   untreated untreated untreated
[16] untreated untreated untreated untreated untreated
[21] untreated untreated untreated
Levels: treated untreated
```

- 提取满足条件的子集

```
subset(Puromycin, state == "treated" & rate > 160)
  conc rate   state
```

```
9  0.56  191 treated
10 0.56  201 treated
11 1.10  207 treated
12 1.10  200 treated
```

```
subset(Puromycin, conc > mean(conc))
   conc rate    state
9  0.56  191  treated
10 0.56  201  treated
11 1.10  207  treated
12 1.10  200  treated
21 0.56  144 untreated
22 0.56  158 untreated
23 1.10  160 untreated
```

数据框中添加新变量

在原有的数据框中添加新的变量有三种方法. 假设我们想在 Puromycin 中增加变量 iconc, 其定义为 1/conc, 则可分别使用:

1) 基本方法

```
Puromycin$iconc <- 1/Puromycin$conc
```

2) with( ) 函数

```
Puromycin$iconc <- with(Puromycin, 1/conc)
```

3) transform( ) 函数, 且可一次性定义多个变量

```
Puromycin <- transform(Puromycin, iconc = 1/conc,
  sqrtconc = sqrt(conc))
head(Puromycin)
  conc rate    state     iconc sqrtconc
1 0.02   76 treated 50.000000 0.1414214
2 0.02   47 treated 50.000000 0.1414214
3 0.06   97 treated 16.666667 0.2449490
4 0.06  107 treated 16.666667 0.2449490
5 0.11  123 treated  9.090909 0.3316625
```

```
6 0.11   139 treated   9.090909 0.3316625
```

2.4.6 列表 (list) 的建立

当分析复杂数据时, 仅有向量与数据框还不够, 有时需要生成包含不同类型的对象. R 的列表 (list) 就是包含任何类型的对象.

列表可以用函数 list( ) 创建, 方法与创建数据框类似 (见 2.4.5 节). 和 data. frame( ) 一样, 默认值没有给出对象的名称. 列表的索引与子集的提取也与数据框没有本质区别. 数据分析通常是在提取部分对象后按上面讲述的向量、矩阵或数据框等运算进行, 在此不再一一列举. 下面仅举两例进行说明.

```
(L1 <- list(1:6, matrix(1:4, nrow = 2)))
[[1]]
[1] 1 2 3 4 5 6
[[2]]
     [,1] [,2]
[1,]    1    3
[2,]    2    4
(L2 <- list(x = 1:6, y = matrix(1:4, nrow = 2)))
$x
[1] 1 2 3 4 5 6
$y
     [,1] [,2]
[1,]    1    3
[2,]    2    4

L2$x
[1] 1 2 3 4 5 6

L2[1]
$x
[1] 1 2 3 4 5 6

L2[[1]]
[1] 1 2 3 4 5 6

L2[[1]][2]
```

```
[1] 2
L2$x[2]
[1] 2

L2$y[4]
[1] 4
```

2.4.7 时间序列 (ts) 的建立

由函数 ts( ) 通过向量或者矩阵创建一个一元的或多元的时间序列 (time series), 它称为 ts 型对象, 其调用格式为:

```
ts(data = NA, start = 1, end = numeric(0), frequency = 1,
   deltat = 1, ts.eps = getOption("ts.eps"), class, names)
```

函数 ts( ) 可带一些表明序列特征的选项 (其本身可使用默认值), 如表 2.4 所示.

表 2.4 函数 ts( ) 的选项

选项	说明
data	一个向量或者矩阵
start	第一个观测值的时间, 为一个数字或者一个由两个整数构成的向量
end	最后一个观测值的时间, 指定方法和 start 相同
frequency	单位时间内观测值的频数 (频率)
deltat	两个观测值间的时间间隔 (例如, 月度数据的取值为 1/12); frequency 和 deltat 必须并且只能给定其中的一个
ts.eps	序列之间的误差限. 如果序列之间的频率差异小于 ts.eps, 则认为这些序列的频率相等
class	对象的类型. 一元序列的默认值是"ts", 多元序列的默认值是 c("mts" "ts")
names	一个字符型向量, 给出多元序列中每个一元序列的名称, 默认值为 data 中每列数据的名称或者 Series 1, Series 2, …

我们看几个用 ts( ) 创建时间序列的例子:

```
ts(1:10, start = 1959)
Time Series:
Start = 1959
End = 1968
Frequency = 1
```

```
[1]  1  2  3  4  5  6  7  8  9 10
```

```
ts(1:47, frequency = 12, start = c(1959, 2))
```

	Jan	Feb	Mar	Apr	May	Jun	Jul	Aug	Sep	Oct	Nov	Dec
1959		1	2	3	4	5	6	7	8	9	10	11
1960	12	13	14	15	16	17	18	19	20	21	22	23
1961	24	25	26	27	28	29	30	31	32	33	34	35
1962	36	37	38	39	40	41	42	43	44	45	46	47

```
ts(1:10, frequency = 4, start = c(1959, 2))
```

	Qtr1	Qtr2	Qtr3	Qtr4
1959		1	2	3
1960	4	5	6	7
1961	8	9	10	

```
ts(matrix(rpois(36,5),12,3), start=c(1961,1),frequency=12)
```

	Series 1	Series 2	Series 3
Jan 1961	2	6	4
Feb 1961	8	6	2
Mar 1961	3	7	3
Apr 1961	2	6	9
May 1961	7	7	2
Jun 1961	4	7	2
Jul 1961	2	6	5
Aug 1961	6	4	9
Sep 1961	4	4	4
Oct 1961	7	4	8
Nov 1961	4	1	5
Dec 1961	3	6	3

受篇幅的限制, 本书不介绍时间序列统计分析, 有兴趣的读者可参考 Zivot 与 Wang (2002).

2.5　数据的存储与读取

对于在文件中读取和写入的工作, R 使用工作目录来完成. 如果一个文件不在工作目录里则必须给出它的路径. 可以使用命令 getwd( ) 获得工作目录, 使用命令setwd("C:/data")将当前的工作目录设定为C:\data (注意 R 命令中目录的分割符使用正斜杠"/"或两个反斜杠"\\"). 工作目录的设定也可通过"文件"菜单的"改变当前目录 ··· "来完成[1].

2.5.1　数据的存储

保存为文本文件

R 中使用函数 write.table( ) 或 save( ) 在文件中写入一个对象, 一般是写一个数据框, 也可以是其他类型的对象 (向量、矩阵、数组、列表等). 我们以数据框为例加以说明, 例如数据框 d 是用下面的命令建立的:

```
d <- data.frame(obs = c(1, 2, 3), treat = c("A", "B", "A"),
                weight = c(2.3, NA, 9))
```

1) 保存为简单的文本文件

```
write.table(d, file = "c:/data/foo.txt",
            row.names = F, quote = F)
```

其中选项 row.names = F 表示行名不写入文件, quote = F 表示变量名不放在双引号中.

2) 保存为逗号分隔的文本文件 (comma separated version file, 简称为 csv文件)

```
write.csv(d, file = "c:/data/foo.csv",
          row.names = F, quote = F)
library(data.table)
fwrite(d, "c:/data/foo.csv")
```

3) 保存为 R 格式文件

---

[1] 如果不设定工作目录, 在读写文件时也可将目录直接写在 file 参数中.

```
save(d, file = "c:/data/foo.Rdata")
```

在经过了一段时间的分析后, 常需要将工作空间的映像保存起来, 命令为

```
save.image( )
```

实际上它等价于

```
save(list =ls(all=TRUE), file=".RData")
```

我们也可通过菜单 "文件" 下的 "保存工作空间" 来完成. 上述三个函数的选项及具体使用请查看它们的帮助文件.

2.5.2 数据的读取

纯文本格式数据的读取

R 可以用下面的函数读取存储在文本文件 (ASCII) 中的数据: read.table( ), scan( ) 和 read.fwf( ).

1) 使用函数 read.table( )

函数 read.table( ) 用来创建一个数据框, 所以它是读取表格形式的数据的主要方法, 这一点我们在前一节已经提到. 我们再举一个例子, 先在 "C:\data" 下建立文件 houses.dat, 其内容为

	Price	Floor	Area	Rooms	Age	Cent.heat
01	52.00	111.0	830	5	6.2	no
02	54.75	128.0	710	5	7.5	no
03	57.50	101.0	1000	5	4.2	no
04	57.50	131.0	690	6	8.8	no
05	59.75	93.0	900	5	1.9	yes

则使用命令:

```
setwd("C:/data")
HousePrice <- read.table(file="houses.dat")
```

建立数据框 HousePrice. 在默认情况下, 数值项 (除了行标号) 将被当作数值变量读入. 非数值变量, 如例子中的变量 Cent.heat, 将被作为因子读入. 如果明确数据的第一行作为表头行, 则使用 header 选项:

```
HousePrice <- read.table("houses.dat", header=TRUE)
```

除了上面的基本形式外, read.table( ) 还有 4 个变形: read.csv( ), read.csv2( ),
read.delim( ), read.delim2( ). 前两个读取用逗号分隔的数据; 后两个则针对使用
其他分隔符分隔的数据 (它们不使用行号). 具体可参考 read.table( ) 的帮助文件.

　　2) 使用函数 scan( )

　　函数 scan( ) 比 read.table( ) 要更加灵活, 它们的区别之一是: scan( ) 可
以指定变量的类型, 例如我们先建立文件C:\data\data.dat:

M	65	168
M	70	172
F	54	156
F	58	163

命令:

```
mydata <- scan("data.dat", what = list("", 0, 0))
```

读取了文件 data.dat 中的 3 个变量, 第一个是字符型变量, 后两个是数值型变量.
其中第二个参数是一个名义列表结构, 用来确定要读取的 3 个向量的模式. 在名义列
表中, 我们可以直接命名对象. 例如

```
mydata <- scan("data.dat",
               what = list(Sex="", Weight=0, Height=0))
```

另一个重要的区别在于 scan( ) 可以用来创建不同的对象: 向量、矩阵、数据框、列
表等. 在默认情况下 (即 what 被省略), scan( ) 将创建一个数值型向量. 如果读取
的数据类型与默认类型或指定类型不符, 则将返回一个错误信息. 更一般的说明可参
考 scan( ) 的帮助文件.

　　3) 使用函数 read.fwf( )

　　函数 read.fwf( ) 可以用来读取文件中一些固定宽度格式的数据. 除了选项
widths 用来说明读取字段的宽度外, 其他选项与 read.table( ) 基本相同. 例如,
我们先建立文件C:\data\data.txt:

```
A1.501.2
A1.551.3
B1.601.4
B1.651.5
```

```
C1.701.6
C1.751.7
```

命令:

```
mydata <- read.fwf("data.txt", widths=c(1, 4, 3),
            col.names=c("X","Y","Z"))
```

得到

```
  X    Y    Z
1 A 1.50 1.2
2 A 1.55 1.3
3 B 1.60 1.4
4 B 1.65 1.5
5 C 1.70 1.6
6 C 1.75 1.7
```

更详细的说明可参考 read.fwf( ) 的帮助文件.

4) csv 格式纯文本文件的读取

数据项的分隔最为常用的是空格与逗号, 后者即 csv 文件. 前面的 house 数据为空格分隔的数据文件, 如果取消行号且在每一个数据项后加上逗号",", 并改名为 house.csv, 则可以直接用 read.csv( ) 命令读取

```
HousePrice <- read.csv("houses.csv", header=TRUE)
```

然而, 读取由空格、逗号等分隔符分隔的纯文本数据还有另外两种更为有效的方法, 其一是使用 tidyverse 数据科学系列程序包中的 readr 程序包, 它也有多种形式: read_delim(), read_csv(), read_csv2(), read_tsv() (tsv 指由 tab 键分隔的格式). 这是 R 语言推荐使用的读取纯文本数据的工具, 它比基础程序包中的 read.csv( ) 等效率有很大提升, 甚至成倍提高. 另一个工具是 data.table 程序包中的 fread( ) 函数, 它使用更方便, 且效率比 readr 还高几倍.

下面我们通过一个例子来比较三个工具的效率 (读取速度), 我们先生成一个数据框, 它由若干个大写英文字母构成的向量组成, 每一个字母代表一个因子水平, 然后分别用

```
base::read.csv( )
```

```
readr::read_csv( )
```

```
data.table::fread( )
```

读取, 其中用 readr::read_csv( ) 读取后用 dplyr 包的 mutate_if( ) 函数将所有
字符型变量读成因子型变量; 而另外两个通过设置选项 stringsAsFactors = T 直
接实现类型转换. 我们做两次测试, 结果受测试系统的性能和 R 版本等因素的影响
有所不同.

测试 1: 10 个变量, 每个变量的 10 万个字母均从 A, B, C, $\cdots$, Y, Z 这 26 个大
写字母中随机产生, 对于 Windows 系统用户, 代码中的文件目录可改为 "C:\data"
等.

```
v1 <- as.factor(LETTERS[1:26])
df <- data.frame(matrix(nrow=100000))
for(i in 1:10){
  df[,i] <- sample(v1, 100000, replace = T)
  names(df)[i] <- paste('v', i, sep='')
}
write.csv(df, '/Users/yctang/Rdata/
          letters_read_csv1.csv', row.names = F)
# 1) 使用 base::read.csv 函数
system.time(x1<-read.csv('/Users/yctang/Rdata/
                         letters_read_csv1.csv',
                         header=T, stringsAsFactors = T))
#    user  system elapsed
#   0.169   0.014   0.184
# 2) 使用 readr::read_csv 函数
system.time({
  x2 <- read_csv('/Users/yctang/Rdata/
              letters_read_csv1.csv', col_names = T)
  x2 <- x2 %>% mutate_if(is.character, factor)}
  )
#    user  system elapsed
#   0.005   0.000   0.005
```

```
# 3) 使用data.table::fread函数
system.time(
  x3 <- fread(input='/Users/yctang/Rdata/
              letters_read_csv1.csv', stringsAsFactors = T))
#   user  system elapsed
#  0.001   0.001   0.001
```

测试 2: 100 个变量, 每个变量的 100 万个字母均从 A, B, C, $\cdots$, Y, Z 这 26 个大写字母中随机产生.

```
v1 <- as.factor(LETTERS[1:26])
df<-data.frame(matrix(nrow=1000000))
for(i in 1:100){
  df[,i]<-sample(v1, 1000000, replace = T)
  names(df)[i]<-paste('v', i, sep='')
}
write.csv(df, '/Users/yctang/Rdata/
          letters_read_csv3.csv', row.names = F)
# 1) 使用base::read.csv函数
system.time(x1<-read.csv('/Users/yctang/Rdata/
                         letters_read_csv3.csv',
                         header=T, stringsAsFactors = T))
#   user  system elapsed
# 18.847   1.787  20.728
# 2) 使用data.table::fread函数
system.time({
  x2 <- read_csv('/Users/yctang/Rdata/
                 letters_read_csv3.csv', col_names = T)
  x2 <- x2 %>% mutate_if(is.character, factor)}
  )
#   user  system elapsed
# 14.260   1.566  15.825
```

```
# 3) 使用data.table::fread函数
system.time(x3 <- fread(input='/Users/yctang/Rdata/
                          letters_read_csv3.csv',
                          stringsAsFactors = T)
 )
#    user   system elapsed
#  6.854    0.633   7.494
```

Excel 数据的读取

有两种简单的方法获得 Excel 电子表格中的数据.

1) 利用剪贴板

在 Windows 系统下, 一种简单的方法是打开 Excel 中的电子表格, 选中需要的数据区域, 再复制到剪贴板中 (使用 CTRL+C). 然后在 R 中输入命令

```
mydata <- read.delim("clipboard")
```

2) 使用程序包 readxl

readxl 是 Hadley Wickham 数据科学系列 R 程序包 tidyverserse 中的一个, 它不同于过去存在的 R 程序包有各种不同的限制 (如 RODBC 仅在 Windows 的 32 位 R 下使用; gdata 依赖于 perl, xlsx 需要 rjava 程序包支持, 后者又依赖于系统的 java; xlsReadWrite 更新不及时, 仅支持 xls 格式的 Excel 文件), readxl 没有额外的限制, 且适用于所有的操作系统, 并支持 xls 和 xlsx 格式的 Excel 文件 (可自动识别后缀).

readxl 的安装容易, 有三种方式, 命令如下:

```
install.packages("readxl")
install.packages("tidyverse")
# install.packages("devtools")
devtools::install_github("tidyverse/readxl")
```

readxl 中的主要命令见表 2.5.

其中read_xlsx( ), read_xls( ), read_excel( )是三个主要的函数, 以第三个为例, 其格式如下:

表 2.5 `readxl` 程序包中的主要命令

命令	说明
`read_excel`	读取 xls 和 xlsx 文件
`read_xls`	读取 xls 文件
`read_xlsx`	读取 xlsx 文件
`excel_sheets`	列出 Excel 文件中的所有表格
`readxl_example`	获取 readxl 示例的路径
`anchored`	指定读取的单元 (cell)
`cell-specification`	指定读取的单元
`cell_cols`	指定读取的单元
`cell_limits`	指定读取的单元
`cell_rows`	指定读取的单元

```
read_excel(path, sheet = NULL, range = NULL, col_names = TRUE,
           col_types = NULL, na = "", trim_ws = TRUE, skip = 0,
           n_max = Inf, guess_max = min(1000, n_max))
```

`read_example( )`列出 `readxl` 包中的样例.

```
library(readxl)
```

```
readxl_example()
 [1] "clippy.xls"    "clippy.xlsx"   "datasets.xls"
 [4] "datasets.xlsx" "deaths.xls"    "deaths.xlsx"
 [7] "geometry.xls"  "geometry.xlsx" "type-me.xls"
[10] "type-me.xlsx"
```

下面以其中的 `datasets.xls` 为例来说明 Excel 数据的读取. 更一般的使用说明可通过 `help(readxl)` 查看.

```
xls_example <- readxl_example("datasets.xls")
```

```
excel_sheets(xls_example)
[1] "iris"     "mtcars"    "chickwts" "quakes"
```

```
read_excel(xls_example)
# A tibble: 150 x 5
```

	Sepal.Length	Sepal.Width	Petal.Length	Petal.Width
	<dbl>	<dbl>	<dbl>	<dbl>
1	5.1	3.5	1.4	0.2
2	4.9	3	1.4	0.2
3	4.7	3.2	1.3	0.2
4	4.6	3.1	1.5	0.2
5	5	3.6	1.4	0.2
6	5.4	3.9	1.7	0.4
7	4.6	3.4	1.4	0.3
8	5	3.4	1.5	0.2
9	4.4	2.9	1.4	0.2
10	4.9	3.1	1.5	0.1

```
# i 140 more rows
# i 1 more variable: Species <chr>

# or read_excel(xlsx_example, sheet = "iris")
read_excel(xls_example, sheet = "mtcars")
# A tibble: 32 x 11
```

	mpg	cyl	disp	hp	drat	wt	qsec	vs	am
	<dbl>	<dbl>	<dbl>	<dbl>	<dbl>	<dbl>	<dbl>	<dbl>	<dbl>
1	21	6	160	110	3.9	2.62	16.5	0	1
2	21	6	160	110	3.9	2.88	17.0	0	1
3	22.8	4	108	93	3.85	2.32	18.6	1	1
4	21.4	6	258	110	3.08	3.22	19.4	1	0
5	18.7	8	360	175	3.15	3.44	17.0	0	0
6	18.1	6	225	105	2.76	3.46	20.2	1	0
7	14.3	8	360	245	3.21	3.57	15.8	0	0
8	24.4	4	147.	62	3.69	3.19	20	1	0
9	22.8	4	141.	95	3.92	3.15	22.9	1	0
10	19.2	6	168.	123	3.92	3.44	18.3	1	0

```
# i 22 more rows
# i 2 more variables: gear <dbl>, carb <dbl>
```

R 中数据集的读取

1) R 的标准数据 `datasets`

R 提供了一个基本的数据集包 `datasets`, 其中包含了 100 多个数据集 (通常为数据框和列表). 它随着 R 的启动全部一次性自动载入, 通过命令

```
data( )
```

就可列出全部的数据集 (包括已经通过 `library( )` 加载的其他程序包的数据集). 输入数据集的名字或用 `help(dataname)` 就可看到你所关心的数据集的信息.

2) 专用程序包中的数据集

要读取其他已经安装的专用程序包中的数据, 可以使用 package 参数, 例如

```
data(package="pkname")    # pkname 为已安装的程序包的名字
```

就可以列出程序包 `pkname` 中的所有数据集, 但要注意的是它们还未被载入到 R 系统中供浏览. 而命令

```
data(dataname, package="pkname")
```

则载入程序包 `pkname` 中的名为 `dataname` 的数据集. 这时数据集 `dataname` 的信息就可通过其名字或 `help( )` 进行浏览. 用户发布的程序包是一个丰富的数据集来源.

注意:

• 从上面的例子我们看到 `data( )` 有两个功能: 浏览数据集列表和加载数据集, 但可浏览到的数据集并不一定已经加载;

• 命令 `library( )` 用于加载程序包, 程序包加载后其函数可以使用, 但其中的数据集仍未载入, 仍需要使用 `data( )` 加载. 因此通常的做法是逐个使用下面的命令

```
library("pkname")
data( )          # 或  data(package="pkname")
data(dataname) # data(dataname,package="pkname")
```

• `data(dataname)` 将从第一个能够找到 `data(dataname)` 的程序包中载入这个数据集. 为避免载入同名的其他数据集, 加上 package 选项是有必要的.

• 加载的数据集中的变量是不能直接按其名字参与运算的, 例如在 R 刚启动时, 数据集 `mtcars` 中的变量 `mpg` 是无法直接按其名字浏览与参与计算的. 但可通过美元符号 (`$`) 访问数据集中的变量, 例如要计算 `mpg` 的平均值, 可以使用命令

```
mean(mtcars$mpg)
```

得到 20.09062. 另一个方法是使用命令 attach(mtcars) 将此数据集挂接进来, 成为当前的数据集. 这时 R 就将这个数据集中的变量放到一个临时的目录中供访问. 这时与上面命令等价的是

```
attach(mtcars)
mean(mpg)
[1] 20.09062
```

一个好的习惯是在不用此数据集时将它挂起 (卸载, detach):

```
detach(mtcars)
```

R 格式的数据

R 的数据或更为一般的对象 (包括向量、数据框、列表、函数等) 可以通过 save() 保存起来, 文件名以 Rdata 为后缀. 例如我们将 mtcars 中的变量 mpg 和 hp 生成为数据框 mtcars2, 并保存在文件 myR.Rdata 中, 之后就可通过与 save() 相对应的 load() 命令进行加载:

```
attach(mtcars)
mtcars2 <- data.frame(mtcars[,c(1,4)])
save(mtcars2, "c:/data/myR.Rdata")
load("c:/data/myR.Rdata")
```

涉及多个数据集的统计分析经常使用这种方法保存与加载数据.

其他统计软件数据的读取

R 也可以读取其他统计软件的数据文件 (如 SAS, SPSS, Stata, Matlab) 和访问 SQL 类型的数据库, 程序包 foreign 提供了这一便利. 由于它们仅对 R 的高级应用有用, 我们在此不再细说, 仅举例说明, 具体可参考随 R 同时发行的 R data Import/Export 手册.

1) 读取 SPSS 数据

```
# 方法1: 使用foreign程序包
library(foreign)
```

```
spssdata <- read.spss("../Rdata/Iris_spss.sav",
                       to.data.frame = TRUE)
# 方法2,3: 使用haven程序包
library(haven)
## 方法2
spssdata <- read_sav("../Rdata/Iris_spss.sav")
## 方法3
spssdata <- read_spss("../Rdata/Iris_spss.sav")
# head(spssdata, 2)
```

2) 读取 SAS 数据

```
sasdata <- read_sas("../Rdata/iris.sas7bdat")
# head(sasdata, 2)
```

3) 读取 Stata 数据

```
# 方法1
dtadata <- read_dta("../Rdata/iris.dta")
# 方法2
dtadata <- read_stata("../Rdata/iris.dta")
# head(dtadata, 2)
```

4) 读取 Matlab 数据

```
library(R.matlab)
matdata <- readMat("../Rdata/ABC.mat")
# head(matdata$A, 2)
```

通过爬虫获取数据

网站数据的爬取与清洗是当前数据挖掘师与数据分析师的基本技能, 下面举例说明如何用简单的爬虫程序包爬取静态网页的信息, 如表格数据. 动态网页的数据爬取可通过 SeleniumWeb 自动化测试工具模仿用户访问网页的方式并结合 RCurl, XML, Rwebdriver 来实现, 这里不再展示讲解.

1) 从 html 网页获取表格

```
library(XML)
## 获取网页中的链接,检查R官网都有哪些链接
fileURL <- "https://www.r-project.org/"
fileURLnew <- sub("https", "http", fileURL)
links <- getHTMLLinks(fileURLnew)
length(links)
[1] 42

## 从网页中读取数据表格，公牛队球员的数据
fileURL <- "http://www.stat-nba.com/team/CHI.html"
Tab <- readHTMLTable(fileURL)
length(Tab)
[1] 2

NBAmember <- Tab[[1]]
head(NBAmember)
```

	球员	出场	首发	时间	投篮 命中	出手	三分
1	扎克-拉文	60	60	34.8	44.9%	9.0	20.0 38.0%
2	劳里-马尔卡宁	50	50	29.8	42.5%	5.0	11.8 34.4%
3	科比-怀特	65	1	25.9	39.4%	4.8	12.2 35.4%
4	奥托-波特	14	9	23.5	44.3%	4.4	10.0 38.7%
5	温德尔-卡特	43	43	29.2	53.4%	4.3	8.0 20.7%
6	赛迪斯-杨	64	16	24.9	44.7%	4.2	9.4 35.4%

	命中	出手	罚球 命中	出手	篮板	前场	后场	助攻	抢断
1	3.1	8.1	80.2%	4.5	5.6	4.8	0.7	4.1	4.2 1.5
2	2.2	6.3	82.4%	2.5	3.1	6.3	1.2	5.1	1.5 0.8
3	2.0	5.8	79.1%	1.6	2.0	3.6	0.4	3.1	2.7 0.8
4	1.7	4.4	70.4%	1.4	1.9	3.4	0.9	2.5	1.8 1.1
5	0.1	0.7	73.7%	2.6	3.5	9.4	3.2	6.2	1.2 0.8
6	1.2	3.5	58.3%	0.7	1.1	4.9	1.5	3.5	1.8 1.4

	盖帽	失误	犯规	得分
1	0.5	3.4	2.2	25.5
2	0.5	1.6	1.9	14.7
3	0.1	1.7	1.8	13.2

```
4  0.4  0.8  2.2 11.9
5  0.8  1.7  3.8 11.3
6  0.4  1.6  2.1 10.3
```

2) 使用 rvest 包获取网络数据 (含网络用语)

```r
library(rvest)
library(stringr)
## 读取网页, 获取电影的名称
top250 <- read_html("https://movie.douban.com/top250")
title <-top250 %>% html_nodes("span.title") %>%
                   html_text()
head(title)
[1] "肖申克的救赎"
[2] " / The Shawshank Redemption"
[3] "霸王别姬"
[4] "阿甘正传"
[5] " / Forrest Gump"
[6] "泰坦尼克号"
## 获取第一个名字
title <- title[is.na(str_match(title,"/"))]
head(title)
[1] "肖申克的救赎"   "霸王别姬"         "阿甘正传"
[4] "泰坦尼克号"     "这个杀手不太冷" "美丽人生"
## 获取电影的评分
score <-top250 %>% html_nodes("span.rating_num") %>%
                   html_text()
filmdf <- data.frame(title = title,
                     score = as.numeric(score))
## 获取电影的主题
term <-top250 %>% html_nodes("span.inq") %>%
                  html_text()
filmdf$term <- term
```

```
head(filmdf)
        title score                              term
1   肖申克的救赎    9.7                         希望让人自由。
2       霸王别姬    9.6                           风华绝代。
3       阿甘正传    9.5                      一部美国近现代史。
4     泰坦尼克号    9.5                       失去的才是永恒的。
5 这个杀手不太冷    9.4 怪蜀黍和小萝莉不得不说的故事。
6       美丽人生    9.6                           最美的谎言。
```

很多时候数据存放在数据库中, 特别是大型的数据, 同时不同途径获取的数据或整理、分析和转换后的数据也会保存到数据库中. R 语言提供了数据库的读写程序包, 如 RMySQL 和 RODBC 程序包实现 MySQL 和 SQL Server 数据库的读写, 具体可参考刘顺祥 (2021) 第 2 章的介绍.

2.6   R 编程

至此, 我们已经对 R 软件的功能有了全面的了解. 一些统计分析都是在 R 的对话窗口 (R Console) 中进行的. 但对于复杂的统计分析显然是不方便的. 下面从统计语言和编程角度来说明 R 编程中的一些基本技术.

2.6.1   循环和向量化

相比下拉菜单式的程序[1], R 的一个优势在于它可以把一系列连续的操作简单地程序化. 这一点和所有其他计算机编程语言是一致的, 但 R 有一些特性使得非专业人士也可以很简单地编写程序.

命令组

通常将一组命令放在大括号内. 例如, 假定我们有一个向量 x, 对于向量 x 中值为 b 的元素, 把 0 赋给另外一个等长度的向量 y 的对应元素, 否则赋 1, 程序如下

```
y <- numeric(length(x))     #创建一个与 x 等长的向量 y
 for (i in 1:length(x)){
```

---

[1]我们将在附录中介绍一个 R 下开发的菜单式软件: R Commander.

```
        if (x[i] == b)
            y[i] <- 0
        else
            y[i] <- 1
}
```

其中 for( ) 为下面要介绍的 for 循环结构.

控制结构

和其他编程语言一样, R 有一些和 C 语言 (或其他语言) 类似的控制结构.

1) 条件语句: 条件语句常用于避免除零或负数的对数等数学问题. 它有两种形式:

- if (条件) 表达式 1 else 表达式 2
- ifelse (条件, yes, no)

例如:

```
if (x >= 0) sqrt(x) else NA
ifelse(x >= 0, sqrt(x), NA)
```

2) 循环 (loops). 它也有四种形式:

- 使用 for 结构: for (变量 in 向量) 命令组
- 使用 while 结构: while (条件) 命令组
- 使用 repeat 结构: repeat 命令组/表达式
- 使用 replicate 函数: replicate (次数, 表达式)

注意它们的区别与使用场合: 若知道循环次数用 for 或 replicate; 若无法知道循环次数, 则用 while 或 repeat, 在 repeat 中要添加终止循环的条件: if (条件) break. 例如, 要产生 100 个 [0,1] 区间上的随机数, 我们可用上面的四种循环实现:

```
# 使用 for
x <-numeric(100)
for (i in 1:100) x[i] <- runif(1)
# 使用 while
x <-numeric(100)
i = 1
```

```
while (i<=100){
  x[i] <- runif(1)
  i = i+1
}
#使用 repeat
x <-numeric(100)
i = 0
repeat {
  i = i+1
  x[i] <- runif(1)
  if (i>100) break
}
#使用 replicate
x <- replicate(100, runif(1))
```

当然, 上面的程序都显得烦琐, 实际上我们可以用下面要讲的向量化运算很方便又快速地实现:

```
x <- runif(100)
```

向量化 (vectorization)

在 R 中, 很多情况下循环和控制结构可以通过向量化避免 (简化), 向量化是实现 R 有效编程的重要手段. 向量化是通过将循环隐含在表达式中实现的. 比如, 假定我们有一个向量 x, 对于向量 x 中值为 b 的元素, 把 0 赋给另外一个等长度的向量 y 的对应元素, 否则赋 1, 若用 for 和条件语句程序如下:

```
y <- numeric(length(x))
for (iin1:length(x)){
  if (x[i]==b) y[i] <- 0
  else y[i] <- 1
  }
```

条件语句也可以用逻辑索引向量代替, 于是此例子可以用向量化方法改写为:

```
y[x == b] <- 0
y[x != b] <- 1
```

在实际编程时, 如果能将一组命令向量化, 则应尽量避免循环, 原因在于

- 代码更简洁.

- C 是一种编译语言, 其效率是很高的; R 则是一种解释语言. 在计算时, 通常 C 要比 R 快 100 倍.

- 在 R 中使用向量化, R 会立即调用 C 进行运算, 因而大大提高计算的效率.

下面我们再通过一个计算量相对较大的例子来说明向量化的重要性. 我们的目的是将两个长度为 10 万的标准正态随机样本所构成的向量相加, 可通过三个算法实现:

```
n <- 100000L        # 其中L表示R中数值型中的整型数据
Y <- X <- rnorm(n)
# 算法 1:
(Z <- c())
system.time(for (i in 1:n) {
    Z <- c(Z, X[i] + Y[i])
})
#   user   system elapsed
# 22.355   11.043   33.986
# 算法 2:
Z <- rep(NA, n)
system.time(for (i in 1:n) {
        Z[i] <- X[i] + Y[i]
})
#   user   system elapsed
#  0.011   0.000   0.011
# 算法 3:
system.time(
    Z <- X + Y
)
```

```
#    user   system elapsed
#   0.000    0.000    0.001
```

其中算法 1 和算法 2 均使用 for 循环, 但前一个每计算一个分量和 X[i]+Y[i] 为
其结果开空间 Z[i], 后一个则在计算分量和之前一次性开一个长度为 10 万的向量
Z, 由此计算时间大为缩短; 算法 3 则将循环隐藏在和的计算中, 效率又提高很多. 此
例告诉我们, 在 R 编程时, 尽量使用向量化代替循环, 即使在无法使用向量化时, 也
应该提前为中间结果向量开设空间.

2.6.2　用 R 写程序

　　一般情况下, 一个 R 程序以 ASCII 格式保存, 扩展名为 ".R". 如果一个工作要
重复好多次, 用 R 程序是一个不错的选择. 考虑这样的例子: 我们想对三种不同的鸟
绘制一样的图, 而且数据在三个不同的文件中. 我们将一步一步地演示两种不同的方
式, 看 R 如何完成这个简单的过程.

　　我们先凭直觉连续输入一系列命令, 而且预先分割图形界面:

```
layout(matrix(1:3, 3, 1))              #分割图形界面
data <- read.table("Swal.dat")         #读入数据
plot(data$V1, data$V2, type="l")
title("swallow")                       #增加标题
data <- read.table("Wren.dat")
plot(data$V1, data$V2, type="l")
title("wren")
data <- read.table("Dunn.dat")
plot(data$V1, data$V2, type="l")
title("dunnock")
```

　　我们看到一些命令多次执行, 因此它们可以放在一起, 在执行的时候仅仅修改一
些参数. 这里的策略是把参数放到一个字符型向量中, 然后通过索引去访问这些不同
的值. 修改后的程序如下:

```
layout(matrix(1:3, 3, 1))              # 分割图形界面
species <- c("swallow", "wren", "dunnock")
file <- c("Swal.dat" , "Wren.dat", "Dunn.dat")
for(i in 1:length(species)) {
```

```
    data <- read.table(file[i])          # 读入数据
    plot(data$V1, data$V2, type="l")
    title(species[i])                     # 增加标题
}
```

如果程序保存在文件 Mybirds.R 中, 可以通过输入如下命令执行:

```
source("Mybirds.R")
```

注意: 和所有以文件作为输入对象的函数一样, 如果该文件不在当前工作目录下面, 用户需要提供该文件的绝对路径.

2.6.3 编写你自己的函数

大多数 R 的工作是通过函数来实现的, 而且这些函数的输入参数都放在一个花括号里面. 用户可以编写自己的函数, 并且这些函数和 R 里面的其他函数有一样的特性.

函数是一系列语句的组合, 形式为:

```
Function Name = function( Variable list )  Function Body
```

编写自己的函数可以让你有效、灵活、合理地使用 R. 我们再次使用前面读数据并且画图的例子. 如果我们想在其他情况下进行这样的操作, 写一个函数是一个不错的想法:

```
myfun <- function(S, F) {
    data <- read.table(F)
    plot(data$V1, data$V2, type="l")
    title(S)
}
```

执行时, 这个函数必须载入内存. 一旦函数载入, 我们就可以输入一条命令以读入数据和画出我们想要的图. 因此, 现在我们的程序有第三个实现的版本了:

```
layout(matrix(1:3, 3, 1))
myfun("swallow", "Swal.dat")
myfun("wren", "Wrenn.dat")
myfun("dunnock", "Dunn.dat")
```

我们还可以用 sapply( )[1] 实现程序的第四个版本:

```
layout(matrix(1:3, 3, 1))
species <- c("swallow", "wren", "dunnock")
file <- c("Swal.dat" , "Wren.dat", "Dunn.dat")
sapply(species, myfun, file)
```

函数的调用与其参数的位置与名字 (又称为标签参数) 有关, 假定函数 foo1( ) 有三个参数, 其定义为:

```
foo1 <- function(arg1, arg2, arg3) {...}
```

则计算函数 foo(x,y,z) 在 (u, v, w) 处的值, 可以采用下面两种方法中的一种:

```
foo1(u, v, w)                        # 按位置调用函数
foo1(arg3=w, arg2=v, arg1=u)  # 按名字调用函数
```

R 函数的另外一个特性是函数调用可以采用定义时的默认设置. 例如函数 foo2( ) 也有三个参数, 其定义为:

```
foo2 <- function(arg1, arg2 = 5, arg3 = FALSE) {...}
```

则下面的三种命令等价

```
foo2(x)
foo2(x, 5, FALSE)
foo2(x, arg3 = FALSE)
```

使用一个函数的默认设置非常有用, 特别在使用标签参数的时候, 例如

```
foo2(x, arg3 = TRUE)
```

仅仅改变一个默认设置.

在结束本章前, 我们来看另外一个例子. 尽管这个例子不是纯粹的统计学例子, 但是它很好地展示了 R 语言的灵活性. 假定我们想研究一个非线性模型的行为: 这个模型 (Ricker 模型) 的定义如下:

$$N_{t+1} = N_t \exp \left[r \left(1 - \frac{N_t}{K} \right) \right].$$

---

[1]对于向量或列表 X 和作用它们的函数 "Fun", 在 R 中可使用命令 lapply(X, Fun) 和 sapply(X, Fun), 两者的差异仅在于: 前者返回与 X 长度相等的一个列表, 后者返回一个向量或矩阵. 两者本质上相同, 后者只是前者的友好形式. 关于 apply 系列函数的详细说明, 见 3.1 节.

这个模型广泛地用于种群动态变化的研究, 特别是鱼类的种群变化. 我们想用一个函数去模拟这个模型关于增长率 r 和初始群体大小 N_0 的变化情况 (承载能力 K 常常设定为 1 且以这个值作为默认值); 结果将以种群大小相对时间的图表示. 我们还将设定一个可选项允许用户只显示最后若干步中种群大小 (默认所有结果都会被绘制出来). 下面的函数就是 Ricker 模型的数值模拟.

```
ricker <- function(nzero, r, K=1, time=100, from=0, to=time) {
    N <- numeric(time+1)
    N[1] <- nzero
    for (i in 1:time) N[i+1] <- N[i]*exp(r*(1 - N[i]/K))
    Time <- 0:time
    plot(Time, N, type="l", xlim=c(from, to))
}
```

你可以试一试下面的代码:

```
layout(matrix(1:3, 3, 1))
ricker(0.1, 1); title("r = 1")
ricker(0.1, 2); title("r = 2")
ricker(0.1, 3); title("r = 3")
```

2.6.4 养成良好的编程习惯

为了他人, 更为你本人! 你的程序应该具有

- 可读性 (readability)
- 可理解性 (understandability)

为此你应该养成四个良好的习惯:

1) 采用结构化、模块化编程;

2) 增加注释 (commenting), R 中使用 # 作为注释语句的开始;

3) 使用意义明确的名字给变量命名, 切忌使用人或宠物的名字;

4) 行前自动缩进 (indentation), 在此推荐使用功能非常强大的针对 R 的集成开发环境: Rstudio, 见附录 C 的具体介绍.

习题

练习 2.1   用函数 rep( ) 构造一个向量 x, 它由三个 3, 四个 2, 五个 1 构成.

练习 2.2   由 $1, 2, \ldots, 16$ 构成两个方阵, 其中矩阵 A 按列输入, 矩阵 B 按行输入, 并计算:

1) $C = A + B$;
2) $D = AB$;
3) $E = (e_{ij})_{n \times n}$;
4) 去除 A 的第 3 行, B 的第 3 列, 重新计算上面的矩阵 E.

练习 2.3   函数 solve( ) 有两个作用: solve(A,b) 可用于求解线性方程组 $Ax = b$, solve(A) 可用于求矩阵 A 的逆. 设

$$A = \begin{bmatrix} 1 & 2 & 3 \\ 4 & 5 & 6 \\ 7 & 8 & 10 \end{bmatrix}, \quad b = \begin{bmatrix} 1 \\ 1 \\ 1 \end{bmatrix},$$

用两种方法编程求方程组 $Ax = b$ 的解.

练习 2.4   设 x 与 y 表示 n 维的向量, 则 x%*%y 或 crossprod(x,y) 用于求它们的内积, 即 t(x)%*%y; 而 x%o%y 或 outer(x, y) 用于求它们的外积 (叉积), 即 x%*%t(y), 其中t( )表示矩阵或向量的转置. 设 $x = (1, 2, 3, 4, 5), y = (2, 4, 6, 8, 10)$. 用三种不同的方法求它们的内积与外积.

练习 2.5   编写一个用二分法求非线性方程根的函数, 并求方程

$$x^3 - x - 1 = 0$$

在区间 $[1, 2]$ 内的根, 精度要求 $\epsilon = 10^{-5}$.

练习 2.6   分别使用 while 和 repeat 循环结构基于牛顿–拉弗森 (Newton-Raphson) 方法编写一个求解函数 $f(x) = x^3 - sx^2 - 7$ 零点的程序, 精度要求 $\epsilon = 10^{-6}$.

练习 2.7   自己编写一个函数, 求数据 $y = (y_1, y_2, \ldots, y_n)$ 的均值、标准差、偏度与峰度.

练习 2.8 有 10 名学生的身高与体重数据如表 2.6 所示.

表 2.6 学生的身高与体重数据

序号	性别	年龄	身高/cm	体重/kg
1	F	14	156	42.3
2	F	16	158	45.0
3	F	15	161	48.5
4	F	17	156	51.5
5	F	15	153	44.6
6	M	14	162	48.8
7	M	16	157	46.7
8	M	14	159	49.9
9	M	15	163	50.2
10	M	16	165	53.7

1) 用数据框的形式读入数据;

2) 将表 2.6 写成一个纯文本的文件, 并用函数 read.table( ) 读取该文件中的数据;

3) 用函数 write.csv( ) 写出一个能用 Excel 打开的文件, 测试是否成功;

4) 用 readxl 包的函数读取所保存的 Excel 文件中的数据.

练习 2.9 通过三个数据集分别测试基础包中的 read.csv( ) 函数、readr 包中的read_csv( )函数和 data.table 包中的fread( )函数在不同量级下大数据的读取速度.

1) 测试数据 1: 10 个变量, 每个变量的 10 万个数字均从 1, 2, 3, ..., 9, 10 十个数字中随机产生;

2) 测试数据 2: 100 个变量, 每个变量的 10 万个数字均从 1, 2, 3, ..., 9, 10 十个数字中随机产生;

3) 测试数据 3: 100 个变量, 每个变量的 100 万个数字均从 1, 2, 3, ..., 9, 10 十个数字中随机产生.

第 3 章

R 数据治理

本 章 概 要

- apply 函数系列
- R 新生态链: tidyverse
- 基于 tidyr 的数据治理
- 基于 dplyr 的数据治理
- 基于 data.table 的数据治理
- 缺失值与异常值的处理

3.1 数据治理: 使用 apply 系列函数

第 2 章我们提到了对矩阵的行或列进行运算可使用 apply( ) 函数, 本节我们介绍使用面更广的 apply 系列函数, 它们可用于向量、矩阵和数据框, 这些函数通过向量化运算方式一次性地对整体数据施加函数运算. 因此, 使用 apply 系列函数可以大大加快运算速度, 避免使用循环. apply 系列函数的汇总见表 3.1.

表 3.1　R 中的 apply 系列函数

函数	输入对象	特性
apply()	数据框, 矩阵	返回向量, 数组, 列表
lapply()	数据框, 列表, 表达式	返回列表
sapply()	数据框, 列表, 表达式	返回向量, 矩阵, 数组
tapply()	向量	先分组, 再应用函数
mapply()	多个向量或列表	sapply 扩展, 将多个数据作为参数传递给函数

3.1.1 apply

函数 apply(X, MARGIN, FUN, ...) 的第一个参数是需要处理的数据框或矩阵, MARGIN 表示按行 (MARGIN = 1) 或列 (MARGIN = 2) 处理, 每一行 (列) 都作为 FUN 的参数, 返回结果, 每一行 (列) 的结果合并, 作为最后的结果. 下面代码展示了如何求矩阵每一行 (列) 的和.

```
d <- matrix(1:9, ncol = 3)
apply(d, MARGIN = 1, FUN = sum)
[1] 12 15 18
apply(d, MARGIN=2, FUN = sum)
[1]  6 15 24
```

除了直接使用 apply 函数, 同时还有行与列的封装函数可以使用, 这些封装函数包括:

- rowSums()
- colSums()
- rowMeans()
- colMeans()

例如, 上述矩阵的行与列的均值可以如下实现

```
rowMeans(d)
[1] 4 5 6
colMeans(d)
[1] 2 5 8
```

3.1.2 lapply

函数 lapply(X, FUN, ...) 的第一个参数是需要处理的数据框、列表或表达式, 第二个参数是一个函数, lapply 会将 X 的每一个元素作为参数应用于函数 FUN 中, 然后以列表的形式返回结果, 结果可以用 unlist() 转换为向量或数据框. 下面代码展示了如何使用 lapply 函数.

```
result <- lapply(1:3, function(x){ 2*x })
unlist(result)
[1] 2 4 6
```

```
x <- list(a=1:3, b=4:6)
lapply(x, mean)
$a
[1] 2
$b
[1] 5
```

3.1.3 sapply

不仅与 apply() 和 lapply() 类似, sapply() 还有其独特的优势, 它可以返回向量或矩阵, 更加直观. 并且结果可以进一步通过 as.data.frame() 转换为数据框. 我们通过下面的代码来比较 sapply() 与 lapply() 的区别.

```
d1 <- lapply(iris[, 1:4], mean)
class(d1)
[1] "list"
d2 <- sapply(iris[, 1:4], mean)
d2
Sepal.Length   Sepal.Width  Petal.Length   Petal.Width
    5.843333      3.057333      3.758000      1.199333
class(d2)
[1] "numeric"
as.data.frame(t(d2))
  Sepal.Length Sepal.Width Petal.Length Petal.Width
1     5.843333    3.057333        3.758    1.199333
d3 <- sapply(iris[, 1:4], function(x){ x>3})
class(d3)
[1] "matrix" "array"
```

3.1.4 tapply

函数 tapply() 会先进行分组, 然后再用函数式计算.

```
tapply(X, INDEX, FUN = NULL, ...)
```

中的参数 INDEX 用来给参数 X 分组, 分组之后分别用函数 FUN 进行计算. 下面代码展示了如何使用 tapply 函数.

```
tapply(1:10, 1:10 %% 2 ==1, sum)
FALSE   TRUE
  30     25

tapply(iris$Sepal.Length, iris$Species, mean)
    setosa versicolor  virginica
     5.006      5.936      6.588
```

3.1.5 mapply

函数 mapply(FUN, ...) 使用同一函数多次施行参数传递, FUN 是待执行函数, ... 是待传递参数. 如, 要一次性产生 $N(0,1)$ 的 1 个 $(n=1)$ 随机数、$N(10,1)$ 的 2 个 $(n=2)$ 随机数、$N(100,1)$ 的 3 个 $(n=3)$ 随机数, 可以使用如下代码:

```
mapply(rnorm,
       c(1, 2, 3),      # n
       c(0, 10, 100),   # mean
       c(1, 1, 1)       # sd
)
[[1]]
[1] -0.1364146
[[2]]
[1] 10.36244 10.84053
[[3]]
[1] 99.43318 99.75719 98.71305
```

3.2 R 新生态链: tidyverse

我们已经进入了一个新的时代: 大数据时代, 我们的知识结构从传统的统计学转向很大程度上依赖于计算机编程的数据科学, 我们的观念也随之发生了很大的变化, 特别是对于工具的使用.

1) 一方面, 工具不是重点, 通过数据挖掘创造价值才是目的. 具体到数据科学, 表现形式往往是提供解决方案或者做出某种决策. 至于使用什么语言, 采用什么工具, 不是本质. 所以选 tidyverse 还是 pandas, 用 R 还是 Python 或者是 Julia, 都可以;

2) 另一方面, 工具会影响单位时间内产出的效率. 我们往往需要尽快发现问题, 尽快验证各种模型, 尽快做出合理决策.

R 自 1996 年诞生至今不断做出改变, 以新的姿态与面貌迎接数据科学, 通过一系列的新包的开发逐步构建或衍生出一个适用于数据科学的新的生态, 具体主要体现在下面几个方面:

1) 数据的类型: 数据框由 data.frame 转到 tibble, 体现数据本身的整洁性;

2) 数据可视化: 由 graphics(中间转到 lattice) 转到 ggplot2, 体现数据呈现的整洁性;

3) 数据处理流程: 通过管道式、泛函式编程技术构建一套整洁数据处理与分析的流程;

4) 编程环境: 由 Rgui 转向 Rstudio, 实现编程的可视化;

5) 编程方式: 由.r 转向.rmd 或.qmd[1], 提升可扩展性, 优化数据科学生态环境.

tidyverse 系列程序包由 Hadley Wickham 所写, 其凭一己之力改变了一门语言的面貌. tidyverse 这套程序包的建立的哲学目的就是对 R 的旧体制做一次系统的去其糟粕, 取其精华. 熟练掌握 tidyverse 系列程序包会给数据分析带来很大的便利. 因为

1) tidyverse 程序包是专为数据科学而开发的一系列包的合集, 基于整洁数据, 提供了一致的底层设计哲学、一致的语法、一致的数据结构;

2) tidyverse 程序包集 "数据导入 (import)—数据清洗 (tidy)—数据操作 (transform)—数据可视化 (visualise)—数据建模 (model)—可重现与交互报告 (communicate)" 整个数据科学流程于一身, 并以管道式、泛函式编程技术实现优雅的数据分析, 见图 3.1;

3) tidyverse 操作数据的优雅体现了所想所得 (WYTIWYG) 的编程理念, 每一步"想什么", 就"写什么", 用管道依次做下去, 最后"得到什么", 由此编写的代码读起来就像是在读文字叙述一样顺畅自然. 这种理念与我们倡导的文学化统计编程

---

[1]Quarto 被视为一种新的 R Markdown 范式, 它更加通用, 可以与多种编程语言 (R, Python, Julia 等) 和数据可视化工具集成.

融为一体, 通过所见所想 (WYSIWYM) 的可视化编辑器 (Rstudio) 的 Rmd 或 VS (Visual Studio) code 的 qmd 实现, 最终得到精致体面的报告;

4) **tidyverse** 的这种整洁、优雅的 tidy-流程又带动了 R 语言在很多研究领域涌现出了一系列 tidy-风格的程序包, 如统计与机器学习的 tidymodels、机器学习的 mlr3verse、应用统计的 rstatix、贝叶斯分析的 tidybayes、金融的 tidyquant、时间序列分析的 fpp3、文本挖掘的 quanteda、网络图的 tidygraph、空间数据分析的 sf、生物信息的 tidybulk、大数据的 sparklyr 等;

5) 从易用性来讲, **tidyverse** 操作数据不亚于广为好评的 Python 的 pandas. 因此, 在数据科学领域 R 与 Python 完全可以并驾齐驱.

在图 3.1 中主要涉及的 R 程序包有:

- magrittr: 管道函数
- tibble: 新的数据框
- forcasts: 因子处理
- lubridate: 日期/时间变量处理
- stringr: 字符串处理
- readr: 数据读取
- tidyr: 数据整理
- dplyr: 数据转换
- ggplot2: 数据可视化
- broom: 整洁模型结果
- purrr: 函数式编程
- knitr: R 代码与文本的交织, 实现文学化统计编程

其中 ggplot2 将在第 5.2 节中详细介绍, 基于 knitr 的文学化统计编程在附录 C 中介绍; readr 在第 2 章的第 2.5.2 节中提到, 它提供了一系列高效的数据读取函数; tidyr 和 dplyr 将在第 3.3 节和第 3.4 节中专门介绍. 下面我们简单介绍其他的几个程序包.

3.2.1 magrittr: 管道函数

magrittr 程序包引入了管道操作. 管道操作符 (pipe operator) 是一个特定的符号, 它可以将前一行代码的输出传递给后一行代码作为输入, 从而将原本看似相互独立的两行代码连接在一起. 通过不断地使用管道操作符, 最终可以将多行代码写成

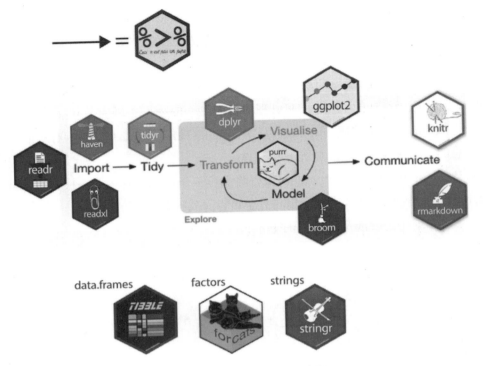

图 3.1   tidyverse 数据科学流程

"流"的形式 (管道线, pipeline). 使用管道操作符既可以简化代码, 增加可读性, 又可以使代码间的逻辑关系更加清晰, 还可以省去中间变量的输出.

R 中的管道操作符包括%>%, %T>%, %<>% 和%$%, 具有不同的功能. 这些管道操作符均来自 magrittr 程序包, 其中%>% 作为 R 代码的必备工具, 同时也为 tidyverse 系列中的 dplyr 程序包所继承, 因此我们可以通过加载这三个程序包中的任何一个来调用它; 而另外三种管道操作符只能通过加载 magrittr 来调用, 不过它们本身的应用场景也不及%>% 丰富, 使用频率相对较低.

下面我们通过简单的例子说明它们的使用:

管道操作符%>%

%>% 的原理: %>% 左边代码 (数据集或函数) 的结果作为其右边函数的参数调用, 其中参数默认的是第一个. 我们也可以用|>代替%>%. 例如, 代码

```
. <- c(1, 3, 4, 5, NA)
mean(., na.rm=TRUE)
## [1] 3.25
```

用管道操作等价于

```
c(1, 3, 4, 5, NA) %>% mean(., na.rm=TRUE)
## [1] 3.25
```

由于左边 (数据或函数) 的结果传递给右边的第一个参数, 故可省略, 因此它也等价于

```
c(1, 3, 4, 5, NA) %>% mean(na.rm=TRUE)
## [1] 3.25
```

这也是我们通常见到的情形.

此外, 管道操作可多次使用, 形成管道线, 例如画出样本容量为 10 的 1000 个随机样本均值的直方图 (图形从略), 可如下实现

```
library(magrittr)
set.seed(1)
rnorm(10000) %>%
  matrix(ncol = 1000) %>%
  colMeans %>%
  hist
```

若函数的第一个参数不是接收数据, 需要手动添加 ".", 例如绘制 iris 数据集的 Sepal.Width 关于 Petal.Width 的散点图 (图形从略) 的代码如下

```
iris %>% plot(Sepal.Width~Petal.Width, data = .)
```

当有多个参数的输入值依赖于前面代码的输出结果时, 管道操作需要结合花括号 {} 来使用, 例如我们需要根据 mtcars 第一列变量的行数、最小值和最大值来控制随机数的生成, 可以将通常的代码

```
data <- mtcars[,1]
n <- length(data)
min <- min(data)
max <- max(data)
```

```
rdn <- runif(n = n, min = min, max =max)
```

用管道函数写成

```
mtcars %>%
  pluck(1) %>%
  {
  n <- length(.)
  min <- min(.)
  max <- max(.)
  } -> rdn
```

其中 pluck(1) 表示取出数据框中的第一列变量值, 其来源于程序包 purrr 中的列操作函数, 见第 3.2.2 节.

　　magrittr 对于常见的运算操作符进行了重新定义, 让每个操作都对应于一个函数, 这样所有的传递调用代码都是风格统一的. 常用的运算符与 magrittr 中的函数对应关系如表 3.2 所示.

表 3.2　常见的运算操作符的重定义

重定义函数名	常用操作符
extract	[
extract2	[[
use_series	$
add	+
subtract	-
multiply_by	*
divide_by	/
set_colnames	colnames <-
set_rownames	rownames <-
set_names	names <-

　　更多函数可通过?extract 查阅.

管道操作符%T>%

%T>% 会接收前一行 (左侧) 的输出结果, 但不会把自己的输出结果传入下一行 (右侧), 如果下一行继续使用%>% 进行参数传递, 那么传递进去的参数仍然是%T>% 前一行 (左侧) 的输出结果. 比如我们想先观察 mtcars 第一列变量的箱线图 (最小值为 30, 最大值为 35) 再决定 runif() 的参数, 通常的 R 代码为

```
data <- mtcars[1]
boxplot(data)
n <- length(data)
runif(n = n, min = 10, max = 35)
```

用%T>% 则可改写为

```
mtcars %>%
  pluck(1) %T>%
  boxplot() %>%
  length() %>%
  runif(min = 10, max = 35)
```

注意, %T>% 后面接的通常是绘图、导出数据等操作.

管道操作符%<>%

%<>% 相比于%>%, 它的额外功能是会在整段代码运行完后将运行结果直接返回给%<>% 前面 (左侧) 的变量并保存下来, 省去了再次命名的步骤, 而它的位置也必须接在一个变量名后. 比如我们对 data 进行一系列操作后结果仍然命名为 data, 我们可以将使用代码%>%

```
data <- mtcars
data %>%
  mutate(rdn = runif(n = dim(.)[1], 10, 20)) -> data
```

的程序改写为

```
library(magrittr)
library(dplyr)
data <- mtcars
data %<>%
```

```
  mutate(rdn = runif(n = dim(.)[1], 10, 20))
```

管道操作符 %$%

　　%$% 传递的不是左侧代码输出结果本身, 而是输出数据框的列名, 可以允许右侧代码直接根据列名调用相应的数据. 比如我们想根据 mtcars 中 hp 列的分布情况来控制生成随机数, 可以这样写出代码

```
library(magrittr)
library(dplyr)
mtcars %$%
  runif(n = length(hp), min = min(hp), max = max(hp)) -> rdn
```

3.2.2　purrr: 优雅的循环迭代

泛函式循环迭代的核心思想

　　用 R 写循环从低到高有三种境界: 手动 for 循环, apply 系列函数 (见第 3.1 节) 和 purrr 程序包提供的泛函式编程 map 系列函数. 与 apply 系列函数相比, purrr 提供的函数具有更多的一致性、规范性和便利性, 更容易记忆和使用.

　　purrr 程序包提供的泛函式循环迭代来源于数学中的泛函 (即函数的函数), 在编程中表示函数作用在函数上, 或者说函数包含其他函数作为参数; 而循环迭代就是将一个函数依次应用 (映射) 到序列的每一个元素上, 表示出来就是泛函式: map(x, f), 其中序列是一系列可以根据位置索引的数据结构, 如向量、列表、数据框均为序列, 而元素可以很复杂并有不同类型.

常用操作函数

　　1) map(): 依次应用一元函数到一个序列的每个元素上, 基本等同于第 3.1 节的 lapply();

　　2) map2(): 依次应用二元函数到两个序列的每对元素上;

　　3) pmap(): 应用多元函数到多个序列的每组元素上, 可以实现对数据框的逐行迭代;

　　4) map_*(): map 系列函数都有后缀形式, 以决定循环迭代之后返回的数据类型, 这是 purrr 比 apply 系列函数更先进和便利的一大优势. 例如对应于 map() 的

常用后缀如下:

- map_chr(.x, .f): 返回字符型向量
- map_lgl(.x, .f): 返回逻辑型向量
- map_dbl(.x, .f): 返回实数型向量
- map_int(.x, .f): 返回整数型向量
- map_df(.x, .f): 返回数据框列表
- map_dfr(.x, .f): 返回数据框列表, 再用 bind_rows() 按行合并为一个数据框
- map_dfc(.x, .f): 返回数据框列表, 再用 bind_cols() 按列合并为一个数据框

5) walk(): 只循环迭代过程而不返回结果, 比如批量保存数据/图形到文件;

6) reduce()/accumulate(): 先对序列前两个元素应用函数, 再对结果与第 3 个元素应用函数, 再对结果与第 4 个元素应用函数, 以此类推. 前者只返回最终结果, 后者会返回所有中间结果;

7) every()/some(): 判断序列中是否任意/存在元素满足某条件;

8) 操作列表的函数:

- pluck(): 同 [[]], 提取列表中的元素;
- keep(): 保留满足条件的元素;
- discard(): 删除满足条件的元素;
- compact(): 删除列表中的空元素;
- append(): 在列表末尾增加元素;
- flatten(): 摊平列表 (只摊平一层).

purrr 风格公式 (匿名函数)

对序列循环迭代 (应用函数), 经常需要自定义函数, 但有些简单的函数用 function 定义显得麻烦. 为此, purrr 程序包提供了对 purrr 风格公式 (匿名函数) 的支持. 仍以 map(x, f) 为例, 若想用匿名函数来写应用的函数 f, 并将它应用在序列 x 上, 只要将该序列参数名 x 作为匿名函数的参数使用. 我们通过下面几个具体的例子来帮助理解.

- 一元函数 $f(x) = x^2 + 1$: 序列参数是.x, 其 purrr 风格公式为: ~ .x ^ 2 + 1;
- 二元函数 $f(x, y) = x^2 - 3y$: 序列参数是.x, .y, 其 purrr 风格公式为: ~ .x ^ 2 - 3 * .y;
- 多元函数 $f(x, y, z) = \ln(x + y + z)$: 序列参数是..1, ..2, ..3, 等, 其 purrr 风格

公式为: `log(..1 + ..2 + ..3);`

  • 所有序列参数, 可以用 `...` 代替, 比如, `sum(..1, ..2, ..3)` 等同于 `sum(...)`.

`map()`: 依次应用一元函数到一个序列的每个元素上

```
map(.x, .f, ...)
map_*(.x, .f, ...)
```

其中 `.x` 为序列, `.f` 为要应用的一元函数或 purrr 风格公式 (匿名函数), `...` 为可设置函数 `.f` 中的其他参数. 此函数的作用机制如图 3.2 所示.

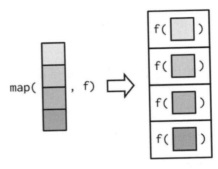

图 3.2   `map()` 函数的作用机制

例 3.2.1   分别计算 iris 前 4 列的均值

```
df = iris[, 1:4]
# map(df, mean) # 分别返回
map_dbl(df, mean) # 以向量形式返回
## Sepal.Length  Sepal.Width Petal.Length  Petal.Width
##     5.843333     3.057333     3.758000     1.199333
```

使用风格公式可将代码重新写为

```
map_dbl(df, ~mean(.x))
map_dbl(df, ~mean(.x, na.rm = TRUE))
```

map2(): 依次应用二元函数到两个序列的每对元素上

```
map2(.x, .y .f, ...)
map2_*(.x, .y, .f, ...)
```

其中 .x 为序列 1, .y 为序列 2, .f 为要应用的二元函数或 purrr 风格公式 (匿名函数), ... 为可设置函数 .f 中的其他参数. 此函数的作用机制如图 3.3 所示.

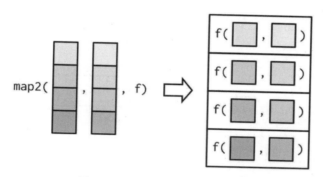

图 3.3 map2() 函数的作用机制

例 3.2.2 根据身高、体重数据计算 BMI 指数.

```
height = c(1.58, 1.76, 1.64)
weight = c(52, 73, 68)
BMI = function(h, w) w / h^2   # 自定义计算BMI的函数
map2_dbl(height, weight, BMI)
## [1] 20.83000 23.56663 25.28257
```

使用风格公式可将上面最后一行代码改写为

```
map2_dbl(height, weight, ~.y/.x^2) # 使用风格公式
```

我们也可通过管道函数作用于数据框中的数据来实现 BMI 的计算.

```
df = tibble(height = height, weight = weight)
df %>%
  mutate(bmi = map2_dbl(height, weight, cal_BMI))
# 使用风格公式
df %>%
  mutate(bmi = map2_dbl(height, weight, ~ .y / .x^2))
```

pmap(): 实现对数据框逐行迭代

```
pmap(.l, .f, ...)
pmap_*(.l, .f, ...)
```

其中 .l 为数据框, .f 为要应用的多元函数, ... 为可设置函数 .f 中的其他参数. .f
是几元函数, 对应数据框 .l 就有几列, .f 将依次在数据框 .l 的每一行上进行迭代,
作用机制如图 3.4 所示.

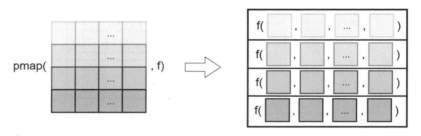

图 3.4   pmap() 函数的作用机制

例 3.2.3   生成样本容量分别为 1, 3, 5, 均值分别为 0, −1, 1, 标准差分别为 1/2,
1, 2 的正态分布随机数序列.

```
df <- tibble(
  n = c(1, 3, 5),
  mean = c(0, -1, 1),
  sd = c(1/2, 1, 2)
)

set.seed(123)
pmap(df, rnorm)
## [[1]]
## [1] -0.2802378
##
## [[2]]
## [1] -1.2301775  0.5587083 -0.9294916
##
```

```
## [[3]]
## [1]   1.2585755   4.4301300   1.9218324  -1.5301225
## [5]  -0.3737057
```

使用风格公式可将上面的代码改写为

```
set.seed(123)
pmap(df, ~ rnorm(..1, ..2, ..3))
pmap(df, ~ rnorm(...))
```

walk 系列: 将函数依次作用到序列上, 不返回结果

```
walk(.l, .f, ...)
walk2(.l, .f, ...)
pwalk(.l, .f, ...)
```

例 3.2.4　针对数据集 mtcars, 分别用其第 2—7 列数据 (cyl, disp, hp, drat, wt, qsec) 作为 x 轴, 以第 1 列 mpg 作为 y 轴, 批量绘制散点图, 并保存为以列名命名的 png 文件.

```
# 定义散点图函数
plot_scatter = function(x) {
  mtcars %>%
  ggplot(aes(.data[[x]], mpg)) +
  geom_point()
}
# 批量绘图
cols = names(mtcars)[2:7]  # 提取列名
ps = map(cols, plot_scatter)  # 批量绘图
# 批量导出到 png 文件
files = str_c("images/", cols, ".png")  # 指定路径和文件名
walk2(files, ps, ggsave)
```

3.2.3　tibble: 数据框

数据框是 R 最为常用的数据结构, 尽管 R 有自带的数据框 data.frame, 但建议改用新生态下更现代的 tibble 数据框, 因为 tidyverse 程序包都是基于 tibble 数据框进行数据处理和可视化的. `tidyverse` 程序包均用 C++ 实现, 而 `tibble` 程序包为其中的核心包. tibble 相比 data.frame 更有优势, 例如 tibble 在输出时不自动显示所有行, 避免遇到大数据框时显示很多内容; 用 [] 选取列子集时, 即使只选取一列, 返回结果仍是 tibble, 而不自动简化为向量.

建立 tibble

1) 使用 tibble() 函数生成 tibble 数据框与使用 data.frame() 类似, 试比较:

```
library(tibble)
x = 1:5
y = 1
z = x ^ 2 + y
z1 <- data.frame(x,y,z)
z2 <- tibble(x, y, z)
str(z1)
'data.frame': 5 obs. of  3 variables:
 $ x: int  1 2 3 4 5
 $ y: num  1 1 1 1 1
 $ z: num  2 5 10 17 26
str(z2)
tibble [5 x 3] (S3: tbl_df/tbl/data.frame)
 $ x: int [1:5] 1 2 3 4 5
 $ y: num [1:5] 1 1 1 1 1
 $ z: num [1:5] 2 5 10 17 26
```

2) 使用 tribble() 函数生成 tibble 给出的是一种按数据框的列出现的顺序逐行生成 tibble 数据框的方法, 相当于变量给定, 逐个添加观测值. 而函数 tibble() 给出的方法可视为给定变量长度下逐列添加变量的方法, 其中列以向量的形式出现.

```
tribble(
  ~x, ~y, ~z,
  #--/--/----
  "a", 2, 3.6,
  "b", 1, 8.5
)
# A tibble: 2 x 3
  x       y     z
  <chr> <dbl> <dbl>
1 a       2   3.6
2 b       1   8.5
```

3) 使用as_tibble()由 data.frame 转换过来

```
as_tibble(iris)
```

```
as_tibble(mtcars)
```

注意: 我们也可以用 as.data.frame() 函数将 tibble 数据框转换为 data.frame 数据框.

提取 tibble 数据框的元素、子集

操作与 data.frame 数据框类似[1], 示例如下.

```
df <- tibble(
  x = runif(5),
  y = rnorm(5)
)
# 由变量名提取变量
df$x
[1] 0.3279207 0.9545036 0.8895393 0.6928034 0.6405068

df[["x"]]
[1] 0.3279207 0.9545036 0.8895393 0.6928034 0.6405068

# 由位置提取变量
```

---

[1]其他 R 基础包中作用在 data.frame 上的函数也都可作用在 tibble 上, 可参考第 2 章的介绍.

```
df[[1]]
[1] 0.3279207 0.9545036 0.8895393 0.6928034 0.6405068

# 用管道提取变量
df %>% .$x
[1] 0.3279207 0.9545036 0.8895393 0.6928034 0.6405068

df %>% .[["x"]]
[1] 0.3279207 0.9545036 0.8895393 0.6928034 0.6405068

# 以列表方式提取子集
df[, "x"]
# A tibble: 5 x 1
      x
  <dbl>
1 0.328
2 0.955
3 0.890
4 0.693
5 0.641

df[1]
# A tibble: 5 x 1
      x
  <dbl>
1 0.328
2 0.955
3 0.890
4 0.693
5 0.641

# 以矩阵方式提取元素、子集
df[c(1,3),]
# A tibble: 2 x 2
      x     y
  <dbl> <dbl>
1 0.328 2.53
```

```
2 0.890 0.238
df[1:3, c("x","y")]
# A tibble: 3 x 2
      x     y
  <dbl> <dbl>
1 0.328 2.53
2 0.955 0.549
3 0.890 0.238
```

3.2.4 因子、字符串、日期时间数据的处理

这一小节介绍如何借助 tidyverse 特定的程序包创建因子、字符串和日期时间数据.

forcats: 因子的操作

因子是一个带有水平 (level) 属性的整数向量, 与字符向量不同的是, 字符变量 (名义变量) 作为分类变量使用时, 它只有不具有实际意义的字母顺序, 不能规定想要的顺序, 也不能表达统计中常用的有序分类变量. 有了因子变量我们就可方便地对数据集中的各类分类变量 (包括没有顺序之分的名义变量与有序变量, 分别对应无序因子与有序因子) 与定量变量一起进行描述、汇总、可视化、建模等, 详见第 **??** 章的相关介绍.

在基础 R 程序包中使用 `factor()` 函数建立因子, 详见第 **??** 章中的说明. tidyverse 系列中的 forcats 程序包是专门为处理因子型数据而设计的, 提供了一系列操作因子的方便函数, 包括:

- as_factor(): 转换为因子, 默认按水平值的出现顺序排序
- fct_count(): 计算因子各水平频数、占比, 并可按频数排序
- fct_c(): 合并多个因子的水平
- 改变因子水平的顺序:
  i. fct_relevel(): 手动对水平值重新排序
  ii. fct_infreq(): 按高频优先排序
  iii. fct_inorder(): 按水平值出现的顺序排序
  iv. fct_rev(): 将顺序反转

     v. fct_reorder(): 根据其他变量或函数结果排序 (绘图时有用)

- 修改水平:

     i. fct_recode(): 对水平值逐个重编码

     ii. fct_collapse(): 手动合并部分水平

     iii. fct_lump_*(): 将多个频数小的水平合并为其他 (other)

     iv. fct_other(): 将保留之外或丢弃的水平合并为其他

- 增加或删除水平:

     i. fct_drop(): 删除若干水平

     ii. fct_expand(): 增加若干水平

     iii. fct_explicit_na(): 为 NA 设置水平

例 3.2.5　　对 mpg 数据按 class 分类统计数量, 并分别按水平顺序和频数高低顺序绘制出条形图. 结果如图 3.5(a) 和 (b) 所示, 代码如下:

```
library(forcats)
library(ggplot2)
library(dplyr)
count(mpg, class)
mpg1 = mpg %>%
  mutate(class = fct_lump(class, n = 5))
y1 <- count(mpg1, class)
barplot(n~class, data = y1)
mpg2 = mpg1 %>%
  mutate(class = fct_infreq(class))
y2 <- count(mpg2, class)
barplot(n~class, data = y2)
```

可见按频数顺序排列的条形图更具有可读性.

stringr: 字符串的操作

    tidyverse 系列中的 stringr 程序包提供了一系列简单易用的字符串操作函数, 足以代替 R 中的自带字符串操作函数 str_*(). 我们下面通过分类举例加以说明.

    1) 与字符串个数有关的函数

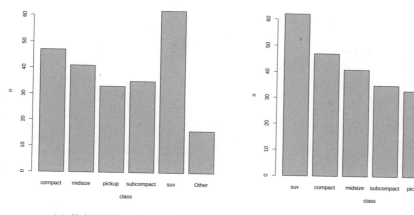

(a) 按水平顺序绘制的条形图　　　　　　　　(b) 按频数高低顺序绘制的条形图

图 3.5 forcats 程序包的使用示例: 条形图优化

```
library(stringr)
str_length(c("I", "love", "data science", NA))
## [1]  1  4 12 NA

str_pad(c("I", "love", "R"), 4)        # 填充到长度为4
## [1] "   I" "love" "   R"

str_trunc("R for data science", 10) # 截断到长度为10
## [1] "R for d..."

str_trim(c("I love data science"))  # 移除空格
## [1] "I love data science"
```

2) 字符串合并

```
str_c(..., sep = "", collapse) #字符串连接
str_dup(string, times)         #字符串重复
```

例如

```
str_c("x", 1:3, sep = "")
## [1] "x1" "x2" "x3"

# 等价于 paste0("x", 1:3) 或 paste("x", 1:3, sep="")
```

```
str_c("x", 1:3, collapse = "_")
## [1] "x1_x2_x3"

str_dup(c("A","B"), c(3,2))
## [1] "AAA" "BB"
```

3) 字符串拆分

```
str_split(string, pattern) # 返回列表
str_split_fixed(string, pattern, n) # 返回矩阵
```

例如

```
x = "10,8,7"
str_split(x, ",")
## [[1]]
## [1] "10" "8"  "7"
str_split_fixed(x, ",", n = 2)
##       [,1] [,2]
## [1,] "10" "8,7"
```

4) 字符串格式化输出

```
str_glue()
str_glue_data()
```

将字符串 {变量名} 中的变量名替换成变量值, 后者的参数 .x 支持数据框、列表等.

例如

```
str_glue("Pi = {pi}")
## Pi = 3.14159265358979

name = " 李华"
tele = "13988886666"
email ="name@rrr.org"
str_glue(" 姓名: {name}",
        " 电话号码: {tele}",
        " 邮箱: {email}", .sep="; ")
## 姓名: 李华;  电话号码: 13988886666;  邮箱: name@rrr.org
```

```
df = mtcars[1:2,]
str_glue_data(df, "{rownames(df)} 总功率为{hp} kW.")
## Mazda RX4 总功率为110 kW.
## Mazda RX4 Wag 总功率为110 kW.
```

5) 字符串排序

```
str_sort(x, decreasing, locale, ...)
str_order(x, decreasing, locale, ...)
```

例如

```
x <- c("banana", "apple", "pear")
str_sort(x)
## [1] "apple"  "banana" "pear"

str_order(x)
## [1] 2 1 3

str_sort(c(" 香蕉", " 苹果", " 梨"), locale = "ch")
## [1] " 梨"    " 苹果" " 香蕉"
```

6) 检测字符串匹配

```
# 检测是否存在匹配
str_detect(string, pattern, negate=FALSE)
# 查找匹配的索引
str_which(string, pattern, negate=FALSE)
# 计算匹配的次数
str_count(string, pattern)
# 定位匹配的位置
str_locate(string, pattern)
# 检测是否以 pattern 开头
str_starts(string, pattern)
# 检测是否以 pattern 结尾
str_ends(string, pattern)
```

例如

```
x <- c("banana", "apple", "pear")
str_detect(x, "p")
## [1] FALSE  TRUE  TRUE

str_which(x, "p")
## [1] 2 3

str_count(x, "p")
## [1] 0 2 1
```

7) 提取字符串子集

```
str_sub(string, start = 1, end = -1)
str_subset(string, pattern, negate=FALSE)
```

例如

```
str_sub(x, 1, 3)
## [1] "ban" "app" "pea"

str_sub(x, -3, -1)
## [1] "ana" "ple" "ear"

str_subset(x, "p")
## [1] "apple" "pear"
```

8) 提取匹配的内容

```
str_extract(string, pattern) #返回向量
str_match(string, pattern)    #返回矩阵
```

例如

```
x = c("1978-2000", "2011-2020-2099")
pat = "\\d{4}" # 正则表达式，匹配4 位数字
str_extract(x, pat)
## [1] "1978" "2011"

str_match(x, pat)
##        [,1]
## [1,] "1978"
## [2,] "2011"
```

9) 字符串修改或替换

```
str_replace(string, pattern, replacement)
```

例如

```
x = c("1978-2000", "2011-2020-2099")
str_replace(x, "-", "/")
## [1] "1978/2000"      "2011/2020-2099"
```

10) 转换大小写

```
str_to_upper() # 转换为大写
str_to_lower() # 转换为小写
str_to_title() # 首字母大写
str_conv(string, encoding) # 转换字符编码
# 提取英文单词
word(string, start, end, sep = " ")
# 调整段落格式
str_wrap(string, width = 80,
         indent = 0, exdent = 0)
```

例如

```
str_to_lower("I love R language.")
## [1] "i love r language."

str_to_upper("I love r language.")
## [1] "I LOVE R LANGUAGE."

str_to_title("I love r language.")
## [1] "I Love R Language."
```

lubridate: 日期时间的操作

日期和时间值通常以字符串形式传入 R 中, 然后转换为以数值形式存储的日期时间变量. R 的内部日期是以 1970 年 1 月 1 日至今的天数来存储的, 内部时间则是以 1970 年 1 月 1 日至今的秒数来存储的. tidyverse 系列中的 lubridate 程序包提供了一系列更方便的函数, 生成、转换、管理日期和时间数据, 足以代替 R 自带的日期

和时间函数. 我们下面通过分类举例加以说明.

1) 获取、识别日期和时间

```
library(lubridate)
today()
## [1] "2023-04-05"

now()
## [1] "2023-04-05 06:02:27 CST"

# 日期型转日期时间型
as_datetime(today())
## [1] "2023-04-05 UTC"

# 日期时间型转日期型
as_date(now())
## [1] "2023-04-05"

ymd("2020/03~01")
## [1] "2020-03-01"

myd("03202001")
## [1] "2020-03-01"

dmy("03012020")
## [1] "2020-01-03"

ymd_hm("2020/03~011213")
## [1] "2020-03-01 12:13:00 UTC"
```

2) 创建日期和时间

```
make_date(2020, 8, 27)
## [1] "2020-08-27"

make_datetime(2020, 8, 27, 21, 27, 15)
## [1] "2020-08-27 21:27:15 UTC"
```

3) 格式化输出日期和时间

```
# 使用 format()
d = make_date(2023, 3, 8)
```

```
format(d, '%Y/%m/%d')
## [1] "2023/03/08"

# 使用 stamp()
t = make_datetime(2023, 3, 8, 12, 10, 05)
fmt = stamp("Sunday, May 1, 2000 22:10", locale = "C")
fmt(t)
## [1] "Wednesday, Mar 08, 2023 12:10"
```

4) 提取日期时间数据的组件

```
t = ymd_hms("2020/08/27 21:30:27")
year(t)
## [1] 2020

quarter(t) # 当年第几季度
## [1] 3

month(t)
## [1] 8

day(t)
## [1] 27

yday(t) # 当年第几天
## [1] 240

hour(t)
## [1] 21

minute(t)
## [1] 30

second(t)
## [1] 27

weekdays(t)
## [1] "Thursday"

wday(t) # 本周第几天
## [1] 5
```

```
week(t) # 当年第几周
## [1] 35
```

5) 指定与修改时区

```
t = ymd_hms("2020/08/27 21:30:27")
tz(t)
## [1] "UTC"
with_tz(t, tz = "America/New_York")
## [1] "2020-08-27 17:30:27 EDT"
force_tz(t, tz = "America/New_York")
## [1] "2020-08-27 21:30:27 EDT"
```

6) 时间段数据

```
begin = ymd_hm("2019-08-10 14:00")
end = ymd_hm("2020-03-05 18:15")
gap = interval(begin, end)
gap
## [1] 2019-08-10 14:00:00 UTC--2020-03-05 18:15:00 UTC

time_length(gap, "day") # 计算时间段内的天数
## [1] 208.1771

time_length(gap, "minute") # 计算时间段内的分钟数
## [1] 299775

duration(100, units = "day") # 计算给定天数内的时长
## [1] "8640000s (~14.29 weeks)"

int = as.duration(gap)
int
## [1] "17986500s (~29.74 weeks)"
```

7) 日期与时间的运算

```
t + int
## [1] "2021-03-24 01:45:27 UTC"

ymd(20190305) + years(1)
```

```
## [1] "2020-03-05"
t + weeks(1)
## [1] "2020-09-03 21:30:27 UTC"
```

3.2.5 broom: 分析结果的整洁化输出

broom 程序包可以帮助我们获得干净整洁的数据分析结果, 使建模结果变得更加整洁, 常用的有三个函数:

1) tidy(): 以数据框形式返回模型的统计结果;

2) augment(): 细看模型在每个样本值的情况, 返回模型参数并增加预测和残差等模型结果;

3) glance(): 查看模型的总体情况, 返回模型运行的一些重要结果, 包含 R^2、矫正后的 R^2, 检验统计量的值与 p 值等.

这些函数可以用在线性回归模型 (lm)、广义线性模型 (glm)、非线性模型 (nls)、生存分析模型中, 也可用于参数与非参数假设检验中. 下面仅以线性回归模型为例加以说明.

例 3.2.6 针对 mtcars 数据集中变量 mpg 关于 wt 的线性回归.

1) 构建模型

```
lmfit <- lm(mpg ~ wt, mtcars)
# summary(lmfit) # 模型的汇总
summary(lmfit)$coef
##               Estimate Std. Error   t value     Pr(>|t|)
## (Intercept) 37.285126    1.877627 19.857575 8.241799e-19
## wt          -5.344472    0.559101 -9.559044 1.293959e-10
```

2) 使用 tidy() 函数

```
library(broom)
tidy(lmfit)
## # A tibble: 2 x 5
##   term        estimate std.error statistic  p.value
##   <chr>          <dbl>     <dbl>     <dbl>    <dbl>
## 1 (Intercept)    37.3       1.88      19.9  8.24e-19
## 2 wt             -5.34      0.559     -9.56 1.29e-10
```

3) 使用 `augment()` 函数

```
augment(lmfit)
## # A tibble: 32 x 9
##    .rownames        mpg    wt .fitted .resid   .hat .sigma
##    <chr>          <dbl> <dbl>   <dbl>  <dbl>  <dbl>  <dbl>
##  1 Mazda RX4         21  2.62    23.3 -2.28  0.0433   3.07
##  2 Mazda RX4 Wag     21  2.88    21.9 -0.920 0.0352   3.09
##  3 Datsun 710      22.8  2.32    24.9 -2.09  0.0584   3.07
##  4 Hornet 4 Dri~   21.4  3.22    20.1  1.30  0.0313   3.09
##  5 Hornet Sport~   18.7  3.44    18.9 -0.200 0.0329   3.10
##  6 Valiant         18.1  3.46    18.8 -0.693 0.0332   3.10
##  7 Duster 360      14.3  3.57    18.2 -3.91  0.0354   3.01
##  8 Merc 240D       24.4  3.19    20.2  4.16  0.0313   3.00
##  9 Merc 230        22.8  3.15    20.5  2.35  0.0314   3.07
## 10 Merc 280        19.2  3.44    18.9  0.300 0.0329   3.10
## # i 22 more rows
## # i 2 more variables: .cooksd <dbl>, .std.resid <dbl>
```

4) 使用 `glance()` 函数

```
glance(lmfit)
## # A tibble: 1 x 12
##   r.squared adj.r.squared sigma statistic  p.value    df
##       <dbl>         <dbl> <dbl>     <dbl>    <dbl> <dbl>
## 1     0.753         0.745  3.05      91.4 1.29e-10     1
## # i 6 more variables: logLik <dbl>, AIC <dbl>,
## #   BIC <dbl>, deviance <dbl>, df.residual <int>,
## #   nobs <int>
```

3.3　数据治理: 基于 tidyr

3.3.1　干净数据与脏数据

这里将展示 `tidyr` 程序包中列出的数据的五种不同的呈现方式. 此数据为世界卫生组织 (WHO) 于 1999 年和 2000 年在阿富汗、巴西和中国收集的人口数据和患肺结核 (tuberculosis, 简记为 TB) 的病例数. 数据中包含 4 个变量: country(国家),

year(年份), population(人口数) 和 cases(患 TB 的人数).

1) 类型 1: 原始数据.

```
library(tidyr)
table1
# A tibble: 6 x 4
  country      year  cases population
  <chr>       <dbl>  <dbl>      <dbl>
1 Afghanistan  1999    745   19987071
2 Afghanistan  2000   2666   20595360
3 Brazil       1999  37737  172006362
4 Brazil       2000  80488  174504898
5 China        1999 212258 1272915272
6 China        2000 213766 1280428583
```

2) 类型 2: population 与 cases 合并. 用 type 表示变量名, count 表示相应数据.

```
table2
# A tibble: 12 x 4
   country      year type          count
   <chr>       <dbl> <chr>         <dbl>
 1 Afghanistan  1999 cases           745
 2 Afghanistan  1999 population 19987071
 3 Afghanistan  2000 cases          2666
 4 Afghanistan  2000 population 20595360
 5 Brazil       1999 cases         37737
 6 Brazil       1999 population 172006362
 7 Brazil       2000 cases         80488
 8 Brazil       2000 population 174504898
 9 China        1999 cases        212258
10 China        1999 population 1272915272
11 China        2000 cases        213766
12 China        2000 population 1280428583
```

3) 类型 3: 由 population 与 cases 算出变量 rate(患 TB 的比例), 即 cases/population(保留为字符型).

```
table3
# A tibble: 6 x 3
  country        year rate
  <chr>         <dbl> <chr>
1 Afghanistan   1999 745/19987071
2 Afghanistan   2000 2666/20595360
3 Brazil        1999 37737/172006362
4 Brazil        2000 80488/174504898
5 China         1999 212258/1272915272
6 China         2000 213766/1280428583
```

4) 类型 4: 用两个表分别列出不同国家在 1999 年和 2000 年的 cases 或 population 的值.

```
table4a # cases
# A tibble: 3 x 3
  country       '1999'  '2000'
  <chr>          <dbl>   <dbl>
1 Afghanistan      745    2666
2 Brazil         37737   80488
3 China         212258  213766

table4b # population
# A tibble: 3 x 3
  country            '1999'       '2000'
  <chr>               <dbl>        <dbl>
1 Afghanistan      19987071     20595360
2 Brazil          172006362    174504898
3 China          1272915272   1280428583
```

5) 类型 5: 年份被拆分成前后两部分, 即世纪与简称的年份.

```
table5
# A tibble: 6 x 4
  country     century year  rate
  <chr>       <chr>   <chr> <chr>
1 Afghanistan 19      99    745/19987071
```

2	Afghanistan	20	00	2666/20595360
3	Brazil	19	99	37737/172006362
4	Brazil	20	00	80488/174504898
5	China	19	99	212258/1272915272
6	China	20	00	213766/1280428583

在处理数据时, 待处理的数据应是"干净"的, 而"干净数据"应遵行以下准则:

1) 每一个变量单独一列.

2) 每一个观测 (记录) 单独一行.

3) 每一个观测值 (每个变量的每个观测值) 占单独一个单元格.

上面的五种类型中只有类型 1 是干净数据, 干净数据对应的三个特征如图 3.6 所示.

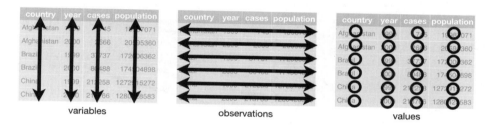

图 3.6 干净数据的三个特征

干净数据有以下优势:

1) 数据结构保持一致.

2) 可充分利用 R 的向量化运算.

按 Hadley Wickham 在 *R for Data Science* 一书中的表述, 脏的/不整洁的数据往往具有如下特点:

- 首行 (列名) 是值, 不是变量名 (类型 4)
- 一变量 (的值) 分处不同的列中 (类型 4)
- 一个观测出现在不同的行中 (类型 2)
- 一变量名出现在不同的列中 (类型 5)
- 多个变量放在一列中 (类型 3)
- 一个观测单元放在多个表中 (类型 4)
- 多种类型的观测单元在同一个单元格中

3.3.2　数据重塑: 数据的整洁化

包括 dplyr 和 ggplot2 在内的所有 tidyverse 程序包中的函数操作均使用 tidy 数据框, 因此在 tidyverse 新的生态下, 对不整洁的数据, 首先需要做整洁化处理, 此即所谓的数据重塑.

- 不同列数据的合并处理

针对类型 4 中由两个表格构成的不整洁数据, 我们要通过列的合并和表的合并两个步骤转换为类型 1 的干净数据. 我们先用 tidyr 程序包中的 gather() 函数进行处理. gather() 的命令格式如下:

```
gather(data, set_columns, key= , value=, ...)
```

示意图如图 3.7 所示.

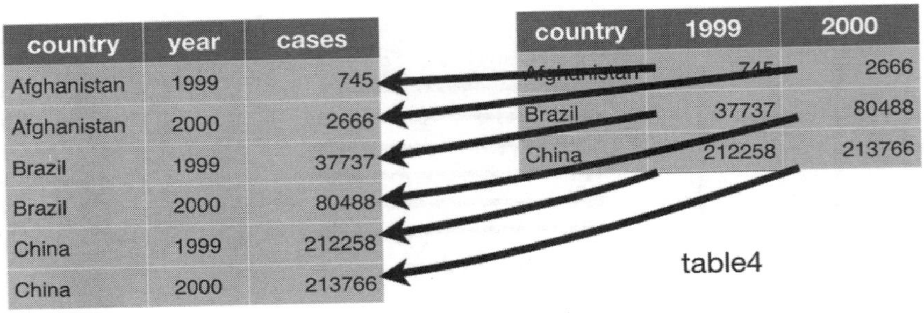

图 3.7　table4a 和 table4b 的整洁化示意图

针对 table4a 和 table4b 的整洁化代码如下:

```
# table4a的整洁化
table4a %>%
  gather('1999', '2000', key = "year", value = "cases")
## # A tibble: 6 x 3
##   country     year  cases
##   <chr>       <chr> <dbl>
## 1 Afghanistan 1999    745
## 2 Brazil      1999  37737
## 3 China       1999 212258
## 4 Afghanistan 2000   2666
## 5 Brazil      2000  80488
## 6 China       2000 213766
```

```
# table4b的整洁化
table4b %>%
  gather('1999', '2000', key = "year", value = "population")
## # A tibble: 6 x 3
##   country     year  population
##   <chr>       <chr>      <dbl>
## 1 Afghanistan 1999    19987071
## 2 Brazil      1999   172006362
## 3 China       1999  1272915272
## 4 Afghanistan 2000    20595360
## 5 Brazil      2000   174504898
## 6 China       2000  1280428583
```

根据示意图 3.7, 上述整洁化工作就是将不同的列进行合并 (gather) 产生两个新的变量, 具体流程如下:

1) 确定要合并的列, 其列名并不代表变量, 而是"新变量"的值!

2) 确定第一个新变量的名称, 其值为上述待合并列的列名, 用 key 指定此变量的名称 (这里为 year).

3) 确定第二个新变量的名称, 其值为上述待合并列的值, 用 value 指定此变量的名称 (这里与 table4a 对应的为 cases, 与 table4b 对应的为 population).

列的选择可以用函数 dplyr::select() 实现, 也可手动直接指定. 最后整洁化过的 tibble 已经将原来的列去除了, 产生了两个新的列 key 和 value. 这里, 与 table4a 对应的为 year 和 cases, 与 table4b 对应的为 year 和 population.

- 两个表格的合并

上述经过整洁化后的表格可以用 tidyr 程序包中的函数 left_join() 进一步连接成一个表格, 成为类型 1 的干净数据.

```
# table4a的整洁化
tidy4a <- table4a %>%
  gather('1999', '2000', key = "year", value = "cases")
# table4b的整洁化
tidy4b <- table4b %>%
  gather('1999', '2000', key = "year", value = "population")
```

```
# tidy4a与tidy4b的合并(分别采用左连接、右连接和全连接)
left_join(tidy4a, tidy4b)
## Joining with 'by = join_by(country, year)'
## # A tibble: 6 x 4
##   country     year  cases population
##   <chr>       <chr> <dbl>      <dbl>
## 1 Afghanistan 1999    745   19987071
## 2 Brazil      1999  37737  172006362
## 3 China       1999 212258 1272915272
## 4 Afghanistan 2000   2666   20595360
## 5 Brazil      2000  80488  174504898
## 6 China       2000 213766 1280428583

right_join(tidy4b, tidy4a)
## Joining with 'by = join_by(country, year)'
## # A tibble: 6 x 4
##   country     year  population cases
##   <chr>       <chr>      <dbl> <dbl>
## 1 Afghanistan 1999    19987071   745
## 2 Brazil      1999   172006362  37737
## 3 China       1999  1272915272 212258
## 4 Afghanistan 2000    20595360   2666
## 5 Brazil      2000   174504898  80488
## 6 China       2000  1280428583 213766

full_join(tidy4a, tidy4b)
## Joining with 'by = join_by(country, year)'
## # A tibble: 6 x 4
##   country     year  cases population
##   <chr>       <chr> <dbl>      <dbl>
## 1 Afghanistan 1999    745   19987071
## 2 Brazil      1999  37737  172006362
## 3 China       1999 212258 1272915272
## 4 Afghanistan 2000   2666   20595360
## 5 Brazil      2000  80488  174504898
```

```
## 6 China        2000   213766 1280428583
```

- 一个观测出现在不同行中的展开操作

针对类型 2 的不整洁数据, 我们可用 tidyr 程序包中的 spread() 函数转换为类型 1 的整洁数据. spread() 函数的语法如下

```
spread(data, key, value, ...)
```

table2 转换为 table1 的示意图如图 3.8 所示. 展开 (spreading) 与合并 (gathering) 恰好相反, 需要将一个分布在不同行中的观测值进行展开操作. 在 table2 中, 一年中一个国家的观测分布在两行中, 例如 Afghanistan 在 1999 年的人口数与患 TB 的人数分别分布在第 2 行和第 1 行中. 将 table2 展开的代码如下:

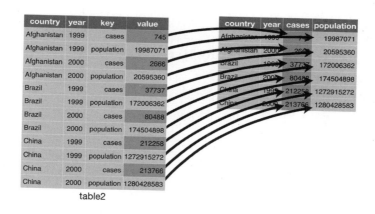

图 3.8 table2 的整洁化示意图

```
spread(table2, key = type, value = count)
## # A tibble: 6 x 4
##   country     year  cases population
##   <chr>       <dbl> <dbl>      <dbl>
## 1 Afghanistan 1999    745   19987071
## 2 Afghanistan 2000   2666   20595360
## 3 Brazil      1999  37737  172006362
## 4 Brazil      2000  80488  174504898
## 5 China       1999 212258 1272915272
## 6 China       2000 213766 1280428583
```

spread 的整洁化工作与 gather 类似, 包含两步:

1) 确定变量名称 (cases, population) 的列, 用 key 指定 (这里为 type);

2) 确定包含上述不同变量值的列, 用 value 指定此变量的名称 (这里为 count)

从此例可以看出, spread() 和 gather() 是互补的: gather() 使宽表更窄更长, 而 spread() 使长表更短更宽.

- 一列拆分为多列

函数 separate() 将一列拆分为多列, 拆分位置由分割符 (非数字字符) 确定. 下面的代码将类型 3 的不干净数据框 table3 中的 rate 拆分为两列 cases 和 population, 使之转换类型 1 的干净数据. 示意图见图 3.9.

```
table3 %>%
  separate(rate, into = c("cases", "population"))
# A tibble: 6 x 4
  country         year cases  population
  <chr>          <dbl> <chr>  <chr>
1 Afghanistan     1999 745    19987071
2 Afghanistan     2000 2666   20595360
3 Brazil          1999 37737  172006362
4 Brazil          2000 80488  174504898
5 China           1999 212258 1272915272
6 China           2000 213766 1280428583
```

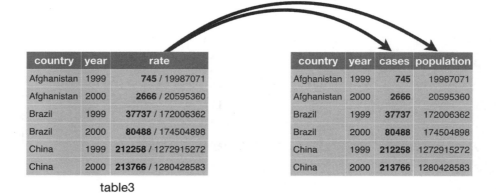

图 3.9 table3 的整洁化示意图

这里也可以自行指定分割符 (在此为"/") 或分割的位置.

```
table3 %>%
  separate(rate, into = c("cases", "population"), sep = "/")
```

- 多列拼接为一列

unite() 将多列合并为一列, 例如对于 table5, 如示意图 3.10 所示, 是将 century 和 year 合并为新的变量 year, 代码如下.

```
table5 %>%
  unite(year, century, year, sep = "") %>%
  separate(rate, into = c("cases", "population"))
# A tibble: 6 x 4
  country     year  cases  population
  <chr>       <chr> <chr>  <chr>
1 Afghanistan 1999  745    19987071
2 Afghanistan 2000  2666   20595360
3 Brazil      1999  37737  172006362
4 Brazil      2000  80488  174504898
5 China       1999  212258 1272915272
6 China       2000  213766 1280428583
```

其中前面的 year 是新生成的, sep = "" 表示合并不带分割符, 代码中的 sepreate() 是对 rate 变量的拆分, 由此也将此表转换为类型 1 的干净数据框.

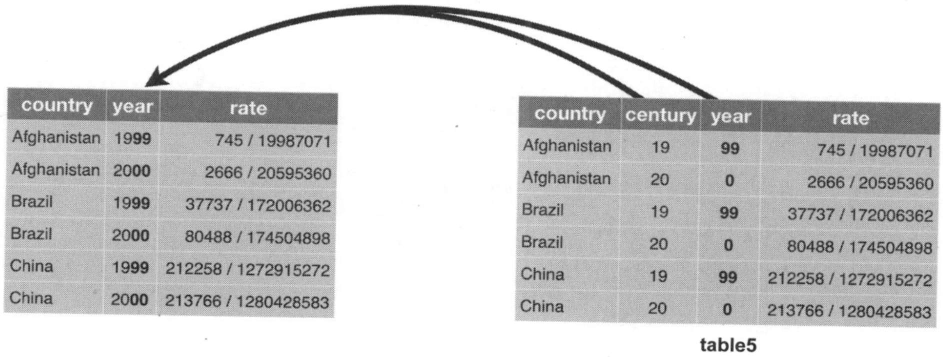

图 3.10 table5 的列合并示意图

3.3.3 数据框的长宽转换

依据使用与查看的便利性, 我们会经常遇到数据集 (框) 的转换: 从长表转换为宽表, 或从宽表转换为长表. 尽管我们可以使用 R 基础包中的 reshape() 函数以及 reshape 程序包中的 melt() 和 cast() 函数, 但它们的使用较为复杂. 我们在这里举例说明另外三种方法. 首先, 我们使用 3.3.2 节数据整洁化用到的 tidyr 程序包中的 gather() 和 spread() 函数, 其次介绍 tidyr 程序包中的 pivot_longer() 和 pivot_wider() 函数, 最后介绍 lsr 程序包中高度封装、直观又方便的 wideToLong() 和 longToWide() 函数.

例 3.3.1 lsr 包 (CSIRO-lsr) 所提供的数据集 repeated.Rdata 中的 drugs 数据展示如下:

```
load("../Rdata/repeated.Rdata")
library(lsr)
dim(drugs)
## [1] 10  8

head(drugs)
##   id gender WMC_alcohol WMC_caffeine WMC_no.drug
## 1  1 female         3.7          3.7         3.9
## 2  2 female         6.4          7.3         7.9
## 3  3 female         4.6          7.4         7.3
## 4  4   male         6.4          7.8         8.2
## 5  5 female         4.9          5.2         7.0
## 6  6   male         5.4          6.6         7.2
##   RT_alcohol RT_caffeine RT_no.drug
## 1        488         236        371
## 2        607         376        349
## 3        643         226        412
## 4        684         206        252
## 5        593         262        439
## 6        492         230        464
```

可以看出这个数据反映的是不同的个体在服用三种药物 (alcohol, caffeine, no.drug) 下两个指标 (WMC, RT) 的值.

1) 基于 tidyr 中的函数 gather() 和 spread()

思路是将一个大表按 WMC 和 RT 两个变量分为两个子表分别进行长宽转换，然后再合并为一个大表.

　　i. 宽表转换为长表: gather()

```
drugs <- as_tibble(drugs)
d.wmc <- drugs %>%
  gather(3:5, key="drug", value="WMC") %>%
  mutate(drug = stringr::str_replace(drug, "WMC_", "")) %>%
  select(-(3:5))
d.rt <- drugs %>%
  gather(6:8, key="drug",  value="RT") %>%
  mutate(drug = stringr::str_replace(drug, "RT_", "")) %>%
  select(-(3:5))
d.long <- left_join(d.wmc, d.rt)
## Joining with 'by = join_by(id, gender, drug)'
dim(d.long)
## [1] 30  5

head(d.long)
## # A tibble: 6 x 5
##    id    gender  drug      WMC      RT
##    <fct>  <fct>   <chr>   <dbl>  <dbl>
## 1 1      female  alcohol   3.7    488
## 2 2      female  alcohol   6.4    607
## 3 3      female  alcohol   4.6    643
## 4 4      male    alcohol   6.4    684
## 5 5      female  alcohol   4.9    593
## 6 6      male    alcohol   5.4    492
```

　　ii. 长表转换为宽表: spread()

```
d.w1 <-
  spread(d.long[,1:4], key = drug, value = WMC)
  colnames(d.w1) <- c(colnames(d.w1[,1:2]),
  str_c("WMC_",colnames(d.w1[,3:5])))
```

```
d.w2 <-
  spread(d.long[,c(1:3,5)], key = drug, value = RT)
  colnames(d.w2) <- c(colnames(d.w2[,1:2]),
  str_c("RT_",colnames(d.w2[,3:5])))
d.wide <- left_join(d.w1, d.w2)
## Joining with 'by = join_by(id, gender)'
dim(d.wide)
## [1] 10  8

head(d.wide)
## # A tibble: 6 x 8
##    id     gender WMC_alcohol WMC_caffeine WMC_no.drug
##    <fct>  <fct>        <dbl>        <dbl>       <dbl>
## 1 1      female         3.7          3.7         3.9
## 2 2      female         6.4          7.3         7.9
## 3 3      female         4.6          7.4         7.3
## 4 4      male           6.4          7.8         8.2
## 5 5      female         4.9          5.2         7
## 6 6      male           5.4          6.6         7.2
## # i 3 more variables: RT_alcohol <dbl>,
## #   RT_caffeine <dbl>, RT_no.drug <dbl>
```

2）基于 tidyr 中的函数pivot_longer()和pivot_wider()

函数pivot_longer()和pivot_wider()也来自 tidyr 程序包, 实现长宽数据转换, 分别对应于函数 gather() 和 spread() 的升级, 功能更加强大, 且参数更清晰直观.

i. 宽表转换为长表: pivot_longer()

```
drugs %>% pivot_longer(
  cols = !id & !gender,
  names_to = c(".value", "drug"),
  names_sep = "_", # 列名中的分隔符
  values_drop_na = T) -> d.long
d.long
```

```
## # A tibble: 30 x 5
##      id   gender drug        WMC    RT
##    <fct> <fct>  <chr>     <dbl> <dbl>
##  1 1     female alcohol     3.7   488
##  2 1     female caffeine    3.7   236
##  3 1     female no.drug     3.9   371
##  4 2     female alcohol     6.4   607
##  5 2     female caffeine    7.3   376
##  6 2     female no.drug     7.9   349
##  7 3     female alcohol     4.6   643
##  8 3     female caffeine    7.4   226
##  9 3     female no.drug     7.3   412
## 10 4     male   alcohol     6.4   684
## # i 20 more rows
```

ii. 长表转换为宽表: pivot_wider()

```
d.long %>% pivot_wider(
  names_from = c(drug),
  values_from = c(WMC, RT),
  names_sep = "_"        # 连接符
)
```

```
## # A tibble: 10 x 8
##      id   gender WMC_alcohol WMC_caffeine WMC_no.drug
##    <fct> <fct>         <dbl>        <dbl>       <dbl>
##  1 1     female          3.7          3.7         3.9
##  2 2     female          6.4          7.3         7.9
##  3 3     female          4.6          7.4         7.3
##  4 4     male            6.4          7.8         8.2
##  5 5     female          4.9          5.2         7
##  6 6     male            5.4          6.6         7.2
##  7 7     male            7.9          7.9         8.9
##  8 8     male            4.1          5.9         4.5
##  9 9     female          5.2          6.2         7.2
## 10 10    female          6.2          7.4         7.8
```

```
## # i 3 more variables: RT_alcohol <dbl>,
## #   RT_caffeine <dbl>, RT_no.drug <dbl>
```

3) 基于 lsr 程序包的函数 wideToLong() 和 longToWide()

    i. 宽表转换为长表: wideToLong()

```
drugs <- as.data.frame(drugs)
drugs.long <- wideToLong(data = drugs, within = "drug")
dim(drugs.long)
## [1] 30  5

head(drugs.long)
##   id gender    drug WMC  RT
## 1  1 female alcohol 3.7 488
## 2  2 female alcohol 6.4 607
## 3  3 female alcohol 4.6 643
## 4  4   male alcohol 6.4 684
## 5  5 female alcohol 4.9 593
## 6  6   male alcohol 5.4 492
```

    ii. 长表转换为宽表: longToWide()

```
drugs.wide <- longToWide(drugs.long, WMC + RT ~ drug)
head(drugs.wide)
##   id gender WMC_alcohol RT_alcohol WMC_caffeine
## 1  1 female         3.7        488          3.7
## 2  2 female         6.4        607          7.3
## 3  3 female         4.6        643          7.4
## 4  4   male         6.4        684          7.8
## 5  5 female         4.9        593          5.2
## 6  6   male         5.4        492          6.6
##   RT_caffeine WMC_no.drug RT_no.drug
## 1         236         3.9        371
## 2         376         7.9        349
## 3         226         7.3        412
## 4         206         8.2        252
## 5         262         7.0        439
```

```
## 6           230          7.2          464
```

3.4 数据治理: 基于 dplyr

dplyr 程序包是原本 plyr 程序包中的 ddply() 等函数的进一步分离和强化, 大幅提高数据处理的速度. 本节将通过 nycflights13 程序包中的 flights 数据集, 介绍 dplyr 程序包中的下面五个常用函数的使用. 此数据集包含了 2013 年从纽约出发的 336 776 个航班信息.

1) filter(): 用于选取特定条件下数据的某些行

2) arrange(): 用于实现数据一列或多列的升降排序

3) select(): 用于选取数据的一列或多列

4) mutate(): 用于在数据集中添加列

5) summarise(): 用于实现数据汇总

其中最后两个函数经常与函数 group_by() 结合起来使用, 实现分组计算.

1) 查看数据

```
library(nycflights13)
flights
## # A tibble: 336,776 x 19
##      year month    day dep_time sched_dep_time dep_delay
##     <int> <int> <int>    <int>          <int>     <dbl>
## 1   2013     1     1      517            515         2
## 2   2013     1     1      533            529         4
## 3   2013     1     1      542            540         2
## 4   2013     1     1      544            545        -1
## 5   2013     1     1      554            600        -6
## 6   2013     1     1      554            558        -4
## 7   2013     1     1      555            600        -5
## 8   2013     1     1      557            600        -3
## 9   2013     1     1      557            600        -3
## 10  2013     1     1      558            600        -2
## # i 336,766 more rows
## # i 13 more variables: arr_time <int>,
```

```
## #    sched_arr_time <int>, arr_delay <dbl>,
## #    carrier <chr>, flight <int>, tailnum <chr>,
## #    origin <chr>, dest <chr>, air_time <dbl>,
## #    distance <dbl>, hour <dbl>, minute <dbl>,
## #    time_hour <dttm>
```

  2) filter(): 筛选函数

  函数 filter() 会根据提供的"条件"提取观测子集. 设定"条件"的方式包括

  • 使用比较运算符: ">"">=""<""<="" "!="" "==";

  • 使用逻辑运算符: "&""|""!".

下面的代码给出不同条件下的航班信息

```
# 第一个月第一天的航班信息
library(dplyr)
filter(flights, month == 1, day == 1)
# 第11个月和第12个月的航班信息
filter(flights, month == 11 | month == 12)
filter(flights, month %in% c(11, 12))
# 起飞或到达延误2小时的航班信息
filter(flights, (arr_delay > 120 | dep_delay > 120))
# 起飞和到达延误都不超过2小时的航班信息
filter(flights, arr_delay <= 120, dep_delay <= 120)
```

  3) arrange(): 排序函数

  函数 arrange() 会按变量 (列名) 改变观测值呈现的顺序, 默认为升序排列, 用 desc() 则可实现降序排列. 注意: 缺失值排在最后. 例如

```
# 依次按年、月、日排列航班的信息
arrange(flights, year, month, day)
# 按航班到达延迟的降序排列航班的信息
arrange(flights, desc(arr_delay))
```

  4) select(): 选取函数

  函数 select() 可缩小要关注的变量的范围, 除选择规定的变量外, 还可以搭配其他字符匹配函数, 例如

- starts_with('abc'): 匹配开头为"abc"的值;
- ends_with('xyz'): 匹配结尾为"xyz"的值;
- contains('ijk'): 匹配包含"ijk"的值;
- matches('(.)\\1'): 通过正则表达式来匹配;
- num_range('x', 1:3): 选取x1~x3变量;
- one_of(): 可以将变量名放入一个向量中, 再将这个向量放入函数中可以缩减代码长度;
- everything(): 将要选取的变量放到所有变量的最前面进行展示.

例如

```
# 选择列 year, month, day
select(flights, year, month, day)
# 选择 year 与 day 之间 (包括 year 和 day) 的所有列
select(flights, year:day)
# 选择除了 year 与 day 之间 (包括 year 和 day) 的所有列
select(flights, -(year:day))
# 将 time_hour 和 air_time 放在最前面
select(flights, time_hour, air_time, everything())
```

5) mutate(): 添加变量函数

mutate() 是一个能在数据集中根据已有的变量来添加新变量的函数, 新加入的变量放在最后, 它与 R 的基础程序包中的函数 transform() 起着相同的作用. 通常, 先使用 select() 生成一个小的子集, 再添加新的变量, 例如

```
flights_sml <- select(flights,
  year:day,
  ends_with("delay"),
  distance,
  air_time
)
mutate(flights_sml,
  gain = arr_delay - dep_delay,
  speed = distance / air_time * 60
)
```

注意:

i. 若仅想保留新建的变量, 则将 mutate() 函数替换为 transmute() 函数即可, 例如

```
transmute(flights,
  gain = arr_delay - dep_delay,
  hours = air_time / 60,
  gain_per_hour = gain / hours
)
## # A tibble: 336,776 x 3
##     gain hours gain_per_hour
##    <dbl> <dbl>         <dbl>
## 1      9  3.78          2.38
## 2     16  3.78          4.23
## 3     31  2.67         11.6
## 4    -17  3.05         -5.57
## 5    -19  1.93         -9.83
## 6     16  2.5           6.4
## 7     24  2.63          9.11
## 8    -11  0.883       -12.5
## 9     -5  2.33         -2.14
## 10    10  2.3           4.35
## # i 336,766 more rows
```

ii. 其他生成变量函数

生成更复杂的变量的向量化运算函数还包括 base 包中的算术运算、模运算 (%/%, %%)、对数运算 (log(), log2(), log10())、累积运算 (cumsum(), cumprod(), cummin(), cummax())、逻辑比较运算 ("<" "<=" ">" ">=" "!=")、滞后差分 (lag()). 此外, dplyr 程序包还提供了:

- 序列的前移: lead()
- 累积均值: cummean()
- 秩运算: min_rank(), min_rank(desc())
- 其他运算: row_number(), dense_rank(), percent_rank(), cume_dist(), ntile()

例如, 使用模运算分别得到航班起飞的小时数与分钟数:

```
transmute(flights,
  dep_time,
  hour = dep_time %/% 100,
  minute = dep_time %% 100
)
## # A tibble: 336,776 x 3
##    dep_time  hour minute
##       <int> <dbl>  <dbl>
## 1       517     5     17
## 2       533     5     33
## 3       542     5     42
## 4       544     5     44
## 5       554     5     54
## 6       554     5     54
## 7       555     5     55
## 8       557     5     57
## 9       557     5     57
## 10      558     5     58
## # i 336,766 more rows
```

6) summarise(): 输出统计量函数

通常与 group_by() 配合使用, 实现分组计算, 试比较:

```
# 未分组
summarise(flights, delay = mean(dep_delay, na.rm = TRUE))
## # A tibble: 1 x 1
##   delay
##   <dbl>
## 1  12.6
# 按月分组
by_month <- group_by(flights, year, month)
summarise(by_month, delay = mean(dep_delay, na.rm = TRUE))
## 'summarise()' has grouped output by 'year'. You can
## override using the '.groups' argument.
```

```
## # A tibble: 12 x 3
## # Groups:   year [1]
##     year month delay
##    <int> <int> <dbl>
## 1   2013     1  10.0
## 2   2013     2  10.8
## 3   2013     3  13.2
## 4   2013     4  13.9
## 5   2013     5  13.0
## 6   2013     6  20.8
## 7   2013     7  21.7
## 8   2013     8  12.6
## 9   2013     9   6.72
## 10  2013    10   6.24
## 11  2013    11   5.44
## 12  2013    12  16.6
delays <- flights %>%
  group_by(dest) %>%
  summarise(
    count = n(),
    dist = mean(distance, na.rm = TRUE),
    delay = mean(arr_delay, na.rm = TRUE)
  ) %>%
  filter(count > 20, dest != "HNL")
```

3.5　数据治理: 分组操作

上面的函数主要是针对列的操作, 如 gather() 和 spread(). 对未分组的数据框, 一些操作(如 mutate() 函数)是在所有行 (观测) 上执行的. 若数据框含有分组变量, 则意味着数据是被分组的, 一些操作应该分别在每个组上独立执行. 可以等价地认为: 我们先将数据框拆分为更小的多个数据框, 再在每个更小的数据框上执行操作, 最后再将结果合并回来. 这里涉及数据框的各种分组运算, 如拆分与合并, 行、列及子集选取等. 本节以典型的鸢尾花数据集为例集中介绍与数据治理有关的分组运算函数, 内容可视为 3.4 节的补充.

1) base::split(): 根据条件分组

代码

```
iris.split <- split(iris, iris$Species)
```

将 iris 数据框拆分为三个: iris.split$setosa, iris.split$versicolor 和 iris.split$virginica.

2) base::subset(): 选择满足条件的数据行

通过指定分组变量的取值就可实现分组, 例如

```
iris.1 <- subset(iris, Species == "setosa")
iris.2 <- subset(iris, Species == "versicolor")
iris.3 <- subset(iris, Species == "virginica")
```

生成三个独立的数据框. subset() 函数中可指定多个条件, 例如

```
subset(iris, Species == "setosa" & Sepal.Length > 5.0)
```

实际上通过 subset() 函数中的参数 select 也可选择数据框的列, 例如

```
subset(iris, select=c(Sepal.Length, Species))
subset(iris, select=-c(Sepal.Length, Species))
```

但它并不对数据做任何分组操作. 数据框的合并操作用函数 merger().

3) dplyr::group_by(), group_split(): 创建分组

• group_by() 只是对数据框增加了分组信息, 并不是真的将数据分割为多个数据框;

• group_split() 真正将数据框分割为多个分组, 返回列表, 每个成分是一个分组数据框.

试比较下面代码的输出结果.

```
iris %>%
  group_by(Species)
iris %>%
  group_split(Species) # 每一个成为数据框
```

4) count(): 分组计数

count() 函数实现按分类变量的计数, 若数据框已经用 group_by() 分组, 则应该用函数 tally(). 试比较:

```
iris %>%
  dplyr::count(Species)
##      Species   n
## 1     setosa 50
## 2 versicolor 50
## 3  virginica 50

iris %>%
  group_by(Species) %>%
  tally()
## # A tibble: 3 x 2
##   Species        n
##   <fct>      <int>
## 1 setosa        50
## 2 versicolor    50
## 3 virginica     50
```

5) group_by() + mutate(): 分组修改

当你想分组并分别对每组数据操作时, 应该优先考虑 group_by() 与 mutate().
例如

```
iris <- as_tibble(iris)
iris %>%
  group_by(Species) %>%
  mutate(mean.Sepal = mean(c(Sepal.Length, Sepal.Width)),
         mean.Petal = mean(c(Petal.Length, Petal.Width))
         )
## # A tibble: 150 x 7
## # Groups:   Species [3]
##   Sepal.Length Sepal.Width Petal.Length Petal.Width
##          <dbl>       <dbl>        <dbl>       <dbl>
## 1          5.1         3.5          1.4         0.2
## 2          4.9         3            1.4         0.2
## 3          4.7         3.2          1.3         0.2
## 4          4.6         3.1          1.5         0.2
```

```
## 5          5          3.6          1.4          0.2
## 6          5.4        3.9          1.7          0.4
## 7          4.6        3.4          1.4          0.3
## 8          5          3.4          1.5          0.2
## 9          4.4        2.9          1.4          0.2
## 10         4.9        3.1          1.5          0.1
## # i 140 more rows
## # i 3 more variables: Species <fct>, mean.Sepal <dbl>,
## #   mean.Petal <dbl>
```

6) group_by() + filter(): 分组筛选

filter() 是根据条件筛选数据框的行, 与 group_by() 连用, 就是分别进行: 对数据的分组, 根据条件筛选行, 再将结果合并到一起返回. 例如

```
iris <- as_tibble(iris)
iris %>%
  group_by(Species) %>%
  filter(Species == "setosa")
## # A tibble: 50 x 5
## # Groups:   Species [1]
##    Sepal.Length Sepal.Width Petal.Length Petal.Width
##         <dbl>       <dbl>        <dbl>        <dbl>
## 1      5.1         3.5          1.4          0.2
## 2      4.9         3            1.4          0.2
## 3      4.7         3.2          1.3          0.2
## 4      4.6         3.1          1.5          0.2
## 5      5           3.6          1.4          0.2
## 6      5.4         3.9          1.7          0.4
## 7      4.6         3.4          1.4          0.3
## 8      5           3.4          1.5          0.2
## 9      4.4         2.9          1.4          0.2
## 10     4.9         3.1          1.5          0.1
## # i 40 more rows
## # i 1 more variable: Species <fct>
```

7) group_by() + summarise(): 分组汇总

summarise() 函数在前面已经提到, 这里再补充说明并举例.

  i. 与之可以连用的常用函数.

- 中心化: mean(), median()
- 分散程度: sd(), IQR(), mad()
- 范围: min(), max(), quantile()
- 位置: first(), last(), nth()
- 计数: n(), n_distinct()
- 逻辑运算: any(), all()

  ii. 支持自定义的函数.

  iii. summarise() 配合 across() 函数可以对所选择的列做一种或多种汇总.

  iv. 可以使用 purrr 风格公式 (匿名函数).

下面举例说明.

- 使用常用函数

```
iris %>%
  group_by(Species) %>%
  dplyr::summarise(n=n(),
                   avg.Petal.Length = mean(Petal.Length),
                   sd.Petal.Length = sd(Petal.Length))
## # A tibble: 3 x 4
##    Species          n avg.Petal.Length sd.Petal.Length
##    <fct>        <int>            <dbl>            <dbl>
## 1 setosa          50             1.46            0.174
## 2 versicolor      50             4.26            0.470
## 3 virginica       50             5.55            0.552
```

- 对某些列做汇总

```
iris %>%
  group_by(Species) %>%
  dplyr::summarise(across(contains("Sepal"),
                          mean, na.rm = TRUE))
## # A tibble: 3 x 3
```

```
##    Species       Sepal.Length Sepal.Width
##    <fct>            <dbl>         <dbl>
## 1 setosa           5.01          3.43
## 2 versicolor       5.94          2.77
## 3 virginica        6.59          2.97

iris %>%
  group_by(Species) %>%
  dplyr::summarise(across(contains("Sepal"),
                    ~ mean(.x, na.rm = TRUE)))
## # A tibble: 3 x 3
##    Species       Sepal.Length Sepal.Width
##    <fct>            <dbl>         <dbl>
## 1 setosa           5.01          3.43
## 2 versicolor       5.94          2.77
## 3 virginica        6.59          2.97
```

- 对所有列做汇总

```
iris %>%
  group_by(Species) %>%
  dplyr::summarise(across(everything(),
                    mean, na.rm = TRUE))
## # A tibble: 3 x 5
##    Species       Sepal.Length Sepal.Width Petal.Length
##    <fct>            <dbl>         <dbl>        <dbl>
## 1 setosa           5.01          3.43         1.46
## 2 versicolor       5.94          2.77         4.26
## 3 virginica        6.59          2.97         5.55
## # i 1 more variable: Petal.Width <dbl>

iris %>%
  group_by(Species) %>%
  dplyr::summarise(across(everything(),
                    ~ mean(. , na.rm = TRUE)))
## # A tibble: 3 x 5
```

```
##    Species      Sepal.Length Sepal.Width Petal.Length
##    <fct>           <dbl>        <dbl>        <dbl>
## 1 setosa           5.01         3.43         1.46
## 2 versicolor       5.94         2.77         4.26
## 3 virginica        6.59         2.97         5.55
## # i 1 more variable: Petal.Width <dbl>
```

- 对满足条件的列做多种汇总

```
iris %>%
  group_by(Species) %>%
  dplyr::summarise(across(where(is.numeric) &
                          starts_with("Petal"),
                   list(sum=sum, mean=mean),
                   na.rm = TRUE))
## # A tibble: 3 x 5
##    Species      Petal.Length_sum Petal.Length_mean
##    <fct>              <dbl>            <dbl>
## 1 setosa             73.1             1.46
## 2 versicolor         213              4.26
## 3 virginica          278.             5.55
## # i 2 more variables: Petal.Width_sum <dbl>,
## #   Petal.Width_mean <dbl>
```

- 支持有多个返回值的汇总函数, 如 quantile(), range().

```
prob = c(0.25, 0.5, 0.75)
iris %>%
  group_by(Species) %>%
  summarise(quant.SL = quantile(Sepal.Length, prob,
                         na.rm = TRUE), q = prob)
## # A tibble: 9 x 3
## # Groups:    Species [3]
##    Species      quant.SL       q
##    <fct>          <dbl> <dbl>
## 1 setosa          4.8   0.25
```

```
## 2 setosa        5      0.5
## 3 setosa        5.2    0.75
## 4 versicolor    5.6    0.25
## 5 versicolor    5.9    0.5
## 6 versicolor    6.3    0.75
## 7 virginica     6.22   0.25
## 8 virginica     6.5    0.5
## 9 virginica     6.9    0.75
```

3.6 数据治理: 基于 data.table 程序包

dplyr 和 data.table 是 R 的两个高效数据处理程序包, 但它们有各自的优点:

- dplyr 程序包的语法更加优雅, 提供了更易于理解的自然语言;
- dplyr 强调函数式合成与数据的分层抽取;
- dplyr 与 R 生态系统各类程序包 (tidyverse) 实现了有机融合;
- data.table 程序包的语法简洁, 并且只需一行代码就可以完成很多事情;
- data.table 在某些情况下执行效率更高. 在性能和内存受约束的情况下, data.table 程序包或许是首选的 R 程序包.

3.6.1 data.table 介绍与通用语法

1) data.table 作为一种数据类型

data.frame 是 R 内置的、默认的数据框类型, 从外部导入的数据一般都以 data.frame 数据框格式在 R 里面进行处理和分析. 而 data.table 程序包所支持的数据结构 data.table 可视为 data.frame 的高性能的拓展版本, 一方面它兼容 data.frame 的操作, 另一方面对其操作又不依赖其他程序包, 速度超快, 这源于 data.table 优秀的内存管理、并行化和大量精细优化管理函数. 与其他数据类型 (如 data.frame, tibble/tbl_df) 相比, data.table 具有很多优势. 包括

- 高效: 轻松、快速处理 GB 级别的大数据, 并且融合了 SQL 数据库的语法风格;
- 极简: 只需很短的代码就能完成数据的行、列、分组、合并、重塑等相关操作;
- 丰富: 数据类型自带筛选、计算、分组、合并等多种方法, 无须借助其他函数.

Jan Gorecki 曾对比过不同开源软件及程序包在数据处理方面的性能, 结果发现,

data.table 在数据处理效率上秒杀一大批工具包, 甚至轻松超越 Python 的 pandas 程序包和 R 语言的 dplyr 程序包 (参见图 3.11). 而当数据规模达到 50 GB, pandas 和 dplyr 都已经处理不了了 (报错或内存溢出), 但 data.table 依然稳居榜首. 这也是我们将其纳入书中介绍的原因.

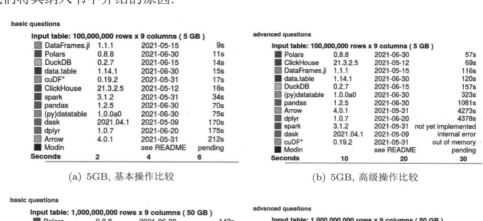

(a) 5GB, 基本操作比较   (b) 5GB, 高级操作比较

(c) 50GB, 基本操作比较   (d) 50GB, 高级操作比较

图 3.11　data.table 与其他处理工具的比较

2) data.table 作为一个 R 程序包

使用 data.table 程序包并不意味着排斥或弃用其他 R 程序包. 相反, data.table 程序包能够和上面几节介绍的 tidyverse, dplyr 等著名的 R 程序包兼容并存、相辅相成, 同时载入它们并不会导致冲突的发生. dplyr 程序包的各种数据操作或处理函数, 完全适用于 data.frame, tibble/tbl_df, data.table 等数据类型, 例如我们可以用 dplyr::left_join() 函数对 data.table 数据进行匹配拼接处理.

3) 对 data.table 的操作命令

data.table 语法高度抽象、简洁, 可表示为

```
dt[i, j, by]
```

其中

- 通过 i 选择行
- 根据 by 分组
- 通过 j 进行操作

j 表达式非常强大和灵活, 可以用于选择、修改、汇总、计算新列, 甚至可以接受任意表达式, 其中涉及为 data.table 提供的一些辅助操作的特殊符号, 见表 3.3. 关于这些特殊符号的意义可通过?'.I' 查看.

表 3.3 data.table 中的特殊符号

符号	说明
.()	代替 list()
:=	添加、更新或删除列
.N	代表行的数量, 用 by 参数分组时则是每一组的行数量
.SD	代表整个数据框, 用 by/keyby 参数分组时则是每一组的数据框
.SDcols	用来选择包含在.SD 代表的数据框中的列
.BY	包含所有 by 分组变量的 list
.I	表示 (分组后) 每一行在原数据框中是第几行
.GRP	分组索引, 1 代表第 1 分组, 2 代表第 2 分组, ...
.NGRP	分组数
EACHI	用于 by/keyby, 表示根据 i 表达式的每一行分组

4) 链式操作

data.table 也有自己专用的管道操作, 称为链式操作, 其形式为

```
DT[...][...][...]
```

3.6.2 data.table 的建立

data.table 作为一种数据对象可通过下面三种方式建立.

1) 由函数 data.table() 直接创建

data.table 类型数据框可类似于基础包的数据框 data.frame 一样建立, 例如

```
library(data.table)
dt = data.table(
  x = 1:2,
  y = c("A", "B"))
```

```
dt
##    x y
## 1: 1 A
## 2: 2 B
```

2) 由数据框、列表、矩阵等通过函数 as.data.table() 转换

基础包的数据框 data.frame 可通过函数 as.data.table() 直接转换为 data.table, 从而提升数据处理的性能. 例如:

```
dt = data.table(mtcars)
```

3) 由外部数据读入时创建

data.table 程序包还提供了非常快速的数据读写函数 fread() 和 fwrite(), 第 2 章给出了 fread() 与基础程序包中的函数 read.csv() 和 readr 程序包中的函数 read_csv() 比较的示例.

本节后面要用到的数据 HairEyeColor.csv 是直接通过 fread() 函数读入的.

```
dt=fread("../Rdata/HairEyeColor.csv")
head(dt)
##    V1  Hair   Eye  Sex Freq
## 1:  1 Black Brown Male   32
## 2:  2 Brown Brown Male   53
## 3:  3   Red Brown Male   10
## 4:  4 Blond Brown Male    3
## 5:  5 Black  Blue Male   11
## 6:  6 Brown  Blue Male   50
class(dt)
## [1] "data.table" "data.frame"
```

可以看到 dt 的数据类型同时是 data.table 和 data.frame, 因此由 fread() 函数读取的数据框不需要再由函数 as.data.table() 转换. 但由其他工具读入的数据, 如 readr::read_csv() 和 rio::import()[1), 则需要转换, 例如

[1)]rio 是一个一站式的可导入任意格式/后缀外部数据的 R 程序包.

```
library(rio)
data = import("YourData.xlsx", sheet="Sheet1")
dt.data = as.data.table(data)
```

下面我们举例说明如何通过 data.table 的系列函数实现数据的连接、重塑、操作、分组汇总等功能.

3.6.3 数据的操作

1) 提取行

```
# 基于行所在位置提取
dt[c(3,1,2)]
# 单条件提取
dt[Hair == 'Brown']
# 多条件提取
dt[Hair == 'Black' &
   Freq >= 10 &
   Eye %in% c('Brown', 'Blue')]
# 提取某列是某个值的行, 下面的三个命令等价
dt["Brown", on=c('Hair')]
dt["Brown", on=.(Hair)]
dt[Hair == 'Brown']
```

2) 提取列, 下面的四个命令等价

```
dt[, list(Hair, Freq)]
dt[, .(Hair, Freq)] # .()等价于list()
dt[, c(2,5)]
dt[, c('Hair', 'Freq'), with=FALSE]
```

上面命令返回的是 data.table.

3) 提取列所在的向量, 下面的三个命令等价

```
dt[[2]]
dt[["Hair"]]
dt$Hair
```

4) 提取子集

```
dt[1:3, .(Eye, Hair, Freq)]
##       Eye  Hair Freq
## 1: Brown Black   32
## 2: Brown Brown   53
## 3: Brown   Red   10

dt[Eye == 'Blue', .(Eye, Hair, Freq)]
##      Eye  Hair Freq
## 1: Blue Black   11
## 2: Blue Brown   50
## 3: Blue   Red   10
## 4: Blue Blond   30
## 5: Blue Black    9
## 6: Blue Brown   34
## 7: Blue   Red    7
## 8: Blue Blond   64
```

5) 按列排序, 下面的两个命令等价

```
dt[order(Sex, -Freq)]
setorder(dt, Sex, -Freq)
```

其中负号表示按逆序排列.

6) 基于键值与索引对行操作

i. data.table 支持设置键值 (key) 和索引 (index), 使得选择行、做数据连接等更加方便快速（快 170 倍）, 其中“键值”提供一级有序索引,“索引”为自动二级索引, 基本的命令格式为

```
setkey(dt, x, y)
setkeyv(dt, x, y) # 指向键值对应的列
setindex(dt, x, y)
setindev(dt, x, y)# 指向索引对应的列
```

ii. 设置键值: data.table 程序包中的 setkey()(或 setkeyv()) 函数可以对一个 data.table 数据对象按照某一列 (或几列) 设置键值 key, 其目的是让 data.table 按照 key 来排序. 排序之后, 这个 data.table 对象会被标记为排过序了, 这个排序不会在内存中复制被排过序的 data.table 对象, 所以非常高效. 这种方式可以大幅提升

行提取的效率, 对于超大数据集意义很大. 试比较下面代码在排序前后的变化

```
dt=fread("../Rdata/HairEyeColor.csv")
head(dt)
##    V1  Hair   Eye  Sex Freq
## 1:  1 Black Brown Male   32
## 2:  2 Brown Brown Male   53
## 3:  3   Red Brown Male   10
## 4:  4 Blond Brown Male    3
## 5:  5 Black  Blue Male   11
## 6:  6 Brown  Blue Male   50

setkey(dt, Freq)
# setkeyv(dt, "Freq")
head(dt)
##    V1  Hair   Eye    Sex Freq
## 1: 29 Black Green Female    2
## 2:  4 Blond Brown   Male    3
## 3: 13 Black Green   Male    3
## 4: 20 Blond Brown Female    4
## 5: 12 Blond Hazel   Male    5
## 6: 25 Black Hazel Female    5
```

下面的示例比较了设置键值在行提取上的效果 (具体时间会因机器而不同)

```
dt = data.table(x = sample(1e5L, 1e7L, TRUE),
                y = runif(100L))
system.time(dt[x==2]) # 有一定的时间消耗
##    user  system elapsed
##   0.325   0.016   0.341

system.time(setkey(dt,x)) # 涉及排序要花时间
##    user  system elapsed
##   0.134   0.027   0.161

system.time(dt[x==2]) # 几乎不耗费时间
##    user  system elapsed
##   0.001   0.000   0.001
```

```
system.time(dt[.(1),on="x"]) # 几乎不耗费时间
##    user  system elapsed
##   0.001   0.000   0.001
```

注意: 我们可通过命令 setkey(dt, NULL) 来删除键值, 但对 dt 的排序依然保留.

　　iii. 建立索引

　　通过 setkey() 设置键值方便以后提取, 但是如上面示例所示, 它会自动按照键值将整个数据框排序, 我们看到这是非常耗时的 (排序的复杂度为 $O(n \ln n)$). 如果可以避免还是应该避免的. 通过 setindex() 或 setindexv() 设置索引则不会对 data.table 对象进行重新排序, 且不损失行提取的效率, 从理论上来讲, 通过 setindex() 设置索引后 data.table 会使用二分查找 (复杂度是 $O(\ln n)$).

　　通过索引对 data.table 数据对象进行行提取有三种方式, 我们举例说明

```
dt=fread("../Rdata/HairEyeColor.csv")
head(dt[Sex=="Female"], 3) # 自动生成index
##    V1  Hair   Eye    Sex Freq
## 1: 17 Black Brown Female   36
## 2: 18 Brown Brown Female   66
## 3: 19   Red Brown Female   16

indices(dt)
## [1] "Sex"

setindex(dt,NULL) # 去掉index
indices(dt)
## NULL

head(dt["Female", on="Sex"], 3) # 不自动生成index
##    V1  Hair   Eye    Sex Freq
## 1: 17 Black Brown Female   36
## 2: 18 Brown Brown Female   66
## 3: 19   Red Brown Female   16

indices(dt)
## NULL

setindex(dt, Sex) # 设置按照Sex列来索引(但不排序)
```

```
indices(dt)
## [1] "Sex"

head(dt["Female", on="Sex"], 3) # 带了 index
##     V1  Hair   Eye    Sex Freq
## 1: 17 Black Brown Female   36
## 2: 18 Brown Brown Female   66
## 3: 19   Red Brown Female   16

indices(dt)
## [1] "Sex"

setindex(dt,NULL) # 去掉 index
indices(dt)
## NULL
```

可见, 使用 == 进行提取时就已经自动创建了 index, 所以一般没有必要提前用
setindex 去设置. 下面我们仍用上面建立的数据集来举例说明设置索引在行提取
上的效果.

```
set.seed(1L)
dt = data.table(x = sample(1e5L, 1e7L, TRUE),
                y = runif(100L))
print(object.size(dt), units = "Mb") # 114.4 Mb
## 114.4 Mb

# 有一定的时间消耗, 多次运行这条命令, 时间消耗几乎没有区别
system.time(ans <- dt[.(988L), on="x"])
##    user  system elapsed
##   0.317   0.001   0.319

system.time(ans <- dt[.(989L), on="x"])
##    user  system elapsed
##   0.325   0.002   0.336

# 第一次时间消耗与使用 on 基本相同
system.time(ans <- dt[x == 989L])
##    user  system elapsed
##   0.319   0.000   0.320
```

```
# 第二次几乎没有时间消耗
system.time(ans <- dt[x == 1L])
##    user  system elapsed
##   0.001   0.000   0.001

# 这时使用on也不耗时了
system.time(ans <- dt[.(988L), on="x"])
##    user  system elapsed
##   0.001   0.000   0.001

indices(dt)
## [1] "x"

# 有较大时间消耗
system.time(ans <- dt[y == 989L])
##    user  system elapsed
##   0.508   0.013   0.524

indices(dt)
## [1] "x" "y"

# 几乎没有时间消耗
system.time(ans <- dt[y == 9])
##    user  system elapsed
##   0.002   0.000   0.002

setindex(dt,NULL)
# 仍有一定的时间消耗
system.time(ans <- dt[x == 1L])
##    user  system elapsed
##   0.319   0.001   0.321
```

上面的例子告诉我们:

     i. 设置索引的好处体现在多次应用提取行上;

     ii. 首次使用 == 会在创建 index 时耗费一些时间, 之后提取就几乎不耗费时间了;

     iii. 用 on 提取行最好每次都创建 index, 以体现索引带来的好处.

例 3.6.1 从 mtcars 数据中选择 gear 为 4 的车型, 根据发动机的缸数分组并计算每一组的平均 mpg, 并且将这一结果命名为 mean_mpg, 最后我们还想将结果按照发动机的缸数进行排序. 代码如下:

```
mtcars_dt=data.table(mtcars)
mtcars_dt[.(4L), .(gear,mean_mpg=mean(mpg)),
        keyby='cyl', on='gear']
##     cyl gear mean_mpg
##  1:   4    4   26.925
##  2:   4    4   26.925
##  3:   4    4   26.925
##  4:   4    4   26.925
##  5:   4    4   26.925
##  6:   4    4   26.925
##  7:   4    4   26.925
##  8:   4    4   26.925
##  9:   6    4   19.750
## 10:   6    4   19.750
## 11:   6    4   19.750
## 12:   6    4   19.750
```

keyby 和 by 的区别在于 keyby 不仅会分组, 还会根据分组的列进行排序, 所以我们看到结果是按照 cyl 进行排序的.

7) 新建列

```
dt=fread("../Rdata/HairEyeColor.csv")
# 新建一列
dt[, nc := .I]  # .I .N .SD为特殊符号
dt[,'nc0'] = 1:32
# 新建多列
dt[, ':='(
  nc1 = 1:32,
  nc2 = paste(Hair, Eye, sep=',')
)]
```

```
# 基于条件新建列
dt[, nc3 := ifelse(Freq >= 10, 1, 0)]
dt[Freq >= 20, nc4 := 2]
# 基于函数新建多列
ncols = c('nc', 'nc0')
dt[,
   (ncols) := lapply(.SD, function(x) x^0.5+1),
   .SDcols = ncols]
```

8) 删除列

```
# 删除一列
dt[, nc := NULL]
# 删除多列
dt[, (c('nc0','nc1','nc2','nc3','nc4')) := NULL]
```

删除列可视为提取列的衍生, 下面的四个命令等价

```
dt[,!4]
dt[,!"Sex"]
dt[,-"Sex"]
dt[, c(4)] <- NULL
```

9) 列运算

```
# 对一列进行计算
dt[, max(Freq)]    # 最大值
## [1] 66

dt[, unique(Eye)] # 唯一值
## [1] "Brown" "Blue"  "Hazel" "Green"

dt[, table(Eye)]   # 计数
## Eye
##  Blue Brown Green Hazel
##     8     8     8     8

# 所有列的最大值
dt[, lapply(.SD, max)]
```

```
##      V1 Hair   Eye  Sex Freq
## 1: 32  Red Hazel Male   66

# 所有列的缺失率
dt[, lapply(.SD, function(x) mean(is.na(x)))]
##      V1 Hair Eye Sex Freq
## 1:  0    0   0   0    0

# 对部分列计算缺失率，且可扩展到其他函数
sel_cols = c('Hair', 'Sex', 'Freq')
dt[, lapply(.SD, function(x) mean(is.na(x))),
   .SDcols = sel_cols]
##     Hair Sex Freq
## 1:    0   0    0
```

3.6.4 数据重塑

1) 长表转换为宽表

```
dt_w = dcast(dt, Hair+Sex~Eye,
             value.var = 'Freq',
             fun.aggregate = sum)
```

2) 宽表转换为长表

```
dt_l = melt(dt_w, id = c('Hair','Sex'),
            variable.name = 'Eye',
            value.name = 'Freq')
```

3) 一行切割为多行

```
dtr = dt[, paste0(Eye, collapse = ','),
         keyby = c('Hair', 'Sex')]
dtr[, .(Eye = unlist(strsplit(V1, ','))),
    by = c('Hair', 'Sex')]
```

4) 一列切割为多列

```
dtc = dt[, .(Hair, eye_sex =
             paste(Eye, Sex, sep = ','))]
```

```
dtc[, c('Eye', 'Sex')
   := tstrsplit(eye_sex, ',')][]
```

　　5) 数据框行切割

```
# 将数据按Sex分为两个数据框
dtlist1 = split(dt, by = 'Sex')
# 或
dtlist2 = split(dt, list(dt$Sex))
```

　　6) 数据框行堆叠, 下面的两个命令等价

```
dtbind1 = rbind(dtlist1$Female, dtlist1$Male)
dtbind2 = rbindlist(dtlist1)
```

　　7) 数据的连接

data.table 提供了类似于 dplyr 程序包中 *_join() 类函数的数据连接, 表 3.4 给出了 data.table 程序包中的 6 种数据框的连接操作, 具体可通过语法 1 或语法 2 的命令实现. 表中 x, y 表示两个 data.table 数据框, v1 在语法 1 中表示由 setkey() 函数设定的键值, 在语法 2 中表示 merge() 函数中指定用于两个数据框连接的列名. 6 种连接的意义如下 (对照表 3.4):

　　i. 左连接: 保留 x 的所有行, 合并与 x 匹配的 y 中的列;

　　ii. 右连接: 保留 y 的所有行, 合并与 y 匹配的 x 中的列;

　　iii. 内连接: 只保留 x 中与 y 匹配的行, 合并与 x 匹配的 y 中的列;

　　iv. 全连接: 保留 x 与 y 中的所有行, 合并 x 和 y 中两者相匹配的列;

　　v. 半连接: 根据在 y 中的行, 来筛选 x 中的行;

　　vi. 全连接: 根据不在 y 中的行, 来筛选 x 中的行.

　　例 3.6.2　　数据框的连接操作.

　　1) 先由 dt 随机生成三个 data.table 数据框

```
dt1 = dt[sample(.N,2)][,V1 := NULL]
dt2 = dt[sample(.N,3)][,V1 := NULL]
dt3 = dt[sample(.N,4)][,V1 := NULL]
```

　　2) 合并两个数据框

表 3.4 data.table 的连接方式

连接类型	语法 1	语法 2
内连接	x[y, nomatch=0] 或 y[x, nomatch=0]	merge(x, y, all=FALSE, by="v1")
左连接	y[x] 或 y[x, on="v1"]	merge(x, y, all.x=TRUE, by="v1")
右连接	x[y]	merge(x, y, all.y=TRUE, by="v1")
全连接	—	merge(x, y, all=TRUE, by="v1")
半连接	x[y$v1, on="v1", nomatch=0]	—
半连接	x[!y, on="v1"]	—

```
# 全连接
dtmerge2.all = merge(
  dt1, dt2,
  by = c('Hair', 'Eye', 'Sex'),
  all = TRUE
  # all, all.x, all.y: TRUE, FALSE
)
# 左连接: 语法2
dtmerge2.left = merge(
  dt1, dt2,
  by = c('Hair', 'Eye', 'Sex'),
  all.x = TRUE
  # all, all.x, all.y: TRUE, FALSE
)
# 左连接: 语法1
setkey(dt1, Hair, Eye, Sex)
setkey(dt2, Hair, Eye, Sex)
dt2[dt1, on = c('Hair', 'Eye', 'Sex')]
dt2[dt1]
```

3) 合并多个数据框

```
dtmerge3 = Reduce(
  function(x,y) merge(
    x,y,
    by = c('Hair', 'Eye', 'Sex'),
    all = TRUE
  ),
  list(dt1, dt2, dt3)
)
```

3.6.5　数据的分组汇总

1) 分组行操作

```
# 行选择
dt[, .SD[1], by = 'Sex']   # 每组的第一行
##        Sex V1  Hair   Eye Freq
## 1:    Male  1 Black Brown   32
## 2: Female 17 Black Brown   36

dt[, .SD[.N], by = 'Sex'] # 每组的最后一行
##        Sex V1  Hair   Eye Freq
## 1:    Male 16 Blond Green    8
## 2: Female 32 Blond Green    8
```

2) 分组列操作

```
# 分组列新建
dt[, freq_total := sum(Freq), by = 'Sex']
# 分组列计算(并未新建列)
dt[, .(freq_total = sum(Freq)), by = 'Sex'][]
##        Sex freq_total
## 1:    Male        279
## 2: Female        313
```

3.7 数据治理: 数据的清洗

数据清洗通常包括: 缺失值处理、数据去重、异常值处理、逻辑错误检测、数据均衡检测、处理不一致数据、冗余变量检测与剔除、数据变换 (标准/归一化、线性化、正态化等). 数据清洗常常占据了数据挖掘/机器学习的 70%－80% 的工作量.

3.7.1 缺失值的概念

数据中的缺失值有两类:

1) 明确缺失 (`explicitly`): 用 NA 表示, 表明有值且占位, 只是该值是缺失值;

2) 隐含缺失 (`implicitly`): 在数据中不出现 (不占位), 不知道是否有值.

例如, 在数据

```
stocks <- tibble(
  year   = c(2015, 2015, 2015, 2015, 2016, 2016, 2016),
  qtr    = c(   1,    2,    3,    4,    2,    3,    4),
  return = c(1.88, 0.59, 0.35,   NA, 0.92, 0.17, 2.66)
)
```

中 2015 年 Q4 的 `return` 缺失为明确缺失; 2016 年 Q1 的 `return` 缺失为隐含缺失.

通常要把隐含缺失改为明确缺失, 对于上例, 我们可以如下实现

```
stocks %>%
  spread(year, return)
# A tibble: 4 x 3
    qtr '2015' '2016'
  <dbl>  <dbl>  <dbl>
1     1   1.88     NA
2     2   0.59   0.92
3     3   0.35   0.17
4     4     NA   2.66

stocks %>%
  complete(year, qtr)
# A tibble: 8 x 3
   year    qtr return
```

```
     <dbl>  <dbl>  <dbl>
1    2015      1    1.88
2    2015      2    0.59
3    2015      3    0.35
4    2015      4     NA
5    2016      1     NA
6    2016      2    0.92
7    2016      3    0.17
8    2016      4    2.66
```

从数据缺失的分布来讲, 缺失值可以分为三种模式:

1) 完全随机缺失 (MCAR): 某变量缺失值的出现完全是随机事件, 与该变量自身无关, 也与其他变量无关;

2) 随机缺失 (MAR): 某变量出现缺失值的可能性与该变量自身无关, 但与某些变量有关;

3) 非随机缺失 (MNAR): 某变量出现缺失值的可能性只与自身有关.

若数据是 MCAR 或 MAR, 则可以用相应的插补方法来处理; 若数据是 MNAR, 则问题比较严重, 需要去检查数据的收集过程并试着理解数据为什么会丢失.

下面简单介绍一下缺失值的探索与插补方法.

3.7.2　缺失值探索

1) naniar::mcar_test(): 对数据进行 Little MCAR 检验

```
library(naniar) # 探索与可视化缺失
mcar_test(airquality) # 自带的空气质量数据集
## # A tibble: 1 x 4
##    statistic      df p.value missing.patterns
##        <dbl>   <dbl>   <dbl>            <int>
## 1       35.1      14 0.00142                4
```

p 值 $=0.00142<0.05$, 拒绝原假设, 故该数据不是 MCAR.

2) vis_miss(): 可视化探索 MAR, 如图 3.12 所示.

```
vis_miss(airquality)
```

提供数据缺失的汇总信息, 从图 3.12 中可以看出变量 Ozone 和 Solar.R 有最多的缺失值, 其他变量基本没有缺失.

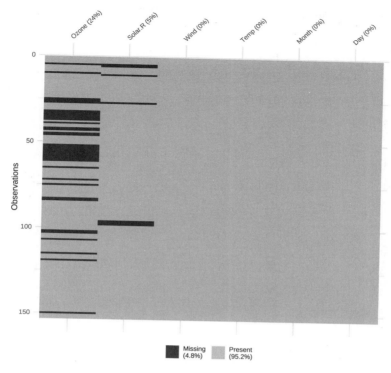

图 3.12　缺失值的可视化

3.7.3　缺失值统计

1) 缺失数与缺失比

```
n_miss(airquality) # 缺失样本的个数
## [1] 44

n_complete(airquality) # 完整样本的个数
## [1] 874

prop_miss_case(airquality) # 缺失样本占比
## [1] 0.2745098

prop_miss_var(airquality) # 缺失变量占比
## [1] 0:3333333
```

2) 样本 (行) 缺失汇总

```
miss_case_summary(airquality) # 每行缺失情况排序
## # A tibble: 153 x 3
##      case n_miss pct_miss
##     <int>  <int>    <dbl>
## 1      5      2     33.3
## 2     27      2     33.3
## 3      6      1     16.7
## 4     10      1     16.7
## 5     11      1     16.7
## 6     25      1     16.7
## 7     26      1     16.7
## 8     32      1     16.7
## 9     33      1     16.7
## 10    34      1     16.7
## # i 143 more rows
```

说明: 第 5 行, 缺失 2 个, 缺失比例为 33.3%.

```
miss_case_table(airquality) # 行缺失汇总表
## # A tibble: 3 x 3
##   n_miss_in_case n_cases pct_cases
##            <int>   <int>     <dbl>
## 1              0     111      72.5
## 2              1      40      26.1
## 3              2       2      1.31
```

说明: 缺失 0 个的行有 111 个, 占比为 72.5%.

3) 变量 (列) 缺失汇总

```
miss_var_summary(airquality) # 每个变量缺失情况排序
## # A tibble: 6 x 3
##   variable n_miss pct_miss
##   <chr>     <int>    <dbl>
## 1 Ozone        37     24.2
## 2 Solar.R       7     4.58
## 3 Wind          0        0
```

```
## 4 Temp              0    0
## 5 Month             0    0
## 6 Day               0    0
```

```
miss_var_table(airquality)    # 变量缺失汇总表
## # A tibble: 3 x 3
##   n_miss_in_var n_vars pct_vars
##          <int>  <int>    <dbl>
## 1              0      4     66.7
## 2              7      1     16.7
## 3             37      1     16.7
```

注: 缺失汇总函数还可以与group_by()连用, 探索分组缺失情况.

    4) 缺失汇总函数都有对应的可视化函数, 比如

```
gg_miss_var(airquality)
```

结果如图 3.13 所示.

3.7.4　缺失值插补: simputation 程序包

缺失值的剔除

根据数据实际缺失的情况, 我们可以剔除一定的缺失数据, 例如

1) 若样本数据足够, 缺失样本比例较小, 可以直接剔除包含 NA 的样本:

```
na.omit(df)
```

2) 只想剔除某些列包含 NA 的行:

```
drop_na(df, <tidy-select>)
```

3) 只想剔除包含较多 (如 60%)NA 的行或列:

```
# 剔除缺失超过60%的行
df %>%
filter(pmap_lgl(., ~ mean(is.na(c(...))) < 0.6))
# 剔除缺失超过60%的列
df %>%
select(where(~ mean(is.na(.x)) < 0.6))
```

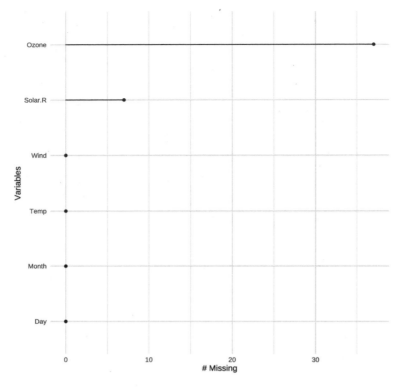

图 3.13   缺失汇总函数的可视化

单重插补

simputation 程序包提供了许多常用的单重插补方法, 主要是基于模型的插补方法, 其公式表示为

```
impute_<模型>(data, formula, [模型设定选项])
```

例如

1) 用均值/中位数插补, 适合连续变量, 例如分组均值/中位数插补 (结果从略)

```
library(simputation)
airquality %>%
group_by(Month) %>%
mutate(Ozone = naniar::impute_mean(Ozone))
impute_median(airquality, Ozone ~ Month)
```

2) 用线性回归模型插补, 即通过插补变量关于其他变量的线性回归来预测缺失

值 (结果从略)

```
impute_lm(airquality, Ozone ~ Solar.R + Wind + Temp,
add_residual = "normal") # 添加随机误差
```

3) 用其他模型插补 (需要相应的包), 用法完全类似, 例如

```
impute_rlm()  # 用稳健线性回归模型插补
impute_en()   # 用正则化线性回归模型插补
impute_knn()  # 用 k 近邻模型插补, 可设置邻居数参数 k
impute_cart() # 用决策树模型插补, 可设置复杂度参数 cp
impute_rf()   # 用随机森林模型插补, 可设置复杂度参数 cp
impute_mf()   # 用缺失森林模型插补
impute_em()   # 用期望最大算法插补
```

例如下面的例子给出了基于 CART 决策树模型插补的可视化, 结果如图 3.14 所示.

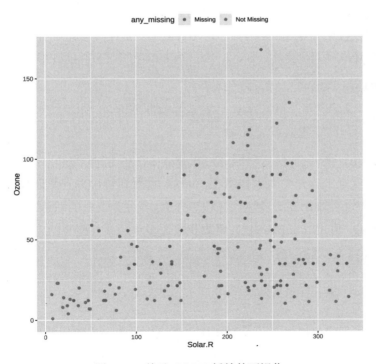

图 3.14 基于 CART 插补的可视化

```
library(simputation)
airquality %>%
  bind_shadow() %>% as.data.frame() %>%
  impute_cart(Ozone ~ Solar.R + Wind + Temp) %>%
  add_label_shadow() %>%
  ggplot(aes(Solar.R, Ozone, color = any_missing)) +
  geom_point() +
  theme(legend.position = "top")
```

多重插补

　　单重插补就是只插补一次; 而多重插补是插补多次, 步骤如下:

1) 将缺失数据集复制几个副本;

2) 对每个副本数据集进行缺失值插补;

3) 对这些插补数据集进行评估整合得到最终的完整数据集.

　　对于本例, 我们先用 mice 程序包的 `mice()` 函数实现多重插补:

```
library(mice)
aq_imp = mice(airquality, m = 5,
              maxit = 10, method = "pmm",
              # 设置种子, 不输出过程
              seed = 1, print = FALSE)
```

其中参数 m 设置生成几个数据集副本; maxit 设置在每个插补数据集上的最大迭代次数; method 设置插补方法, 针对连续、二分类、多分类变量的默认方法分别是 pmm, logreg, polyreg. 再用 `complete()` 函数获取经多重插补并整合的完整数据:

```
aq_dat = mice::complete(aq_imp)
```

插值法插补

　　imputeTS 程序包提供了一系列插补和可视化时间序列数据的方法, 包括插值法、时间序列分析算法等. 函数`na_interpolation()`可实现插值法插补, 其参数 option 用于设置插值算法: linear(线性), spline(样条), stine (Stineman). 例如

```
library(imputeTS)
imp = na_interpolation(tsAirgap, option = "spline")
```

其他插补函数还有na_kalman()(Kalman 光滑化方法), na_ma()(指数移动平均方法), na_seadec()(季节分解方法) 等.

```
ggplot_na_imputations(tsAirgap, imp,
                      tsAirgapComplete)
```

结果如图 3.15 所示.

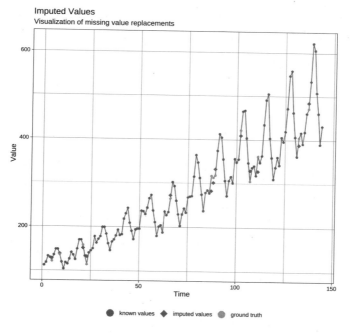

图 3.15 基于插值法插补的可视化

3.7.5 异常值的处理

异常值是指与其他观测值相距较远的观测值, 即与其他数据点有显著差异的数据点. 异常值会极大地影响模型的效果.

单变量的异常值检测

1) 标准差法

若数据近似正态分布, 则大约 99.7% 落在 3 倍标准差之内. 如果数据点落在 3 倍标准差之外, 则认为是异常值.

2) 百分位数法

基于百分位数, 所有落在 2.5 和 97.5 百分位数 (也可以用其他百分位数) 之外的数据都认为是异常值.

3) 箱线图法

箱线图的主要应用之一就是识别异常值. 以数据的上下四分位数 (Q1−Q3) 为界画一个矩形盒子 (中间 50% 的数据落在盒内), 盒长为 IQR = Q3−Q1, 盒子外的线称为盒须, 默认盒须不超过盒长的 1.5 倍, 之外的点认为是异常值. 下面的函数定义了异常值处理的三种方法, 其同时输出所检测出的异常值个数、异常值及相应的位置.

```r
univ_outliers = function(x, method = "boxplot",
                         k = NULL, coef = NULL,
                         lp = NULL, up = NULL) {

  switch(method,
        "sd" = {
          if(is.null(k)) k = 3
          mu = mean(x, na.rm = TRUE)
          sd = sd(x, na.rm = TRUE)
          LL = mu - k * sd
          UL = mu + k * sd},
        "boxplot" = {
          if(is.null(coef)) coef = 1.5
          Q1 = quantile(x, 0.25, na.rm = TRUE)
          Q3 = quantile(x, 0.75, na.rm = TRUE)
          iqr = Q3 - Q1
          LL = Q1 - coef * iqr
          UL = Q3 + coef * iqr},
        "percentiles" = {
          if(is.null(lp)) lp = 0.025
          if(is.null(up)) up = 0.975
          LL = quantile(x, lp)
```

```
            UL = quantile(x, up)
        })
  idx = which(x < LL | x > UL)
  n = length(idx)
  list(outliers = x[idx],
       outlier_idx = idx,
       outlier_num = n)
}
```

其中 x 为数据向量; method 为识别异常值的方法, 可选 "boxplot" (默认)、"sd" 或 "percentiles"; k 与 "sd" 配合使用, 表示均值加减标准差的倍数, 默认为 3; coef 与 "boxplot" 配合使用, 表示盒须长度关于 IQR 的倍数, 默认为 1.5; lp 和 up 与 "percentiles" 配合使用, 表示百分位数下限和上限, 默认为 0.025 和 0.975.

例 3.7.1 用异常值检测的三种方法考查 ggplot2 的 mpg 数据集中 hwy 变量的异常值.

```
library(ggplot2)
x = mpg$hwy
# 箱线图法 (默认)
univ_outliers(x)
## $outliers
## [1] 44 44 41
##
## $outlier_idx
## [1] 213 222 223
##
## $outlier_num
## [1] 3

# 标准差法
univ_outliers(x, method = "sd")
## $outliers
## [1] 44 44
##
```

```
## $outlier_idx
## [1] 213 222
##
## $outlier_num
## [1] 2
# 百分位数法
univ_outliers(x, method = "percentiles")
## $outliers
##  [1] 12 12 12 12 36 36 12 37 44 44 41
##
## $outlier_idx
##  [1]  55  60  66  70 106 107 127 197 213 222 223
##
## $outlier_num
## [1] 11
```

多变量的异常值检测

1) 局部异常因子 (LOF) 法

LOF 法是基于概率密度函数识别异常值的算法, 其原理是: 将一个点的局部密度与其周围点的密度相比较, 若前者明显比后者小 (LOF 值大于 1), 则该点相对于周围的点来说就处于相对比较稀疏的区域, 这就表明该点是异常值.

DMwR2 程序包中的 `lofactor()` 函数和 Rlof 程序包中的 `lof()` 函数均可实现 LOF 法的异常值检测. 例如

```
library(DMwR2)
lofs = lofactor(iris[,1:4], k = 10) # k 为邻居数
# 选择LOF 值最大的5 个索引，认为是异常样本
order(lofs, decreasing = TRUE)[1:5]
## [1]  42 107  23  16  99
```

2) 基于聚类算法的异常值检测

这种方法先通过把数据聚成类, 再将那些不属于任何一类的数据作为异常值.

- 基于层次聚类: DMwR2 程序包所提供的 `outliers.ranking()` 函数给出了

基于层次聚类计算的异常值的概率及排名. 例如

```
rlt = outliers.ranking(iris[,1:4])
sort(rlt$prob.outliers,
     decreasing = TRUE)[1:5]
##         36          42         107          58          61
## 0.8181818 0.8000000 0.8000000 0.6923077 0.6923077
```

- 基于密度的聚类方法 DBSCAN: 如果对象在稠密区域紧密相连, 则被分组到一类; 那些不会被分到任何一类的对象就是异常值.
- 基于 k-means 聚类: 将数据分成 k 组, 并把它们分配到最近的聚类中心; 再计算每个样本到聚类中心的距离 (或相似性), 并选择距离最大的若干样本作为异常值.

3) 基于回归模型的异常值检测

若加入和移出某个样本对模型的稳定性产生很大的影响, 则视为强影响点或异常值, 该样本应予以剔除. 度量这种强影响的指标及相应的函数为

- cooks.distance(model): 计算 Cook 距离;
- hatvalues(model): 计算杠杆值;
- influence.measures(model): 计算包括 Cook 距离和杠杆值在内的 4 个强影响度量值;
- outlierTest(model): car 程序包提供的 Bonferroni 异常值检验函数, 支持线性回归、广义线性回归、线性混合模型.

例如

```
mod = lm(mpg ~ wt, mtcars)
car::outlierTest(mod)
## No Studentized residuals with Bonferroni p < 0.05
## Largest |rstudent|:
##           rstudent unadjusted p-value Bonferroni p
## Fiat 128 2.537801           0.016788       0.5372
```

结果表明, 行名为 Fiat 128 的样本是异常值.

4) 基于随机森林的异常值检测

它是单变量标准差法异常值检测的多变量版本, 若观测值与"袋外"预测值的标准化绝对偏差大于 3 倍的"袋外"预测值的均方根误差 (RMSE), 则认为它是个异常值. 可用 outForest 程序包提供的函数

`outForest(data, formula, replace, ...)`

实现, 其中 data 为数据框; formula 为公式, replace 设置如何替换异常值, 可选方法有 "pmm" "predictions" "NA" "no", 插补值是基于 `missRanger::missRaner()` 生成的预测值.

例 3.7.2   以数据量的 2% 产生异常值, 并用随机森林方法检测这些异常点. 具体代码如下:

```
library(outForest)
# 用iris 数据随机生成若干异常值
irisWithOut = generateOutliers(iris, p = 0.02, seed = 123)
# 检测除Sepal.Length 外数值变量异常值, 异常值数设为3
out = outForest(irisWithOut, . - Sepal.Length ~ .,
                max_n_outliers = 3, verbose = 0)
# 查看异常值及相关信息
outliers(out)
##   row          col  observed predicted      rmse
## 1  72  Sepal.Width  11.499740  2.662910 0.8883932
## 2 103 Petal.Length -14.000307  6.074146 2.1233518
## 3  53  Petal.Width  -1.936625  1.592471 0.4761463
##        score threshold replacement
## 1  9.946981  7.213281         2.6
## 2 -9.454135  7.213281         5.1
## 3 -7.411787  7.213281         2.0

# 绘制各变量异常值的得分图
plot(out, what = "scores")
```

图 3.16 给出了三个强异常点的得分. 它们均超出临界线, 表明了随机森林方法的有效性.

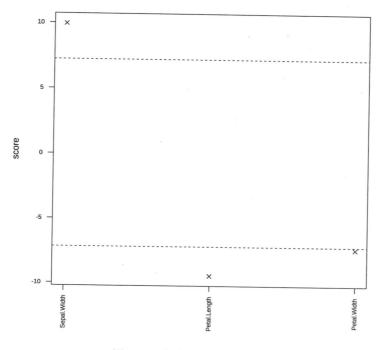

图 3.16   各变量异常值的得分图

习题

练习 3.1   使用 R 中数据集 `swiss`, 分别用 `apply` 函数和 `sapply` 函数求列平均与列标准差.

练习 3.2   使用 `mapply` 函数实现向量点乘的运算.

练习 3.3   仍然使用 R 中数据集 `swiss`, 使用 `tidyverse` 程序包的 `gather` 函数, 将数据集改为两列向量的数据框, 第一列表示变量的名称 (其中元素为各列变量名), 第二列表示相应的数据.

练习 3.4   使用 R 中数据集 `iris`, 使用 `tidyverse` 程序包, 将数据按 `Species` 分类, 计算每个种类下样本的数量以及各指标的平均值.

练习 3.5   `tidyr` 程序包中包含了一个以宽表形式呈现的数据集 `relig_income`, 其中包含了三个变量:

　　1) religion: 宗教信仰

　　2) income: 收入, 它分布在不同的列名中

　　3) count: 频数, 为单元格中的数字

请用三种不同的方法将此数据集转换为长表形式:

　　1) 使用 tidyr 程序包中的 gather() 函数

　　2) 使用 tidyr 程序包中的 pivot_longer() 函数

　　3) 使用 lsr 程序包中的 wideToLong() 函数

练习 3.6　tidyr 程序包中包含了一个以宽表形式呈现的数据集 who, 其中包含了四个变量对应的结果:

　　1) new/new_: 因在所有列均有, 可不考虑 (删除)

　　2) rp/rel/ep: 诊断 (设为 diagonosis) 的结果

　　3) m/f: 性别

　　4) 014/1524/2535/3544/4554/65: 年龄 (设为 age) 的范围

请从下面的三种方法中选择一种合适的方法将此数据集转换为长表形式.

　　1) 使用 tidyr 程序包中的 gather() 函数

　　2) 使用 tidyr 程序包中的 pivot_longer() 函数

　　3) 使用 lsr 程序包中的 wideToLong() 函数

练习 3.7　tidyr 程序包中包含了一个以长表形式呈现的数据集 fish_encounters, 其中包含了三个变量:

　　1) fish: 鱼的编号

　　2) station: 观测站点

　　3) see: 是否被观测到 (1 为是, 0 为否)

请用下面的三种方法将此数据集转换为宽表形式.

　　1) 使用 tidyr 程序包中的 spread() 函数

　　2) 使用 tidyr 程序包中的 pivot_wider() 函数

　　3) 使用 lsr 程序包中的 longToWide() 函数

要求将未检测到的值用 0 表示.

练习 3.8　将练习 3.5 中的数据集 relig_income 用 data.table 程序包中的函数 melt() 转换为整洁的长表, 并比较所得结果是否与使用 tidyr 中 pivot_longer() 函数得到的结果一致. 若不一致, 如何解决?

练习 3.9   将练习 3.7 中的数据集 `fish_encounters` 用 data.table 程序包中的函数 `dcast()` 转换为宽表, 并比较所得结果是否与使用 `tidyr` 中 `pivot_wider()` 函数得到的结果一致. 若不一致, 如何解决?

练习 3.10   用不同的方法进行分组汇总运算.

1) 从标准正态分布中产生一个容量为 300 的随机样本 d, 并由它构建一个类型变量 type 为 1 的数据框 dt1;

2) 从均值为 3, 标准差为 1/2 的正态分布中产生一个容量为 700 的随机样本 d, 并由它构建一个类型变量 type 为 2 的数据框 dt2;

3) 将两个数据框合并为一个数据框 dt;

4) 用 `mapply()` 函数计算 dt 两组样本的均值与方差;

5) 用 dplyr 程序包中的函数计算 dt 两组样本的均值与方差;

6) 用 data.table 程序包中的函数计算 dt 两组样本的均值与方差.

练习 3.11   用一个具体的例子来说明:

1) 在 data.table 中键值 (key) 设置与索引 (index) 设置的区别;

2) 使用 `on` 和 `==` 提取子集的差异.

练习 3.12   从 Github 网站下载数据集 BostonHousing.csv, 并完成:

1) 本地读取这个数据集;

2) 查看数据中是否有缺失值;

3) 若有缺失值用 0 替换;

4) 用均值替换缺失值;

5) 提取 medv 为 50, crim 大于 50 的观测值, 并按 crim 变量排序;

6) 筛选出 medv 大于 30 的观测值, 并计算 age 的均值, tax 的最大值.

练习 3.13   从 Github 网站下载数据集 Cars93.csv, 并完成:

1) 本地读取这个数据集;

2) 查看数据中是否有缺失值;

3) 若有缺失值用 0 替换;

4) 用均值替换缺失值;

5) 按 Manufacturer(汽车制造商) 分组, 统计每个制造商生产的数量;

6) 计算按 Manufacturer 分组后 Price 的方差;

7) 获取 Type(类型) 为 Small 的观测值, 再按 Manufacturer 分组并计算 Price

的均值;

8) 按 Manufacturer 和 Type 分组, 再计算 Price 的均值. 对结果按照 Manufacturer 和 Type 排序. 请用两种方法 (order, keyby) 实现.

第 4 章

R 数据可视化基础

本 章 概 要

- 数据可视化概述
- R 的绘图函数与选项
- R 绘图三要素
- 信息的补充与渲染
- 图形中插入数学公式
- R 中常用的统计图绘制
- 分幅绘图

4.1 数据可视化概述

4.1.1 数据可视化产生的背景与意义

数据可视化的意义就在于运用形象化的图表把不易被理解的隐藏在数据中的抽象信息直观地表现和传达出来. 其实, 在大数据出现之前, 已经有很多对数据加以可视化的经典应用, 比如股市里的 K 线, 试图以数据可视化的方式来展示信息并发现某些规律. 我们这里展示一张历史上具有代表意义的可视化作品. 如拿破仑于 1812 年集结了几十万大军, 东征俄国, 然而俄国人坚壁清野, 靠不到法军半数的人硬是撑到了冬天. 法军途中减员不断, 最后不得不撤退, 仅极少数人回到法国. 这次东征成为拿破仑帝国由盛转衰的转折点. 1861 年, 法国工程师查尔斯·约瑟夫·米纳德 (Charles Joseph Minard) 绘制了一幅数据统计图表《1812－1813 对俄战争中法军人力持续损失示意图》. 此图将法军东征俄国的过程, 精确而巧妙地通过数据可视化的方式展现出来, 被后人评价为"可能是史上最棒的统计图表".

数据可以用多种方法来进行可视化, 每种可视化的方法都有着不同的着重点, 特别是在大数据时代, 当你打算处理数据时, 先要明确并理解的一点是: 你打算通过数据向用户讲述怎样的故事, 数据可视化之后又在表达着什么? 通过这些数据, 能为你后续的工作提供哪些指导? 是否能帮用户正确地抓住重点, 了解行业动态? 了解这些之后, 你便能选择合理的数据可视化方法, 高效传达数据中有价值的信息. 因此, 只有当我们能够充分理解数据, 并能够轻松向他人解释数据时, 数据的价值才能被有效地展示并充分挖掘出来; 进而实现用简单易懂的语言讲述复杂数据背后的故事. 可见, 数据可视化至关重要, 无论是过去、现在还是未来.

4.1.2 数据可视化的目标

数据可视化的目标就是通过一些有效的可视化工具直观地展现数据, 让花费数小时甚至更久才能归纳的数据量, 转换成一眼就能读懂的指标; 并在图中用敏感的颜色、点的大小、线的粗细等形成对比. 数据可视化是一个挖掘复杂数据背后内在价值信息的强大武器. 通过可视化信息, 我们的大脑能够更好地抓取和保存有效信息, 增加对信息的印象.

数据可视化是一门艺术, 是大数据时代数据科学的一个极为重要的内容, 做好了就可实现 "一图胜千言" 的效果, 但如果数据可视化做得较弱, 反而会带来负面效果; 错误的表达往往会损害数据的传播, 完全曲解和误导用户, 所以更需要我们多维度地展现数据, 不仅仅是单一层面.

正确的数据可视化是有价值的, 也就是说, 它要能帮助目标观众更好地理解数据. 而有些数据可视化, 只让我们看到酷炫的图形, 或者密密麻麻的数据, 这些就是过于看重艺术性和科学性, 而忽略数据可视化的根本目的了.

正确的数据可视化应把用户的体验放在首位, 最好的用户体验是深入浅出. 优秀的可视化作品 = 信息 + 故事 + 目标 + 视觉形式, 因此, 一件可视化作品是数据 → 交互 → 视觉 → 开发的一个过程. 所以优秀的数据可视化依赖优异的设计, 并非仅仅选择正确的图表模板那么简单, 而全在于以一种更加有助于理解和引导的方式去表达信息, 尽可能减轻用户获取信息的成本.

4.1.3 常用的可视化图表类型与制作要素

在此我们先给出一些常用的可视化图形, 并描述制作这些图形的合适的数据类型及要求. 更多关于统计图的描述在后面的小节中叙述.

比较类: 柱状图

比较类图形显示值与值之间的不同和相似之处, 例如使用柱状图中矩形的长度、宽度、位置、面积和颜色来比较数值的大小, 通常用于展示不同分类间的数值对比, 不同时间点的数据对比等.

柱状图 (图 4.1) 有别于统计上的直方图 (也称为频数分布图, 展示连续数据上数值的分布情况), 柱状图无法显示数据在一个区间内的连续变化趋势. 柱状图描述的是分类数据, 回答的是每一个分类中"有多少"这个问题. 需要注意的是, 当柱状图显示的分类很多时会导致分类名层叠等问题. 归纳起来, 使用柱状图进行数据可视化的要点有:

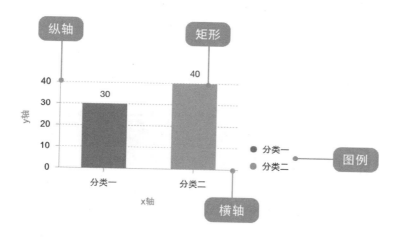

图 4.1 比较类图形示例: 柱状图

1) 适合的数据: 一个分类数据字段、一个连续数据字段
2) 功能: 对比分类数据的数值大小
3) 数据与图形的映射:
- 分类数据字段映射到横轴的位置
- 连续数据字段映射到矩形的高度
4) 分类数据也可以设置颜色增强分类的区分度
5) 适合的数据条数: 不超过 12 条数据

关系类: 散点图

两个或多个变量之间的关系可用散点图直观地显示, 通常是二维的散点图 (又称

为 $x - y$ 图), 它将所有的数据对以点的形式展现在直角坐标系上, 以显示变量之间的相互影响程度, 点的位置由变量的数值决定.

　　通过观察散点图上数据点的分布情况, 我们可以推断出变量间的相关性. 如果变量之间不存在相互关系, 那么在散点图上就会表现为随机分布的离散的点, 如果存在某种相关性, 那么大部分的数据点就会相对密集并以某种趋势呈现. 数据的相关关系主要分为: 正相关 (两个变量值同时增加)、负相关 (一个变量值增加而另一个变量值减少)、不相关、线性相关、指数相关等, 表现在散点图上的大致分布如图 4.2 所示. 那些离集群较远的点我们称为离群点或者异常点. 存在线性相关性 (包括指数相关性) 的散点图统计上可进一步叠加一条回归线来表示数据变化的趋势, 如图 4.3 所示. 归纳起来, 使用散点图进行数据可视化的要点有:

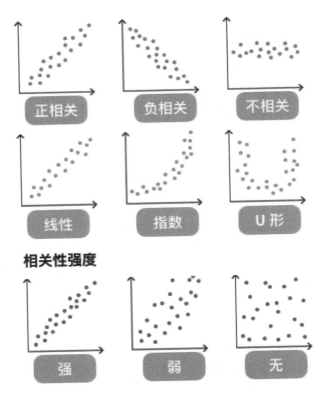

图 4.2　关系类图形示例: 散点图的类型

1) 适合的数据: 两个连续数据字段

2) 功能: 观察数据的分布情况

3) 数据与图形的映射: 两个连续字段分别映射到横轴和纵轴

4) 适合的数据条数: 无限制

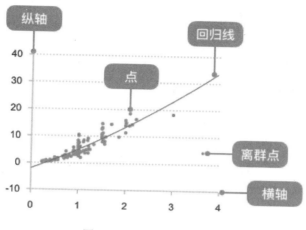

图 4.3　散点图叠加回归线

趋势类: 折线图

趋势类图形用于分析数据的变化趋势, 通过位置表示数据在连续区域上的分布, 通常展示数据在连续区域上大小的变化规律.

折线图 (图 4.4) 用于显示数据在一个连续的时间间隔或者时间跨度上的变化, 它的特点是反映数据随时间或有序类别而变化的趋势. 使用折线图进行数据可视化的要点有:

1) 适合的数据: 两个连续字段数据, 或者一个有序的分类、一个连续数据字段

2) 功能: 观察数据的变化趋势

3) 数据与图形的映射: 两个连续字段分别映射到横轴和纵轴

4) 适合的数据条数: 单条线的数据记录数要大于 2, 但是同一个图上不要超过 5 条折线

时间类: 面积图

时间类图形显示以时间为特定维度的数据, 通过位置表示数据在时间上的分布, 通常用于表现数据在时间维度上的趋势和变化.

面积图 (图 4.5) 又叫区域图, 它是在折线图的基础之上形成的, 它将折线图中折

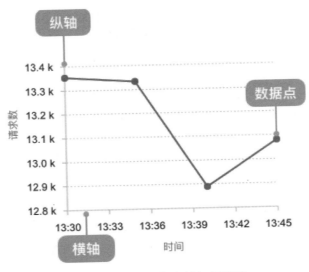

图 4.4　趋势类图形示例: 折线图

线与自变量坐标轴之间的区域使用颜色或者纹理填充, 这样一个填充区域叫作面积, 颜色的填充可以更好地突出趋势信息, 需要注意的是颜色要带有一定的透明度, 透明度可以很好地帮助使用者观察不同序列之间的重叠关系, 没有透明度的面积会导致不同序列之间相互遮盖, 减少可以被观察到的信息. 归纳起来, 使用面积图进行数据可视化的要点有:

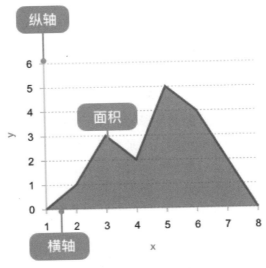

图 4.5　时间类图形示例: 面积图

1) 适合的数据: 两个连续字段数据

2) 功能: 观察数据变化趋势

3) 数据与图形的映射: 两个连续字段分别映射到横轴和纵轴

4) 适合的数据条数: 大于两条数据

占比类: 饼图

占比类图形显示同一维度上的占比关系.

饼图 (图 4.6) 广泛地应用在各个领域, 用于表示不同分类的占比情况, 通过弧度大小来对比各种分类. 饼图是将一个圆饼按照分类的占比划分成多个区块, 整个圆饼代表数据的总量, 每个区块 (圆弧) 表示该分类占总体的比例大小, 所有区块 (圆弧) 的和等于 100%. 使用饼图进行数据可视化的要点有:

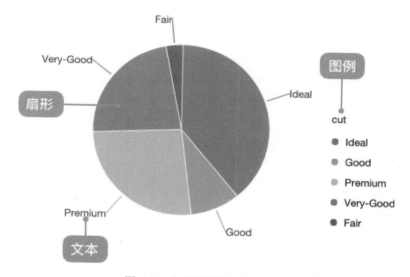

图 4.6 占比类图形示例: 饼图

1) 适合的数据: 列表包括一个分类数据字段和一个连续数据字段

2) 功能: 对比分类数据的数值大小

3) 数据与图形的映射:

• 分类数据字段映射到扇形的颜色

• 连续数据字段映射到扇形的面积

4) 适合的数据条数: 不超过 9 条数据

流程类: 漏斗图

　　流程类图形显示流程流转和流程流量. 一般流程都会呈现出多个环节, 每个环节之间会有相应的流量关系, 这类图形可以很好地表示这些关系.

　　漏斗图 (图 4.7) 适用于业务流程比较规范、周期长、环节多的单流程单向分析, 通过漏斗各环节业务数据的比较能够直观地发现和说明问题所在的环节, 进而做出决策. 漏斗图用梯形面积表示某个环节业务量与上一个环节之间的差异. 漏斗图从上到下, 有逻辑上的顺序关系, 表现了随着业务流程的推进业务目标的完成情况.

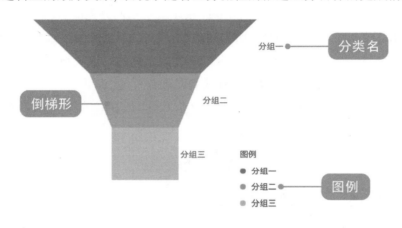

图 4.7　流程类图形示例: 漏斗图

　　漏斗图总是开始于一个 100% 的数量, 结束于一个较小的数量. 在开始和结束之间由 N 个流程环节组成. 每个环节用一个梯形来表示, 梯形的上底宽度表示当前环节的输入情况, 梯形的下底宽度表示当前环节的输出情况, 上底与下底之间的差值形象地表现了在当前环节业务量的减小量, 当前梯形边的斜率表现了当前环节的减小率. 通过给不同的环节标以不同的颜色, 可以帮助用户更好地区分各个环节之间的差异. 漏斗图的所有环节的流量都应该使用同一个度量. 归纳起来, 使用漏斗图进行数据可视化的要点有:

1) 适合的数据: 一个分类数据字段、一个连续数据字段

2) 功能: 对比分类数据的数值大小

3) 数据与图形的映射:

- 分类数据字段映射到颜色
- 连续数据字段映射到梯形的面积

4) 适合的数据条数: 不超过 12 条数据

区间类: 仪表盘

区间类图形显示同一维度上值的上限和下限之间的差异. 使用图形的大小和位置分别表示数值的上限和下限, 通常用于表示数据在某一个分类 (时间点) 上的最大值和最小值.

仪表盘 (gauge)(图 4.8) 是一种拟物化的图表, 刻度表示度量, 指针表示维度, 指针角度表示数值. 仪表盘图表就像汽车的速度表一样, 有一个圆形的表盘及相应的刻度, 有一个指针指向当前数值. 目前很多的管理报表或报告上都使用这种图表, 以直观地表现出某个指标的进度或实际情况.

图 4.8 流程类图形示例: 仪表盘

仪表盘的好处在于它能跟人们的常识结合, 使大家马上能理解看什么、怎么看. 拟物化的方式使图标变得更友好、更人性化, 正确使用可以提升用户体验. 归纳起来, 使用仪表盘进行数据可视化的要点有:

1) 适合的数据: 一个分类数据字段, 一个连续数据字段
2) 功能: 对比分类数据字段对应的数值大小
3) 数据与图形的映射:
   • 分类数据字段映射到指针
   • 连续数据字段映射到指针的角度
4) 适合的数据条数: 小于等于 3 条数据

地图类: 带气泡的地图

地图类显示地理区域上的数据. 使用地图作为背景, 通过图形的位置来表现数据的地理位置, 通常用来展示数据在不同地理区域上的分布情况.

图 4.9   地图类图形示例: 带气泡的地图

带气泡的地图 (图 4.9), 其实就是气泡图和地图的结合, 我们以地图为背景, 在上面绘制气泡. 我们将圆 (叫作气泡) 展示在一个指定的地理区域内, 气泡的面积代表了这个数据的大小. 使用带气泡的地图进行数据可视化的要点有:

1) 适合的数据: 一个分类字段, 一个连续字段

2) 功能: 对比分类数据的数值大小

3) 数据与图形的映射:

- 分类数据字段映射到地图的地理位置和气泡颜色

- 连续数据字段映射到气泡大小

4) 适合的数据条数: 根据实际地理位置信息而定, 无限制

4.1.4 合理的可视化图表设计

无论我们是用 R 或 Python, Java, 还是一些高度集成封装的可视化框架 (如 Echart.js, D3.js, Highchart.js), 定义合适的可视化图形可以说是最为关键的. 视觉可视化设计方面正在高速地进步与发展, 表格、图形、地图, 甚至包括文本在内, 都是信息的表现形式, 无论它是动态的还是静态的, 都可以让我们从中了解到想知道的内容, 发现各式各样的关系, 达到最终解决问题的目的.

这里我们给出几个可视化图表设计合理性的原则, 并举例比较与说明.

可控性

作为一名可视化设计师, 你可以尝试使用独特且新奇的图表类型, 比如流动图、关系图、力学导向图, 但作为用户是不应该花费过多的学习成本去了解新发明或者新创造的图表类型的. 在大多数情况下, 更应该使用常见的图表类型, 比如条形图、饼图、折线图、面积图 (图 4.10).

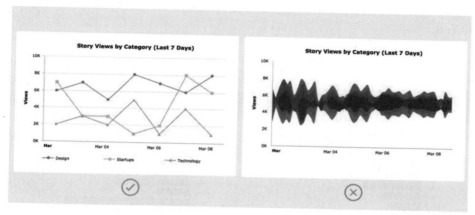

图 4.10 图表设计可控性原则

可读性

以饼图为例, 作为一般的图表使用法则, 如果你真的需要使用饼图, 请尝试将切片保持在五个以下; 饼图的切片越多, 用户理解的难度就会越大, 同时过多的切片会引起识别困难; 所以根据不同的图表类型和适用性来决定使用哪种图表类型合适一些 (图 4.11).

适用性

除非是处理日期类型的数据, 否则你可以通过对数据进行升序或者降序来大大地提高图表的可读性, 帮助读者理解, 排序更加适用于条形/柱形图 (图 4.12).

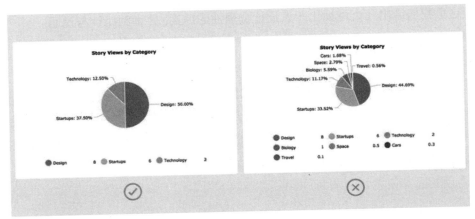

图 4.11　图表设计可读性原则

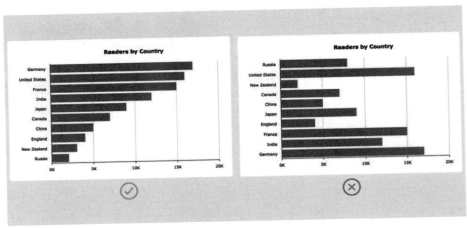

图 4.12　图表设计适用性原则

实用性

　　或许你觉得 3D 图表更加酷炫, 但其实在大部分场景下没有什么实际用途, 除非为了应对 VR 设计, 否则普通的 2D 图表会更加易于理解 (图 4.13).

可靠性

　　尽量不要使用随机生成的颜色, 一些图表框架随机生成数据的颜色来渲染各式各样的图表, 这些配色算法其实很少会分配合适的整体配色, 并且提供数据之间的视觉区别; 所以最好提出自己的配色方案, 确保在图表的展示中数据易于用户识别和区分 (图 4.14).

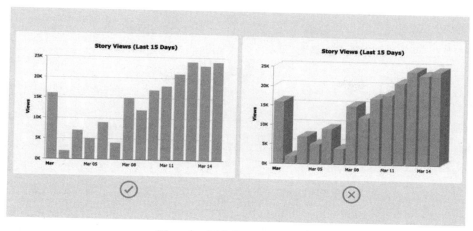

图 4.13　图表设计实用性原则

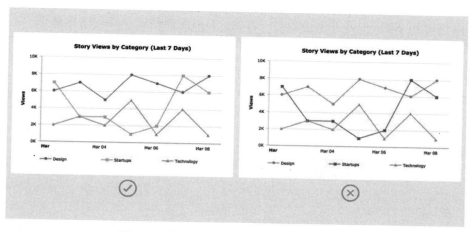

图 4.14　图表设计可靠性原则 (书末有彩插)

专业性

　　趋势线的使用总是让人觉得像是图表的一个很好的补充, 但事实是, 它们很少能提供用户忽略的重要信息, 而且趋势线可能会造成观者分心, 所以当你决定添加趋势线时, 至少允许用户有关闭的权限 (图 4.15).

用户体验

　　不要过度地依赖提示信息, 许多设计师想通过提示来提供信息的补充或扩展信息, 其实当这些提示信息不可见时, 需要确保最重要的关键信息是可见的, 同时提示

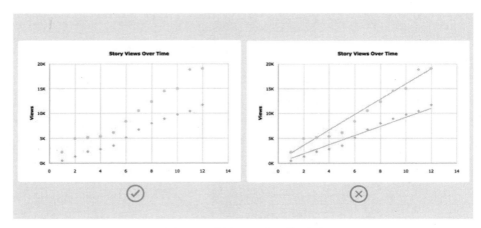

图 4.15   图表设计专业性原则

信息应该更加全面, 但是又不能太过于丰富, 否则反而使用户的可读性降低, 这中间需要一个好的用户体验的权衡 (图 4.16).

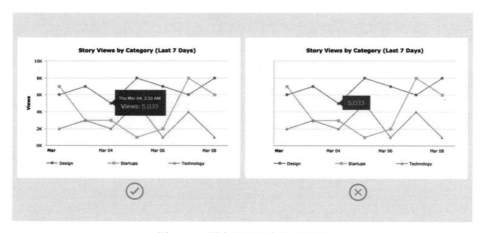

图 4.16   图表设计用户体验原则

操作性

当你的图表分析界面只有一个数据系列时, 这无疑会占用用户视觉范围的空间, 因此可以去掉图例 (图 4.17).

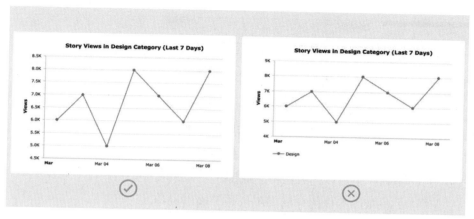

图 4.17　图表设计操作性原则

灵活性

　　只有在必要时才使用网格线, 网格线的使用有助于将用户的视线由轴标签引导至相应的数据点; 但是对于简单的图表通常不需要过多的网格线, 所以, 当你使用网格线的时候, 重要的是要确认是否在横轴和纵轴都需要它们 (图 4.18).

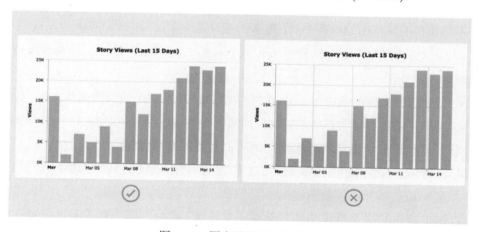

图 4.18　图表设计灵活性原则

4.2　图形输出常见问题与处理

4.2.1　图形的基本类型与用途

图形一般有两种格式: 矢量图和位图. 矢量图使用直线和曲线来描述图形, 将图形放大、缩小或旋转, 都不会使图形失真和降低品质, 也不会对文件大小有影响; 位图亦称为点阵图像或绘制图像, 是由称作像素 (图片元素) 的单个点组成的. 这些点可以进行不同的排列和染色以构成图样. 矢量图与位图的区别在于:

1) 分辨率: 矢量图图像的分辨率不依赖于输出设备.

2) 组成: 位图的组成是像素; 而矢量图的组成是向量.

3) 图形质量: 位图的缩放和旋转容易失真, 同时文件容量较大; 而矢量图的文件容量较小, 在进行放大、缩小或旋转等操作时图像不会失真.

4) 绘制图形的复杂度: 位图只要有足够多的不同色彩的像素, 就可以制作出色彩丰富的图像, 逼真地表现自然界的景象; 而矢量图不易制作色彩变化太多的图像.

5) 常用格式: 位图一般是 png, jpeg(jpg), tiff(tif), bmp 的文件格式; 而矢量图一般是 eps, ps, pdf, wmf, emf, svg 的文件格式.

不同类型的图形用途有所差异, 基本的建议为:

- 高保真的打印出版图形使用 pdf 或 eps 格式, 例如在 TeX 文档编译生成 pdf 文档时插入的图形;

- 一般的网页显示使用 png 格式, 例如 Github 网站上使用的图形;

- 对交互式和实时动态要求较高的网页上使用 svg (scalable vector graphics) 格式. svg 格式相比其他格式具有压缩比例高和分辨率高等优势;

- 日常生活传输 (如微信聊天) 可使用 jpeg, 它比 png 格式更为小巧;

- 在 Word/WPS 中使用位图;

- 图形输出时应选择恰当的尺寸和长宽比例, 避免图形失真或图形中坐标轴和注释文字与正文显示不协调;

- 合理使用图形的外部边距选项 (R 语言中为 mar 参数).

4.2.2 绘图设备与图形尺寸的控制

图形大小的控制

有时候 R 语言或 Rstudio 默认的绘图窗口不一定适合我们的需要, 图形呈现时与正文不协调, 此时需要对绘图窗口进行调整, 常用的方法有

- 使用绘图参数 pin 设定当前绘图窗口的大小

```
par(pin=c(width, height))
```

- 在 Linux 或 MacOS 下使用绘图函数 x11() 打开绘图窗口并设定窗口的大小, 在 Windows 中使用函数 windows().

```
x11(width, height)
```

它们的更多控制选项可通过 x11.options() 或 windows.options() 查看. 例如下面的命令

```
x <- rnorm(1000,0,4)
par(pin=c(4,3))
# x11(width =4, height =3)
hist(x)
```

- 通过绘图参数 mar 或 mai 适当减小绘图区域到绘图面板边界的距离, 距离越小绘图区域越大, 其中 mar 以行为单位, mai 以英寸为单位, 例如

```
par(mar=c(2,2,1,1))
```

设置图形的下侧、左侧、上侧、右侧分别空 2 行、2 行、1 行和 1 行.

4.2.3 图形的保存方式

在 R 语言中图形保存可以使用以下几种方式:

1. 在 R Console 中使用 savePlot() 函数

通过选项 type 指定图形的类型, 例如

```
curve(x^3 - 3*x, -2, 2, lwd=3, lty=3)
curve(x^2 - 2, add = TRUE, col = "violet", lwd=3)
savePlot(filename = "fig1", type ="png",
         device = dev.cur(),
         restoreConsole = TRUE)
```

生成图 4.19.

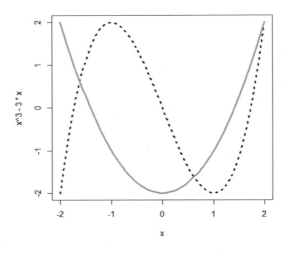

图 4.19   R Console 中保存图形

2. 在 Rstudio 中使用交互窗口中的 export 按钮

由 Rstudio 的 R Console 运行生成的 R 图形可通过 Plots 交互窗口由 export 按钮生成指定的图形类型, 包括 png, jpeg(jpg), tiff(tif), bmp, svg, eps, pdf (图 4.20 和图 4.21). 也可先输出到剪贴板中, 再直接插入到像 Word 或 WPS 这样的文档中 (图 4.22).

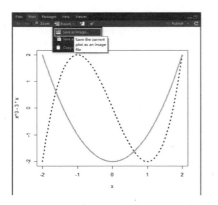
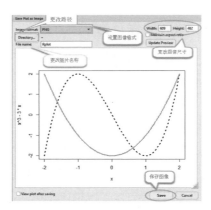

图 4.20   Rstudio 交互窗口中的输出 png 图

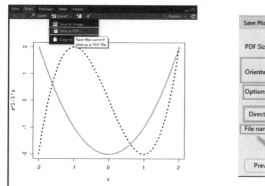 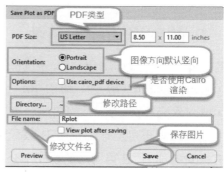

图 4.21 Rstudio 交互窗口中的输出 pdf 图

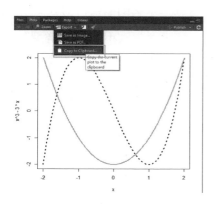 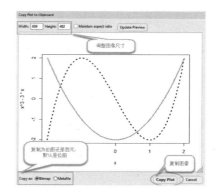

图 4.22 Rstudio 交互窗口中复制到剪贴板

3. 使用文件类型所对应的函数

借助图形设备函数 `bmp()`, `jpeg()`, `png()`, `tiff()`, `postscript()` 以及 `pdf()` 就可类似于 `savePlot()` 函数将当前图形设备中的图形保存到指定的文件中. 例如下面的代码给出了将当前的图形以 png 类型保存在当前的工作路径的文件 M1-fig9.png 中, 结果同图 4.19, 注意: 最后需要使用 `dev.off()` 关闭绘图窗口.

```
png(file="M1-fig9.png", width=200, height=200)
curve(x^3 - 3*x, -2, 2,lwd=3,lty=3)
curve(x^2 - 2, add = TRUE, col = "violet", lwd=3)
dev.off() #关闭绘图窗口
```

4.3 R 的图形功能与函数

R 提供非常多样的绘图功能. 我们可以通过 R 提供的两组演示例子进行了解:

- `demo(graphics)` 为二维的图形示例;
- `demo(persp)` 为三维的图形示例.

我们在这里不可能详细说明 R 在绘图方面的所有功能, 主要是因为每个绘图函数都有大量的选项, 使得图形的绘制十分灵活多变.

绘图函数的工作方式与本书前面两章描述的数据处理函数的工作方式大为不同, 不能把绘图函数的结果赋给一个对象[1], 其结果将直接输出到一个"绘图设备"上, 可通过 `dev.cur( )` 函数查看当前的设备, 绘图设备是一个绘图的窗口或是一个文件.

绘图的基本任务是由数据在绘图区域绘制出点 (类型与大小) 与线 (类型与粗细), 并添加标题 (正标题与副标题)、坐标轴 (范围与标签) 和图例 (文字与位置) 等, 在必要的时候还可添加文字, 改变图形和文字的颜色. 学习绘图函数关键是掌握绘图的三要素: 点/线、文字与颜色, 这将在下一节举例说明.

R 的基本绘图包 `graphics` 提供了两种绘图函数:

1) 高级绘图函数 (high-level plotting functions) 创建一个新的图形;
2) 低级绘图函数 (low-level plotting functions) 在现存的图形上添加元素.

绘图函数的参数 (graphical parameter) 和选项 (graphical option) 提供了丰富的绘图选项, 可以使用默认值或者用函数 `par( )` 修改, 具体通过命令`?par` 查看. Paul Murrell (2006) 系统地介绍了 R graphics 包中的作图方法和例子. 更高级的图形可使用 `lattice`, `ggplot2`, `plotly` 等高级绘图包实现, 我们将在第 5 章中进一步介绍.

4.3.1 高级绘图函数

表 4.1 概括了 R Graphics 基础绘图包中的高级绘图函数.

表 4.1 高级绘图函数

函数名	功能
`plot(x)`	以 `x` 的元素值为纵坐标、以序号为横坐标绘图
`plot(x,y)`	`x`(在 `x` 轴上) 与 `y`(在 `y` 轴上) 的二元散点图

---

[1]有一些值得注意的例外: `hist( )` 和 `barplot( )` 仍然把生成的数据结果作为列表或矩阵.

续表

函数名	功能
curve(fun(x)),curve(expr)	画出函数 fun(x)(或表达式 expr) 对应的光滑曲线
sunflowerplot(x,y)	同上, 但是以相似坐标的点作为花朵, 其花瓣数目为点的个数
pie(x)	饼图
boxplot(x)	箱线图
stripchart(x)	把 x 的值画在一条线段上, 样本量较小时可作为箱线图的替代
coplot(x~y | z)	关于 z 的每个数值 (或数值区间) 绘制 x 与 y 的二元散点图
interaction.plot(f1,f2,y)	如果 f1 和 f2 是因子, 作 y 的均值图, 以 f1 的不同值作为 x 轴, 而 f2 的不同值对应不同曲线; 可以用选项 fun 指定 y 的其他的统计量 (默认计算均值, fun=mean)
matplot(x,y)	二元图, 其中 x 的第一列对应 y 的第一列, x 的第二列对应 y 的第二列, 依次类推
dotchart(x)	如果 x 是数据框, 作 Cleveland 点图 (逐行逐列累加图)
fourfoldplot(x)	用四个四分之一圆显示 2×2 列联表情况 (x 必须是 dim=c(2, 2, k) 的数组, 或者是 dim=c(2, 2) 的矩阵, 如果 k=1)
assocplot(x)	Cohen–Friendly 图, 显示在二维列联表中行、列变量偏离独立性的程度
mosaicplot(x)	列联表的对数线性回归残差的马赛克图
pairs(x)	如果 x 是矩阵或是数据框, 作 x 的各列之间的二元图
plot.ts(x)	如果 x 是类 "ts" 的对象, 作 x 的时间序列曲线, x 可以是多元的, 但是序列必须有相同的频率和时间
ts.plot(x)	同上, 但如果 x 是多元的, 序列可有不同的时间但须有相同的频率
hist(x)	x 的频率直方图
barplot(x)	x 的条形图
qqnorm(x)	正态分位数 – 分位数图

函数名	功能
qqplot(x,y)	y 对 x 的分位数–分位数图
contour(x,y,z)	等高线图 (画曲线时用内插补充空白的值), x 和 y 必须为向量, z 必须为矩阵, 使得 dim(z)=c(length(x), length(y)) (x 和 y 可以省略)
filled.contour(x,y,z)	同上, 等高线之间的区域是彩色的, 并且绘制彩色对应的值的图例
image(x,y,z)	同上, 但是实际数据大小用不同色彩表示
persp(x,y,z)	同上, 但为透视图
stars(x)	如果 x 是矩阵或者数据框, 用星形和线段画出
symbols(x,y,...)	由 x 和 y 给定坐标画符号 (圆、正方形、长方形、星形等), 符号的类型、大小、颜色等由另外的变量指定
termplot(mod.obj)	回归模型 (mod.obj) 的 (偏) 影响图

画函数的曲线在 R 中非常有用, 尽管我们将 curve( ) 函数列在高级绘图命令中, 但它又可作为下面要讲的低级绘图命令使用, 通过选项 add=TRUE 实现添加多条曲线.

R 的绘图函数的部分选项是一样的. 表 4.2 列出了主要的共同选项及其默认值.

表 4.2   绘图函数选项

选项	功能
add=FALSE	如果是 TRUE, 叠加图形到前一个图上 (如果有的话)
axes=TRUE	如果是 FALSE, 不绘制轴与边框
type="p"	指定图形的类型, "p": 点, "l": 线, "b": 点连线, "o": 同上, 但是线在点上, "h": 垂直线, "s": 阶梯式, 垂直线顶端显示数据, "S": 同上, 但是在垂直线底端显示数据 (见图 4.26)
xaxt="s",yaxt="s"	坐标轴样式, 取值为"n" 表示隐藏显示坐标轴. 默认的取值是"s", 表示坐标轴以标准样式显示. 此选项有助于和 axis(side=1,...) 联合使用

续表

选项	功能
xaxs="r",yaxs="r"	坐标轴的计算方法, 默认为"r" 表示先把原始数据的范围向外扩大 4%, 然后用这个范围画坐标轴; 取值为"l"表示直接使用原始数据范围
xlim=,ylim=	指定坐标轴的上下限, 例如 xlim=c(1, 10),xlim=range(x)
xlab=,ylab=	坐标轴的标签, 必须是字符型值
xlog=FALSE,ylog=FALSE	坐标轴是否取对数, 如果是 TRUE 表示用对数坐标
main=	主标题, 必须是字符型值
sub=	副标题 (用小字体)

4.3.2 低级绘图命令

R 的低级绘图命令作用于现存的主图形上, 表 4.3 给出了一些主要的低级绘图函数.

表 4.3 低级绘图函数

函数名	功能
points(x,y)	添加点 (可以使用选项 type=, 见图 4.26)
lines(x,y)	同上, 但是添加线
text(x,y,labels,...)	在 (x,y) 处添加用 labels 指定的文字; 典型的用法是: plot(x,y,type="n"); text(x, y, names)
mtext(text,side=3, line=0,...)	在边空添加用 text 指定的文字, 用 side 指定添加到哪一边 (参照下面的 axis( )); line 指定添加的文字距离绘图区域的行数
segments(x0,y0,x1,y1)	从 (x0,y0) 各点到 (x1,y1) 各点画线段
arrows(x0,y0,x1,y1, angle=30,code=2)	同上, 但加画箭头. 如果 code=2, 则在各 (x0, y0) 处画箭头; 如果 code=1, 则在各 (x1,y1) 处画箭头; 如果 code=3, 则在两端都画箭头, angle 控制箭头轴到箭头边的角度
abline(a,b)	绘制斜率为 b、截距为 a 的直线

函数名	功能
abline(h=y)	在纵坐标 y 处画水平线
abline(v=x)	在横坐标 x 处画垂直线
abline(lm.obj)	画由 lm.obj 确定的回归线
rect(x1,y1,x2,y2)	绘制长方形, (x1, y1) 为左下角, (x2,y2) 为右上角
polygon(x,y)	绘制连接各 x,y 坐标确定的点的多边形
legend(x,y,legend)	在点 (x,y) 处添加图例, 说明内容由 legend 给定
title( )	添加标题, 也可添加一个副标题
axis(side, vect)	画坐标轴. 当 side=1 时画在下边; 当 side=2 时画在左边; 当 side=3 时画在上边; 当 side=4 时画在右边. 可选参数 at 指定画刻度线的位置坐标
box( )	在当前的图上加上边框
rug(x)	在 x 轴上用短线画出 x 数据的位置
locator(n,type="n",...)	在用户用鼠标在图上点击 n 次后返回 n 次点击的坐标 (x,y); 并可以在点击处绘制符号 (当 type="p" 时) 或连线 (当 type="l" 时), 默认情况下不画符号或连线

4.3.3 绘图参数

除了低级作图命令之外, 图形的显示也可以用绘图参数来改良. 绘图参数可以作为图形函数的选项 (但不是所有参数都可以这样用), 也可以用函数 par( ) 来永久地改变绘图参数, 也就是说后来的图形都将按照函数 par( ) 指定的参数来绘制. 例如, 下面的命令:

```
par(bg="yellow")
```

将导致后来的图形都以黄色的背景来绘制. 基础绘图包 graphics 提供了 73 个绘图参数, 其中一些有非常相似的功能. 这些参数的详细列表可以通过 help(par) 或 ?par 获得. 表 4.4 只列举了最常用的参数.

表 4.4　常用绘图参数

参数	功能
adj	控制关于文字的对齐方式: 0 是左对齐, 0.5 是居中对齐, 1 是右对齐, 当值 > 1 时对齐位置在文本右边的地方, 当取负值时对齐位置在文本左边的地方; 如果给出两个值 (例如 c(0, 0)), 第二个只控制关于文字基线的垂直调整
bg	指定背景色 (例如 bg="red", bg="blue"; 用 colors( ) 可以显示 657 种可用的颜色)
bty	控制图形边框形状, 可用的值为: "o" "l" "7" "c" "u" 和 "]"(边框和字符的外表相像); 如果 bty="n" 则不绘制边框
cex	控制默认状态下符号和文字大小的值; 另外, cex.axis 控制坐标轴刻度数字大小, cex.lab 控制坐标轴标签文字大小, cex.main 控制标题文字大小, cex.sub 控制副标题文字大小
col	控制符号的颜色; 和 cex 类似, 还可用: col.axis, col.lab, col.main, col.sub
font	控制文字字体的整数 (1: 正常, 2: 斜体, 3: 粗体, 4: 粗斜体); 和 cex 类似, 还可用: font.axis, font.lab, font.main, font.sub
las	控制坐标轴刻度数字标记方向的整数 (0: 平行于轴, 1: 横排, 2: 垂直于轴, 3: 竖排)
lty	控制连线的线型, 可以是整数 (1: 实线, 2: 虚线, 3: 点线, 4: 点虚线, 5: 长虚线, 6: 双虚线), 见图 4.25; 或者是不超过 8 个字符的字符串 (字符为从 "0" 到 "9" 的数字) 交替地指定线和空白的长度, 单位为磅或像素, 例如 lty="44" 和 lty=2 效果相同
lwd	控制连线宽度的数字
mar	控制图形边空的有 4 个值的向量 c(bottom, left, top, right), 默认值为 c(5.1, 4.1, 4.1, 2.1)
mfcol	c(nr,nc) 的向量, 分割绘图窗口为 nr 行 nc 列的矩阵布局, 按列次序使用各子窗口
mfrow	同上, 但是按行次序使用各子窗口
pch	控制符号的类型, 可以是 1 到 25 的整数, 也可以是"" 里的单个字符 (见图 4.24)
ps	控制文字大小的整数, 单位为磅
pty	指定绘图区域类型的字符, "s": 正方形, "m": 最大利用

参数	功能
tck	指定轴上刻度长度的值, 单位是百分比, 以图形宽、高中最小的一个作为基数; 如果 tck=1 则绘制 grid
tcl	同上, 但以文本行高度为基数 (默认 tcl=-0.5)

4.4　绘图三要素

前面我们详细叙述了 R 的高级绘图命令和低级绘图命令及它们对应的许许多多的选项和参数, 组合在一起使得 R 的绘图功能变得非常强大, 同时也显得复杂而难以掌握. 为此, 我们再重申一下 R graphics 包中最为基本的绘图元素及三个核心要素, 掌握了它们就可应对日常教学或科研中的数据可视化需求了. 更为精细的数据可视化方法我们还可以通过第 5 章的 lattice, ggplot2 和 plotly 等高度封装的图形包实现.

4.4.1　R 中基本的绘图元素

数据的可视化始于一个高级绘图命令, 如 plot( ), hist( ) 等, 并且指明图形的标题和坐标, 这些基本的绘图要素及对应的绘图函数中的参数归纳在表 4.5 中. 这里给出一个简单示例, 结果见图 4.23.

```r
nd <- rnorm(1000)
hist(nd, prob=T,
     main="Normal distribution",
     sub="histogram",
     xlab = 'x',
     ylab = "density",
     xlim=c(-5,5),
     ylim=c(0,0.5))
lines(density(nd), col=2)
```

表 4.5   基本的绘图要素

绘图要素	基本绘图函数对应的参数
主图形	高级绘图函数且 add=FALSE(默认)
正/副标题	main 参数/sub 参数
坐标轴范围	xlim/ylim
坐标轴标签	xlab/ylab

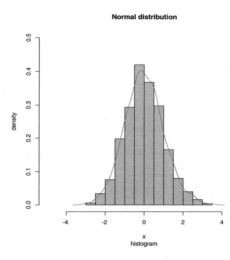

图 4.23   正态密度

4.4.2   R 中绘图三要素之 "点" 与 "线"

1. 点元素的样式

点元素可以设置的参数一般包括: 点的样式 (pch)、颜色 (col)、大小 (缩放倍数 cex) 等, 其中点的样式 (pch) 参数可取 1—25 的数字, 也可以使用任意字符作为绘点符号 (例如 pch="*" "?" "." ...), 见图 4.24. 有时我们还需要设置点的颜色与大小, 颜色作为重要的要素见第 4.4.3 节的详细说明, 而点的大小通过缩放参数 cex 来设定 [1]. cex=0.5 和 cex=2 的点大小分别为标准 (默认) 大小 (cex=1) 的 50% 和 2 倍.

---

[1] cex 参数还可组合使用: cex.main, cex.lab, cex.axis, cex.font 等.

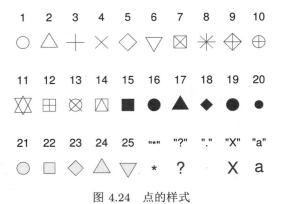

图 4.24   点的样式

2. 线元素样式

    线元素可以设置的参数一般包括: 线条的样式 (lty)、颜色 (col)、粗细 (lwd) 等, 其中线条的样式 (lty) 主要指实线、虚线、点线、点画线等的样式. lty 参数设置为不同数值和字符串对应的线条样式, 如表 4.6 和图 4.25 所示. 有时我们还需要设置线的颜色与粗线, 颜色作为重要的要素见第 4.4.3 节的详细说明, 而线的粗细通过宽度缩放参数 lwd 来设定, lwd=0.5 和 lwd=2 的线粗细分别为标准 (默认) 粗线 (lwd=1) 的 50% 和 2 倍.

表 4.6   线条样式参数中数字与字符串的对应关系

数值	字符	说明
0	"black"	不画线
1	"solid"	实线
2	"dashed"	虚线
3	"dotted"	点线
4	"dot-dash"	点画线
5	"longdash"	长画线
6	"twodash"	点长画线

3. 点与线的连接类型

    数据点与点之间的连接通过参数 type 在高级绘图函数 plot() 和低级绘图函数 lines() 中使用.

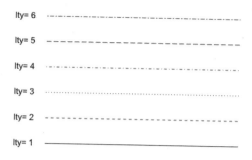

图 4.25   6 种线型 (`lty=1,2, ⋯, 6`)

```
plot(x, y, type= )
lines(x, y, type= )
```

参数 type 给出点与点之间连接的类型, 见表 4.7 和图 4.26.

表 4.7   点与线的连接类型

类型	图形外观
p	只有点
l	只有线
o	实心点和线 (即线覆盖在点上)
b, c	线连接点 (当为 c 时不绘制点)
s, S	阶梯线
h	直方图式的垂直线
n	不生成任何点和线 (通常用来为后面的命令创建坐标轴)

4.4.3   R 中绘图三要素之"颜色"

R 有 657 种名字命名的颜色, 可通过 `colors()` 查看. 通过参数 `col` 可设置图像前景背景、坐标轴、文字、点、线等的颜色.

基于不同的使用场合, R 的颜色设置参数如表 4.8 所示.

颜色参数 `col` 的设定有以下 6 种方法, 其中前面两种是最为常用的.

1) 名字: red, blue, ⋯, 共 657 个

2) 颜色下标: 1, 2, ⋯, 657

3) 16 进制颜色值: #FF0000, ⋯

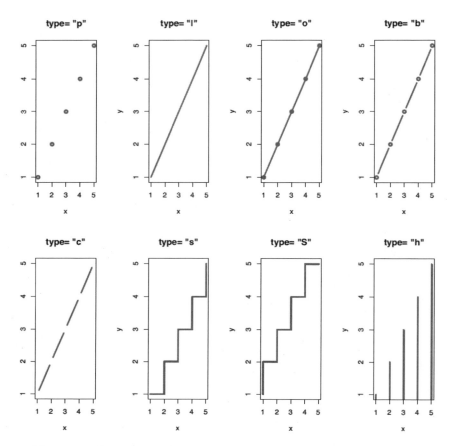

图 4.26 函数 plot() 与 lines() 中 type 选项给出的点与线的组合类型

表 4.8 R 的基本颜色设置参数

参数	描述
col	默认颜色
col.axis	坐标轴刻度文字的颜色
col.lab	坐标轴标签 (名称) 的颜色
col.main	标题颜色
col.sub	副标题颜色
fg	图形的前景色
bg	图形的背景色

4) RGB: rgb(1,0,0), ⋯

5) 主题配色方案, 有 5 个常用的函数:

- rainbow()
- heat.colors()
- terrain.colors()
- topo.colors()
- cm.colors()

6) RColorBrewer 颜色扩展包提供了 3 套配色方案

- Sequential, 通过 type="seq"指定, 共 18 组 9 个渐变色
- Diverging, 通过 type="div"指定, 共 9 组 11 个渐变色
- Qualitative, 通过 type="qual"指定, 共 8 组颜色

例 4.4.1 体会下面代码:

- 3 种不同的颜色设定方法.

```
Hex<- rgb(red=255, green=0, blue=0, max=255)
plot(women, main="身高 VS 体重 散点图",
     sub="数据来源: women数据集",
     col="#FF0000", col.main="green", col.sub="blue",
     col.axis="grey", col.lab=Hex)
```

- 5 个主题配色方案函数, 图 4.27 给出了 8 个主题颜色.

```
par(mfrow=c(3,2))
barplot(rep(1,8),col=rainbow(8),
        main="bar plot(rep(1,6),col=rainbow(8))")
barplot(rep(1,8),col=heat.colors(8),
        main="barplot(rep(1,6),col=heat.colors(8))")
barplot(rep(1,8),col=terrain.colors(8),
        main="barplot(rep(1,6),col=terrain.colors(8))")
barplot(rep(1,8),col=topo.colors(8),
        main="barplot(rep(1,6),col=topo.colors(8))")
barplot(rep(1,8),col=cm.colors(8),
        main="barplot(rep(1,6),col=cm.colors(8))")
```

```
par(mfrow=c(1,1))
```

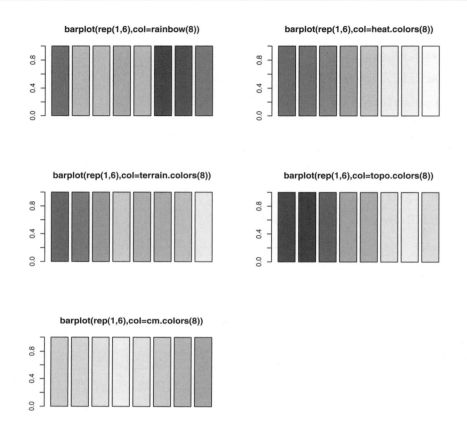

图 4.27   8 个主题颜色 (彩图见书末)

- RColorBrewer 颜色扩展包中提供的 3 套配色方案.

```
library(RColorBrewer)
display.brewer.all(type="seq")   # 1
barplot(rep(1,6),col=brewer.pal(9,"YlOrRd")[3:8])
display.brewer.all(type="div")   # 2
barplot(rep(1,6),col=brewer.pal(11,"BrBG")[3:8])
display.brewer.all(type="qual") # 3
barplot(rep(1,6),col=brewer.pal(12,"Set3")[3:8])
```

4.4.4 R 中绘图三要素之 "文字"

不管是英文还是中文的文字都有字体（font）、颜色（col）、大小（缩放倍数 cex）三个属性：

- 字体 (font): 1(正常体)、2(粗体)、3(斜体)、4(粗斜体);
- 大小 (cex): 1 为默认大小, cex=0.5 和 cex=2 字体的大小分别为标准 (默认) 大小 (cex=1) 的 50% 和 2 倍;
- 颜色 (col): 见第 4.4.3 节;
- cex, font, col 可作用在 main, sub, lab, axis 的文字上;
- 字体族 (family), 例如英文有 serif, sans, mono 等, 中文有宋体 (SimSun), 要注意的是不同的系统会提供不同的字体族, 缺少的字体族需要安装才可使用[1].

4.5 信息的补充与渲染

很多时候我们还需要在现有图形上添加其他内容, 以达到信息补充与渲染的目的, 让图形能传递更多有价值的信息. 例如, 我们可以利用低级绘图函数在活动窗口中添加点、线、文字等图形绘图元素, 通过高级绘图函数的选项添加图例、网格线、坐标轴标题、正标题、副标题等补充说明绘图元素, 见图 4.28. 下面我们用示例说明.

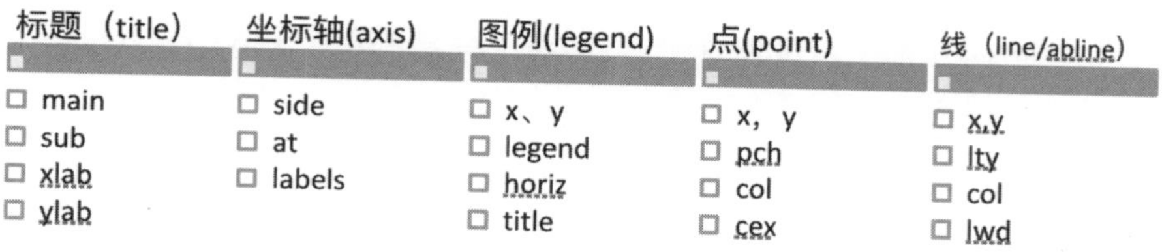

标题 (title)	坐标轴(axis)	图例(legend)	点(point)	线 (line/abline)
□ main	□ side	□ x、y	□ x, y	□ x,y
□ sub	□ at	□ legend	□ pch	□ lty
□ xlab	□ labels	□ horiz	□ col	□ col
□ ylab		□ title	□ cex	□ lwd

图 4.28 信息的补充汇总

4.5.1 标题设置

这里标题包括主标题 (main)、副标题 (sub)、x 轴标签 (xlab)、y 轴标签 (ylab), 可置于函数 title() 中相应的参数完成设置, 参数说明见下表 4.9.

例 4.5.1 针对 iris 数据按不同的种类绘制箱线图, 并通过 title() 函数对标题和坐标轴标签进行个性化设置. 代码如下, 结果见图 4.29.

---

[1] family 可解决屏幕图形无法显示中文的问题.

表 4.9　函数 title() 中的参数说明

参数	说明	实例
main	设置主标题内容和文字属性	main=list("主标题", font=3,col="red",cex=1.5)
sub	设置副标题内容和文字属性	sub=list("副标题", font=3,col="red",cex=1.2)
xlab	设置 x 轴标题内容和文字属性	xlab=list("x 轴标题",font=3,col="red",cex=0.75)
ylab	设置 y 轴标题内容和文字属性	ylab=list("y 轴标题",font=3,col="red",cex=0.75)

```
par(family='STXihei')
attach(iris)
boxplot(Sepal.Length ~ Species, col=heat.colors(3))
title(main=list("Sepal.Length按照Species分类的箱线图",
            font=4, col="red", cex=1.2),
    sub=list("数据来源: iris数据集",
            font=3, col="blue", cex=0.8),
    xlab="Species", ylab="Sepal.Length")
```

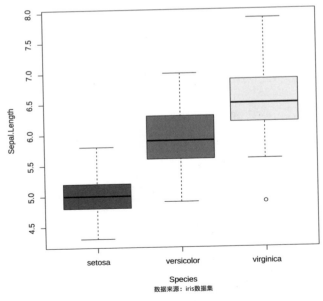

图 4.29　标题的设置示例

4.5.2 坐标轴设置

坐标轴可以通过高级绘图参数 (axes, xlim/ylim, xaxt/yaxt, xaxs/yaxs/, xlog/ylog) 和低级绘图函数 axis() 来定制, 其中高级绘图参数可参考表 4.2 和表 4.3. 函数 axis() 的参数说明如表 4.10 所示.

表 4.10   axis() 绘图参数说明

参数	说明
side	设置坐标轴所在的边. 当取 1, 2, 3, 4 时, 分别表示坐标轴处于下、左、上、右各边
labels	通过向量来设置坐标轴内各刻度的名称 (刻度标记)
font.axis	刻度标记的字体
cex.axis	刻度标记的大小
col.axis	刻度标记的颜色
at	通过向量来设置坐标轴内各刻度标记的位置, 此参数向量要与 labels 向量一一对应
tick	逻辑参数, 如果 tick=TRUE(默认), 则画出坐标轴
col	坐标轴的颜色, 当 tick=TRUE 时, 有效
col.ticks	坐标轴刻度线的颜色
lty	坐标轴线的样式, 当 tick=TRUE 时, 有效
lwd	坐标轴线的宽度, 当 tick=TRUE 时, 有效

例 4.5.2   针对 iris 数据通过 axis() 对 x 轴和 y 轴进行个性化设置. 代码如下, 结果见图 4.30.

```
attach(iris)
boxplot(Sepal.Length ~ Species, col=heat.colors(3),
        axes=FALSE, xlab="Species",
        ylab="Sepal.Length")
#设置 x 轴样式
axis(side=1, at=1:3, labels=unique(Species),
```

```
    col.axis="red", tick=FALSE)
#设置 y 轴样式
axis(side=2, col.ticks = "gold", font = 3,
    col = "blue")
```

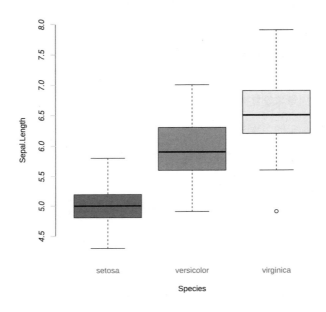

图 4.30   坐标轴的设置示例

4.5.3   图例设置

当图形中承载了多组数据用于比较时, 通常会使用图例说明不同颜色/形状代表的数据, 实现的方法是使用 legend() 函数. 表 4.11 给出了 legend() 函数的参数说明.

表 4.11   legend() 的参数说明

参数	说明
x/y	设置图例的位置; 除了使用 x 和 y 参数外, 也可以使用"bottomright""bottom""bottomleft""left""topleft""top""topright""right""center"参数
legend	一个字符向量, 表示图例中的文字

续表

参数	说明
horiz	为 FALSE(默认) 时, 图例垂直排列, 为 TRUE 时, 图例水平排列
ncol	图例的列数目. 如果 horiz 为 TRUE, 则此项无意义
pch	图例中点的样式. 设置为 NA 表示某组图例无点样式
lty	图例中线的样式. 设置为 NA 表示某组图例无线样式
col	图例中点/线的颜色
bg	图例的背景颜色. 在 bty 参数为"n"时无效
bty	设置图例框的样式. 默认为"0", 表示显示边框. 设置为"n"表示无边框
title	设定图例的标题

例 4.5.3 针对 VADeaths 数据 (1940 年美国弗吉尼亚死亡数据) 绘制条形图. 代码如下, 结果见图 4.31.

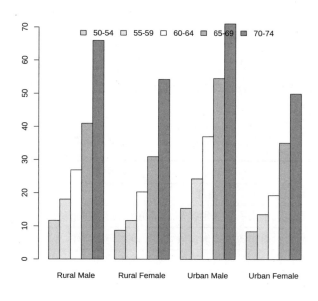

图 4.31 条形图 (彩图见书末)

```
barplot(VADeaths, beside = TRUE,
        col=cm.colors(5),
        main="plot VADeaths with grid()")
legend("top", legend=rownames(VADeaths),
        ncol=5, fill=cm.colors(5), bty="n")
grid(lty=2, lwd=0.5, col="gray")
```

4.5.4　网格线设置

使用 grid() 函数可以在绘图的基础上添加网格线, 其命令格式为

```
grid(nx = NULL, ny = nx, col = "lightgray",
    lty = "dotted", lwd = par("lwd"), equilogs = TRUE)
```

图 4.31 中添加了灰色的网络线.

4.5.5　点与线的添加与修饰

通过低级绘图函数 points() 可以独立添加点元素, 而线有三种类型的低级绘图函数可以使用

- 添加曲线: `lines()`
- 添加直线: `abline()`
- 添加线段: `segments()`

函数 abline() 很常用, 特别是线性回归的可视化, 其有四种类型, 见表 4.12. 具体使用可见第 4.7 节的示例.

表 4.12　abline() 函数的四种类型及说明

类型	说明
`abline(a, b)`	画出 $y = a + bx$ 直线
`abline(h=y)`	画出一条由所有纵坐标等于 y 值的点所组成的水平直线
`abline(v=x)`	画出一条由所有横坐标等于 x 值的点所组成的垂直直线
`abline(lm.obj)`	画出由 `lm()` 函数获取的回归直线的模型

4.5.6　文字的添加与修饰

我们可以使用 text() 和 mtext() 添加文字

```
text(x, y = NULL, labels = seq_along(x$x), ...)
mtext(text, side = 3, line = 0, ...)
```

例 4.5.4 在同一个图上绘制 $y = x$ 和 $y = 1/x$ 图形, 并在左右纵轴上分别标出相应的刻度及函数表达式 (图 4.32), 代码如下:

```
opar <- par(no.readonly=TRUE)  # 保存初始值
x <- c(1:10); y <- x; z <- 10/x
par(mar=c(5, 4, 4, 8) + 0.1)
plot(x, y, type="b", pch=21, col="red",
     yaxt="n", lty=3, ann=FALSE)
lines(x, z, type="b", pch=22, col="blue", lty=2)
axis(2, at=x, labels=x, col.axis="red", las=2)
axis(4, at=z, labels=round(z, digits=2),
     col.axis="blue", las=2, cex.axis=0.7, tck=-.01)
mtext("y=1/x", side=4, line=3, cex.lab=1, las=2, col="blue")
text(2, 9, "Two functions on one graph", adj=c(0,0),
     cex=1.3, col=2, font=3)
title("An example with two y axes",
      xlab="x values", ylab="y=x")
par(opar) # 恢复初始值
```

4.5.7 图形中添加数学公式和符号

如图 4.32 所示的一些文本中会夹杂数学公式 x, y, y=x 和 y=1/x, 这些公式以字符串的方式处理是不严谨的, 对于较为复杂的数学公式很难用字符串来代替, 这里我们来回答两个问题:

1) 如何在图形中创建混合了字符串、表达式和数字的表达式?

2) 如何将 R 中计算的变量值作为参数传递给表达式?

这里我们提供两种方法.

1. 使用 plotmath 表达式

在 R 中我们可以通过函数 expression( ) 或 as.expression() 把自变量转换为数学公式, 再通过绘图函数中支持字符串或表达式的参数添加到图形中, 这类参

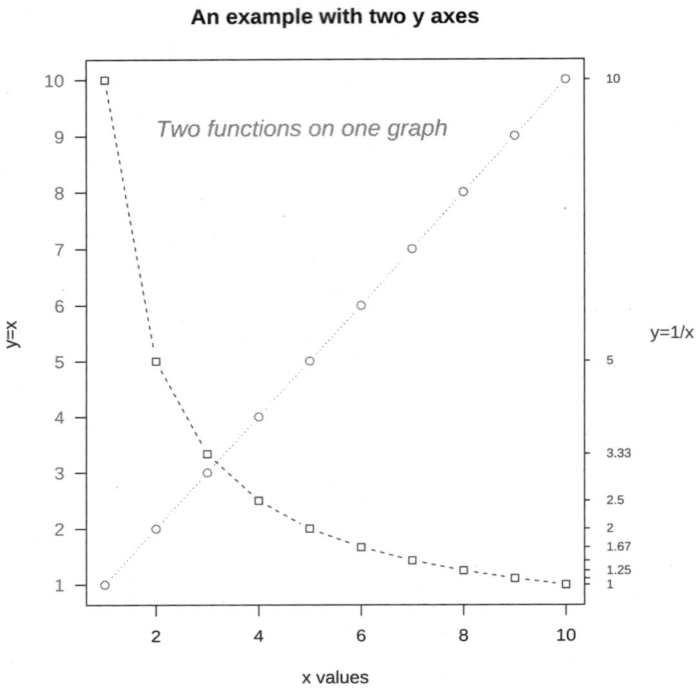

An example with two y axes

图 4.32   同一图上绘制两个函数图

数包括 text() 和 axis() 函数中的 labels, mtext() 函数中的 text, title() 函数中的 main, sub, xlab, ylab 和 legend() 函数中的 legend 等.

expression(expr)

as.expression(Robject)

其中 expr 为合法的 plotmath 表达式, 表 4.13 列举了一些常用的表达式, 更多 plot-math 数学符号可通过 ?plotmath 查看.

表 4.13   常用的 plotmath 表达式

表达式	实际输出
x[i]	下标 x_i
x^2	上标 x^2
omega	希腊字母 ω

续表

表达式	实际输出
Omega	希腊字母 Ω
hat(x)	$\hat{x}$
tilde(x)	$\tilde{x}$
dot(x)	$\dot{x}$
bar(x)	$\bar{x}$
widehat(xy)	$\widehat{xy}$
widetilde(xy)	$\widetilde{xy}$
plain(x)	正文字体 x
bold(x)	粗体 $\boldsymbol{x}$
italic(x)	斜体 x
bolditalic(x)	黑斜体 $\boldsymbol{x}$
list(x, y, z)	x, y, z
x == y	$x = y$
x != y	$x \neq y$
x <= y	$x \leqslant y$
x >= y	$x \geqslant y$
frac(x, y), over(x, y)	$\frac{x}{y}$
sum(x[i], i==1, n)	$\sum\limits_{i=1}^{n} x_i$
integral(f(x)*dx, a, b)	$\int_a^b f(x)dx$
lim(f(x), x %->% 0)	$\lim\limits_{x \to 0} f(x)$
min(g(x), x > 0)	$\min\limits_{x>0} g(x)$
group("(",list(a, b),"]")	$(a, b]$
bgroup("(",frac(x, y),")")	$\left(\frac{x}{y}\right.$

例如, 代码

```
plot(1:10, 1:10, type="n")
text(4, 9, expression(p==over(1,1+e^-(beta*x+alpha))))
text(4, 7, expression(hat(beta) == (X^t * X)^{-1} * X^t * y))
text(4, 5, expression(bar(x) == frac(1, n) * sum(x[i], i==1, n)))
text(4, 3,
    expression(paste("The density of N(", mu, ",", sigma^2, ") is ",
              p(x)==frac(1, sigma*sqrt(2*pi)), " ",
              plain(e)^{frac(-(x-mu)^2, 2*sigma^2)})))
```

会在主图 (见图 4.33) 中的相应坐标处显示下面的复杂数学公式

$$p = \frac{1}{1 + \mathrm{e}^{-(\beta x + \alpha)}},$$
$$\hat{\beta} = (X^{\mathrm{T}} X)^{-1} X^{\mathrm{T}} y,$$
$$\bar{x} = \frac{1}{n} \sum_{i=1}^{n} x_i,$$
$$p(x) = \frac{1}{\sigma\sqrt{2\pi}} \mathrm{e}^{\frac{-(x-\mu)^2}{2\sigma^2}}.$$

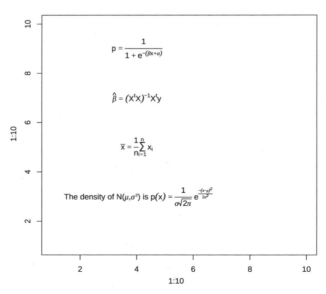

图 4.33 复杂数学公式在图形上的展示

注:

• 在 expression( ) 函数中通过拼接函数 paste( ) 在数学公式中插入字符串[1];

• 在 ggplot2 中有与 text() 类似的命令实现添加文本，并通过参数 parse=TRUE 实现 plotmath 表达式的解析，下面是一个相应的示例.

```
library(ggplot2)
p <- ggplot(data.frame(x = c(-3,3)), aes(x = x)) +
  stat_function(fun = dnorm)
p + annotate("text", x = 2, y = 0.3, parse = TRUE,
             label = "The~density~is~italic(p)(x)==
             frac(1, sqrt(2*pi))*e^{-x^2/2}")
```

为了能在表达式中代入某个变量的值，我们可以使用函数 substitute( ), bquote() 和 sprintf(). 例如，为了代入之前计算并储存在对象 Rsquared 中 R^2 的值 0.9856298, 且只显示 3 位小数, 我们可以使用下面的代码来实现:

```
Rsquared <- 0.9856298
substitute(R^2==r, list(r=round(Rsquared,3)))
bquote(R^2==.(r=round(Rsquared,3)))
sprintf("R^2= %.3f", r=round(Rsquared,3))
```

结合 text() 等函数，我们就可在图形中插入较为复杂且符合出版要求的高质量的数学公式和符号.

例 4.5.5 在同一个图中展示用三个函数实现数学公式中变量值的替换，并比较优劣.

• 在图的左侧展示 $(\xi, \eta) = (1, i+1), i = 1, 2, \ldots, 8$;

• 在图的右侧展示 $R^2 = 0.986$, 其中数字 0.986 是由变量 Rsquared 替代过来的.

```
library(latex2exp)
plot(1:10, type="n", xlab="", ylab="",
     main = "plot math & numbers")
```

---

[1] 函数 paste0(x) 等价于 paste(x, sep="").

```
for(i in 1:8)
    text(1,i+1, substitute(list(xi,eta) ==
                          group("(",list(x,y),")"),
                          list(x=1, y=i+1)), adj=c(0,0))

Rsquared <- 0.9856298
mtext(side=1, line=3, bquote(R^2 == .(r=round(Rsquared,3))))
text(6, 8, as.expression(substitute(italic(R)^2==r,
          list(r=round(Rsquared,3)))))
text(6, 6, sprintf("The determinant coefficient is R^2= %.3f",
          r=round(Rsquared,3)))
text(6, 5, bquote("The determinant coefficient is"~
          italic(R)^2==.(r=round(Rsquared,3))), col="blue")
text(6, 4, TeX(sprintf(r'(The determinant coefficient
          $\textit{R}^2=%.3f$)', r=round(Rsquared,3))), col="blue")
```

结果见图 4.34.

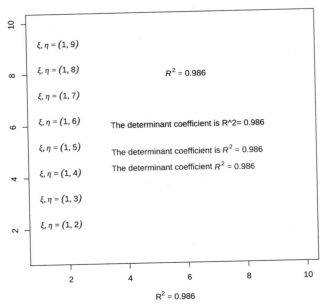

图 4.34　复杂数学公式与文本的结合

注: `sprintf()` 函数中涉及的数据公式可通过下面小节要讲的 `latex2exp` 程序包的 `TeX()` 函数来实现. 从实现的效果来看, `bquote()` 和 `TeX()` 更为方便, 推荐使用.

2. 使用 latex2exp 程序包

通过 latex2exp 程序包, 我们可以实现将 LATEX 数学公式转换为 plotmath 表达式, 从而更为方便地将数学符号与公式插入到标题、坐标标签、边框文本、图中文本和图例中, 基本的用法为

```
TeX(r("$expr$"))
```

其中双引号可用单引号代替, `expr` 可以是任何 TEX 表达式. 下面的代码对图 4.19 进行了修饰, 结果如图 4.35 所示.

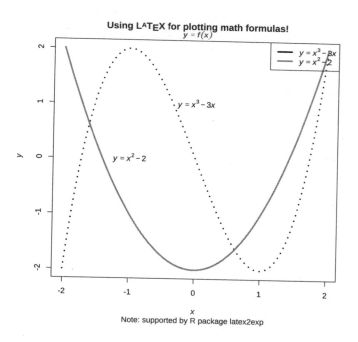

图 4.35 图形中插入数学公式

```
library(latex2exp)
par(mar=c(6,4,3,1))
curve(x^3 - 3*x, xlim=c(-2, 2), lwd=3, lty=3,
      xlab=TeX(r'($\textit{x}$)'),
```

```
            ylab=TeX(r'($\textit{y}$)'))
curve(x^2 - 2, add = TRUE, col = "violet", lwd=3)
title(main=TeX(r'(Using $\LaTeX$ for plotting math formulas!)',
                bold=TRUE, italic=FALSE),
      sub="Note: supported by R package latex2exp",
      col.main="blue", col.sub="blue")
text(0, 1, TeX(r'($\textit{y = x^3 - 3x}$)'))
text(-1, 0, TeX(r'($\textit{y = x^2 - 2}$)'))
mtext(side=3, TeX(r'($y=f(x)$)', bold=TRUE, italic=TRUE), col="red")
legend('topright', legend=c(TeX(r'($\textit{y = x^3 - 3x}$)'),
                            TeX(r'($\textit{y = x^2 - 2}$)')),
        lwd=3, col=c("black", "violet"))
```

更多符号可通过下面的命令查看.

```
latex2exp_supported(show=TRUE)
```

4.6   分幅绘图

一页多图是一种更有效的信息展示方式, 为此我们需要对绘图区域进行分割绘图. 根据分割方式的不同, 对绘图区域的分割包含等分分割与不等分分割两种.

4.6.1   等分分割

主要使用基础绘图系统中的 par() 函数通过调整 mfcol 或 mfrow 参数来实现对绘图区域的等分分割, 用法:

- mfrow=c(nr,nc): 分割绘图窗口为 nr 行 nc 列的矩阵布局, 按行次序使用各子窗口绘制图形;
- mfcol=c(nr,nc): 分割绘图窗口为 nr 行 nc 列的矩阵布局, 按列次序使用各子窗口绘制图形.

例如, 代码

```
par(mfrow=c(2,2))
for(i in 1:4){
  plot(1,1,xlab = '',ylab = '',type='n')
```

```
  text(1,1,i,cex = 2,font = 2)
}
par(mfrow=c(1,1))
```

给出了按行次序分割并绘制图形的示意图, 如图 4.36 所示.

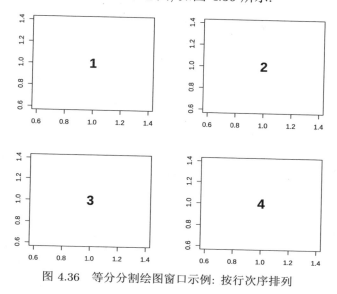

图 4.36 等分分割绘图窗口示例: 按行次序排列

代码

```
par(mfcol=c(2,2))
for(i in 1:4){
  plot(1,1,xlab = '',ylab = '',type='n')
  text(1,1,i,cex = 2,font = 2)
}
par(mfcol=c(1,1))
```

给出了按列次序分割并绘制图形的示意图, 如图 4.37 所示.

例 4.6.1 从标准正态分布中产生 1000 个随机数据 Z, 并按行顺序依次绘制标准正态分布的密度函数以及 Z 的直方图、核密度估计曲线、箱线图、QQ 图和时间序列图. 命令如下

```
par(mfrow = c(3, 2))
Z <- rnorm(1000)
```

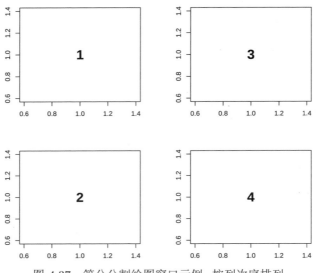

图 4.37   等分分割绘图窗口示例: 按列次序排列

```
curve(dnorm(x), xlim = c(-4,4))
hist(Z, main = "")
plot(density(Z), main = "")
boxplot(Z)
qqnorm(Z, main = "");
qqline(Z)
ts.plot(Z)
```

结果如图 4.38 所示.

4.6.2 不等分分割

这里我们介绍两个函数 layout() 和 split.screen(). 我们按下面的要求在一个绘图板上绘制三幅图:

- 两幅图的绘图区域等高;
- 图 1 绘图区域的宽是图 2 绘图区域宽的 2 倍;
- 图 2 位于图 1 的右下方, 而图 2 的左下方暂时不画图.

结果如图 4.39 所示.

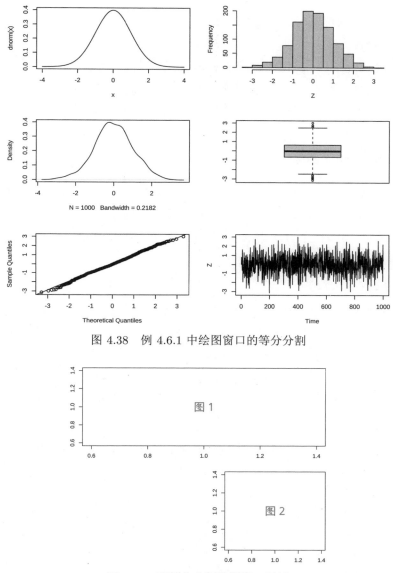

图 4.38　例 4.6.1 中绘图窗口的等分分割

图 4.39　不等分分割绘图窗口示例

1. 使用 layout() 函数

layout 函数的绘图原理: 把绘图区域均分成 $n \times n$ 的方格, 方格的名称为该方格所在图片的名称. 代码如下

```
layout(matrix(c(1,1,0,2), 2, 2, byrow = TRUE))
for(i in 1:2){
  plot(1,1,xlab = '',ylab = '',type='n')
  text(1,1,paste('图',i),cex = 2,font = 2,col='red')
}
```

2. 使用 split.screen() 函数

split.screen() 与 layout() 的主要区别在于分割的流程不同, layout() 对绘图区域进行一次划分, split.screen() 对绘图区域进行逐次划分: 先用命令 split.screen(c(2, 1)) 把绘图区域一分为二, 再用命令 split.screen(c(1, 2), screen = 2) 均分绘图区域 2, 完整的代码如下

```
split.screen(c(2, 1))
split.screen(c(1, 2), screen = 2)
screen(1)
plot(1,1,xlab = '',ylab = '',type='n')
text(1,1,paste('图',1),cex = 2,font = 2,col='red')
screen(4)
plot(1,1,xlab = '',ylab = '',type='n')
text(1,1,paste('图',2),cex = 2,font = 2,col='red')
close.screen(all = TRUE)
```

例 4.6.2   从标准正态分布中产生两个容量为 1000 的随机数序列, 并在同一个图上分别绘制它们的散点图和各自的直方图, 直方图放置在散点图的两侧. 命令如下

```
def.par <- par(no.readonly = TRUE)
x <- rnorm(100)
y <- rnorm(100)
xhist <- hist(x, breaks = seq(-4,4,0.5), plot = FALSE)
yhist <- hist(y, breaks = seq(-4,4,0.5), plot = FALSE)
top <- max(c(xhist$counts, yhist$counts))
xrange <- c(-4, 4)
yrange <- c(-4, 4)
```

```
nf <- layout(matrix(c(2,0,1,3),2,2,byrow = TRUE),
             c(3,1), c(1,3), TRUE)
layout.show(nf) # 查看画图区域及大小
par(mar = c(3,3,1,1))
plot(x, y, xlim = xrange, ylim = yrange, xlab = "", ylab = "")
rug(side=1, jitter(x, 6))
rug(side=2, jitter(y, 6))
par(mar = c(0,3,1,1))
barplot(xhist$counts, axes = FALSE,
        ylim = c(0, top), space = 0)
par(mar = c(3,0,1,1))
barplot(yhist$counts, axes = FALSE,
        xlim = c(0, top), space = 0, horiz = TRUE)
par(def.par)   # 恢复原始绘图参数
```

程序的前一部分给出三个作图区域 (见图 4.40), 窗口 1 为 3cm×3cm, 用于作出 x 与 y 的散点图; 窗口 2 为 3cm×1cm, 用于作出 x 的散点图; 窗口 3 为 1cm×3cm, 用于作出 y 的散点图, 最后得到图 4.41.

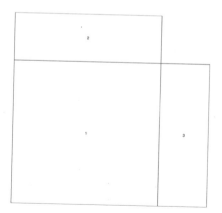

图 4.40　作图区域分割及位置

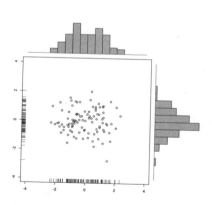

图 4.41　二维散点图及边际直方图

4.7   一个实例

这一小节我们仍以 R 的内嵌数据 Puromycin 来说明 R 中基本的绘图方法. Puromycin 的结构如下:

```
dim(Puromycin)
[1] 23  5

head(Puromycin)
  conc rate    state    iconc    sqrtconc
1 0.02   76 treated 50.000000 0.1414214
2 0.02   47 treated 50.000000 0.1414214
3 0.06   97 treated 16.666667 0.2449490
4 0.06  107 treated 16.666667 0.2449490
5 0.11  123 treated  9.090909 0.3316625
6 0.11  139 treated  9.090909 0.3316625
```

简单的散点图 (scatterplot)

对于状态 (state) 为 treated, 画出 rate 关于 conc 的散点图, 见图 4.42:

```
PuroA <- subset(Puromycin, state == "treated")
plot(rate ~ conc, data = PuroA)
```

图形美化/渲染

1) 选择合适的符号及其大小与颜色. 例如, 图 4.43 是由图 4.42 选用蓝色 (选项为 col=4 或 col="blue") 小三角形 (选项为 pch=2 或 pch="T") 得到的, 大小为默认值的 cex=2.5 倍, 其命令为:

```
plot(rate ~ conc, data = PuroA, pch = 2,
    col = 4, cex = 2.5)
```

2) 坐标轴与标题设定. 命令

```
plot(rate ~ conc, data = PuroA, pch = 2, col = 4,
    cex = 2.5,  xlim = c(0, 1.2), ylim = c(40, 210),
    ylab = "Concentration",
```

```
     xlab = "Rate", cex.lab = 2)
title(main = "Puromycin", cex.main = 3)
```

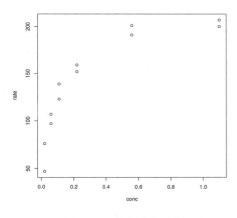

图 4.42 简单的散点图

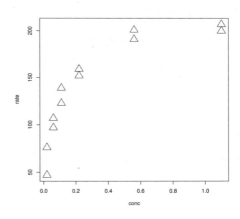

图 4.43 使用彩色符号的散点图

得到图 4.44, 做的工作有:

- 限定 x 轴范围为 0 到 1.2, y 轴范围为 40 到 210;
- x 轴标为"Rate", y 轴标为"Concentration";
- 规定坐标轴标签大小 (cex.lab=2).

主图添线

1) 连接数据点. 命令

```
library(doBy)  # 需要先安装
PuroA.mean <- summaryBy(rate ~ conc, data = PuroA,
                        FUN = mean)
plot(rate ~ conc, data = PuroA, pch = 16, col = 4,
     cex = 1.5)
points(mean.rate ~ conc, data = PuroA.mean, col = "cyan",
       lwd = 10, pch = "x")
lines(mean.rate ~ conc, data = PuroA.mean, col = "blue")
```

得到图 4.45, 做的工作有:

- 使用 doBy 包的函数 summaryBy() 计算每一浓度 (concentration) 处的平均值;
- 在每一浓度的平均值处作点;
- 用直线连接这些点.

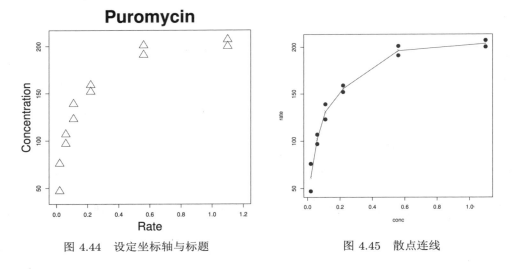

图 4.44　设定坐标轴与标题　　　　　　图 4.45　散点连线

2) 添加局部多项式拟合线. 函数 locfit( ) 由局部多项式包 locfit 提供 (需要安装), 其参数 nn 为光滑化参数, 用于指明曲线的光滑程度; 参数 deg 指明所使用的局部光滑的多项式的次数. 下面的命令给出了两条光滑线 (见图 4.46):

```
plot(rate ~ conc, data = PuroA)
smooth1 <- with(PuroA, lowess(rate ~ conc, f = 0.9))
smooth2 <- with(PuroA, lowess(rate ~ conc, f = 0.3))
lines(smooth1, col = "red")
lines(smooth2, col = "blue")
```

3) 添加多项式拟合线. 下面的命令给出了一次、二次和三次多项式拟合 (见图 4.47):

```
m1 <- lm(rate ~ conc, data = PuroA)
m2 <- lm(rate ~ conc + I(conc^2), data = PuroA)
m3 <- lm(rate ~ conc + I(conc^2) + I(conc^3),
         data = PuroA)
lines(fitted(m1) ~ conc, data = PuroA, col = "red")
```

```
lines(fitted(m2) ~ conc, data = PuroA, col = "blue")
lines(fitted(m3) ~ conc, data = PuroA, col = "cyan")
```

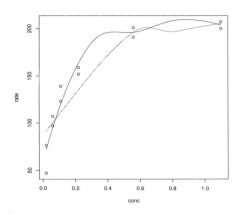

图 4.46　添加两条光滑线

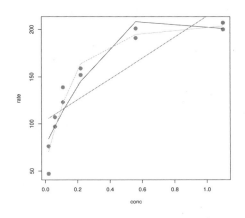

图 4.47　添加三条拟合线

4) 添加参考线. 函数 abline( ) 可用于产生
- 回归直线: abline(lm(...));
- 直线 (给定截距与斜率): abline(a,b);
- 垂直线: abline(v=a);
- 水平线: abline(h=b).

命令

```
plot(rate ~ conc, data = PuroA)
abline(lm(rate ~ conc, data = PuroA))
abline(a = 100, b = 105, col = "blue")
abline(h = 200, col = "red")
abline(v = 0.6, col = "green")
```

产生图 4.48.

图形的叠加

1) 两个散点图的叠加. 下面的命令将 Puromycin 中变量 rate 与 conc 之间的关系按 state 的两个值分别画出散点图. 对于"treated"使用符号 1 和颜色 1, 对于

"untreated"使用符号 2 和颜色 2(见图 4.49), 命令为:

```
mysymb <- c(1, 2)[Puromycin$state]
plot(rate ~ conc, data = Puromycin, col = mysymb,
    pch = mysymb)
```

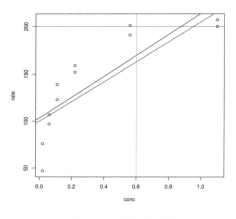

图 4.48   添加参考线

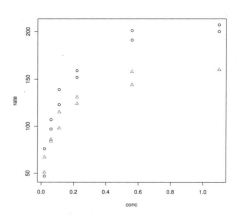

图 4.49   两个图形的叠加

再对每一 state 在散点图上添加局部多项式光滑线, 产生图 4.50, 命令为:

```
PuroB <- subset(Puromycin, state == "untreated")
smoothA <- locfit(rate ~ lp(conc, nn = 1, deg = 1),
                data = PuroA)
smoothB <- locfit(rate ~ lp(conc, nn = 1, deg = 1),
                data = PuroB)
plot(rate ~ conc, data = Puromycin, col = mysymb,
    pch = mysymb)
lines(smoothA, lty = 1)
lines(smoothB, lty = 3)
```

2) 添加图例 (legend). 图 4.51 是在图 4.50 的基础上在 (x, y) = (0.6, 100) 处添加了图例, 其命令为:

```
plot(rate ~ conc, data = Puromycin,
    col = c(1, 2)[state], pch = c(1, 2)[state])
```

```
legend(x = 0.6, y = 100,
       legend = c("treated", "untreated"),
       col = c(1, 2), pch = c(1, 2), lty = c(1, 3))
```

注: 使用 locator(1) 代替 legend( ) 中的位置选项 x=, y= 可通过鼠标找到合适的位置放置图例.

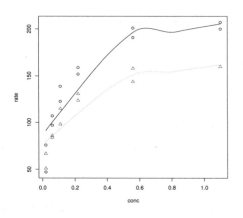 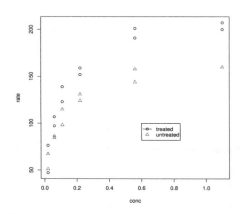

图 4.50 添加光滑线的图形叠加   图 4.51 添加图例的图形叠加

作并列图

使用选项 mfrow (按行排列) 或 mfcol (按列排列) 可以完成在同一个窗口中画多个图形, 其格式为 par(mfrow = c(m, n)) 和 par(mfcol = c(m, n)), 它表示将当前的窗口按行或按列分割为 $m \times n$ 个窗口. 例如, 要在同一个窗口中作出与 state 的两个值对应的两个散点图 (见图 4.52), 命令如下:

```
windows(width = 7, height = 3.5)
par(mfrow = c(1, 2))
plot(rate ~ conc, data = PuroA)
title("state=treated")
plot(rate ~ conc, data = PuroB)
title("state=untreated")
```

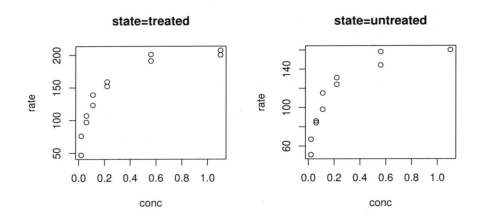

图 4.52   同一窗口的两个并列散点图

习题

练习 4.1   从二项分布 binom($n = 20, p = 0.2$) 中产生一个容量为 1000 的随机样本 y, 试完成下列工作:

    1) 得到样本 y 取值的频数表, 并转换为频率表;

    2) 绘制分布 binom($n = 20, p = 0.2$) 的概率图;

    3) 在上面的图上叠加 y 不同取值下的频率值.

练习 4.2   从形状参数和刻度参数均为 1 的韦布尔分布中产生容量为 1000 的随机样本 y,

    1) 画出正态分布的 QQ 图和 qqline, 说明 y 是否来自正态分布;

    2) 画出韦布尔分布的 QQ 图和 qqline, 说明 y 是否来自韦布尔分布.

练习 4.3   从对数正态分布 LN($\mu = 3, \sigma = 1$) 中产生容量为 1000 的随机样本 y, 并按行顺序在 2×2 的四个等分区域中依次绘制分布的密度函数以及 y 的直方图、箱线图和 QQ 图.

练习 4.4   从混合正态分布 $0.3 * N(0,1) + 0.7 * N(3, (1/2)^2)$ 中产生容量为 1000 的样本 y, 并在同一图上绘制

    1) 样本 y 的频率直方图 (选择适当的小区间数);

    2) 标准正态分布 $N(0,1)$ 的密度函数;

3) 正态分布 $N(3, (1/2)^2)$ 的密度函数;

4) 混合正态分布 $0.3 * N(0, 1) + 0.7 * N(3, (1/2)^2)$ 的密度函数;

5) 添加三个密度函数的图例.

练习 4.5 基础程序包 datasets 中的数据集 cars 给出了汽车的速度 speed(单位: km/h) 和刹车后滑行的距离 dist(单位: km), 试在同一图上绘制:

1) dist 对 speed 的散点图;

2) dist 对 speed 的线性回归线;

3) 局部加权多项式拟合线 (用函数 lowess());

4) 在适当的位置添加回归拟合的决定系数 R^2, 表达式要求用 TeX 显示.

练习 4.6 用函数 boxplot() 绘制 iris 数据集中的 Sepal.Length 对 Species 的分组箱线图, 其中颜色参数 col 用 heat.color() 取色.

练习 4.7 基础程序包中的数据集 VADeaths 给出了 1940 年美国弗吉尼亚州每 1000 个高龄老人中的平均死亡人数, 数据分为 5 个年龄组: $50-54$, $55-59$, $60-64$, $65-69$, $70-74$, 人群分为四类: Rural Male(农村男性), Rural Female(农村女性), Urban Male(城市男性), Urban Female(城市女性). 试用 barplot() 函数对不同年龄组及人群进行可视化比较. 要求:

1) 用参数 beside=TURE 绘制不同人群的并置条形图;

2) 用参数 beside=FALSE(默认) 绘制不同人群的堆叠条形图.

练习 4.8 参照例 4.6.2, 针对数据集 cars, 在同一个图上分别绘制 dist 对 speed 的散点图、rug 图和各自的直方图, 直方图放置在散点图的两侧.

练习 4.9 参照例 4.6.2 和习题 4.8, 在同一个图上分别绘制 dist 对 speed 的散点图、rug 图和各自的箱线图, 箱线图放置在散点图的两侧.

练习 4.10 针对数据集 cars, 复现下面的代码:

```
library(car)
scatterplot(cars$dist ~ cars$speed, lwd=2,
    main="Scatter Plot of dist vs. speed",
    xlab="Speed (mph)",
    ylab="Stopping distance (ft)",
    boxplots="xy")
rug(side=1, jitter(cars$speed, 5))
```

```
rug(side=2, jitter(cars$dist, 20))
```

并与习题 4.8 做比较.

练习 4.11　程序包 corrgram 是一个用于对多个变量之间相关程度进行可视化的工具. 试对 mtcars 数据集, 用函数 corrgram() 中的选项 lower.panel=panel.shade 和 upper.panel=panel.pie 实现各变量之间相关程度的可视化.

练习 4.12　程序包 corrplot 是另一个功能更为强大的相关图绘制工具, 通过函数 corrplot() 中的参数 method, order, lower 和 upper 可显示比程序包 corrgram 更多的信息. 试复现并理解下面的代码

```
library(corrplot)
M <- cor(mtcars)
# 图 a
corrplot(M, method="pie")
# 图 b
corrplot(M, method="number")
# 图 c
corrplot.mixed(M, lower="ellipse", upper="circle")
# 图 d
corrplot(M, order="hclust", addrect=2, col=COL2(n=10))
# 图 e
res1 <- cor.mtest(mtcars, conf.level = 0.95)
corrplot(M, p.mat = res1[[1]], sig.level=0.05)
# 图 f
corrplot(M, p.mat = res1[[1]],
         insig = "p-value", sig.level=0.05)
```

第 5 章

R 数据可视化进阶

本 章 概 要

- lattice 绘图系统
- ggplot2 绘图系统
- 3D 可视化
- 交互式绘图包
- R 中的仪表盘

5.1　lattice 绘图系统

lattice 程序包是由 Deepayan Sarkar(2008) 基于 grid 绘图引擎 (由 grid 程序包实现) 通过格子图形学 (trellis graphics) 所开发的一套绘图系统, 它与传统的 graphics 包并不兼容, 即 graphics 程序包中的命令对 lattice 程序包中的绘图命令不起作用.

lattice 程序包的主要特点有:

1) lattice 程序包适用于一维与多维数据的可视化, 但开发此程序包的目的是加强多维 (特别是二维) 数据的可视化;

2) 基于 trellis 图可清晰展示一维变量的分布或多维变量之间的关系, 并通过条件变量和分组变量进行同类图形的比较;

3) 通过不同的图形类型实现常用统计图形的绘制:

- 一维: 点图, 核密度估计图, 直方图, 条形图, 箱线图
- 二维: 散点图, 带图, 并列箱线图
- 三维: 3D 图, 散点图矩阵;

4) lattice 主要通过高水平绘图函数实现丰富多彩的图形呈现;

5) 不同的高水平绘图函数共享一些参数, 免除许多类似 graphics 基础包中个性

化定制带来的劳累;

6) 通过 panel 函数有效拓展了 lattice 包的个性定制功能.

5.1.1　lattice 程序包常用的绘图函数

下面通过 mtcars 数据集展示 lattice 程序包中的常用统计绘图函数, 见表 5.1, 这些函数基本的命令格式为

```
graph_function(formula, data=, options)
```

表 5.1　lattice 绘图函数与公式示例

类型	函数	公式示例
3D 等高线图	contourplot()	z ~ x^* y
3D 水平图	levelplot()	z ~ y^* x
3D 散点图	cloud()	z ~ x^* y | A
3D 网格图	wireframe()	z ~ y^* x
条形图	barchart()	x ~ A 或 A ~ x
箱线图	bwplot()	x ~ A 或 A ~ x
点图	dotplot()	~ x | A
直方图	histogram()	~ x
核密度图	densityplot()	~ x | A^* ~ B
平行坐标图	parallel()	dataframe
散点图	xyplot()	y ~ x | A
散点图矩阵	splom()	dataframe
带状图	stripplot()	A ~ x 或 x ~ A

- 示例 1: 核密度估计图 (图5.1).

```
library(lattice)
attach(mtcars)
gear <- factor(gear,
  levels = c(3, 4, 5),
  labels = c("3 gears",
            "4 gears", "5 gears"))
cyl <- factor(cyl, levels = c(4, 6, 8),
  labels = c("4 cylinders",
```

```
                "6 cylinders", "8 cylinders"))
densityplot(~mpg,
    main = "Density Plot",
    xlab = "Miles per Gallon")
```

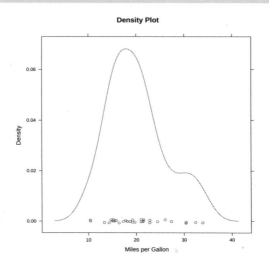

图 5.1 核密度估计图

- 示例 2: 引入条件变量实现核密度估计图并置 (图 5.2).

```
densityplot(~mpg | cyl,
    main = "Density Plot
      by Number of Cylinders",
    xlab = "Miles per Gallon")
```

- 示例 3: 带条件变量的箱线图 (图 5.3).

```
bwplot(cyl ~ mpg | gear,
    main = "Box Plots by
      Cylinders and Gears",
    xlab = "Miles per Gallon",
    ylab = "Cylinders")
```

- 示例 4: 带两个条件变量的二维散点图 (图5.4).

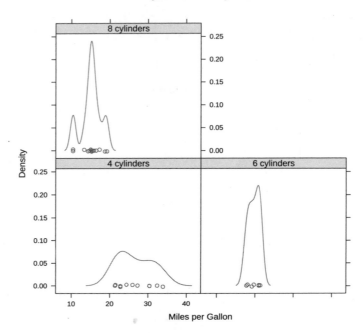

图 5.2   带条件变量的核密度估计图

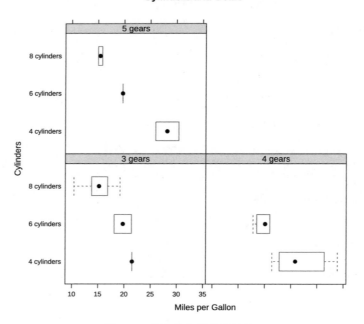

图 5.3   带条件变量的箱线图

```
xyplot(mpg ~ wt | cyl * gear,

    main = "Scatter Plots

      by Cylinders and Gears",

    xlab = "Car Weight",

    ylab = "Miles per Gallon")
```

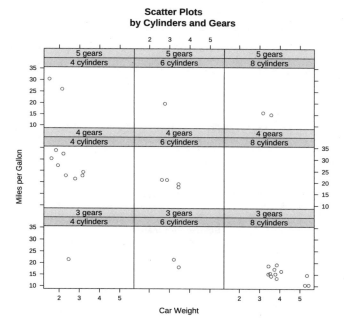

图 5.4 带条件变量的二维散点图

• 示例 5: 带条件变量的三维散点图 (图 5.5).

```
cloud(mpg ~ wt * qsec | cyl,

    main = "3D Scatter Plots

      by Cylinders")
```

• 示例 6: 散点图矩阵 (图 5.6).

```
splom(mtcars[c(1, 3, 4, 5, 6)],

    main = "Scatter Plot Matrix

      for mtcars Data")
```

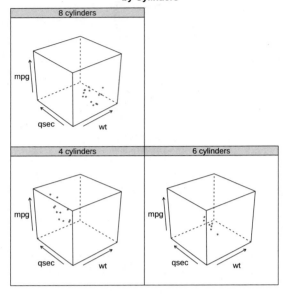

图 5.5　带条件变量的三维散点图

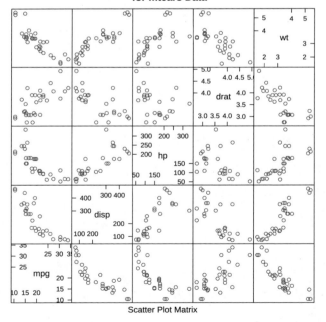

图 5.6　带条件变量的散点图矩阵

5.1.2 lattice 程序包的面板函数

面板函数 (panel function) 的主要功能包括:

- panel 函数相当于 R 基础包 graphics 中的低水平函数;
- panel 函数可以应用于 lattice 的高水平函数上 (例如 xyplot() 函数);
- 通过 panel 函数 (代替默认的) 可灵活地设计出需要的输出图形;
- panel 函数可以自定义.

此外, 我们还可以一次性绘制多个图形.

1) 通过引入条件变量 (因子变量), 实现多个图形的并置. 对于连续变量, 可通过 equal.count 命令将其转换为条件变量;

2) 通过引入分组变量实现多个图形的叠加.

下面再通过一些具体的示例展示条件变量与分组变量在 lattice 中的作用.

- 带面板函数示例 1 (图5.7): 自定义 panel 函数 mypanel() 和由连续变量转换的条件变量 displacement.

```
displacement <- equal.count(mtcars$disp,
    number = 3, overlap = 0)
mypanel <- function(x, y) {
    panel.xyplot(x, y, pch = 19)
    panel.rug(x, y)
    panel.grid(h = -1, v = -1)
    panel.lmline(x, y, col = "red",
                 lwd = 1, lty = 2)
}
xyplot(mpg ~ wt | displacement,
    data = mtcars, layout = c(3, 1),
    aspect = 1.5,
    main = "Miles per Gallon
      vs. Weight by Engine Displacement",
    xlab = "Weight",
    ylab = "Miles per Gallon",
    panel = mypanel)
```

- 带面板函数示例 2 (图5.8).

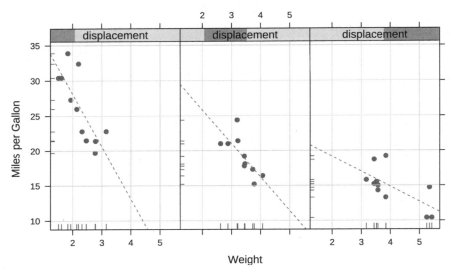

图 5.7   带面板函数示例 1

```
mtcars$transmission <- factor(mtcars$am,
    levels = c(0, 1),
    labels = c("Automatic", "Manual"))
panel.smoother <- function(x, y) {
    panel.grid(h = -1, v = -1)
    panel.xyplot(x, y)
    panel.loess(x, y)
    panel.abline(h = mean(y),
                 lwd = 2, lty = 2,
                 col = "green")
}
xyplot(mpg ~ disp | transmission,
    data = mtcars,
    scales = list(cex = 0.8,
                  col = "red"),
    panel = panel.smoother,
```

```
    xlab = "Displacement",

    ylab = "Miles per Gallon",

    main = "MGP vs Displacement

       by Transmission Type",

    sub = "Dotted lines are Group Means",

    aspect = 1)
```

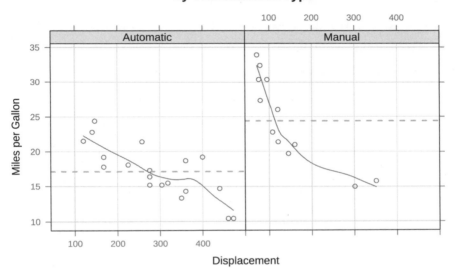

**MGP vs Displacement
by Transmission Type**

Dotted Lines are Group Means

图 5.8 带面板函数示例 2

- 带一个分组变量 transmission 的密度图 (图5.9).

```
mtcars$transmission <- factor(
    mtcars$am, levels = c(0, 1),
    labels = c("Automatic", "Manual"))
colors = c("red", "blue")
lines = c(1, 2)
points = c(16, 17)
key.trans <- list(title = "Trasmission",
    space = "bottom", columns = 2,
```

```
    text = list(levels(mtcars$transmission)),
    points = list(pch = points, col = colors),
    lines = list(col = colors, lty = lines),
    cex.title = 1, cex = 0.9)
densityplot(~mpg, data = mtcars,
    group = transmission,
    main = "MPG Distribution by Transmission Type",
    xlab = "Miles per Gallon",
    pch = points, lty = lines,
    col = colors, lwd = 2,
    jitter = 0.005, key = key.trans)
```

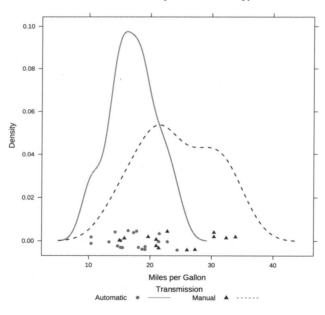

图 5.9   带分组变量的密度图

• 带两个条件变量 Type 和 Treatment 与一个分组变量 Plant 的散点图
(图5.10).

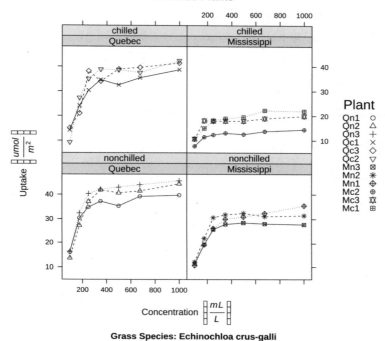

图 5.10 带两个条件变量与一个分组变量的散点图

```
colors <- "darkgreen"
symbols <- c(1:12)
linetype <- c(1:3)
key.species <- list(title = "Plant",
    space = "right",
    text = list(levels(CO2$Plant)),
    points = list(pch = symbols, col = colors))
xyplot(uptake ~ conc |
    Type * Treatment, data = CO2,
    group = Plant, type = "o",
    pch = symbols, col = colors, lty = linetype,
    main = "Carbon Dioxide Uptake \nin Grass Plants",
    ylab = expression(paste("Uptake ",
```

```
        bgroup("(", italic(frac("umol", "m"^2)), ")")))),
    xlab = expression(paste("Concentration ",
        bgroup("(", italic(frac(mL, L)), ")")))),
    sub = "Grass Species: Echinochloa crus-galli",
    key = key.species)
```

5.2   ggplot2 绘图系统

5.2.1   ggplot2 概述

　　ggplot2 是 R 语言最流行的第三方扩展包, 是 RStudio 首席科学家 Hadley Wickham 读博期间的作品, 是 R 相比其他语言一个独领风骚的特点, 在 CRAN 中的下载量达到了惊人的 9.5 万左右, 名列前茅. ggplot2 中的"gg"是 grammar of graphics 的简称, 它是一套优雅的绘图语法. 加上基于 ggplot2 不断涌现的扩展包 (大部分命名以 gg 开始) 进一步拓展了 ggplot2 的功能, 这些扩展包主要体现在有针对性的定制上, 目前有 120 多个, 详见 ggplot2 的拓展库 (extension gallery), 如 ggtheme(主题), ggalt(ggplot2 在多个要素上的补充)、ggrepel(标签)、gganimation(动画)、ggforce(饼图)、ggradar(雷达图)、ggigraph(html 交互图)、ggtree(树状图)、geomnet(网格关系图)、ggTimeSeries(时间序列)、ggpubr(期刊出版)、ggmap(地图可视化)、ggcoorrplot(相关图矩阵)、ggstatsplot(带标的统计图)、GGally(多种常用图汇总)、patchwork(多图组合)、plotROC(ROC 曲线)、survminer(生成分析图) 等.

　　由于其在 R 新生态中的重要地位, 我们将重要讲解 ggplot2.

5.2.2   ggplot2 的思想与特点

　　Hadley Wickham 将这套语法诠释如下: 一个统计图形就是从数据 (data) 到几何对象 (geometric object, 缩写为 geom, 包括点、线、条等) 的图形属性 (aesthetic attributes, 缩写为 aes, 包括颜色、形状、大小等) 的一个映射. 此外, 图形中还可能包含数据的统计变换 (statistical transformation, 缩写为 stats), 最后绘制在某个特定的坐标系 (coordinate system, 缩写为 coord) 中, 而分面 (facet, 指将绘图窗口划分为若干个子窗口) 则可以用来生成数据不同子集的图形.

　　以一批连续取值的数据的直方图绘制为例, 整个绘制过程可分解为:

　　1) 要先定义清楚需要几个分组或者每个分组的区间, 根据分组定义统计量落在

这个分组里的个数, 这个步骤就把 `data` 变为 `stats`;

2) 然后, 需要选定表达数据的几何对象, 这个步骤就是选 geom;

3) geom 有一堆属性需要设定, 比如 x、y、颜色等, 称为 aes, 哪个 aes 由哪个 stats 指定, 需要指定一个映射关系 (mapping), 即指定谁对谁;

4) 知道谁对谁后, 还需要知道怎么个对法, 需要由 `scale` 决定, 比如 stats 的 color 字段取值为 1 应该对到什么颜色上, 取值为 2 应该对到什么颜色上;

5) 这些完成了以后, 统计图形的主体部分就成形了, 但是假如我们希望在直方图上, 再画一个概率密度曲线图, 就要用到 ggplot2 的图层 (layer). 一个统计图形可以拥有多个图层, 每个图层叠加起来形成我们要的效果;

6) 接下来, 再选定一个坐标系统 (coord), 一张统计图形就做好了;

7) 假如我们有多组数据, 每组数据都要按照相同的方法画一张图, 每张图重复敲代码很烦琐, 就可以使用分面 (facet) 快速绘制多张统计图形.

ggplot2 相比其他绘图系统有如下几个特性:

1) 采用图层的设计方式, 有利于结构化思维;

2) 将表征数据和图形细节分开, 能快速将图形表现出来, 使创造性绘图更加容易, 而不必纠结于图形的细节, 细节可以后期慢慢调整;

3) 将常见的统计变换融入绘图中;

4) 有明确的起始 (ggplot 开始) 与终止 (一句话一个图层), 图层之间的叠加是靠 "+" 实现的, 越往后, 其图层越在上方;

5) 图形美观, 扩展包丰富, 有专门调整字体和公式的包, 有专门调整颜色的包, 还有专门用按钮辅助调整主题的包, 应有尽有.

因此 ggplot2 是一套面向数据的标准化绘图系统, 做到绘图流程只与数据有关, 数据相关绘图与数据无关绘图分离, 从而可做到绘图时所思即所见, 非常优雅高效.

5.2.3 ggplot2 的绘图流程与基本函数

如上所述, 整个绘图过程涉及数据 (data) 与映射 (mapping)、几何对象 (geometrics)、标尺 (scale)、统计变换 (statistics)、坐标系统 (coordinate)、图层 (layer)、分面 (facet)、主题 (theme)、图例 (legend) 和美化 (beautify) 等要素, 并通过如图 5.11 所示, 完成绘图. 对应的 ggplot2 命令可概括为

```
ggplot(data, aes(x = , y = )) +    #基础图层, 不出现任何图形元素
  geom_xxx()|stat_xxx() +    # 几何图层或统计变换, 出现图形元素
```

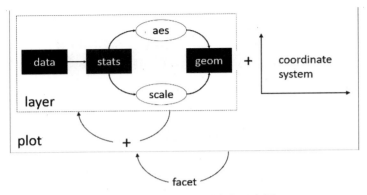

图 5.11　ggplot2 绘图流程示意图

```
coord_xxx() +    # 坐标变换，默认笛卡儿坐标系
scale_xxx() +    # 调整具体的标尺
facet_xxx() +    # 分面，将其中一个变量进行分面变换
guides() +       # 图例调整
theme()          # 主题系统
```

其中 aes 参数用来指定要映射的变量, 可以是多个变量; data 参数表示指定数据源, 必须是 data.frame 格式, 其坐标轴变量 (x 轴和 y 轴) 最好宽转长.

　　ggplot2 将这些绘图要素通过相应的函数贯穿到整个流程中, 如下面的框架图 5.12 所示.

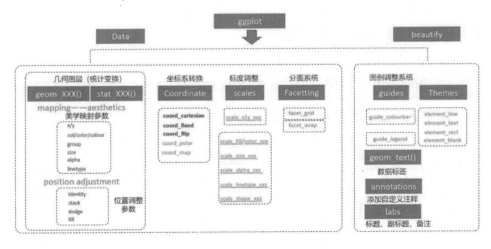

图 5.12　ggplot2 的绘图框架

5.2.4 ggplot2 的入门函数 qplot()

Hadley Wickham 为 ggplot2 的初学者设计了一个 qplot() 函数, qplot 即 quick plot(快速作图)[1], 顾名思义, 能快速对数据进行可视化分析. 它的用法和 R base 包的 plot 函数很相似, 主要让用户在不知不觉中体会与学会 ggplot2. qplot() 函数的结构如下

```
qplot(x, y = NULL, ..., data, facets = NULL,
    margins = FALSE, geom = "auto", stat = list(NULL),
    position = list(NULL), xlim = c(NA, NA),
    ylim = c(NA, NA), log = "", main = NULL,
    xlab = deparse(substitute(x)),
    ylab = deparse(substitute(y)), asp = NA)
```

其中的主要参数说明如下. facets 为图形的分面参数, 它把数据按某种规则进行分类, 每一类数据作一个图形, 所以最终效果就是一页多图; margins 表示是否显示边界; geom 设定图形的几何类型. ggplot2 用几何类型表示图形类别, 比如 point 表示散点图、line 表示曲线图、bar 表示柱形图等; stat 表示统计类型 (statistics), 直接将数据统计和图形结合在一起; position 对图形或者数据的位置调整; xlim, ylim, xlab, ylab, asp 与 plot 函数的相应参数类似.

下面我们用钻石 (diamond) 数据举例说明 qplot() 函数的使用方法, 并与经典的 plot() 函数做比较. 更多的绘图要求的说明与示例将在后面一节中叙述. 钻石数据有 10 个变量 (列), 每个变量有 53940 个测量值 (行). 第一列为钻石的克拉数 (carat), 为数值型数据; 第二列为钻石的切工 (cut) 好坏, 为因子类型数据, 有 5 个水平; 第三列为钻石颜色 (color), 等等. 我们主要考查钻石克拉和价格的关系, 由于数据太多, 我们只取前 7 列的 100 个随机观测值.

```
set.seed(1000)
datax<- diamonds[sample(53940, 100), seq(1,7)]
```

1) 分别用 plot() 和 qplot() 函数画出钻石克拉对价格的散点图 (图 5.13 和图 5.14);

---

[1]等价地也可用 quickplot(), 自 ggplot2 3.4 后, 此函数不建议使用, 目的是鼓励用户学习和使用 ggplot() 函数.

```
plot(x=datax$carat, y=datax$price,
    xlab="Carat", ylab="Price",
    main="plot function")
qplot(x=carat, y=price, data=datax,
    xlab="Carat", ylab="Price",
    main="qplot function")
```

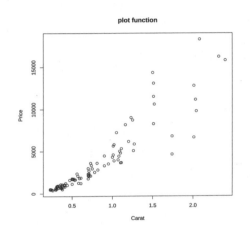

图 5.13　钻石克拉对价格的散点图:
plot() 函数

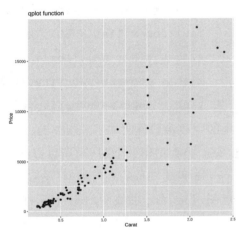

图 5.14　钻石克拉对价格的散点图:
qplot() 函数

2) 分别用 plot() 和 qplot() 函数按切工进行分类画出钻石克拉对价格的散点图
(图 5.15 和图 5.16);

```
plot(x=datax$carat, y=datax$price,
    xlab="Carat", ylab="Price",
    main="plot function", type='n')
cut.levels <- levels(datax$cut)
cut.n <- length(cut.levels)
for(i in seq(1,cut.n)){
  subdatax <- datax[datax$cut==cut.levels[i], ]
  points(x=subdatax$carat, y=subdatax$price,
        col=i, pch=i)
}
```

```
legend("topleft", legend=cut.levels,
       col=seq(1,cut.n), pch=seq(1,cut.n),
       box.col="transparent", cex=0.8)
qplot(x=carat, y=price, data=datax,
      color=cut, shape=cut,
      main="qplot function")
```

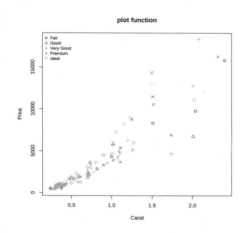

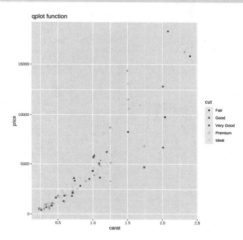

图 5.15　钻石克拉对价格的分类散点
图: plot() 函数

图 5.16　钻石克拉对价格的分类散点
图: qplot() 函数

可以看出 plot() 函数相比 qplot() 函数的处理要复杂得多.

3) 用 qplot() 函数画出钻石克拉对价格的散点图和连线图 (图5.17);

```
qplot(x=carat, y=price, data=datax, color=cut,
      geom=c("line", "point"),
      main="geom=c(\"line\", \"point\")")
```

4) 用 qplot() 函数画出四个图: 钻石克拉对价格的平滑曲线 (smooth)、按切工进
行分类的价格的箱线图 (boxplot)、价格的直方图 (histogram) 和概率密度图 (density)
(图 5.18－图 5.21).

```
# par(mfrow=c(2,2))
set.seed(100)
dms500 <- diamonds[sample(nrow(diamonds),500),]
qplot(carat, price, data = dms500, color=cut,
```

```
        geom = "smooth", main = "smooth")
qplot(cut, price, data = dms500, fill=cut,
        geom = "boxplot", main = "boxplot")
qplot(price, data = dms500, fill=cut,
        geom = "histogram", main = "histogram")
qplot(price, data = dms500, color=cut,
        geom = "density", main = "density")
```

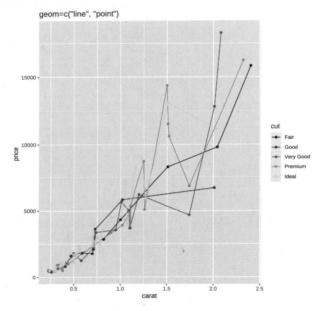

图 5.17　钻石克拉对价格的散点图和连线图 (彩图见书末)

5.2.5　ggplot2 绘图的要素与示例

下面我们以上述绘图要素为主线, 使用经典的 mtcars 和 diamonds 数据集通过一些具体的示例展示 ggplot2 的绘图理念, 即

Plot(图)= data(数据集)+ aesthetics(美学映射)+ geometry(几何对象)

1. 数据 (data) 与映射 (aesthetics mapping)

- 图形属性: 每个几何对象都有自己的属性, 这些属性的取值需要通过数据提供. 数据与图形属性之间的映射关系 (mapping) 在 ggplot2 中用 aes() 实现. 任意

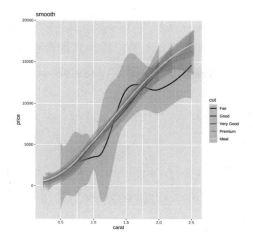

图 5.18　钻石克拉对价格的平滑曲线

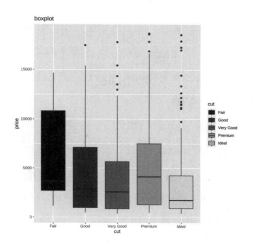

图 5.19　按切工进行分类的价格的箱线图

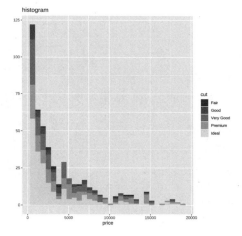

图 5.20　价格的直方图

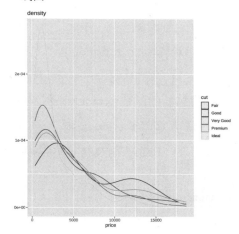

图 5.21　价格的概率密度图

一项图形属性都可以用数据的某一个变量来表示. 常见的图形属性有: x, y, size, color, group;

• 数据: 用于绘制图形的数据;

• 映射: aes() 函数是 ggplot2 中的映射函数, 所谓的映射即为数据集中的数据关联到相应的图形属性 (aesthetic attribute) 过程中的一种对应关系, 图形的颜色、形状、分组等都可以通过数据集中的变量映射到图形中.

映射分为共性映射与个性映射. ggplot() 是 ggplot2 的主函数, 其最简单的形式为

```
ggplot(data = NULL, mapping = aes())
```

此函数内有 data, mapping 两个参数, 具有全局优先级 (其中的参数为共性参数), 可
以被之后的所有 geom_xxx() 或 stat_xxx() 函数所继承 (前提是 geom 或 stat 未
指定相关参数).

```
geom_xxx(data = NULL, mapping = aes())
stat_xxx(data = NULL, mapping = aes())
```

geom_xxx() 或 stat_xxx() 函数内的参数属于局部参数 (或称为个性参数), 仅仅作
用于内部. 为了避免混乱, 通常将共性映射的参数指定在 ggplot(aes()) 内部, 将
个性映射的参数指定在 geom_xxx(aes()) 或 stat_xxx(aes()) 内部.

例 5.2.1　数据与映射示例.

- 使用 diamonds 的数据子集作为绘图数据, 克拉 (carat) 数为 x 轴变量, 价格
(price) 为 y 轴变量.

```
p <- ggplot(data = dms500,
            mapping = aes(x = carat, y = price))
```

- 将钻石的颜色（color）映射到颜色属性, 再绘制散点图, 结果如图 5.22 所示.

```
p <- ggplot(data = dms500,
            mapping=aes(x=carat, y=price,
                        shape=cut, colour=color))
p + geom_point()
```

- 将钻石的切工（cut）映射到形状属性, 再绘制散点图, 结果如图 5.23 所示.

```
p <- ggplot(data = dms500,
            mapping=aes(x=carat, y=price, shape=cut))
p + geom_point()
```

- 将钻石的切工（cut）映射到分组属性, 再绘制箱线图, 结果与图 5.19 一样.

```
p1 <- ggplot(data = dms500,
            mapping=aes(x=carat, y=price,
                        fill=cut, group=factor(cut)))
p1 + geom_boxplot()
```

- 不同的几何对象要求的属性可能不同, 这时就可以在几何对象映射时提供相

应的属性. 下面的语句与上面的等价.

```
ggplot(data = dms500) +
  geom_point(aes(x=carat, y=price, colour=color, shape=cut))
ggplot(data = dms500) +
  geom_point(aes(x=carat, y=price, shape=cut))
ggplot(data = dms500) +
  geom_boxplot(aes(x=carat, y=price, group=factor(cut)))
```

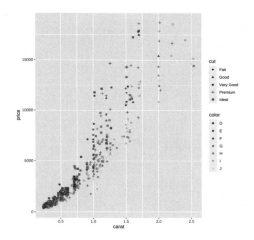

图 5.22   散点图: 颜色（color）映射到
颜色属性

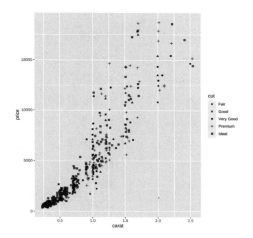

图 5.23   散点图: 切工（cut）映射到形
状属性

2. 几何对象 (geom)

• 绘制几何对象就是选择什么几何图形来展示这组数据, 如下一小节所示, gg-plot2 提供了众多的几何对象函数 geom_xxx() 供我们选择;

• 绘制几何对象需要解决一个问题, 即相同数据的几何对象位置相同, 是放在一个位置相互覆盖还是用别的排列方式. 函数 geom_xxx() 有一个 position 选项, 用于指定如何在空间内布置相同取值的集合对象, 可用选项包括:

  • dodge: 并排模式;

  • fill: 堆叠模式, 并归一化为相同的高度;

  • stack: 纯粹的堆叠模式;

  • jitter: 会在 x 和 y 两个方向增加随机的扰动来防止对象之间的覆盖.

表 5.2 给出了几个常用的几何对象函数[1]. 更多几何对象可用下面的命令查询

```
ls(pattern = "^geom_", env = as.environment("package:ggplot2"))
```

表 5.2   几个常用的几何对象变换函数

几何对象函数	描述	其他
geom_point	点图	
geom_jitter()	避免重叠	等价于 geom_point(position = "jitter")
geom_line	折线图	可以通过 smooth 参数平滑处理
geom_bar	柱形图	x 轴是离散变量
geom_area	面积图	
geom_histogram	直方图	x 轴数据是连续的
geom_boxplot	箱线图	
geom_rect	二维长方形图	
geom_segment	线段图	
geom_path	几何路径	由一组点按顺序连接
geom_curve	曲线	
geom_abline	斜线	有斜率和截距指定
geom_hline	水平线	常用于坐标轴绘制
geom_vline	竖线	常用于坐标轴绘制
geom_text	文本	

例 5.2.2   绘制几何对象示例.

- 绘制价格 (price) 直方图, 且按照不同的切工填充颜色, 结果如图 5.24 所示.

```
ggplot(dms500) +
  geom_histogram(aes(x=price, fill=cut))
```

- 设置使用 position="dodge", 并排画直方图, 结果如图 5.25 所示.

```
ggplot(dms500) +
  geom_histogram(aes(x=price, fill=cut),
                 position="dodge")
```

- 设置使用 position="fill", 按相对比例画直方图, 结果如图 5.26 所示.

---

[1]ggplot2 唯一不支持的常规平面图形是"雷达图", 但可用 ggradar 程序包间接实现.

```
ggplot(dms500) +

    geom_histogram(aes(x=price, fill=cut),

                        position="fill")
```

- 按切工 (cut) 分类, 对价格 (price) 变量画箱式图, 再按照 color 变量分别填充
颜色, 结果如图 5.27 所示.

```
ggplot(dms500) +

    geom_boxplot(aes(x=cut, y=price, fill=color))
```

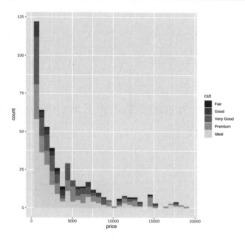

图 5.24 价格直方图: 按切工填充
颜色

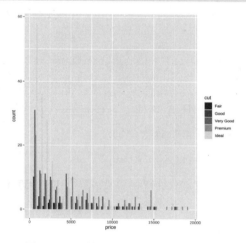

图 5.25 并排直方图: position=
"dodge"

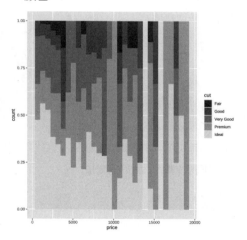

图 5.26 占比直方图: position="fill"

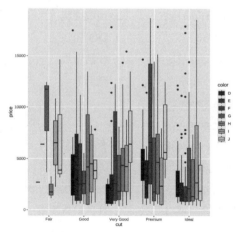

图 5.27 按切工分类的箱式图 (彩图
见书末)

3. 统计变换 (stats) 及与几何对象的对应关系

- 在 ggplot2 里, 几何对象与统计变换往往是一一对应的. 每个统计变换需要通过一个几何对象来展现; 每个几何对象的展现依赖统计变换的结果; 即几何对象函数 geom_xxx(stat =) 内有统计变换参数 stat, 而统计变换函数 stat_xxx(geom =) 内也有几何对象参数 geom;
- 两种方法结果相同, 几何对象更专注于结果, 而统计变换更专注于变换过程.
- 示例: 以 iris 数据为例, 下面两个关于条形图的命令等价

```
ggplot(iris) + geom_bar(aes(x=Sepal.Length),
                        stat="bin", binwidth = 3)
ggplot(iris) + stat_bin(aes(x=Sepal.Length),
                        geom="bar", binwidth = 3)
```

- 相比几何对象, stat_xxx() 增加了如表 5.3 所示的函数. 更多统计变换函数可通过下面的命令查询:

```
ls(pattern = "^stat_",
   env = as.environment("package:ggplot2"))
```

表 5.3 几个常用的统计变换函数

统计变换函数	描述	其他
stat_bin	直方图	分割数据, 然后绘制直方图
stat_function	函数曲线	增加函数曲线图
stat_qq	QQ 图	
stat_smooth	平滑曲线	
stat_ellipse	椭圆	常用于椭圆形置信区间
stat_spoke		绘制有方向的数据点
stat_sum		绘制不重复的取值之和
stat_summary	分组汇总	可以求每组的均值, 中位数等
stat_unique		绘制不同的数据, 去掉重复值
stat_ecdf	经验累积密度图	
stat_xsline	样条曲线拟合	

例 5.2.3 统计变换示例: 针对 mtcars 数据进行汇总和曲线光滑化处理.

- 对 mpg 按 cyl 绘制散点图, 并求各组的均值的 bootstrap 置信区间, 结果如

图 5.28 所示.

```
library(Hmisc)
g <- ggplot(mtcars, aes(cyl, mpg)) +
  geom_point()
g + stat_summary(fun.data = "mean_cl_boot",
                 color = "red", size = 1)
```

- 利用 fun.y 等函数对 y 进行分组汇总 (在此为均值), 返回单个数字, 结果如图 5.29 所示.

```
g + stat_summary(fun.y = mean,
                 color = "red", size = 3,
                 geom = "point")
```

- 增加一组颜色变量映射 (在此为 vs, 是取值为 0 和 1 的分类变量), 然后分组求均值并连线, 结果如图 5.30 所示.

```
g + aes(color = factor(vs)) +
  stat_summary(fun.y = mean, geom = "line")
```

- 计算各组均值、最大值与最小值, 结果如图 5.31 所示.

```
g + stat_summary(fun.y = mean,
                 fun.min = min,
                 fun.max = max, color = "red")
```

- 散点图添加一条光滑线, 结果如图 5.32 所示; 再借助 method 参数添加回归线, 结果如图 5.33 所示.

```
mpg2 <- ggplot2::mpg
ggplot(data = mpg2, aes(displ, hwy)) +
  geom_point() + stat_smooth()
ggplot(data = mpg2, aes(displ, hwy)) +
  geom_point() + geom_smooth() +
  stat_smooth(method = lm, se = TRUE)
```

- 散点图叠加三次光滑样条, 结果如图 5.34 所示.

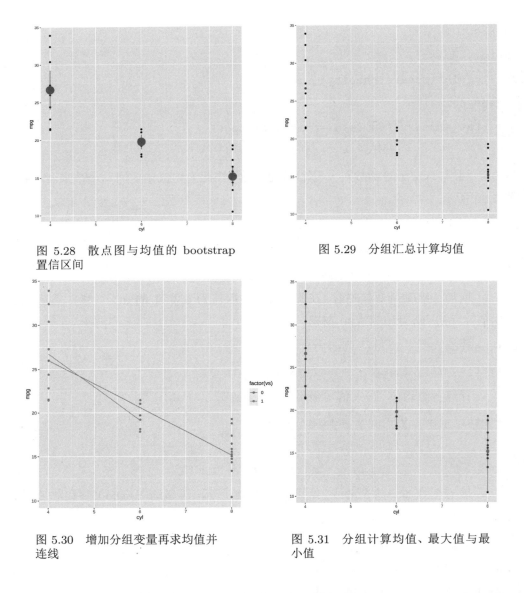

图 5.28 散点图与均值的 bootstrap 置信区间

图 5.29 分组汇总计算均值

图 5.30 增加分组变量再求均值并连线

图 5.31 分组计算均值、最大值与最小值

```
ggplot(data = mpg2, aes(displ, hwy)) + geom_point() +
  stat_smooth(method = lm,
              formula = y ~ splines::bs(x, 3), se = FALSE)
```

- 按 class 变量分类画出散点图并分别添加一条回归线, 结果如图 5.35 所示.

```
ggplot(data = mpg2, aes(displ, hwy, color = class)) +
  geom_point() +
```

```
stat_smooth(se = FALSE, method = lm)
```

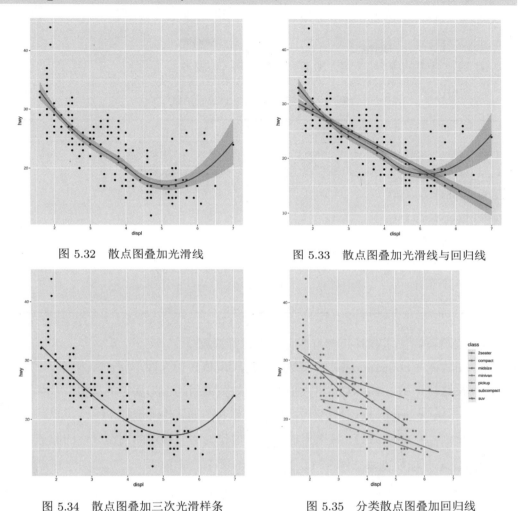

图 5.32　散点图叠加光滑线

图 5.33　散点图叠加光滑线与回归线

图 5.34　散点图叠加三次光滑样条

图 5.35　分类散点图叠加回归线

4. 标尺设定 (scale)

　　aes() 设定了数据与图形属性的映射关系, 但是数据怎么映射为属性, 这就是标尺 (scale) 的功能, 通过标尺的设定可以实现改善图形的外观, 即美化的目的. ggplot2 修改标尺的函数有很多, 在 ggplot2 3.4.0 中就有 129 种, 我们可通过下面的命令查看

```
library(ggplot2)
scalex <- ls("package:ggplot2", pattern="^scale.+")
length(scalex)
```

从标尺设置的内容 (对象) 来看, 共有 8 种, 见表 5.4.

表 5.4   几个常用的标尺设置函数

标尺设置函数	描述
scale_color_xxx(), scale_color_xxx()	线条颜色
scale_fill_xxx()	填充色
scale_alpha_xxx()	透明色
scale_linetype_xxx()	线型
scale_shape_xxx()	形状
scale_size_xxx()	大小
scale_x_xxx()	x 轴
scale_y_xxx()	y 轴

除了坐标轴外, 其他标尺都有四种基本设置函数:

- scale_*_continuous(): 将数据的连续取值映射为图形属性的取值;
- scale_*_discrete(): 将数据的离散取值映射为图形属性的取值;
- scale_*_identity(): 使用数据的值作为图形属性的取值;
- scale_*_manual(): 将数据的离散取值作为手工指定的图形属性的取值.

例 5.2.4   标尺设置示例.

1) 画出钻石克拉对价格的散点图, 并通过设置色调范围 (h)、饱和度 (c) 和亮度 (l) 获取颜色, 结果如图 5.36 所示.

```
set.seed(100)
p   <- ggplot(data = dms500,
              aes(x=carat, y=price, color=cut))
# p + geom_point() + scale_color_discrete()
p + geom_point() +
  scale_color_discrete(h=c(150,350), c=100, l=60)
```

2) 人工设置散点图中点的颜色, 结果如图 5.37 所示.

```
p + geom_point() +
  scale_color_manual(values=c('blue','cyan', 'yellow',
                                    'orange', 'red'))
```

3) 通过参数 breaks, labels 和 limits, 分别设置坐标轴标尺的刻度位置、刻度标签和坐标轴范围, 结果如图 5.38 所示.

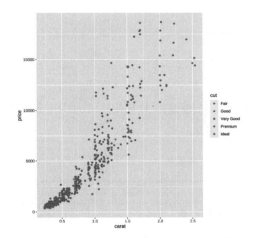

图 5.36 设置色调范围 (h)、饱和度 (c) 和亮度 (l) (彩图见书末)

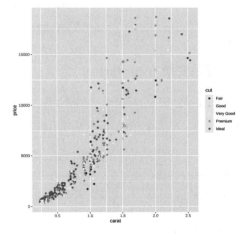

图 5.37 人工设置散点图中点的颜色 (彩图见书末)

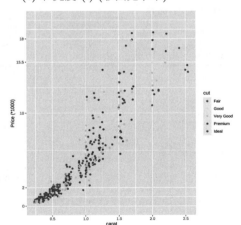

图 5.38 设置坐标轴标尺的刻度位置、刻度标签和坐标轴范围 (彩图见书末)

```
bks <- c(0, 2000, 10000, 15500, 18000)
p + geom_point() +
  scale_color_manual(values=rainbow(5)) +
  scale_y_continuous("Price (*1000)",
                     breaks=bks,
                     labels=bks/1000,
                     limits=c(0, 20000))
```

5. 坐标系变换 (coordinate)

ggplot2 默认为笛卡儿坐标系, 其他坐标系都是通过笛卡儿坐标系画图, 然后变换过来的. 表 5.5 给出了一些常用的坐标系变换函数.

表 5.5   几个常用的坐标系变换函数

坐标系变换函数	描述
coord_cartesian()	笛卡儿坐标系
coord_fixed()	固定纵横比笛卡儿坐标系
coord_flip()	翻转坐标系
coord_polar()	极坐标投影坐标系
coord_map(), coord_quickmap()	地图投影 (球面投影)
coord_trans()	变比例笛卡儿坐标系

例 5.2.5   坐标系变换示例.

- 通过 coord_flip() 实现坐标轴翻转, 结果如图 5.39 所示.

```
ggplot(dms500) + geom_bar(aes(x=cut, fill=cut)) +
  coord_flip()
```

- 通过 coord_polar() 实现极坐标转换, 结果如图 5.40 ~ 图 5.42 所示.

```
# 靶心图
ggplot(dms500) +
  geom_bar(aes(x=factor(1), fill=cut)) +
  coord_polar()
```

```
# 饼图
ggplot(dms500) +
  geom_bar(aes(x=factor(1), fill=cut)) +
  coord_polar(theta="y")
# 风玫瑰图 (windrose)
ggplot(dms500) +
  geom_bar(aes(x=clarity, fill=cut)) +
  coord_polar()
```

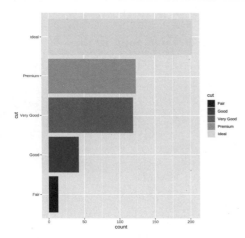

图 5.39　坐标轴翻转

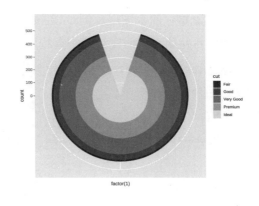

图 5.40　极坐标转换: 靶心图

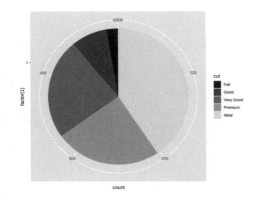

图 5.41　极坐标转换: 饼图

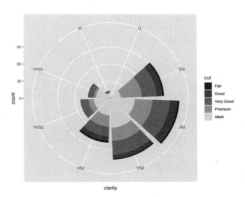

图 5.42　极坐标转换: 风玫瑰图

6. 图层 (layer)

- ggplot2 的绘图过程有点像 Photoshop, 有一个图层的理念, 每个图层可以有自己的图形对象和图形属性, 通过"+"号将不同图层叠加起来生成最后的统计图形.
- 如果将数据定义在 `ggplot()` 中, 那么所有图层都可以共用这个数据; 如果将数据定义在 `geom_xxx()` 中, 那么这个数据就只供这个几何对象使用.
- ggplot2 的图层设置函数对映射的数据类型是有较严格要求的, 比如 `geom_point()` 和 `geom_line()` 函数要求 x 映射的数据类型为数值向量, 而 `geom_bar()` 函数要使用因子型数据. 如果数据类型不符合映射要求就得做类型转换, 在组合图形时还得注意图层的先后顺序.

例 5.2.6   四个图层示例: 先生成画面, 再分别绘制数据 mpg 的 disp 对 hwy 的散点图, 并叠加光滑曲线和回归直线, 结果与图 5.33 所示相同.

```
ggplot(mpg2, aes(displ, hwy)) +
  geom_point() +
  geom_smooth() +
  stat_smooth(method = lm, se = TRUE)
```

7. 分面 (facet)

分面, 就是分组绘图, 即将数据分为多个子集, 每个子集按照统一的规则单独制图, 排布在一个页面上. ggplot2 提供两种分面模式:

- `facet_grid()`
- `facet_wrap()`

例 5.2.7   分面示例.

- 对 iris 数据做整洁 (tidy) 处理, 使宽表变为长表.

```
library(tidyr)
library(dplyr)
# 将数据变为tidy
tidy_iris <- iris %>%
  gather(feature_name, feature_value,
         one_of(c("Sepal.Length", "Sepal.Width",
                  "Petal.Length", "Petal.Width")))
```

- `facet_grid()`的示例, 结果如图 5.43 所示.

```
p.box.facet <- ggplot(tidy_iris) +
  geom_boxplot(aes(x=Species, y=feature_value)) +
  facet_grid(feature_name ~ Species)
p.box.facet
```

- `facet_wrap()`的示例, 结果如图 5.44 所示.

```
p.box.facet <- ggplot(tidy_iris) +
  geom_boxplot(aes(x=Species, y=feature_value)) +
  facet_wrap(~feature_name+Species, scales="free")
p.box.facet
```

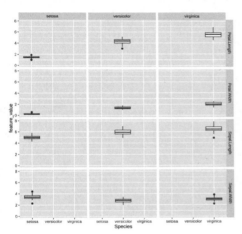

图 5.43   分面: 使用 facet_grid()

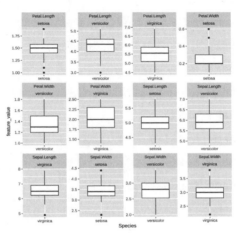

图 5.44   分面: 使用 facet_wrap()

8. 主题 (theme)

ggplot 画图之后, 可进一步通过主题对字体、颜色、背景色、网格线、标题、标签 (xlab, ylab)、图例等根据需求进行精雕细琢. 主题调整方式包括

- 调整对象

```
element_text(文本)
element_lines(线条)
element_rect(矩形块)
```

```
element_blank(主题)
theme(主题元素=函数(参数))
```

- 总体属性调整

```
theme(rect=element_rect()) #矩形属性
theme(line=element_line()) #线性属性
theme(text=element_text()) #文本属性
theme(title=element_title()) #标题属性
```

- 使用封装主题: ggplot2 内置主题有 8 个, ggthemes, ggthemr 等包有 20 多个, 常用的有

```
theme_grey()       #默认主题
theme_bw()         #白色背景主题
theme_classic()  #经典主题
theme_economist()
theme_economist_white()
theme_wsj()
theme_excel()
theme_few()
theme_foundation()
theme_igray()
theme_solarized()
theme_stata()
theme_tufte()
```

- 对整体背景进行改变 (rect 或者 blank)

```
theme(plot.background=element_rect(fill=,   # 填充色
                                   color=, # 轮廓色
                                   size=,   # 边界大小
                                   linetype=, # 边界线条类型
                                   ))
```

边界线条类型包括 dotted, dotdash, dashed, solid 等.

- 对标题进行改变 (text)

```
theme(plot.title=element_text(face=, # 字体类型
                              color=,# 字体颜色
                              size=, # 字体大小
                              hjust=,# 水平位置（0到1）
                              vjust=,# 垂直位置（0到1）
                              angle=,#逆时针旋转（0到360）
                              lineheight= #线高度
                              ))
```

字体类型包括 plain, italic, bold, bold.italic 等.

- 对标题、x 轴进行设置

```
labs(title=,
     subtitle=,
     caption=)
theme(plot.title=element_text(...),  # 改动标题
     axis.title.x=element_text(...),# 改动x轴的坐标轴名称
     axis.text.x=element_text(...),  # 改动x轴的坐标轴刻度值
     axis.ticks.x=element_line(...),# 改动x轴的刻度点类型
     axis.line.x=element_line(...)) # 改动x轴的刻度线
```

- 面板背景色及网格线设置

```
theme(panel.grid.major=element_line(...),
# 改变主次网格线颜色线型大小等
theme(panel.grid.minor=element_line(...),
# 同时隐藏与x坐标轴相交的主次网格线
theme(panel.grid.major.x=element_blank()
     panel.grid.minor.x=element_blank())
theme(panel.grid=element_blank())
theme(panel.background=element_rect(fill='grey'))  #面板背景色
```

例 5.2.8 主题示例, 下面的代码运行结果如图 5.45、图 5.46 和图 5.47 所示.

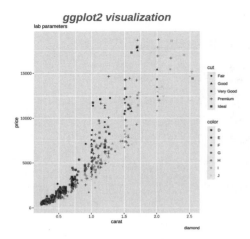

图 5.45　主题示例: 标题更改

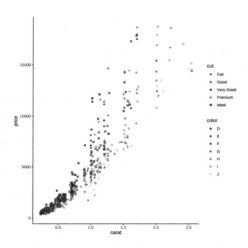

图 5.46　主题示例: 基于 ggthemes 的
经典主题

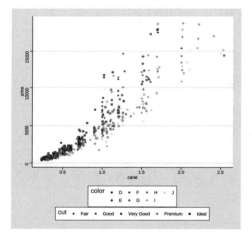

图 5.47　主题示例: 基于 ggthemes 的
Stata 主题

```
p <- ggplot(data = dms500) +
  geom_point(aes(x=carat, y=price, colour=color,shape=cut))
p + labs(title="ggplot2 visualization",
        subtitle = "lab parameters",
        caption = "diamond") +
theme(plot.title=element_text(face="bold.italic",
                            color="steelblue",
```

```
                          size=24, hjust=0.5,
                          vjust=0.5,angle=360,
                          lineheight=113))
p + theme_classic()
library(ggthemes)
p + theme_stata()
```

5.3 3D 可视化

本节我们开始介绍一些三维绘图中涉及的基本概念:

• 投影: 我们在计算机屏幕上看到的三维图本质上是三维空间到二维空间的投影 (图 5.48);

• 视点: 二维平面放置在三维空间中, 然后定义三维空间中的观察位置, 这个位置称为视点;

• 视平面: 通过视点的水平面称为视平面;

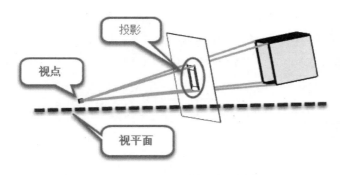

图 5.48 三维视图示意图

• 长宽比: 三维绘图中长宽比控制绘图区域是正方体还是长方体;

• 变换阵: 三维空间到二维平面或屏幕上的位置变换可以用一个变换阵来表示;

• 绘图元素: 和二维平面一样, 三维图形也主要有点、线、多边形和文本组成, 不同的是三维空间的多边形是带有方向的二维曲面;

• 子画面: 子画面是无论从哪个角度观察三维场景, 始终朝向视点的二维图像;

• 参数: 二维绘图中的参数（如: 线宽、大小、颜色等）都适用于三维空间, 除此

之外, 三维空间还要考虑光影问题, 即光源的强度和位置;

- 坐标轴: 三维图形的坐标需要考虑坐标的遮挡与标注遮挡两个问题.

下面我们通过一些具体的例子来简要罗列 R 中的一些数据的 3D 可视化方法.

5.3.1 3D 静态曲面可视化

1. graphics 程序包 persp() 函数

R 语言 graphics 程序包中唯一能够绘制三维图形的传统绘图函数是 persp() 函数. 给定 x 和 y 位置的规则网格, 以及每个位置的 z 值, 该函数可从 z 值产生三维曲面.

例 5.3.1   绘制曲面 $z = \sin(x) + \cos(y)$, 并添加一条 $y = -2$ 与此曲面的交线, 如图 5.49 所示, 代码如下

```
x <- seq(-4, 4, length= 30)
y <- x
f <- function(x, y) sin(x)+cos(y)
z <- outer(x, y, f)
persp(x, y, z, theta = 30, phi = 30, expand = 0.5,
      col = grDevices::adjustcolor("purple", alpha=0.7),
      ltheta = 120, shade = 0.3, ticktype = "detailed",
      xlab = "X", ylab = "Y", zlab = "Sinc( r )",
      main = paste(expression(z), '=',
                   expression(sin(x)+cos(y))),
      scale = T
) -> res
x1 <- seq(-4, 4, len = 100)
y1 <- -2
lines(trans3d(x1, y1,f(x1,y1), res), col = "red", lwd = 2)
```

其中部分参数说明如下: theta 指定绕 z 轴方向的旋转角度; phi 指定上下旋转的角度; expand 指定 z 轴的伸缩度, 通常设置为较小的值; ltheta, lphi 控制光源的方向; shade 控制光源的聚集度, 越大光线越聚集; ticktype 为标签的类型, 通常设置为"detailed"; scale 为逻辑值, 默认为"TRUE", 若设置为"FALSE", 图形将绘制在一个东西方向比南北方向更宽的长方体中, 这种设置通常应用在三维地理信息图的绘制中.

2. lattice 程序包 wireframe() 函数

利用 lattice 程序包中的 `wireframe()` 函数也可以绘制网格曲面 $z = \sin(x) + \cos(y)$, 如图 5.50 所示, 代码如下

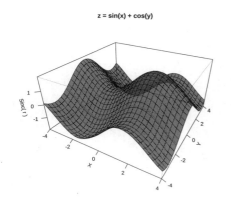

图 5.49　3D 静态曲面图:
基于 persp() 函数

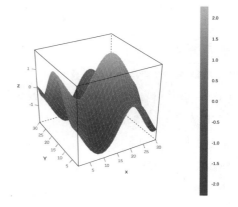

图 5.50　3D 静态曲面图:
基于 wireframe() 函数

```
library(lattice)
x <- seq(-4, 4, length= 30)
y <- x
f <- function(x, y) sin(x)+cos(y)
z <- outer(x, y, f)
wireframe(z,scales = list(arrows = FALSE,col = "red"),
          drape = TRUE, colorkey = TRUE,
          screen = list(z = 30, x = -60),
          col.regions = colorRampPalette(c("blue", "pink"))(100),
          par.settings = list(axis.line
                               = list(col = 'transparent')),
          col='green',lty=3,
          xlab = "x", ylab = "Y", zlab = "z")
```

其中部分参数说明如下: `scales` 控制坐标轴的类型与颜色、字体等; `drape` 为逻辑值, 表示是否按 z 值对曲面进行着色; `colorkey` 为逻辑值, 表示是否添加图例; `screen`

用来指定 x, y, z 旋转的角度; col.regions 定制曲面颜色变化的范围; col 和 lty 用来设置曲面上网格的颜色和线型.

5.3.2　3D 散点图

1) 基于 scatterplot3d 程序包, 示例代码如下, 见图 5.51.

```
library(scatterplot3d)
# 定义点型
myshapes = c(16, 17, 18)
myshapes <- myshapes[as.numeric(iris$Species)]
# 定义点色
mycols <- c("#999999", "#E69F00", "#56B4E9")
mycols <- mycols[as.numeric(iris$Species)]
# 绘制散点图
scatterplot3d(iris[,1:3], pch = myshapes, #type="h",
              color=mycols, grid=TRUE, box=FALSE,
              col.grid="lightblue")
# 添加图例
legend("right", legend = levels(iris$Species),
       col = mycols, pch = myshapes, inset = 0.1)
```

2) 基于 plotly 程序包, 示例代码如下, 见图 5.52.

```
library(plotly)
data("iris")
plot_ly(iris, x = ~Sepal.Length, y = ~Sepal.Width,
        z = ~Petal.Length, size = 1) %>%
  add_markers(color = ~Species)
# 等价于下面的代码
#p<- plot_ly(iris, x = ~Sepal.Length, y = ~Sepal.Width,
#            z = ~Petal.Length, size = 1)
#add_markers(p, color = ~Species)
```

此图是可交互操作的, 需要在网页上生成. 我们将在后面对 plotly 的其他绘图函数做进一步的叙述.

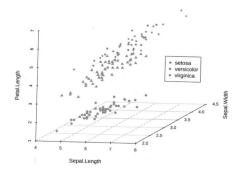

图 5.51 3D 散点图: 基于 scatter-plot3d

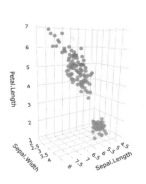

图 5.52 3D 散点图: 基于 plotly

5.3.3 散点图添加回归面

1) 使用 scatterplot3d 程序包的 scatterplot3d() 函数, 示例代码如下, 见图 5.53.

```
library(scatterplot3d)
# 绘制散点图
s3d <- scatterplot3d(trees, type = "h", color = "blue",
                     angle=55, pch = 16)
# 添加回归面
my.lm <- lm(Volume ~ Girth + Height, data = trees)
s3d$plane3d(my.lm)
```

2) 使用 car 程序包的 scatter3d() 函数, 示例代码如下, 见图 5.54.

```
library(car)
scatter3d(Volume ~ Girth + Height, data = trees)
# scatter3d(x = trees$Girth, y = trees$Volume,
# z = trees$Height)
```

此包依赖动态交互可视程序包 rgl, 需要在 x11() 窗口中实现.

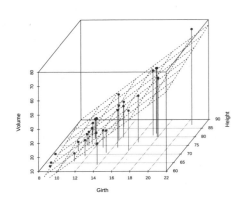

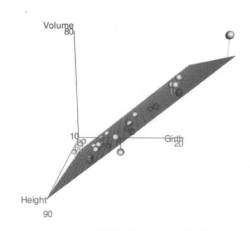

图 5.53　3D 散点图加回归面: 基于 `scatterplot3d()` 函数

图 5.54　3D 散点图加回归面: 基于 `scatter3d()` 函数

5.4　交互式可视化

　　数据可视化系统除了视觉呈现部分, 另一个核心要素是用户交互. 人机交互领域的先驱者 Stuart K. Card 评价: "快速的交互可以从根本上改变用户理解数据的进程." 交互是用户通过与系统之间的对话和互动操纵与理解数据的过程. 无法互动的可视化结果, 例如静态图片, 虽然在一定程度上能帮助用户理解数据, 但其效果有一定的局限性. 特别是当数据维数大、结构复杂时, 有限的可视化空间大大地限制了静态可视化展示数据的有效性. 交互可让数据可视化更有效, 表现在如下两个方面:

　　1) 缓解有限的可视化空间和数据过载之间的矛盾. 这个矛盾表现在两个方面. 首先, 有限的屏幕尺寸不足以显示海量的数据; 其次, 常用的二维显示平面难以对复杂数据 (例如高维数据) 进行有效的可视化. 交互可以帮助拓展可视化中信息表达的空间, 从而解决有限的空间与数据量和复杂度之间的矛盾.

　　2) 交互能让用户更好地参与对数据的理解和分析. 可视化分析系统的目的不仅是向用户传递定制好的知识, 而且提供了一个工具或平台来帮助用户探索数据, 得到结论. 在这样的系统中, 交互是不可缺少的.

　　本节我们将通过几个典型的 R 程序包来展示数据在交互式可视化中的魅力. 我们对程序包中的函数不做过多的说明, 大部分的参数基于第 4 章 graphics 基础包及前面的 lattice 和 ggplot2 包, 其中的参数说明是容易理解的. 我们也可通过调取这些函数的帮助文件来进一步了解它们的使用细节.

5.4.1 rCharts 程序包

rCharts 是一个专门用来在 R 中绘制交互式图形的第三方程序包, 该包直接在 R 中生成基于 D3 的 Web 界面. 由于 rCharts 程序包并没有收录进 CRAN, 而是托管在 Github 上, 所以我们需要按照第 2 章的方法安装, 例如借助 devtools 程序包:

```
if (!require(devtools)) library(devtools)
install_github("ramnathv/rCharts")
```

rCharts 程序包的绘图函数类似 lattice 程序包, 通过 formula, data 指定数据源和绘图方式, 并通过 type 指定图表类型, 其基本格式如下:

```
graph_function(formula, data=, option)
```

其中 graph_function 可以为 mPlot, nPlot, hPlot 等, 下面我们分别举例展示.

1. mPlot() 函数: Morris 图

Morris.js 是一个轻量级的 JS 库, 能绘制漂亮的时间序列线图, 包括线图、条形图、区域图、圆环图. 在 rCharts 程序包中, 我们通过 mPlot() 函数实现.

例 5.4.1 mPlot() 函数示例.

- 条形图: type='bar', 示例代码如下, 见图 5.55.

```
library(rCharts)
haireye <- as.data.frame(HairEyeColor)
dat <- subset(haireye,
              Sex == "Female" & Eye == "Blue")
mPlot(x = 'Hair', y = list('Freq'),
      data = dat, type = 'Bar',
      labels = list("Count"))
```

- 混合条形图, 示例代码如下, 见图 5.56.

```
dat <- subset(haireye, Sex == "Female")
mPlot(Freq ~ Eye, group = "Hair",
      data = dat, type = "Bar", labels = 1:4)
```

- 折线图: type='line', 示例代码如下, 见图 5.57.

```
data(economics, package = 'ggplot2')
dat <- transform(economics,
                 date = as.character(date))
mPlot(x = "date",
      y = list("psavert", "uempmed"),
      data = dat, type = 'Line',
      pointSize = 0, lineWidth = 1)
```

- 面积图: type='Area', 示例代码如下, 见图 5.58.

```
mPlot(x = "date",
      y = list("psavert", "uempmed"),
      data = dat, type = 'Area',
      pointSize = 0, lineWidth = 1)
```

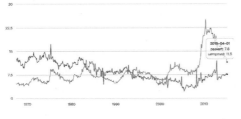

图 5.55　条形图: type='bar'

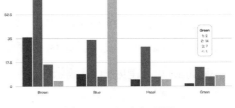

图 5.56　混合条形图

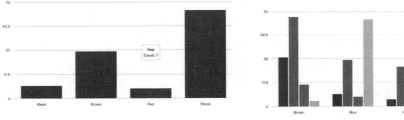

图 5.57　折线图: type='line'

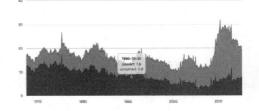

图 5.58　面积图: type='Area'

2. nPlot() 函数: NVD3 图

NVD3 是一个旨在建立可重复使用的图表和组件的 d3.js 项目, 它提供了同样强大的功能, 可以让我们为复杂的数据集创建更高级的可视化. rCharts 程序包提供了 nPlot() 函数来实现.

269

例 5.4.2 nPlot() 函数示例.

- 散点图: type='scatterChart', 示例代码如下, 见图 5.59.

```
nPlot(Sepal.Length ~ Sepal.Width, data=iris,
    group='Species', type='scatterChart')
```

- 多重条形图: type = 'multiBarChart', 示例代码如下, 见图 5.60.

```
hair_eye_male <- subset(as.data.frame(HairEyeColor),
                        Sex == "Male")
hair_eye_male[,1] <- paste0("Hair",hair_eye_male[,1])
hair_eye_male[,2] <- paste0("Eye",hair_eye_male[,2])
nPlot(Freq ~ Hair, group = "Eye",
    data = hair_eye_male, type = "multiBarChart")
```

如果选择 type = 'multiBarHorizontalChart', 则条形图将横向放置. 左上方选择 "Stacked" 就可使各柱形使用叠加的方式进行摆放, 右上方可选择四种眼睛的颜色.

- 饼图: type = 'pieChart', 示例代码如下, 见图 5.61.

```
nPlot(~cut, data = diamonds, type = 'pieChart')
p <-nPlot(~cut, data = diamonds, type = 'pieChart')
p$chart(donut=TRUE)
p
```

- 折线图: type = 'lineChart', 示例代码如下, 见图 5.62.

```
nPlot(uempmed ~ date, data = economics, type = 'lineChart')
```

- 带焦点的折线图: type='lineWithFocusChart', 示例代码如下, 见图 5.63.

```
# 选取economics数据集的date, uempmed和psavert三列数据
ecm <- reshape2::melt(economics[,c('date', 'uempmed',
                                    'psavert')],
                    id = 'date')
p <- nPlot(value ~ date, group = 'variable', data = ecm,
        type = 'lineWithFocusChart')
# 对x轴进行修改
p$xAxis(tickFormat="#!function(d)
                {return d3.time.format('%b %Y')
```

```
    + (new Date( d * 86400000 ));}!#" )
```
p

- 带工具的折线图：useInteractiveGuideline=TRUE，示例代码如下，见图

5.64.

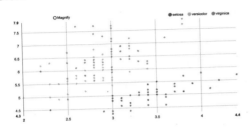

图 5.59　散点图：
type='scatterChart'

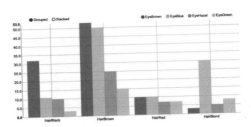

图 5.60　多重条形图：
type ='multiBarChart'

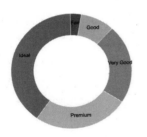

图 5.61　饼图：
type = 'pieChart'

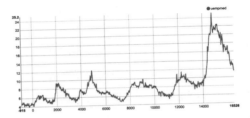

图 5.62　折线图：
type = 'lineChart'

图 5.63　带焦点的折线图：
type = 'lineWithFocusChart'

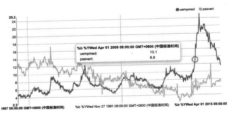

图 5.64　带工具的折线图：
useInteractiveGuideline=TRUE

```
p <- nPlot(value ~ date, group = 'variable',
           data = ecm, type = 'lineChart')
p$xAxis( tickFormat="#!function(d) {return d3.time.format('%b %Y')
```

```
+ (new Date( d * 86400000 ));}!#" )
p$chart(useInteractiveGuideline=TRUE)
p
```

3. hPlot() 函数: Highcharts 图

Highcharts 是一个制作图表的纯 Javascript 类库, 支持大部分的图表类型. 在 rCharts 程序包中使用 hPlot() 函数来调用.

例 5.4.3 hPlot() 函数示例.

- 散点图: type='scatter', 示例代码如下, 见图 5.65.

```
hPlot(Sepal.Length~Sepal.Width, data=iris,
    type='scatter', group='Species')
```

- 条形图: type = 'bar', 示例代码如下, 见图 5.66.

```
dat = data = plyr::count(mtcars,c('cyl','am'))
p <- hPlot(freq ~ cyl, data = dat,
        type = 'bar', group ='am')
p$colors('rgba(223, 83, 83, .5)', 'rgba(119, 152, 191, .5)')
p
```

- 气泡图: type='bubble', 示例代码如下, 见图 5.67.

```
hPlot(mpg~hp,data=mtcars, type='bubble',
    group='am', title = "Zoom demo",
    subtitle = "bubble chart", size='qsec')
```

- 饼图: type='pie', 示例代码如下, 见图 5.68.

```
#summary(ggplot2::diamonds$cut)
data <- data.frame(key=c('Fair', 'Good', 'Very Good',
                        'Premium', 'Ideal'),
                value=c(1610, 4906, 12082, 13791, 21551))
hPlot(x='key', y='value', data=data, type='pie')
```

- 同时绘制条形图和折线图: type = c('column', 'line'), 示例代码如下, 见图 5.69.

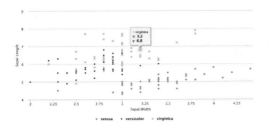

图 5.65　散点图:
type=`'scatter'`

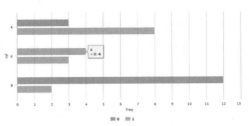

图 5.66　条形图:
type=`'bar'`

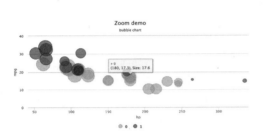

图 5.67　气泡图:
type=`'bubble'`

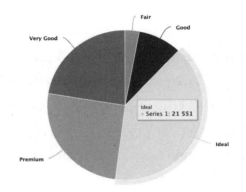

图 5.68　饼图:
type=`'pie'`

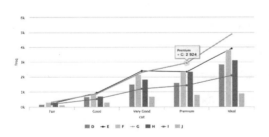

图 5.69　同时绘制条形图和折线图

```
dat=plyr::count(ggplot2::diamonds,c('cut','color'))
p <- hPlot(freq~cut,data=dat,
           type = c('column', 'line'),
           group = 'color')

p
```

5.4.2 recharts 程序包

R 程序包 recharts 源自谢益辉的工作, 基于百度最后稳定版本 Echarts2 (v 2.2.7) 开发[1], 相比于 ggplot2, recharts 程序包的最大的优点就是交互式, 用户体验比静态的可视化作品更吸引人, 同时它具有类似 ggplot2 丰富的图形类型和各类设置. recharts 基于 htmlwidgets 程序包构建[2], 由此极大地节省了开发者管理 JavaScript 依赖包和处理不同类型的输出文档 (如 R Markdown) 的时间: 你只需要创建一幅图, 而如何输出这幅图则交由 htmlwidgets 来处理.

recharts 的程序包仍托管在 Githubs 上, 安装方法如下:

```
if (!require(devtools)) library(devtools)
install_github("madlogos/recharts")
```

下面我们通过一些典型的统计图形来说明 recharts 程序包中核心函数 echartr() 的使用.

1. 核心函数与核心参数

整个 recharts 的核心函数就是 echartr(), 不同类型的图形只不过是输入的图形类型参数不一样, echartr() 的语法是:

```
echartr(data, x = NULL, y = NULL, series = NULL, weight = NULL,
  facet = NULL, t = NULL, lat = NULL, lng = NULL, type = "auto",
  subtype = NULL, elementId = NULL, ...)
```

echartr() 函数的核心参数如表 5.6 所示.

2. recharts 中图形属性的设置

在构建了一个主体图形的基础上, 我还可能对图例、坐标轴等进行优化, 这可通过 magrittr 程序包的管理操作符 "%>%" 来实现, %>% 符号会把左侧的输出传递到右侧的函数, 作为右侧函数的第一个参数. 我们仅分类罗列一下 recharts 中图形属

---

[1]R 程序包 recharts2 基于最新版本的 Echarts3(v 3.3.2) 仍在开发中. 另外, 郎大为开发了一个可交互的地图数据可视化工具包 REmap.

[2]htmlwidgets 程序包是一个专为 R 语言打造的可视化 JS 库, 我们只需要编写几行 R 语言代码便可生成交互式的可视化页面. 目前已经有众多基于 htmlwidgets 制作的 R 程序包可供用户直接使用, 如前文提到的 recharts, plotly 等程序包. 还有 leaflet, dygraphs, DT, networkD3, pairsD3, scatterD3, wordcloud2, timevis, rpivotTable, treejs, highcharter, visNetwork, rglwidget, DiagrammeR, metricsgraphics, 等等. 更多基于 htmlwidgets 的交互式组件可参考其主页.

表 5.6　echartr 函数的参数及解释

参数	解释
data	源数据, 必须是数据框
x	自变量, 为 data 的一列或多列, 可以是时间、数值或文本型 • 在直角坐标系中, x 与 x 轴关联 • 在极坐标系中, x 与极坐标关联 • 在其他类型中, 单坐标系可参考直角坐标系的例子, 而多坐标系可参考极坐标系的例子
y	因变量, data 的一列或多列, 始终为数值型
series	分组变量, data 的某一列. 进行运算时被视作因子, 作为数据系列, 映射到图例
weight	权重变量, 在气泡图、线图、条形图中与图形大小关联
facet	分面变量, data 的某一列. 进行运算时被视为因子, 适用于多坐标系, facet 的每个水平会生成一个独立的分面
t	时间轴变量. 一旦指定 t 变量, 就会生成时间轴组件
lat	纬度, 用于地图/热力图
lng	经度, 用于地图/热力图
type	图类型, 默认为 'auto'. type 作为向量传入时, 映射到 series 向量; 作为列表传入时, 映射到 facet 向量
subtype	图亚类, 默认为 NULL. subtype 作为向量传入时, 映射到 series 向量; 作为列表传入时, 映射到 facet 向量

性的设置函数及参数, 由此我们可领略到 recharts 程序包的强大. 进一步的解释的示例可参考其官方说明文档的中文版.

1) 设置标题: setTitle(), 主要参数如下:

• title/subtitle: 主/副标题

• link/sublink: 主/副标题链接

• pos: 标题的时钟方位

• bgColor: 标题的背景颜色

• borderColor: 标题的边框色

• borderWidth: 标题边框宽度

• textStyle/subtextStyle: 自定义标题的文本样式, 通过传入 list 指定字体、大小、颜色等

• show: 逻辑值, 是否显示标题

2) 设置图例: setLegend(), 主要参数如下:

- show: 逻辑值, 是否显示图例
- pos: 图例的时钟方位
- itemGap: 图例表示的间距, 默认是 5px
- borderColor: 图例边框颜色
- borderWidth: 图例边框宽度
- textStyle: 用于修饰图例文本样式的列表定义
- overideData: 用于修改图例设置的列表定义

3) 设置时间轴: setTimeline(), 主要参数如下:

- type: 时间轴格式, 取值 "time" 和 "number"
- x/x2: 时间轴左上角 x 坐标/右下角 x 坐标, 默认为 80
- y/y2: 时间轴左上角 y 坐标/右下角 y 坐标, 默认为 0
- width/height: 时间轴宽度/高度
- bgColor/boderColor: 时间轴背景色/边框色
- autoPlay: 逻辑型, 时间轴是否自动播放, 默认为 FALSE
- controlPosition: 时间轴控制钮的方位, 可以是 "left" "right"
- playInterval: 播放各时间轴切片的事件间隔, 默认为 2000 ms
- lineStyle/label/checkpointStyle/controlStyle: 列表, 时间轴线条样式、标签样式、控制点样式、控制器样式

4) 设置工具箱: setToolbox(), 主要参数如下:

- language: 工具箱提示语言, 中文 "cn" 或者英文 "en"
- controls: 选择显示工具箱的控件
- pos: 工具箱的时钟方位
- bgColor/borderColor/color: 工具箱的背景色/边框颜色/颜色列表
- borderWidth: 工具箱的边框宽度
- itemGap/itemSize: 工具箱的间距/大小
- effectiveColor: 触发工具箱的颜色
- textStyle: 工具标签文本样式.

5) 设置值域: setDataRange(), 主要参数如下:

- pos: 值域选择区域的时钟方位
- valueRange: 值域选择区间为最大最小值构成的向量, c(min,max)

- splitNumber: 值域选择分隔成多少段, 若为 0, 则不分段, 连续显示
- itemGap: 项目间距
- labels: 值域选择区域的标题, 显示在两端, 格式为 c ("最小值" "最大值")
- calculable: 逻辑型, 是否启用拖拽重算功能
- borderColor/borderWidth: 值域选择边框颜色/边框宽度
- splitList: 自定义分段列表
- initialRange: 初始选中区间

6) 设置数据缩放: setDataZoom(), 主要参数如下:

- pos: 缩放漫游的时钟方位
- range: 设置范围, 向量 c(min, max). 不能超出区间 c(0, 100)
- width: 缩放漫游宽度
- fill: 缩放漫游控制轴颜色
- handle: 缩放漫游手柄颜色
- bgColor: 背景色
- dataBgColor: 数据剪影的背景色
- showDetail: 逻辑型, 缩放是否显示明细
- realtime: 逻辑型, 缩放时是否实时显示明细
- zoomLock: 逻辑型, 是否锁定缩放区间

7) 设置直角坐标系: setAxis(), 主要参数如下:

- series: 指定哪些变量作为系列变量放置在坐标轴上
- which: 指定要设置的轴, x/x1 表示主/次 x 轴, y/y1 表示主/次 y 轴
- type: 坐标轴类型, 一般有 "time" "value" "category" 和 "log"
- position: 坐标轴的位置, 一般有 "bottom" "top" "left" 和 "right"
- name: 坐标轴的名称
- nameLocation: 坐标轴名称位置, 可以是 "start" "end"
- nameTextStyle: 坐标轴名称文本样式, 可以是 textStyle 列表样式
- min/max: 坐标轴最小值和最大值
- scale: 逻辑型, 定义是否自带缩放到最小、最大值区间内
- splitNumber: 数值型, 将坐标轴切分成多少份
- axisLine/axisTick/axisLabel: 设置坐标轴的线、轴刻度和轴标签的样式

8) 设置极坐标: setPolar(), 主要参数如下:

- PolarIndex: 整型向量, 所要调整的极坐标系索引值
- center: 极坐标系的 x, y 位置向量, 可以是长度为 2 的数值或文本型 (百分比格式) 向量, 默认为 c("50%" "50%")
- radius: 极坐标系的半径, 可以是长度为 2 的数值或文本型 (百分比格式), 默认为 "75%"
- axisLine/axisLabel: 坐标轴线条样式/标签样式
- type: 极坐标系形状, 可以取 "polygon" 或 "circle"
- indicator: 列表, 雷达指示器和标签
- axisName: 列表, 极坐标轴名称
- splitLine/splitArea: 列表, 分割线样式/分割区域样式

9) 设置绘图区: setGrid(), 主要参数如下:
- x/y: 绘图区/控件左上角的 x/y 坐标
- x2/y2: 绘图区/控件右下角的 x/y 坐标
- width/height: 宽度和高度
- bgColor/borderColor: 绘图区背景色/绘图区边框颜色
- borderWidth: 绘图区边框宽度
- widget: 指定设置的控件名称

10) 设置添加标注线: addMarkLine(), 主要参数如下:
- series: 数值型 (系列索引值) 或文本型 (系列名称)
- timeslots: 数值型 (时间轴切片索引值) 或文本型 (时间轴切片名称)
- data: 标注线源数据, 数据框形式, 且有具体的格式要求
- clickable: 逻辑型, 数据图形是否可以点击
- symbol: 标注线图标向量
- effect: 列表, 标注线效果配置器

11) 设置标注点: addMarkPoint(). 标注点的用法和标注线的用法基本一致
12) 设置提示框: setTooltip(), 主要参数如下:
- series: 数据系列名称或索引值向量
- trigger: 触发类型, "item" 或 "axis"
- formatter: 提示框文本格式
- position: 位置参数
- enterable: 用户是否可以点击提示框的内容, 默认为 FALSE

- textStyle: 提示框文本格式
- showDelay/hideDelay: 显示延时/隐藏延时
- bgColor/borderColor: 提示框背景色/提示框边框色
- borderWidth/borderRadius: 提示框边框宽度/提示框边框圆角半径

13) 设置图标: setSymbols(), 主要参数如下:

- symbollist 如果没有指定, 则循环使用默认图标 "circle" "rectangle" "triangle" "diamond" "emptyCircle" "emptyRectangle" "emptyTriangle" "emptyDiamond"
- 也可以使用非标图标: "heart" "droplet" "pin" "arrow" "star3" — "stra9"
- 若指定为 none, 则不使用图标

14) 设置主题: setTheme(), 主要参数如下:

- theme: 主题对象, 可以分为预置的主题和自定义主题. 前者主要有: "default" "macarons" "infographic" "blue" "dark", 等等
- palette: 颜色向量或配色板, 默认为 NULL
- bgColor: 背景颜色
- renderAsImage: 逻辑型, 若为 T 则交互效果禁用
- calculable: 逻辑型, 若为 T 则启用拖拽重算
- calculableColor: 拖拽重算提示边框颜色

recharts 使用示例

下面介绍一下常见的图形.

1) 散点图, 示例代码如下, 见图 5.70、图 5.71、图 5.72 和图 5.73.

```r
library(recharts)
# 简单的散点图
g=echartr(data=iris, x=Sepal.Width, y=Petal.Width)
# 改变符号的大小和形状
g %>% setSeries(symbolSize=8) %>%
setSymbols(c('heart', 'arrow','diamond'))
# 添加标题，并指定位置
g %>% setTitle("依据种类绘制的分组散点图", pos=12,
            textStyle=textStyle(fontFamily='楷体',
```

```
                                    fontSize=24,
                                    color='lightblue'))
# 美化主题
g %>% setTheme('helianthus', calculable=TRUE)
# 设置图例
g%>%setLegend(pos = 6,
   overideData=list(list(name='setosa',
                         textStyle=textStyle(color='red')),
                    list(name='versicolor',
                         textStyle=textStyle(color='blue')),
                    list(name='virginica',
                         textStyle=textStyle(color='purple'))))
```

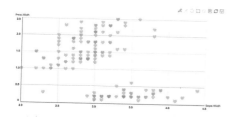

图 5.70   简单的散点图

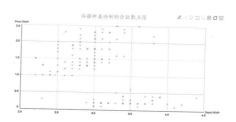

图 5.71   添加标题

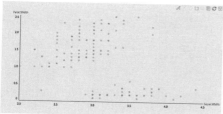

图 5.72   美化主题

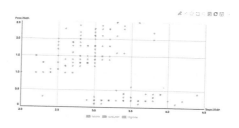

图 5.73   设置图例

2) 条形图/直方图, 见图 5.74.

条形图包含 3 种基本类型:

- 横向条形图: bar | hbar
- 纵向条形图: column | vbar

- 直方图: histogram | hist

示例代码如下:

```
echartr(iris, Sepal.Width) %>% setLegend(pos=3) %>%
  setTheme('macarons', width=400, height=300) %>%
  setTitle('Iris Sepal Width','histogram') %>%
  setTooltip(formatter='none') %>%
  setSeries(1, barWidth=230/13)
```

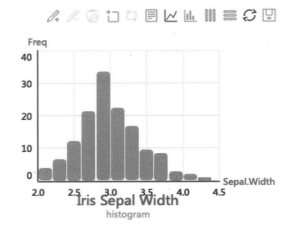

图 5.74　条形图

3) 线图, 见图 5.75、图 5.76、图 5.77 和图 5.78.

线图包括 4 个基本类型:

- 线图: line
- 平滑线图: curve
- 面积图: area
- 平滑面积图: wave

示例代码如下, 试比较下面四幅图的代码的细微差异.

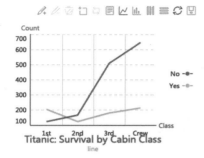

图 5.75 线图

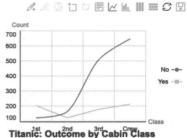

图 5.76 平滑线图

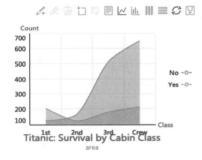

图 5.77 面积图

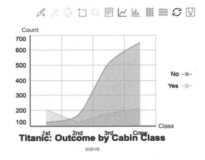

图 5.78 平滑面积图

```
titanic <- data.table::melt(apply(Titanic, c(1,4), sum))
names(titanic) <- c('Class', 'Survived', 'Count')
# 左上图
echartr(titanic, Class, Count, Survived, type='line') %>%
  setLegend(pos=3) %>%
  setTheme('infographic', width=400, height=300) %>%
  setTitle('Titanic: Survival by Cabin Class','line')
# 右上图
echartr(titanic, Class, Count, Survived, type='curve') %>%
  setTheme('roma', width=400, height=300) %>%
  setLegend(pos=3) %>%
```

```
setTitle('Titanic: Outcome by Cabin Class','curve')
# 左下图
echartr(titanic, Class, Count, Survived, type='area') %>%
  setLegend(pos=3) %>%
  setTheme('macarons', width=400, height=300) %>%
  setTitle('Titanic: Survival by Cabin Class','area')
# 右下图
echartr(titanic, Class, Count, Survived, type='wave') %>%
  setTheme('macarons2', width=400, height=300) %>%
  setLegend(pos=3) %>%
  setTitle('Titanic: Outcome by Cabin Class','wave')
```

4) 词云图, 见图 5.79 和图 5.80.

将 type 设置为 wordCloud 可以绘制词云. 对于中文的词云图, 我们也可以直接使用郎大为所开发的 wordcloud2 程序包. 示例代码如下:

```
library(wordcloud2)
data(demoFreqC)
echartr(demoFreqC, V2, V1, type="wordCloud")
wordcloud2(demoFreqC, color = "random-light",
           backgroundColor = "grey")
```

图 5.79 词云图

图 5.80 基 于 wordcloud2 的词云图

5.4.3 plotly 程序包

plotly 程序包是一个基于浏览器的交互式图表库, 它建立在开源的 JavaScript 图表库 plotly.js 之上, 通过 htmlwidgets 框架在本地运行, 然后把结果上传到 plotly 账户, 实现查看交互图及相应的数据, 并进行修改.

plotly 程序包也托管在 Github 上, 其安装方法如下

```
if (!require(devtools)) library(devtools)
install_github("ropensci/plotly")
```

plotly 图的交互是指单击拖动可以放大、按下 shift 键单击可以移动、双击可自动缩放等, 其主函数为 plot_ly().

下面仅通过几个例子展示其功能及效果.

例 5.4.4 1) 散点图: type='scatter', 示例代码如下, 见图 5.81.

```
library(plotly)
p <- plot_ly(data = iris, x = ~Sepal.Length,
             y = ~Petal.Length, type = 'scatter',
             mode = 'markers', symbol = ~Species,
             symbols = c('circle', 'x', 'o'),
             color = I('black'), marker = list(size = 10))
p
```

2) 线图: type="scatter", mode="lines", 示例代码如下, 见图 5.82.

```
data("economics", package = "ggplot2")
p <- plot_ly(economics, x = ~ date,
             y = ~ uempmed, name="uempmed",
             type="scatter", mode="lines") %>%
add_trace(y = ~psavert, name="psavert",
          line=list(color="rgb(205,12,24)", dash="dash"))
p
```

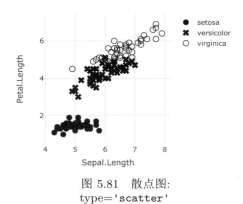

图 5.81   散点图:
type='scatter'

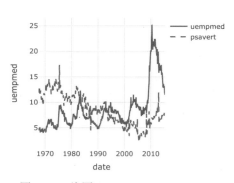

图 5.82   线图:
type="scatter", mode="lines"

3) 条形图: type="bar", 示例代码如下, 见图 5.83.

```
VADeaths <- as.data.frame(VADeaths)
VADeaths$age <- rownames(VADeaths)
p <- plot_ly(VADeaths,x=~age, y=~VADeaths[,2],
          name="Rural Male", type="bar",
             marker=list(color='rgba(222,45,38,0.8)')) %>%
add_trace(y=~VADeaths[,3], name="Rural Female",
          marker=list(color='rgb(204,204,204)')) %>%
layout(title="Death Rates in Virginia (1940)",
   xaxis=list(title=""), # barmode="stack" 累积条形图
   yaxis=list(title=""))
p
```

4) 饼图: type="pie" , 示例代码如下, 见图 5.84.

```
tdata <- as.data.frame(table(mtcars$cyl))
tdata
colors <- c('rgb(211,94,96)', 'rgb(128,133,133)',
             'rgb(144,103,167)')
p <- plot_ly(tdata,labels=~Var1, values=~Freq,
          type="pie",
          textposition="inside",
          textinfo="label+percent",
```

```
            insidetextfont=list(color="#FFFFFF"),
            hoverinfo="text",
            marker=list(colors=colors,
                        line=list(color="#FFFFFF", width=1)),
            showlegend=FALSE) %>%
    layout(title="Number of cylinders %",
        xaxis=list(showgrid=FALSE, zeroline=FALSE,
                showticklabels=FALSE),
        yaxis=list(showgrid=FALSE, zeroline=FALSE,
                showticklabels=FALSE))
p
```

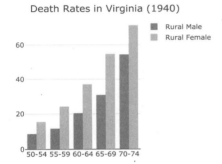

图 5.83　条形图:
type="bar"

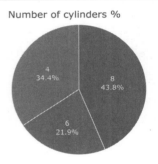

图 5.84　饼图:
type="pie"

5) 气泡图: 通过 `size=` 改变点子的大小, 示例代码如下, 见图 5.85.

```
p <- plot_ly(mtcars, x=~mpg, y=~hp, text=~rownames(mtcars),
            type="scatter", mode="markers",
            marker=list(size=~wt*5,
                        color = 'rgb(255, 65, 54)')) %>%
layout(title="Motor Trend Car Road Tests",
    xaxis=list(showgrid=FALSE),
    yaxis=list(showgrid=FALSE))
p
```

6) 与 ggplot2 结合, 通过 ggplotly() 函数实现交互可视化, 示例代码如下, 见图 5.86 和图 5.87.

```
# 箱线图
p <- ggplot(iris, aes(x=Species, y=Sepal.Length,
                      fill=Species)) +
    geom_boxplot() +
    theme(legend.position = "none") +
    stat_summary(fun.y=mean, geom="point",
                 shape=5, size=4)
ggplotly(p)
# 分面图
p <- ggplot(mpg, aes(displ, hwy)) +
    geom_point() + stat_smooth() +
    facet_wrap(~year)
ggplotly(p)
```

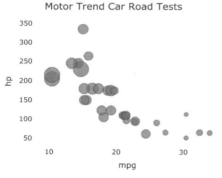

图 5.85 气泡图:
通过 size= 改变点子的大小

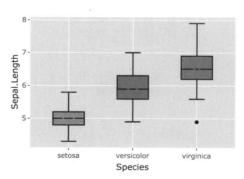

图 5.86 与 ggplot2 结合的箱线图

5.4.4 rbokeh 程序包

bokeh 是一个创建交互式图表和地图的 Python 库, Ryan Hafen 开发了对应的 R 程序包 rbokeh. rbokeh 程序包也托管在 Github 上, 其安装方法如下

```
if (!require(devtools)) library(devtools)
install_github("bokeh/rbokeh")
```

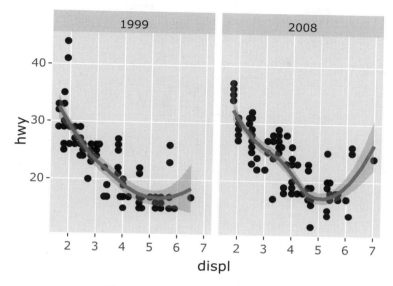

图 5.87 与 ggplot2 结合的分面图

通常, 利用 rbokeh 来绘图需要给图形添加图层, 类似于 ggplot2. 对于创建一个简单的图表, 主要包含以下两个步骤:

1) 通过函数 `figure()` 进行图形初始化. 它有很多参数, 用来设置宽度、高度、标题和坐标轴参数等;

2) 通过函数 `ly_geom()` 指定绘图类型, 如散点图 (`ly_points()`), 线图 (`ly_lines()`), 直方图 (`ly_hist()`), 箱线图 (`ly_boxplot()`) 等, 更多函数见表 5.7. 这些函数中的参数可以用来指定点的大小、颜色以及哪些变量用来显示等.

例 5.4.5 rbokeh 函数使用示例.

1) 散点图: `ly_points()`, 示例代码如下, 见图 5.88.

```
library(rbokeh)
p <- figure(width=800, title ='Sepal.Length VS Sepal.Width',
            xlab = '花萼长', ylab='花萼宽',
            legend_location= 'top_right')
p %>% ly_points(Sepal.Length, Sepal.Width, data = iris,
```

```
                        color = Species, glyph = Species)
```

表 5.7 rbokeh 的常用函数及说明

函数	描述
ly_abline	添加直线
ly_hist	直方图
ly_annulus	圆环图
ly_lines	线图
ly_arc	圆弧图
ly_map	地图
ly_bar	条形图
ly_multi_line	多元直线
ly_boxplot	箱线图
ly_points	散点图
ly_contour	轮廓图
ly_polygons	多边形
ly_curve	曲线图
ly_segments	箭头
ly_density	密度图
ly_text	添加文本
ly_hexbin	六边形二维密度图
ly_wedge	扇形图

2) 增加鼠标悬停

在动态图中, hover 用于指定当鼠标悬停在数据点上时数字如何显示, rbokeh 提供了两种显示方法:

- 使用列表的形式, 如 hover = list(Sepal.Length, Sepal.Width)
- 使用正则表达式, 如 hover = "这种花叫@Species", 请尝试下面的代码.

```
library(rbokeh)
p %>% ly_points(Sepal.Length, Sepal.Width, data = iris,
                color = Species, glyph = Species,
                hover = "这种花叫@Species")
```

3) 添加图例

rbokeh 可能像 ggplot2 一样通过颜色、形状、大小等属性的映射自动添加图例. 对于其他的不具有映射性质的图形元素, 我们可以在绘图函数中通过 `legend` 参数对相应的图层设置图例. 下面的代码给出了一个简单的示例, 见图 5.89.

```
z <- lm(dist ~ speed, data = cars)
figure(width = 600, height = 500) %>%
  ly_points(cars, hover = cars, legend = "data") %>%
  ly_lines(lowess(cars), legend = "lowess") %>%
  ly_abline(z, type = 2, legend = "lm")
```

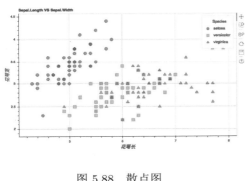

图 5.88 散点图

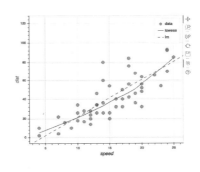

图 5.89 添加图例

4) 设置坐标

rboken 允许我们定制数值型、类别型和日期型的坐标轴, 下面的代码定制 y 轴为 "0,000" 的长数据格式.

```
figure() %>%
  ly_points(rnorm(10), rnorm(10) * 10000) %>%
  y_axis(number_formatter = "numeral", format = "0,000")
```

5.5 R 中的仪表盘

5.5.1 仪表盘的功能与设计

仪表盘是一个产品的基础功能, 旨在利用数据可视化的方式, 将高度复杂的数据转换为有助于解决用户业务问题的关键要素. 仪表盘需要满足两点要求:

1) 数据应以最直观的形式展示, 用户可以马上采取行动;

2) 用户可以灵活操作, 根据数据能够预判接下来可能发生的事情.

因此不管用户花费时间是长是短, 都能在仪表盘上查看到客观有效的信息. 为此在设计仪表盘前我们应该根据用户的需求分析, 明确仪表盘的目标用户、仪表盘的用途以及如何梳理信息的层级; 仪表盘设计涉及两个要素, 即视觉体验与交互体验, 其中视觉设计包括信息的标识、图表的摆放和颜色的选取, 这些在前面不同类型的可视化部分基本都有叙述. 交互设计要通过线框图展示仪表盘页面的布局. 仪表盘的布局由概要、内容和结论组成.

- 概要: 界面顶部显示标题, 概要显示最重要的信息并汇总仪表盘的主要内容;
- 内容: 仪表盘主体, 通过可视化形式提供有关概要的更多详细信息;
- 结论: 页面的最后部分是详细信息和用于查找详细信息的操作列表.

根据浏览顺序, 仪表盘通常分为 F 布局、Z 布局和并列布局, 如图 5.90 所示. 其次是仪表盘的重要组成部分 —— 图表的选择, 图 5.91 所示的图表选择器可以帮助我们决定哪个图表更适合目前的数据. 最后是交互路径与交互模式. 高效的仪表盘结构主要基于两个因素: 其一是良好的可视化能力; 其二是在两个故事之间导航的方式, 即交互路径.

图 5.90　仪表盘的三种布局

通常仪表盘需要经历多个分支交互路径和图表交互, 如图 5.92 所示.

常见的交互模式有关键指标下钻模式、详情说明模式、多图表构成模式, 如图 5.93 所示, 它们的意义如下:

1) 关键指标下钻模式: 该模式通常为可单击的图形, 如条形图和环形图. 使用数据图来驱动关键指标面板, 单击某个细分数据可以显示指标的数据详情;

2) 详情说明模式: 此模式使用关键指标面板来驱动仪表盘, 并通过数据图表为

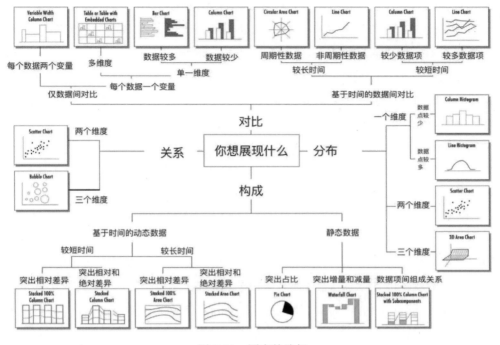

图 5.91　图表的选择

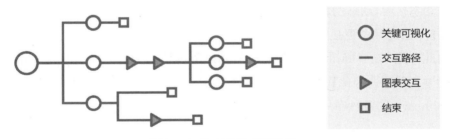

图 5.92　仪表盘的交互路径

图 5.93　仪表盘的三种交互模式

关键指标提供解释说明. 常见说明形式有指标趋势和指标细分;

3) 多图表构成模式: 此模式为一个图表驱动另一个图表. 用户可以单击某个细分数据以查看另一个关联数据图.

更多有关仪表盘的设计可参考 LZ 酱的《数据可视化: 如何打造高效的仪表盘》一文. 下面我们重点介绍基于 R Markdown 的两种建立仪表盘的框架[1]:

1) rmarkdown + flexdashboard + 可视化组间;

2) rmarkdown + shinyboard + 可视化组间;

它们均可以在 Rstudio 中采用 R Markdown 来快速生成, 有关 Rstudio 与 R Markdown 的使用介绍可参见附录 B 和附录 C.

相比之下,

1) flexdashboard 与 shiny 中的扩展 shinydashboard 异曲同工, 其布局灵活, 基本具备了开发简易仪表盘的能力, 而且兼容性很好, 不仅可以满足本地各种格式的输出 (docx,pdf 及各种 TeX 格式), 而且可以输出 html 网页;

2) flexdashboard 的学习门槛要低很多, 两者的区别除了表面的差异之外, rmarkdown 是基于 yaml+knitr 来渲染的, 没有后台服务支持, 输出是一次性的; 而 shiny(shinydashboard) 的学习门槛相对较高, 要有服务端支持. 其优势也更明显, 可以实现动态传参、动态刷新. 除此之外 shiny 的 ui 定制化程度更好, 具备 html+css+js 嵌入功能, 因此具备更强的开发能力.

由此可见, 在学好 flexdashboard 的基础上再学习 shiny 和 shinydashboard 是更好的学习路径. 因此我们仅介绍 flexdashboard, 通过三个典型的可视化组件说明 flexdashboard 的各种布局.

5.5.2 flexdashboard 简介

使用 flexdashboard 程序包, 就可使我们在 Rstudio 的 R Markdown 中将数据的可视化作品以网页仪表盘的方式发布出来, 其中可以嵌入各种各样的组件, 如 html 小部件、R 图形、表格数据和文本注释等, 这些组件可以在网页上指定按行或列进行自适应的布局 (各组件会自动调整大小以填满浏览器). 同时我们还可以创建故事板来呈现可视化图形和相关注释, 充分展示仪表盘的概要、内容和结论. flexdashboard 同时也支持将 shiny 部件嵌入文档来实现可视化的动态更新, 从而有效弥补了

---

[1]Windows 用户还可考虑在 PowerBI 中通过 R 来制作仪表盘.

shinydashboard 不足的短板.

flexdashboard 仪表盘布局可以包含各种各样的组件, 主要有如下几类:

1) 基本的图形 (graphics): 包括基础程序包 graphics, lattice, grid(ggplot2) 中的图形

2) 基本的表格: 包括用 knitr 程序包的 kable 函数实现的静态表格和 DT 程序包实现的能进行排序、过滤和分页的交互式可视化数据表

3) htmlwidgets 包生成的图表: 基于 html 小部件的交互式 JavaScript 数据可视化图形. htmlwidgets 部件是 R 语言中很有特色的一类交互式动态可视化组件, 这些组件通常封装在第三方 js 可视化库中, 而且调用非常简单, 也不需要调整太多的美化参数. 最为常用的交互式组件包括前面已经讲述的交互式可视化绘图程序包 Poltly, rbokeh 和 Highcharter(Highcharts 图), 还有 Leaflet(交互式地图)、dygraphs(交互式时间序列图)、visNetwork(交互式网络图)

4) 单值仪表盘 (gauges)

5) 指标卡 (value boxes)

6) 文件注释 (text annotations): 包括文本框、注释块等

7) 导航栏 (提供与仪表盘相关的更多链接)

5.5.3 flexdashboard 的安装与模板生成

flexdashboard 程序包可从 CRAN 上通过命令

```
install.packages("flexdashboard")
```

或直接在 Rstudio 上安装. 之后我们就可尝试通过 Rstudio 生成一个最为简单的仪表盘模板, 步骤为: 点击 File -> New File -> R Markdown... 触发 New R Markdown 对话框, 在左侧选择 "From Template", 右侧选择 "Flex Dashboard" 并点击 "OK" 就可生成如下所示的 flexdashboard 文件内容. 为了使演示更为生动, 我们将标题改为 "Flexdashboard 仪表盘示例", 而将三个空的 R 代码块用 ggplot2 的散点图拟合、直方图及箱线图代替. 具体示例文件见 flexdashboard-example.Rmd.

```
---
title: "Flexdashboard仪表盘示例"
output:
  flexdashboard::flex_dashboard:
    orientation: columns
```

```
    vertical_layout: fill
---

```{r setup, include=FALSE}
library(flexdashboard)
```

Column {data-width=650}

Chart A
```{r}
library("ggplot2")
mpg2 <- ggplot2::mpg
ggplot(data = mpg2, aes(displ, hwy)) +
  geom_point() + geom_smooth() +
  stat_smooth(method = lm, se = TRUE)
```

Column {data-width=350}

Chart B
```{r}
wdata <- data.frame(
  sex=factor(rep(c("F", "M"), each=200)),
  weight=c(rnorm(200, 55), rnorm(200, 58))
)
ggplot(data = wdata, aes(x = weight, fill=sex)) +
  geom_histogram()
```

Chart C
```{r}
set.seed(100)
dms500 <- diamonds[sample(nrow(diamonds),500),]
```
```

```
ggplot(data = dms500) +
  geom_boxplot(aes(x=carat, y=price, group=factor(cut)))
```

点击"knitr"按钮会提示保存文件 (可取文件名), 之后就会生成一个由 A, B, C 三块组成的仪表盘, 其中 A 在左侧, B 和 C 在右侧. 上面文件的 yaml 部分 (即二组三个点之间的部分) 中"output:"之后的一行定义了此 R Markdown 文档的输出类型 (模板), 此处即为 flexdashboard 仪表盘. 此后的两行我们在后面再说明.

5.5.4　flexdashboard 的实现

flexdashboard 的核心布局理念是基于行列的矩阵型布局, 即整个文档都是在操纵行列布局, 以及侧边栏和 tab 切换, 而其中的各种组件会基于规定好的行列按照规则自适应 (即在有限的空间内根据屏幕变化自适应).

1. flexdashboard 的总体布局

flexdashboard 的布局通过 R Markdown 的标题实现, 各级标题对应的关系如下:

- 三级标题 (###): 用于创建独立的面板 (盒子)
- 二级标题 (##): 等价于一系列的破折号, 用于分割页面 (行列的布局)
- 一级标题 (#): 等价于一系列的等号, 创建独立的页面; 其中嵌入一个或多个仪表盘组件

在默认情况下, 二级标题在仪表板上生成列, 且标题内容将不会显示在输出中, 而三级标题在列中垂直堆叠. 因此在默认情况下, 我们不必在仪表盘上设置列 (即省略"orientation: columns"), 因为它默认会按列的垂直堆放显示.

2. 行列布局选项

通过修改 orientation 选项确定面板 (盒子) 以列导向的布局还是以行导向的布局.

- 默认的 orientation: columns 表示以列导向的布局, 此例中即默认的 A 在左侧, B 和 C 在右侧.
- orientation: rows 表示以行导向的布局, 此例中即默认的 A 在上方, B 和 C 并列在下方.

vertical_layout 选项用于控制整个图表布局的行列布局规则.

- vertical_layout: fill 表示自动按列布局, 所有图表的高度会根据当前页面浏览器高度自适应调整.

- vertical_layout:scroll 表示滚动显示, 即打开的页面浏览器中图表会保持原始大小不变. 倘若竖排的所有图表高度之和大于页面浏览器窗口, 则会自动启动垂直滚动功能.

3. 节属性设置

二级结构头部还可以加入一些属性, 例如:

- 在基于行布局的情况下, 可以为行设置 data-height 属性. 例如由 `data-height=600` 设置行高为 600.

- 在基于列布局的情况下, 可以为列设置 data-width 属性. 例如由 `data-width=350` 设置列宽为 350.

- 在基于列布局的情况下, 可以使用 `.tabset` 使得三级结构以制表符 (tabs) 的形式排列与切换.

4. 页面切换

如果 rmd 文档中有多个一级结构的内容, 那么仪表盘会将每个一级结构分别显示为单独页面, 即一级结构单独构成一个页面. 下面给出一个简单示例:

```
Page 1: Visualizations {data-icon="fa-signal"}
===================================

### Chart A
```{r}
```

Page 2: Tables {data-icon="fa-table"}
===================================

Table B
```{r}
```

Table C
```{r}
```
```

页面标题显示在仪表盘顶部的导航菜单中. 而且, 我们可通过 data-icon 属性将图标应用于页面标题中.

5. 页面二级导航

在上面的每一个页面下可以通过选项 data-navmenu 实现添加二级页面, 并生成下拉式的结构. 下面给出一个简单示例:

```
Page 1 {data-navmenu="Menu A"}
===================================

### Chart A
```{r}

```

Page 2 {data-navmenu="Menu A"}
===================================

Table B
```{r}

```

Table C
```{r}

```

Page 3 {data-navmenu="Menu B"}
===================================

Chart D
```{r}

```

Page 4 {data-navmenu="Menu B"}
===================================

Table E
```{r}

```

Table F
```

```{r}
```

6. 故事板

除了基于列或行布局外, flexdashboard 还支持故事板功能 (类似于专业软件 tableau 中的故事板). 通过故事板（storyboard）布局呈现一些可视化图形或其他说明. 我们可以通过选项 storyboard: true 设定所有的项是否以故事板的形式展示面板 (盒子). 也可以使用 .storyboard 使得三级结构以故事板的形式呈现一个分支状的二级页面. 下面给出一个简单示例:

```
Page 1 {.storyboard}
=====================================
### Chart A
```{r}
```
Table B
```{r}
```
Page 2
=====================================
Table C
```{r}
```
```

5.5.5   一些典型的组件示例

1. 交互式图形: 基于 dygraphs 程序包

```{r setup, include=FALSE}
library(dygraphs)
library(flexdashboard)
```

Lung Deaths (All)
```
```

```
```{r}
dygraph(ldeaths)
```

Lung Deaths (Male)
```{r}
dygraph(mdeaths)
```

Lung Deaths (Female)
```{r}
dygraph(fdeaths)
```
```

2. Tabular 表格

```
### Cars
```{r}
knitr::kable(mtcars)
```
```

3. 交互式表格: 基于 DT 程序包

```
### Cars-1
```{r}
DT::datatable(mtcars, options = list( bPaginate = FALSE))
```
Cars-2
```{r}
DT::datatable(mtcars, options = list(pageLength = 25))
```
```

4. 指标卡 (Value Boxes)

通过指标卡 (数值框) 可直接调用前端 ui 库来实现自定义图标、背景和风格等.

```
### Articles per Day
```{r}
articles <- computeArticles()
valueBox(articles, icon = "fa-pencil")
```

Comments per Day
```{r}
comments <- computeComments()
valueBox(comments, icon = "fa-comments")
```

Spam per Day
```{r}
spam <- computeSpam()
valueBox(spam,icon = "fa-trash",
color = ifelse(spam > 10,"warning", "primary"))
```
```

5. 单值仪表

```
### Contact Rate
```{r}
renderGauge({
  rate <- computeContactRate(input$region)
  gauge(rate, min = 0, max = 100, symbol = '%',
        gaugeSectors(success = c(80, 100),
                     warning = c(40, 79),
                     danger = c(0, 39)
  ))
})
```
```

6. 文本注释

在仪表盘中可以包含额外的叙述说明, 它们可以出现在

1) 页面的顶部;

2) 不含有图表的指示板;

3) 组件中的注释.

```
---
title: "Text Annotations"
output:
  flexdashboard::flex_dashboard:
    orientation: rows
---
Monthly deaths from bronchitis, emphysema and asthma in the
UK, 1974-1979 (Source: P. J. Diggle, 1990, Time Series: A
Biostatistical Introduction. Oxford, table A.3)
### Lung Deaths {data-height=300}
```{r}
dygraph(ldeaths)
```

> All lung monthly deaths in the UK, 1974-1979
About dygraphs {data-height=300}
The dygraphs package provides rich facilities for charting
time-series data in R. You can use dygraphs at the R console,
within R Markdown documents, and within Shiny applications.
Lung Deaths (Male) {data-height=300}
```{r}
dygraph(mdeaths)
```

> Monthly male deaths from lung disease in the UK, 1974-1979
Lung Deaths (Female) {data-height=300}
```{r}
```
```

```
dygraph(fdeaths)
```

> Monthly female deaths from lung disease in the UK, 1974-1979

5.5.6 超链接

1. 嵌入源代码

可以在 yaml 语法头文件中声明该 dashboard 嵌入源代码, 点击链接即可跳转至源代码页面.

```
output:
  flexdashboard::flex_dashboard:
    source_code: embed
```

2. 页面内链接

页面内链接有两种方式

1. 直接指向某一页的标题

2. 重新命名标题后链接

```
Page 1
====================================

Page Links

The first method:

[Page 2]

The second method:

[Page Two](#page-2)

### Chart A

```{r}
```

Page 2
====================================

Chart B

```{r}
```
```

习题

练习 5.1 针对 R 中数据集 `iris`, 使用 lattice 程序包绘制散点图:

   1) 所有观测的 Sepal.Length 对 Petal.Length 的散点图;

   2) 以 Species 为分组变量的 Sepal.Length 对 Petal.Length 的散点图;

   3) 以 Species 为条件变量的 Sepal.Length 对 Petal.Length 的散点图, 并叠加光滑拟合线.

练习 5.2 在 lattice 绘图系统中实现习题 4.4 要求的混合正态分布数据的可视化, 即在同一图上绘制

   1) 样本 y 的频率直方图 (选择适当的小区间数);

   2) 标准正态分布 $N(0,1)$ 的密度函数;

   3) 正态分布 $N(3,(1/2)^2)$ 的密度函数;

   4) 混合正态分布 $0.3*N(0,1)+0.7*N(3,(1/2)^2)$ 的密度函数;

   5) 添加三个密度函数的图例.

练习 5.3 ggplot2 绘图系统提供了 234 个有关汽车销售的数据 mpg, 试按下面的要求绘制分组的箱线图:

   1) 以 class 为分类变量, 数据 hwy (高速公路上每加仑所行的英里数) 的垂直箱线图;

   2) 以 class 为分类变量, 数据 hwy 的水平箱线图.

练习 5.4 gcookbook 程序包中的数据集 `cabbage_exp` 给出了 MASS 程序包中 `cabbages` 数据集的分组均值、标准差、数目及样本均值的标准误差.

   1) 以 Cultivar 变量为填充色绘制 Weight 的并列条形图, 并在条形图上添加 Weight 的标签;

   2) 以 Cultivar 变量为填充色绘制 Weight 的堆叠条形图, 并在条形图上添加 Weight 的标签.

练习 5.5 在 ggplot2 绘图系统中除了使用 `facet_wrap()` 和 `facet_grid()` 外, 也可以借助 patchwork 程序包实现分幅绘图. 请复现并理解下面的代码:

```
library(patchwork)
p1 = ggplot(mpg, aes(displ, hwy)) +
```

```
  geom_point()
p2 = ggplot(mpg, aes(drv, displ)) +
  geom_boxplot()
p3 = ggplot(mpg, aes(drv)) +
  geom_bar()
p1 | (p2 / p3)
```

练习 5.6   ggthemes 程序包是 ggplot2 的主题扩展包, 提供了供 ggplot2 使用的
新主题、标尺、几何对象和一些新函数, 例如通过 theme_*() 函数可快速生成不同的
背景. 试复现并理解下面的代码:

```
library(ggplot2)
library(ggthemes)
library(gridExtra)
p1 <- ggplot(mtcars, aes(x = wt, y = mpg)) +
  geom_point(size=3)
# Economist themes
p2 <- p1 + ggtitle("Economist theme") +
  theme_economist() +
  scale_colour_economist()
# Solarized theme
p3 <- p1 + ggtitle("Solarized theme") +
  theme_solarized() +
  scale_colour_solarized("blue")
grid.arrange(p1, p2, p3, ncol=3)
```

其中图形的并置是通过 ggridExtra 程序包的 grid.arrange() 函数实现的.

练习 5.7   ggExtra 程序包可帮助我们在 ggplot2 的图形边缘添加直方图、箱线图、
核密度图等. 试复现并考查下面的代码:

```
library(ggplot2)
library(ggExtra)
df <- data.frame(x = rnorm(1000, 50, 10),
                 y = rnorm(1000, 50, 10))
```

```
p <- ggplot(df, aes(x, y)) + geom_point() +
  theme_classic()
# 添加边缘直方图
ggExtra::ggMarginal(p, type = "histogram")
# 添加边缘直方图，并用颜色填充和加轮廓线
ggExtra::ggMarginal(p,type = "histogram",
                    colour = "pink",
                    fill = "green")
# 添加边缘箱线图和核密度图
ggExtra::ggMarginal(p, type = "density")
ggExtra::ggMarginal(p,type = "boxplot")
```

练习 5.8   用两种方法画出二元标准正态分布的曲面图

$$f(x,y) = \frac{1}{2\pi}\mathrm{e}^{-\frac{1}{2}\left(x^2+y^2\right)}, \quad (x,y) \in \mathbb{R}^2,$$

其中作图区域在 $[-3, 3; -3, 3]$ 之间.

    1) 使用 `persp()` 函数;

    2) 使用 `lattice` 程序包的 `wireframe()` 函数.

练习 5.9   用不同的交互式可视化工具包绘制 iris(鸢尾花) 数据集的 Sepal.Width(花萼宽) 对 Sepal.Length(花萼长) 的散点图, 并用 Species(种类) 作为不同鸢尾花品种对应点的颜色, 坐标标签用中文表示.

    1) `nPlot()` 函数;

    2) `hPlot()` 函数;

    3) `recharts` 程序包;

    4) `plotly` 程序包;

    5) `rbokeh` 程序包.

练习 5.10   从回归方程

$$y = x^2 - x + \epsilon, \epsilon \sim N(0, 0.64)$$

中产生 100 个数据点 $(x_i, y_i), i = 1, 2, \cdots, 100$, 其中 $x_i \sim U(0, 4)$, 试从散点图出发

进行回归拟合,

    1) 绘制数据点 $(x_i, y_i), i = 1, 2, \cdots, 100$ 的散点图;

    2) 对数据用简单线性回归进行拟合;

    3) 对数据用二次多项式回归进行拟合.

并分别在三个不同的绘图系统中进行可视化展示, 要求三个图绘制在同一个图中.

    1) ggplot2;   2) plotly;   3) rbokeh.

练习 5.11   复现第 5.5.3 小节中的 flexdashboard 的示例.

第 6 章

概率与分布

本 章 概 要

- 随机抽样的实现
- 常用的概率分布及其数字特征
- R 中内嵌的分布

6.1 随机抽样

众所周知, 概率论早期研究的是游戏或赌博等随机现象中有关的概率问题. 这些现象可用抽样来复现, 在 R 中可以通过函数 sample( ) 来实现.

1) 等可能的不放回随机抽样:

```
sample(x, n)
```

其中 x 为要抽取的向量, n 为样本容量. 例如从 52 张扑克牌中随机抽取 4 张可能的结果对应的 R 命令为:

```
sample(1:52, 4)

[1]  9 24 13 27
```

2) 等可能的有放回随机抽样:

```
sample(x, n, replace=TRUE)
```

其中选项 replace=TRUE 表示抽样是有放回的, 此选项省略或为 replace=FALSE 表示抽样是不放回的. 例如抛一枚均匀的硬币 10 次可能的结果在 R 中可表示为:

```
sample(c("H", "T"), 10, replace=T)

[1] "H" "T" "T" "T" "T" "T" "T" "H" "T" "H"
```

掷一颗骰子 10 次可能的结果在 R 中可表示为:

```
sample(1:6, 10, replace=T)

 [1] 5 5 6 6 6 6 3 1 4 2
```

   3) 不等可能的随机抽样:

```
sample(x, n, replace=TRUE, prob=y)
```

其中选项 prob=y 用于指定 x 中元素出现的概率, 向量 y 与 x 等长度. 例如一名
外科医生做手术成功的概率为 0.90, 那么他做 10 次手术可能的结果在 R 中可以表
示为:

```
sample(c("成功", "失败"), 10, replace=T, prob=c(0.9,0.1))

[1] "成功" "成功" "成功" "成功" "成功" "成功" "成功"
[8] "成功" "成功" "成功"
```

若以 1 表示成功, 0 表示失败, 则上述命令可变为:

```
sample(c(1,0), 10, replace=T, prob=c(0.9,0.1))

[1] 1 0 1 0 1 1 1 1 1 1
```

6.2   排列组合与概率的计算

   我们仍以扑克牌为例加以说明.

   例 6.2.1   从一副完全打乱的 52 张扑克中取 4 张, 求以下事件的概率:

1) 抽取的 4 张依次为红心 A, 方块 A, 黑桃 A 和梅花 A 的概率;

2) 抽取的 4 张为红心 A, 方块 A, 黑桃 A 和梅花 A 的概率.

解

1) 抽取的 4 张是有次序的, 因此使用排列来求解. 所求事件 (记为 A) 的概率为

$$P(A) = \frac{1}{52 \times 51 \times 50 \times 49}.$$

在 R 中如下计算得到

```
1/prod(52:49)
[1] 1.539077e-07
```

2) 抽取的 4 张是没有次序的, 因此使用组合数来求解. 所求事件 (记为 B) 的概率为

$$P(B) = \frac{1}{\binom{52}{4}},$$

其中 $\binom{n}{m} = \frac{n!}{m!(n-m)!}$. 在 R 中如下计算得到

```
1/choose(52,4)
[1] 3.693785e-06
```

■

6.3 概率分布

概率论与数理统计是研究随机现象统计规律的一门学科. 对于一个具体的问题, 通常归结为对一个随机变量或随机向量 (X) 的取值及其取值概率的研究, 即对于事件 $P(X \leqslant x)$ 的研究. 这就是随机变量的累积分布函数 (CDF), 记为 $F(x)$. 因此随机变量的统计规律可以用累积分布函数来刻画. 对于离散型随机变量 (取值为有限或可列无限), 其统计规律通常转换为对分布律 (也称为概率质量函数, pmf) $f(x) = P(X = x)$ 的研究, 它与分布函数的关系为 $F(x) = \sum_{t \leqslant x} P(X = t)$; 而对于连续型随机变量 (取值充满整个区间), 其统计规律通常转换为对概率密度函数 (pdf) $f(x)$ 的研究, 它与分布函数的关系为 $F(x) = \int_{-\infty}^{x} f(x)dx$. 下面我们分离散与连续两种情况分别介绍它们的分布律或密度函数, 在此我们不加区分地使用 $f(x)$ 表示.

6.3.1 离散分布的分布律

1) 伯努利分布: $\text{binom}(1, p)$
- 意义: 一试验中有两个事件: 成功 (记为 1) 与失败 (记为 0), 出现的概率是分

别为 p 和 $1 - p$, 则一次试验 (称为伯努利试验) 成功的次数 X 服从一个参数为 p 的
伯努利分布.

- 分布律:

$$f(x|p) = p^x(1 - p)^{1-x}, \quad x = 0, 1 \quad (0 < p < 1).$$

- 数字特征:

$$\mathrm{E}(X) = p, \quad \mathrm{Var}(X) = p(1 - p).$$

2) 二项分布: $\mathtt{binom}(n, p)$
- 意义: 伯努利试验独立地重复 n 次, 则试验成功的次数 X 服从一个参数为
(n, p) 的二项分布.
- 分布律:

$$f(x|n, p) = \binom{n}{p} p^x(1 - p)^{n-x}, \quad x = 0, 1, \ldots, n.$$

- 数字特征:

$$\mathrm{E}(X) = np, \quad \mathrm{Var}(X) = np(1 - p).$$

- 特例: 当 $n = 1$ 时的二项分布为伯努利分布.
3) 多项分布: $\mathtt{M}(n, p_1, \ldots, p_k)$
- 意义: 一试验中有 k 个事件 $A_i, i = 1, 2, \ldots, k$, 且 $P(A_i) = p_i$ $(0 < p_i < 1, \sum_{i=1}^{k} p_i = 1)$. 将此试验独立地重复 n 次, 则事件 $A_1, A_2, \ldots, A_k$ 出现的次数 $(X_1, X_2, \ldots, X_k)$ 服从一个参数为 $(n, \mathbf{p})$ 的多项分布, 其中 $\mathbf{p} = (p_1, p_2, \ldots, p_k)$.
- 分布律:

$$f(x_1, \ldots, x_k|n, \mathbf{p}) = \frac{n!}{x_1! \cdots x_k!} p_1^{x_1} p_2^{x_2} \cdots p_k^{x_k},$$

$$0 \leqslant x_i \leqslant n, \quad \sum_{i=1}^{k} x_i = n.$$

- 数字特征:

$$\mathrm{E}(X_i) = np, \quad \mathrm{Var}(X_i) = np(1 - p), \quad \mathrm{Cov}(X_i, X_j) = -np_ip_j.$$

- 特例: 当 $k = 2$ 时多项分布为二项分布.

4) 几何分布: $\mathrm{Ge}(p)$

- 意义: 伯努利试验独立地重复进行, 一直到成功出现时停止试验, 则试验失败的次数 X 服从一个参数为 p 的几何分布.

- 分布律:

$$f(x|p) = p(1-p)^x, \quad x = 0, 1, 2, \ldots.$$

- 数字特征:

$$\mathrm{E}(X) = \frac{(1-p)}{p}, \quad \mathrm{Var}(X) = \frac{(1-p)}{p^2}.$$

5) 负二项分布: $\mathrm{NB}(k, p)$

- 意义: 伯努利试验独立地重复进行, 一直到出现 k 次成功时停止试验, 则试验失败的次数 X 服从一个参数为 (k, p) 的负二项分布.

- 分布律:

$$f(x|k, p) = \frac{\Gamma(k+x)}{\Gamma(k)\Gamma(x)} p^k (1-p)^x, \quad x = 0, 1, \ldots.$$

- 数字特征:

$$\mathrm{E}(X) = \frac{k(1-p)}{p}, \quad \mathrm{Var}(X) = \frac{k(1-p)}{p^2}.$$

- 特例: 当 $k = 1$ 时负二项分布为几何分布.

6) 超几何分布: $\mathrm{H}(N, M, n)$

- 意义: 从装有 N 个白球和 M 个黑球的罐子中不放回地取出 $k(\leqslant N + M)$ 个球, 则其中的白球数 X 服从超几何分布.

- 分布律:

$$f(x|N, M, k) = \frac{\binom{N}{x}\binom{M}{k-x}}{\binom{N+M}{k}}, \quad x = 0, 1, 2, \ldots, \min\{N, k\}.$$

- 数字特征:

$$\mathrm{E}(X) = \frac{(kN)}{N+M},$$

$$\mathrm{Var}(X) = \left(\frac{N+M-k}{N+M-1}\right)\frac{kN}{N+M}\left(1-\frac{N}{N+M}\right).$$

7) 泊松分布: P(λ)

• 意义: 单位时间、单位长度、单位面积或单位体积中发生某一事件的次数 X 常可以用泊松 (Poisson) 分布来刻画, 例如某段高速公路上一年内的交通事故数和某办公室一天中收到的电话数都可以认为近似地服从泊松分布.

• 分布律:

$$f(x|\lambda) = \frac{\lambda^x}{x!}\mathrm{e}^{-\lambda}, \quad x = 1, 2, \ldots.$$

• 数字特征:

$$\mathrm{E}(X) = \lambda, \quad \mathrm{Var}(X) = \lambda.$$

6.3.2 连续分布的密度函数

1) 均匀分布: $U(a, b)$

• 意义: 区间 $[a, b]$ 上随机投点对应的坐标服从 $[a, b]$ 上的均匀分布.

• 密度函数:

$$f(x|a, b) = \frac{1}{b-a}, \quad a \leqslant x \leqslant b.$$

• 数字特征:

$$\mathrm{E}(X) = \frac{a+b}{2}, \quad \mathrm{Var}(X) = \frac{(b-a)^2}{12}.$$

2) β 分布: Beta(a, b)

• 意义: 在贝叶斯分析中, β 分布常作为二项分布参数的共轭先验分布.

• 密度函数:

$$f(x|a, b) = \frac{1}{B(a, b)}x^{a-1}(1-x)^{b-1}, \quad 0 < x < 1 \quad (a, b > 0).$$

• 数字特征:

$$\mathrm{E}(X) = \frac{a}{a+b}, \quad \mathrm{Var}(X) = \frac{ab}{(a+b)^2(a+b+1)}.$$

• 特例: 当 $a = 1, b = 1$ 时 β 分布为 $[0,1]$ 上的均匀分布.

3) 柯西分布: C(a, b)

- 意义: 柯西分布 (又称为洛仑兹分布) 用于描述共振行为. 以一随机的角度投向 x 轴的水平距离服从柯西分布.

- 密度函数:

$$f(x|a,b) = \frac{1}{\pi b \left[1 + \left(\frac{x-a}{b}\right)\right]}, \quad 0 < x < 1 \quad (a, b > 0).$$

- 数字特征: 均值与方差不存在.

4) 指数分布: $\text{Exp}(\lambda)$

- 意义: 泊松过程的等待时间服从指数分布.

- 密度函数:

$$f(x|\lambda) = \lambda \mathrm{e}^{-\lambda x}, \quad x > 0 \quad (\lambda > 0).$$

- 数字特征:

$$\mathrm{E}(X) = \frac{1}{\lambda}, \quad \mathrm{Var}(X) = \frac{1}{\lambda^2}.$$

5) 韦布尔 (Weibull) 分布: $\text{Wei}(a, b)$

- 意义: 最为常用的寿命分布, 用来刻画滚珠轴承、电子元器件等产品的寿命.

- 密度函数:

$$f(x|a,b) = abx^{b-1}\mathrm{e}^{ax^b}, \quad x > 0 \quad (a, b > 0).$$

- 数字特征:

$$\mathrm{E}(X) = \frac{\Gamma\left(1 + \frac{1}{b}\right)}{a^{1/b}},$$

$$\mathrm{Var}(X) = \frac{\Gamma\left(1 + \frac{2}{b}\right)}{a^{2/b}} - \frac{\left\{\Gamma\left(1 + \frac{1}{b}\right)\right\}^2}{a^{2/b}}.$$

- 特例: 当 $b = 1$ 时韦布尔分布为指数分布.

6) 瑞利 (Rayleigh) 分布: $\text{Ray}(b)$

- 意义: 瑞利分布为韦布尔分布的又一个特例: 它是参数为 $(1/(2b^2), 2)$ 的韦布尔分布.

- 密度函数:

$$f(x|b) = \frac{x}{b^2}\exp\left(-\frac{x^2}{2b^2}\right).$$

- 数字特征:

$$\mathrm{E}(X) = \sqrt{\frac{\pi}{2}}b, \quad \mathrm{Var}(X) = \frac{4-\pi}{2}b^2.$$

7) 正态分布/高斯分布: $N(\mu, \sigma^2)$

- 意义: 高斯分布是概率论与数理统计中最重要的一个分布. 中心极限定理表明, 一个随机变量如果是大量微小的、独立的随机因素的叠加结果, 那么这个变量一定是正态变量. 因此许多随机变量可以用高斯分布表述或近似描述.

- 密度函数:

$$f(x|\mu,\sigma) = \frac{1}{\sqrt{2\pi}\sigma}\mathrm{e}^{-\frac{(x-\mu)^2}{2\sigma^2}}, \quad -\infty < x < \infty \ (-\infty < \mu < \infty, \sigma > 0).$$

- 数字特征:

$$\mathrm{E}(X) = \mu, \quad \mathrm{Var}(X) = \sigma^2.$$

8) 对数正态分布: $\mathtt{LN}(\mu, \sigma^2)$

- 意义: 若 $\ln(X)$ 服从参数为 (μ, σ^2) 的正态分布, 则 X 服从参数为 (μ, σ^2) 的对数正态分布.

- 密度函数:

$$f(x|\mu,\sigma) = \frac{1}{\sqrt{2\pi}\sigma x}\mathrm{e}^{-\frac{(\ln(x)-\mu)^2}{2\sigma^2}}, \quad x > 0 \ (-\infty < \mu < \infty, \sigma > 0).$$

- 数字特征:

$$\mathrm{E}(X) = \exp\left\{\mu + \frac{1}{2}\sigma^2\right\},$$
$$\mathrm{Var}(X) = \mathrm{e}^{\sigma^2}(\mathrm{e}^{\sigma^2} - 1)\mathrm{e}^{2\mu}.$$

9) 逆正态分布: $\mathtt{Inv}\text{-}N(\mu, \lambda)$

- 意义: 正态随机变量的倒数服从的分布.
- 密度函数:

$$f(x|\mu,\lambda) = \sqrt{\frac{\lambda}{2\pi x^3}}\exp{-\frac{\lambda(x-\mu)}{2\mu^2 x}} \ (-\infty < \mu < \infty, \lambda > 0).$$

- 数字特征:

$$\mathrm{E}(X) = \mu, \quad \mathrm{Var}(X) = \frac{\mu^3}{\lambda}.$$

10) Γ 分布: G(a, b)

- 意义: k 个相互独立的参数为 $1/b$ 的指数分布的和服从参数为 (k, b) 的 Γ 分布.

- 密度函数:

$$f(x|a, b) = \frac{1}{\Gamma(a)b^a}x^{a-1}\mathrm{e}^{-x/b}, \quad x > 0 \quad (a > 0, b > 0).$$

- 数字特征:

$$\mathrm{E}(X) = ab, \quad \mathrm{Var}(X) = ab^2.$$

- 特例: 当 $a = 1$ 时 Γ 分布为指数分布; 当 $a = \frac{n}{2}, b = 2$ 时 Γ 分布为 χ^2 分布.

11) 逆 Γ 分布: Inv-G(a, b)

- 意义: Γ 分布随机变量的倒数服从逆 Γ 分布.

- 密度函数:

$$f(x|a, b) = \frac{1}{\Gamma(a)b^a}x^{-(a+1)}\mathrm{e}^{-1/(bx)}, \quad x > 0 \quad (a > 0, b > 0).$$

- 数字特征:

$$\mathrm{E}(X) = \frac{1}{b(a-1)}(a > 1), \quad \mathrm{Var}(X) = \frac{1}{b^2(a-1)^2(a-2)}(a > 2).$$

- 当 $a = \frac{n}{2}, b = 2$ 时逆 Γ 分布为逆 χ^2 分布.

12) χ^2 分布: $\chi^2(n)$

- 意义: n 个独立正态随机变量的平方和服从自由度为 n 的 χ^2 分布.

- 密度函数:

$$f(x|n) = \frac{x^{n/2-1}\mathrm{e}^{-x/2}}{2^{n/2}\Gamma(n/2)}, \quad x > 0.$$

- 数字特征:

$$\mathrm{E}(X) = n, \quad \mathrm{Var}(X) = 2n \ (n > 2).$$

13) 逆 χ^2 分布: Inv-$\chi^2(n)$

- 意义: χ^2 分布随机变量的倒数服从逆 χ^2 分布.
- 密度函数:

$$f(x|n) = \frac{x^{-(n/2+1)}\mathrm{e}^{-1/2x}}{2^{n/2}\Gamma(n/2)}, \quad x > 0.$$

- 数字特征:

$$\mathrm{E}(X) = \frac{1}{n-2} \ (n > 2), \quad \mathrm{Var}(X) = \frac{2}{(n-2)^2(n-4)} \ (n > 4).$$

14) t 分布: $\mathtt{t}(n)$

- 意义: 随机变量 X 与 Y 独立, X 服从标准正态分布, Y 服从自由度为 n 的 χ^2 分布, 则 $T = \frac{X}{\sqrt{Y/n}}$ 服从自由度为 n 的 t 分布.
- 密度函数:

$$f(x|n) = \frac{\left(1 + \frac{x^2}{n}\right)^{-(n+1)/2}}{\sqrt{n}B\left(\frac{1}{2}, \frac{n}{2}\right)}.$$

- 数字特征:

$$\mathrm{E}(X) = 0, \quad \mathrm{Var}(X) = \frac{n}{n-2} \quad (n > 2).$$

15) F 分布: $\mathtt{F}(n,m)$

- 意义: 随机变量 X 与 Y 独立, X 服从自由度为 n 的 χ^2 分布, Y 服从自由度为 m 的 χ^2 分布, 则 $T = \frac{X/n}{Y/n}$ 服从自由度为 (n,m) 的 F 分布.
- 密度函数:

$$f(x|n,m) = \frac{\left(\frac{n}{m}\right)^{n/2} x^{n-2}/2}{B\left(\frac{n}{2}, \frac{m}{2}\right)} \left(1 + \frac{n}{m}x\right)^{-(n+m)/2}.$$

- 数字特征:

$$\mathrm{E}(X) = \frac{m}{m-2} \ (m > 2),$$
$$\mathrm{Var}(X) = \frac{2m^2(n+m-2)}{n(m+2)} \ (n > 2).$$

16) logistic 分布: $\mathtt{Logi}(a,b)$

- 意义: 生态学中的增长模型常用 logistic 分布来刻画, 它也常用于 logistic 回归中.

- 密度函数:

$$f(x|a,b) = \left[1 + \mathrm{e}^{-(x-a)/b}\right]^{-1}.$$

- 数字特征:

$$\mathrm{E}(X) = a, \quad \mathrm{Var}(X) = \frac{\pi^2}{3}b^2.$$

17) Dirichlet 分布: $\mathtt{D}(\alpha_1, \ldots, \alpha_k)$

- 意义: 在贝叶斯分析中可作为多项分布参数的共轭分布. Dirichlet 分布的密度函数表示在已知 k 个竞争事件已经出现了 $\alpha_i - 1$ 次的条件下, 它们出现的概率为 $x_i, i = 1, 2, \ldots, k$ 的信念.
- 密度函数:

$$f(x_1, \ldots, x_k|\alpha) = \frac{1}{B(\alpha)} \prod_{i=1}^{k} x_i^{\alpha_i - 1}, \quad x_i > 0, \sum_{i=1}^{k} x_i = 1 \quad (\alpha_i > 0),$$

其中 $B(\alpha) = \dfrac{\prod_{i=1}^{k} \Gamma(\alpha_i)}{\Gamma(\sum_{i=1}^{k} \alpha_i)}$.

- 数字特征:

$$\mathrm{E}(X) = \frac{\alpha_i}{\alpha_0}, \quad \mathrm{Var}(X) = \frac{\alpha_i(\alpha_0 - \alpha_i)}{\alpha_0^2(\alpha_0 + 1)},$$

$$\mathtt{Cov}(X_i, X_j) = -\frac{\alpha_0 \alpha_i}{\alpha_0^2(\alpha_0 + 1)},$$

其中 $\alpha_0 = \sum_{i=1}^{k} \alpha_i$.

- 特例: 当 $k = 2$ 时 Dirichlet 分布为 β 分布.

18) Pareto 分布: $\mathtt{Pa}(a, b)$

- 意义: 财富的分配的规则 (称为 Pareto 规则) 是大部分的财富 (80%) 被少数人 (20%) 的人拥有, 这可以较好地用 Pareto 分布来刻画.
- 密度函数:

$$f(x|a,b) = \frac{b}{a} \left(\frac{a}{x}\right)^{b+1}, \quad x > a \quad (b > 0).$$

- 数字特征:

$$\mathrm{E}(X) = \frac{a\,b}{b-1}\ (b > 1), \quad \mathrm{Var}(X) = \frac{a^2\,b}{(b-1)^2(b-2)}\ (b > 2).$$

19) 非中心分布. 与前面 χ^2 分布、t 分布和 F 分布相对应还有三个非中心的分布:

- 非中心的 χ^2 分布 —— $\chi^2(n, \mu)$: n 个独立正态随机变量 $N(\mu_i, \sigma^2), i = 1, 2, \ldots, n$ 的平方和服从自由度为 n、非中心参数为 $\mu = \frac{\mu_1^2 + \mu_2^2 + \cdots + \mu_n^2}{\sigma^2}$ 的 χ^2 分布.

- 非中心的 t 分布 —— $t(n, \mu)$: 随机变量 X 与 Y 独立, X 服从标准正态分布, Y 服从自由度为 n 的 χ^2 分布, 则 $T = \frac{X + \mu}{\sqrt{Y/n}}$ 服从自由度为 n、非中心参数为 μ 的 t 分布.

- 非中心的 F 分布 —— $F(n, m, \mu)$: 随机变量 X 与 Y 独立, X 服从自由度为 n、非中心参数为 μ 的非中心 χ^2 分布, Y 服从自由度为 m 的 χ^2 分布, 则 $T = \frac{X/n}{Y/n}$ 服从自由度为 (n, m)、非中心参数为 μ 的 F 分布.

若无特别申明, 通常所说的 χ^2 分布、t 分布和 F 分布都是中心的 χ^2 分布、t 分布和 F 分布.

6.4　R 中内嵌的分布

R 提供了四类有关统计分布的函数: 密度函数、(累积) 分布函数、分位数函数、随机数生成函数. 它们都与分布的英文名称 (或者其缩写) 相对应. 表 6.1 列出了 R 中使用的概率分布, 包括统计分析程序包 stats 中的 18 个 (见第 6.3 节的介绍)、贝叶斯分析马氏链蒙特卡罗程序包 MCMCpack 中的 4 个 (即 Dirichlet 分布、逆 χ^2 分布、Wishart 分布与逆 Wishart 分布)、极值统计分析程序包 evir 中的 2 个函数 (即广义极值分布和广义 Pareto 分布) 和多元正态与 t 分布程序包 mvtnorm 中的 2 个函数. 表 6.1 分别列出了概率分布的英文名称、R 中的函数形式、函数中对应于分布的参数及函数所在的程序包名称.

表 6.1　R 中的概率分布及对应的 R 函数

分布名称	R 函数名[1]	参数	程序包
Beta	_beta	shape1, shape2	stats
Binomial	_binom	size, prob	stats
Cauchy	_cauchy	location=0, scale=1	stats

---

[1]R 函数中的下划线表示该位置可以是 d,p,q,r 四个字母中的一个, 但程序包 MCMCpack 和 mvtnorm 中的 6 个函数仅接受字母 d 和 r. 详见 R 的帮助.

续表

分布名称	R 函数名[1]	参数	程序包
Chi-sqaured (χ^2)	_chisq	df, ncp	stats
Dirichlet	_dirichlet	alpha	MCMCpack
Exponential	_exp	rate	stats
Fisher–Snedecor (F)	_f	df1, df2, ncp	stats
Gamma	_gamma	shape, scale=1	stats
Geometric	_geom	prob	stats
Generalized Extreme Value	_gev	xi,mu,sigma	evir
Generalized Pareto	_gpd	xi=1, mu=0, sigma=1	evir
Hypergeometric	_hyper	m, n, k	stats
Inverse Gamma	_invgamma	shape,rate	MCMCpack
Inverse Wishart	_iwish	v,S	MCMCpack
Logistic	_logis	location=0, scale=1	stats
Lognormal	_lnorm	meanlog=0, sdlog=1	stats
Multinomial	_multinom	size, prob	stats
Multivariate Normal	_mvnorm	mean,sigma	mvtnorm
Multivariate-t	_mvt	sigma=diag(2), df = 1	mvtnorm
Negative binomial	_nbinom	size, prob	stats
Normal	_norm	mean=0, sd=1	stats
Poisson	_pois	lambda	stats
Student's (t)	_t	df	stats
Uniform	_unif	min=0, max=1	stats
Weibull	_weibull	shape, scale=1	stats
Wilcoxon's statistics	_wilcox	m, n	stats

分布名称	R 函数名[1]		参数	程序包
	_signrank		n	stats
Wishart	_wish		v,S	MCMCpack

对于所给的分布名称, 加前缀 "d" (代表密度函数, density) 就得到 R 的密度函数 (对于离散分布, 指分布律); 加前缀 "p" (代表分布函数或概率, CDF) 就得到 R 的分布函数; 加前缀 "q" (代表分位函数, quantile) 就得到 R 的分位数函数; 加前缀 "r" (代表随机模拟, random) 就得到 R 的随机数生成函数. 而且这四类函数的第一个参数是有规律的: 形为 dfunc 的函数为 x, pfunc 的函数为 q, qfunc 的函数为 p, rfunc 的函数为 n (但 rhyper 和 rwilcox 是特例, 它们的第一个参数为 nn). 目前为止, 非中心参数 (non-centrality parameter) 仅对 CDF 和少数其他几个函数有效, 细节请参考在线帮助.

若记 R 中分布的函数名为 func, 则四类函数的调用格式为:

1) 概率密度函数或分布律函数: dfunc(x, p1, p2, ...), 其中 x 为数值向量;

2) (累积) 分布函数: pfunc(q, p1, p2, ...), 其中 q 为数值向量;

3) 分位数函数: qfunc(p, p1, p2, ...), 其中 p 为由概率构成的向量;

4) 随机数生成函数: rfunc(n, p1, p2, ...), 其中 n 为生成数据的个数.

其中 p1, p2, ⋯ 是分布的参数值. 上面的表格中 "参数" 一列的数值是这些函数在被调用时的默认值.

所有的 pfunc 和 qfunc 函数都具有逻辑参数 lower.tail 和 log.p, 而所有的 dfunc 函数都有参数 log. 此外, stats 程序包中还给出了由正态分布样本所生成的学生化极差 (R/s) 统计量的分布函数 ptukey 和分位数函数 qtukey.

最后通过两个例子简单说明一下它们的作用:

1) 查找分布的分位数, 用于计算假设检验中分布的临界值或置信区间的置信限. 例如, 显著性水平为 5% 的正态分布的双侧临界值是:

```
qnorm(0.025)
[1] -1.959964

qnorm(0.975)
[1] 1.959964
```

2) 计算假设检验的 p 值. 比如当自由度 $df = 1$ 的 $\chi^2 = 3.84$ 时的 χ^2 检验的 p 值为

```
1 - pchisq(3.84, 1)
[1] 0.05004352
```

而样本容量为 14 的双边 t 检验的 p 值为

```
2*pt(-2.43, df = 13)
[1] 0.0303309
```

这些函数将在以后的章节中发挥很大的作用.

6.5 应用: 中心极限定理

6.5.1 中心极限定理

正态分布在概率统计中起着至关重要的作用, 其中的一个原因是当独立观察 (试验) 的样本容量 n 足够大时, 所观察的随机变量 $X_1, X_2, \ldots, X_n$ 的和近似服从正态分布 (假定 $\mathrm{E}(X_i) = \mu, \mathrm{Var}(X_i) = \sigma^2$ 存在), 即

$$\frac{\sum_{i=1}^n X_i - n\mu}{\sqrt{n}\sigma} \stackrel{\cdot}{\sim} N(0,1) \quad (n \to \infty),$$

或

$$\overline{X} = \frac{\sum_{i=1}^n X_i}{n} \stackrel{\cdot}{\sim} N\left(\mu, \frac{\sigma^2}{n}\right) \quad (n \to \infty).$$

6.5.2 渐近正态性的图形检验

下面的函数给出了从图形上考查一个由已知分布 (R 中已经提供的或自己定义的) 所产生的容量为 n 的样本 (可以为向量) 经标准化变换后趋于标准正态分布的近似程度.

```
limite.central <- function (r=runif, distpar=c(0,1), m=.5,
                            s=1/sqrt(12),
                            n=c(1,3,10,30), N=1000) {
  for (i in n) {
    if (length(distpar)==2){
       x <- matrix(r(i*N, distpar[1], distpar[2]), nc=i)
```

```
    }
    else {
        x <- matrix(r(i*N, distpar), nc=i)
    }
    x <- (apply(x, 1, sum) - i*m )/(sqrt(i)*s)
    hist(x,col='light blue', probability=T, main=paste("n=",i),
         ylim=c(0, max(.4, density(x)$y)))
    lines(density(x), col='red', lwd=3)
    curve(dnorm(x), col='blue', lwd=3, lty=3, add=T)
    if( N>100 ) {
      rug(sample(x, 100))
    }
    else {
      rug(x)
    }
  }
}
```

此函数的默认值为:

1) 分布为 $[0,1]$ 上的均匀分布, 否则用选项 `r=` 声明;

2) 分布的均值为 0.5, 否则用选项 `m=` 声明;

3) 分布的标准差为 $1/\sqrt{12}$, 否则用选项 `s=` 声明;

4) 样本容量有 4 个: 1, 3, 10 , 30, 否则用选项 `n=` 声明;

5) 重复次数为 1000, 否则用选项 `N=` 声明.

对于函数中用到的作图函数作一简单说明:

1) `hist(x, ...)` 用于作出 x 的直方图;

2) `lines(density(x), ...)` 计算 x 的核密度估计值 (窗宽为 bw=1), 并连成线;

3) `curve(dnorm(x), ...)` 计算 x 处标准正态分布的密度函数值, 并连成线;

4) `rug(x)` 在横坐标处用小的竖线画出 x 出现的位置.

有关的其他作图参数, 参见第 4 章的说明或通过 R 的帮助函数了解. 如果将程序中的 x 改为样本的标准化值, 就可检验一般样本的渐近正态性.

6.5.3 举例

二项分布: $\text{binom}(10, 0.1)$

```
op <- par(mfrow=c(2,2))
limite.central(rbinom, distpar=c(10 ,0.1), m=1, s=0.9)
par(op)
```

得到图 6.1.

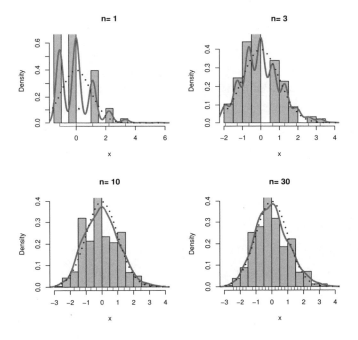

图 6.1   二项分布的渐近正态性

泊松分布: $\text{pois}(1)$

```
op <- par(mfrow=c(2,2))
limite.central(rpois, distpar=1, m=1, s=1, n=c(3, 10, 30 ,50))
par(op)
```

得到图 6.2.

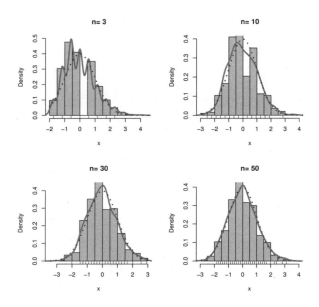

图 6.2　泊松分布的渐近正态性

均匀分布: $\mathrm{unif}(0,1)$

```
op <- par(mfrow=c(2,2))
limite.central( )
par(op)
```

得到图 6.3.

指数分布: $\exp(1)$

```
op <- par(mfrow=c(2,2))
limite.central(rexp, distpar=1, m=1, s=1)
par(op)
```

得到图 6.4.

正态混合分布: $\frac{1}{2}\mathrm{norm}(-3,1) + \frac{1}{2}\mathrm{norm}(3,1)$

```
op <- par(mfrow=c(2,2))
mixn <- function (n, a=-1, b=1)
```

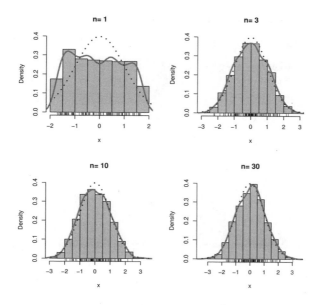

图 6.3 均匀分布的渐近正态性

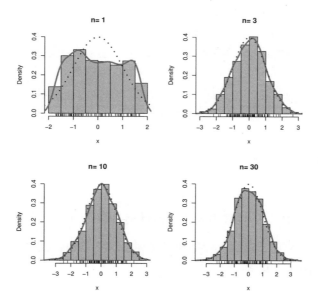

图 6.4 指数分布的渐近正态性

```
        {rnorm(n, sample(c(a,b),n,replace=T))}
limite.central(r=mixn, distpar=c(-3,3),
        m=0, s=sqrt(10), n=c(1,2,3,10))
par(op)
```

得到图 6.5.

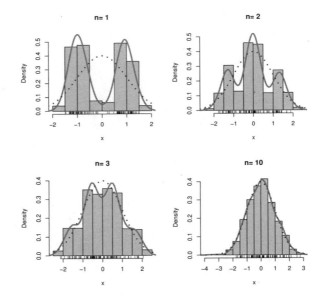

图 6.5 正态混合分布的渐近正态性

习题

练习 6.1 从 1 到 100 个自然数中随机不放回地抽取 5 个数, 并求它们的和.

练习 6.2 从一副扑克牌 (52 张) 中随机抽 5 张, 求下列事件发生的概率

1) 抽到的是 10,J,Q,K,A;

2) 抽到的是同花顺.

练习 6.3 从正态分布 $N(100, 100)$ 中随机产生 1000 个随机数,

1) 作出这 1000 个正态随机数的直方图;

2) 从这 1000 个随机数中随机有放回地抽取 500 个, 作出其直方图;

3) 比较它们的样本均值与样本方差.

练习 6.4 模拟随机游动: 从标准正态分布中产生 1000 个随机数, 并用函数 cumsum( ) 作出累积和, 最后使用命令 plot( ) 作出随机游动的示意图.

练习 6.5 从标准正态分布中随机产生 100 个随机数, 由此数据求总体均值的 95% 置信区间, 并与理论值进行比较.

练习 6.6 用本章给出的函数 limite.central( ), 从图形上验证当样本容量足够大时, 从 β 分布 Beta$(1/2, 1/2)$ 抽取的样本均值近似服从正态分布.

练习 6.7 除本章给出的标准分布外, 非标准的随机变量 X 的抽样可通过格式点离散化方法实现. 设 $p(x)$ 为 X 的密度函数, 其抽样步骤如下:

1) 在 X 的取值范围内等间隔地选取 N 个点 $x_1, x_2, \ldots, x_N$, 例如取 $N = 1000$;

2) 计算 $p(x_i), i = 1, 2, \ldots, N$;

3) 正则化 $p(x_i), i = 1, 2, \ldots, N$, 使其成为离散的分布律, 即每一项除以 $\sum_{i=1}^{N} p(x_i)$;

4) 按离散分布抽样方法使用命令 sample( ) 从 $x_i, i = 1, 2, \ldots, N$, 有放回地抽取 n 个数, 例如 $n = 1000$.

试以标准正态分布为例来说明. 为与 R 中的正态抽样函数 rnorm( ) 进行比较, 将作图区域分为左右两部分分别作图:

1) 使用 rnorm( ) 抽取 $n = 1000$ 个标准正态随机数, 并在左侧区域画出相应的直方图和核密度估计曲线;

2) 用格子点离散化抽样方法完成抽样, 并在右侧区域画出相应的直方图和核密度估计曲线, 离散化所用的 $N = 1000, n = 1000$, 取点范围为 $[-4, 4]$.

第 7 章

探索性数据分析

本 章 概 要

- 探索性数据分析的思想
- 分布的图形概括
- 单组数据的描述性统计分析
- 多组数据的描述性统计分析
- 分组数据的描述性统计分析
- 分类数据的描述性统计分析

数据的统计分析分为描述性统计分析和统计推断两部分, 前者又称为探索性统计分析, 通过绘制统计图形、编制统计表格、计算统计量等方法来探索数据的主要分布特征, 揭示其中存在的规律. 探索性数据分析是进行后期统计推断的基础. 本章针对不同类型的数据通过 R 函数介绍探索性数据分析的技巧, 分别从图形和描述性统计量 (包括样本的均值、标准差、分位数、偏度、峰度等) 刻画数据中存在的主要特征.

7.1 常用分布的概率函数图

了解总体分布的形态, 有助于把握样本的基本特征. 我们先通过具体的例子考查第 6 章中提到的一些常用分布的概率函数 (对于离散分布指分布律, 对于连续分布指其密度函数) 的图形.

二项分布

```
n <- 20
p <- 0.2
k <- seq(0,n)
plot(k,dbinom(k,n,p), type='h',
```

```
    main='Binomial distribution, n=20, p=0.2', xlab='k')
```

得到图 7.1.

泊松分布

```
lambda <- 4.0
k <- seq(0,20)
plot(k,dpois(k,lambda), type='h',
    main='Poisson distribution, lambda=4.0', xlab='k')
```

得到图 7.2.

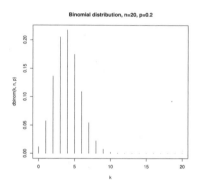 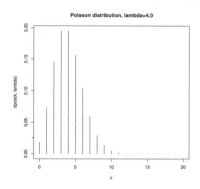

图 7.1   二项分布的分布律图   图 7.2   泊松分布的分布律图

几何分布

```
p <- 0.5
k <- seq(0,10)
plot(k,dgeom(k,p), type='h',
    main='Geometric distribution, p=0.5', xlab='k')
```

得到图 7.3.

超几何分布

```
N <- 30
M <- 10
n <- 10
k <- seq(0,10)
plot(k,dhyper(k,N,M,n), type='h',
    main='Hypergeometric distribution,
    N=30, M=10, n=10', xlab='k')
```

得到图 7.4.

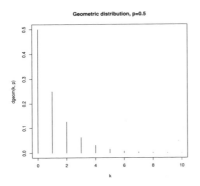

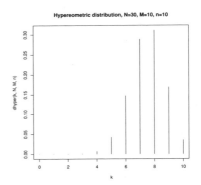

图 7.3 几何分布的分布律图   图 7.4 超几何分布的分布律图

负二项分布

```
n <- 10
p <- 0.5
k <- seq(0,40)
plot(k, dnbinom(k,n,p), type='h',
    main='Negative Binomial distribution,
    n=10, p=0.5', xlab='k')
```

得到图 7.5.

正态分布

```
curve(dnorm(x,0,1), xlim=c(-5,5), ylim=c(0,.8),
      col='red', lwd=2, lty=3)
curve(dnorm(x,0,2), add=T, col='blue', lwd=2, lty=2)
curve(dnorm(x,0,1/2), add=T, lwd=2, lty=1)
title(main="Gaussian distributions")
legend(par('usr')[2], par('usr')[4], xjust=1,
      c('sigma=1', 'sigma=2', 'sigma=1/2'),
      lwd=c(2,2,2), lty=c(3,2,1),
      col=c('red', 'blue', par("fg")))
```

得到图 7.6.

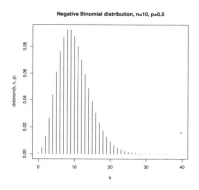

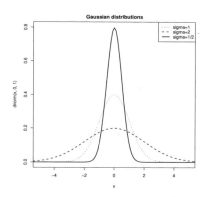

图 7.5　负二项分布的分布律图 　　　　图 7.6　正态分布的密度函数图

t 分布

```
curve(dt(x,1), xlim=c(-3,3), ylim=c(0,.4),
      col='red', lwd=2, lty=1)
curve(dt(x,2), add=T, col='green', lwd=2, lty=2)
curve(dt(x,10), add=T, col='orange', lwd=2, lty=3)
curve(dnorm(x), add=T, lwd=3, lty=4)
title(main="Student T distributions")
legend(par('usr')[2], par('usr')[4], xjust=1,
```

```
     c('df=1', 'df=2', 'df=10', 'Gaussian distribution'),
     lwd=c(2,2,2,2), lty=c(1,2,3,4),
     col=c('red', 'blue', 'green', par("fg")))
```

得到图 7.7.

χ^2 分布

```
curve(dchisq(x,1), xlim=c(0,10), ylim=c(0,.6),
      col='red', lwd=2)
curve(dchisq(x,2), add=T, col='green', lwd=2)
curve(dchisq(x,3), add=T, col='blue', lwd=2)
curve(dchisq(x,5), add=T, col='orange', lwd=2)
abline(h=0,lty=3)
abline(v=0,lty=3)
title(main='Chi square Distributions')
legend(par('usr')[2], par('usr')[4], xjust=1,
       c('df=1', 'df=2', 'df=3', 'df=5'), lwd=3, lty=1,
       col=c('red', 'green', 'blue', 'orange')
       )
```

得到图 7.8.

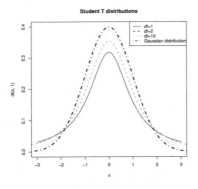

图 7.7 t 分布的密度函数图

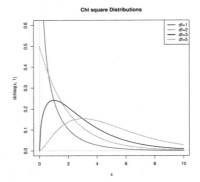

图 7.8 χ^2 分布的密度函数图

F 分布

```
curve(df(x,1,1), xlim=c(0,2), ylim=c(0,.8), lty=1)
curve(df(x,3,1), add=T, lwd=2,lty=2)
curve(df(x,6,1), add=T, lwd=2, lty=3)
curve(df(x,3,3), add=T, col='red', lwd=3,lty=4)
curve(df(x,3,6), add=T, col='blue', lwd=3,lty=5)
title(main="Fisher's F distributions")
legend(par('usr')[2], par('usr')[4], xjust=1,
       c('df=(1,1)', 'df=(3,1)', 'df=(6,1)',
         'df=(3,3)', 'df=(3,6)'),
       lwd=c(1,2,2,3,3), lty=c(1,2,3,4,5),
       col=c(par("fg"), par("fg"), par("fg"),
            'red', 'blue'))
```

得到图 7.9.

对数正态分布

```
curve(dlnorm(x), xlim=c(-.2,5), ylim=c(0,1.0), lwd=2)
curve(dlnorm(x,0,3/2), add=T, col='blue', lwd=2, lty=2)
curve(dlnorm(x,0,1/2), add=T, col='orange', lwd=2, lty=3)
title(main="Log normal  distributions")
legend(par('usr')[2], par('usr')[4], xjust=1,
       c('sigma=1', 'sigma=3/2', 'sigma=1/2'),
       lwd=c(2,2,2), lty=c(1,2,3),
       col=c(par("fg"), 'blue', 'orange' ))
```

得到图 7.10.

柯西分布

```
curve(dcauchy(x),xlim=c(-5,5), ylim=c(0,.5), lwd=3)
curve(dnorm(x), add=T, col='red', lty=2)
legend(par('usr')[2], par('usr')[4], xjust=1,
```

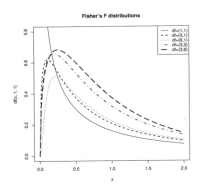
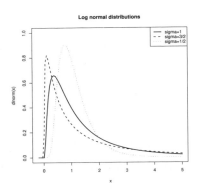

图 7.9　F 分布的密度函数图　　　　图 7.10　对数正态分布的密度函数图

```
c('Cauchy distribution', 'Gaussian distribution'),
lwd=c(3,1), lty=c(1,2),
col=c(par("fg"), 'red'))
```

得到图 7.11.

韦布尔分布

```
curve(dexp(x), xlim=c(0,3), ylim=c(0,2))
curve(dweibull(x,1), lty=3, lwd=3, add=T)
curve(dweibull(x,2), col='red', add=T)
curve(dweibull(x,.8), col='blue', add=T)
title(main="Weibull distributions")
legend(par('usr')[2], par('usr')[4], xjust=1,
       c('Exponential', 'Weibull, shape=1',
         'Weibull, shape=2', 'Weibull, shape=.8'),
       lwd=c(1,3,1,1), lty=c(1,3,1,1),
       col=c(par("fg"), par("fg"), 'red', 'blue'))
```

得到图 7.12.

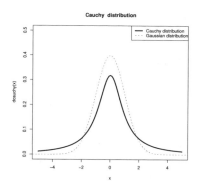

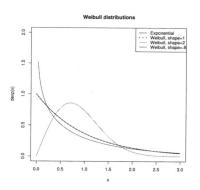

图 7.11　柯西分布的密度函数图　　　图 7.12　韦布尔分布的密度函数图

Γ 分布

```
curve( dgamma(x,1,1), xlim=c(0,5), lwd=2, lty=1 )
curve( dgamma(x,2,1), add=T, col='red', lwd=2, lty=2 )
curve( dgamma(x,3,1), add=T, col='green', lwd=2, lty=3 )
curve( dgamma(x,4,1), add=T, col='blue', lwd=2, lty=4 )
curve( dgamma(x,5,1), add=T, col='orange', lwd=2, lty=5 )
title(main="Gamma distributions")
legend(par('usr')[2], par('usr')[4], xjust=1,
       c('k=1 (Exponential distribution)',
         'k=2', 'k=3', 'k=4', 'k=5'),
       lwd=c(2,2,2,2,2), lty=c(1,2,3,4,5),
       col=c(par('fg'), 'red', 'green', 'blue', 'orange') )
```

得到图 7.13.

β 分布

```
curve( dbeta(x,1,1), xlim=c(0,1), ylim=c(0,4) )
curve( dbeta(x,3,1), add=T, col='green' )
curve( dbeta(x,3,2), add=T, lty=2, lwd=2 )
curve( dbeta(x,4,2), add=T, lty=2, lwd=2, col='blue' )
curve( dbeta(x,2,3), add=T, lty=3, lwd=3, col='red' )
```

```
curve( dbeta(x,4,3), add=T, lty=3, lwd=3, col='orange' )
title(main="Beta distributions")
legend(par('usr')[1], par('usr')[4], xjust=0,
       c('(1,1)', '(3,1)', '(3,2)',
         '(4,2)', '(2,3)', '(4,3)' ),
       lwd=c(1,1, 2,2, 3,3), lty=c(1,1, 2,2, 3,3),
       col=c(par('fg'), 'green', par('fg'),
             'blue', 'red', 'orange' ))
```

得到图 7.14.

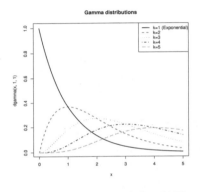

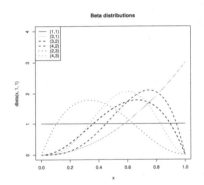

图 7.13   Γ 分布的密度函数图   图 7.14   β 分布的密度函数图

7.2   直方图与密度函数的估计

7.2.1   直方图

　　直方图是探索性数据分析的基本工具, 它给出了数据的频率分布图形, 在组距相等的场合下常用宽度相等的长条矩形表示, 矩形的高低表示频率的大小. 在图形上, 横坐标表示所关心变量的取值区间, 纵坐标表示频率 (或频数) 的大小, 这样就得到频率 (或频数) 直方图. 直方图的形状与我们所选择的各组小区间的端点有关, 故在选择小区间数量或端点时我们要谨慎.

　　R 使用函数 hist( ) 来画直方图, 其常用的调用格式如下:

```
hist(x, breaks = "Sturges", freq = NULL, probability = !freq,
     col = NULL, main = paste("Histogram of" , xname),
     xlim = range(breaks), ylim = NULL,
     xlab = xname, ylab, axes = TRUE, nclass = NULL)
```

说明: 选项 `breaks` 可指定三种类型的直方图小区间. 可取名字"Sturges"(默认值), "Scott"和"FD", 分别表示用 Sturges, Scott 和 Freedman-Diaconis 算法确定小区间的个数; 若取向量, 则用于指明直方图小区间的分割位置; 若取正整数, 则用于指定直方图小区间的数目. `freq` 取 `TRUE` (或 T) 表示使用频数画直方图, 取 `FALSE`(或 F) 则表示使用频率画直方图. `probability` 与 `freq` 恰好相反. `col` 用于指明小矩形的颜色. 其他选项可参考 `hist( )` 的帮助说明. 后面我们还将给出 `hist( )` 的两种拓展.

7.2.2 核密度估计

样本的直方图粗略地描述了样本的分布, 我们还可以用函数 `density( )` 得到样本的核密度估计值, 并用 `lines( )` 得到密度估计的曲线. `density( )` 常用的调用格式如下:

```
density(x, bw = "nrd0",
        kernel = c("gaussian", "epanechnikov", "rectangular",
                   "triangular", "biweight", "cosine",
                   "optcosine"),
        n = 512, from, to)
```

说明: 选项 `bw` 指定核密度估计的窗宽, 也用字符串表示窗宽选择规则, 具体可参考函数 `bw.nrd( )`. `kernel` 为核密度估计所使用的光滑化函数, 默认为正态核函数. `n` 给出等间隔的核密度估计点. `from` 与 `to` 分别给出需要计算核密度估计的左右端点. 其他选项可参考 `density( )` 的在线帮助[1].

下面看两个模拟例子.

例 7.2.1 从二项分布 binom(100,0.9) 中抽取容量为 $N = 100000$ 的样本, 试作出它的直方图及核密度估计曲线.

---

[1]样本的密度函数估计也可用局部多项式估计程序包 `locfit` 中的 `density.lf( )` 函数实现.

```
N <- 100000
n <- 100
p <- .9
x <- rbinom(N,n,p)
hist(x,
     xlim=c(min(x),max(x)), probability=T,
     nclass=max(x)-min(x)+1, col='lightblue',
     main='Binomial distribution, n=100, p=.9')
lines(density(x,bw=1), col='red', lwd=3)
```

得到图 7.15.

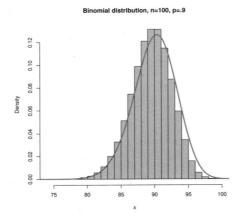

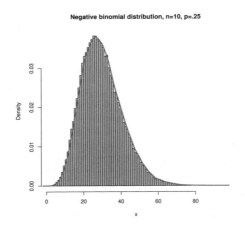

图 7.15　二项分布的样本的直方
图与核密度函数图

图 7.16　负二项分布的样本的直
方图与核密度函数图

例 7.2.2　从负二项分布 nbinom(10,0.25) 中抽取容量为 $N = 100000$ 的样本.
试作出它的直方图及核密度估计曲线.

```
N <- 100000
x <- rnbinom(N, 10, .25)
hist(x,
     xlim=c(min(x),max(x)), probability=T,
     nclass=max(x)-min(x)+1, col='lightblue',
     main='Negative binomial distribution, n=10, p=.25')
```

```
lines(density(x,bw=1), col='red', lwd=3)
```

得到图 7.16.

7.3 单组数据的描述性统计分析

7.3.1 单组数据的图形描述

单组数据的分布可以通过上面介绍的直方图以及茎叶图和箱线图 (又称为框须图) 考查.

例 7.3.1   程序包 DAAG 中有内嵌数据集 "possum", 它包括了从维多利亚南部到皇后区的 7 个地区的 104 只负鼠 (possum) 的年龄、尾巴的长度 (cm)、总长度 (cm) 等 9 个特征值, 我们仅考虑 43 只雌性负鼠的特征值, 我们建立子集 fpossum, 考查这些雌性负鼠的总长度的频率分布.

直方图

```
library(DAAG)
data(possum)
fpossum <- possum[possum$sex=="f",]
par(mfrow=c(1,2))
attach(fpossum)
hist(totlngth,breaks=72.5+(0:5)*5,
     ylim=c(0,22), xlab="total length",
     main="A:Breaks at 72.5,77.5…")
hist(totlngth,breaks=75+(0:5)*5,
     ylim=c(0,22), xlab="total length",
     main="B:Breaks at 75,80…")
```

得到图 7.17 的左图与右图. 两个图的唯一不同之处是选择的区间端点不同, 我们可以看到左边的图不对称, 而右边的图显示该分布是对称的.

茎叶图

茎叶图也是考查数据分布的重要方法, 我们仍然考虑上面的雌性负鼠的总长度.

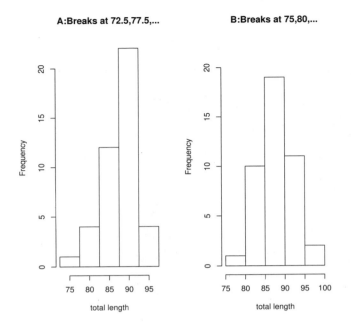

图 7.17 雌性负鼠的直方图

```
stem(fpossum$totlngth)
```

得到

```
The decimal point is at the |
74 | 0
76 |
78 |
80 | 05
82 | 0500
84 | 05005
86 | 05505
88 | 0005500005555
90 | 5550055
92 | 000
94 | 05
```

```
96 | 5
```

说明: 左边的"茎"是长度 (cm) 的整数部分, 右边的"叶"是小数点后边的部分. 由于数据采用了近似, 所以右边只有 0 与 5, 显然"叶"的部分是左边长度 (cm) 整数部分的频数. 图中有 43 个的数据, 中位数是第 22 个. 可知从上至下第 22 个叶对应的茎是 88, 叶是 5, 因此样本中位数应该是 88.5. 茎叶图的外观很像横放的直方图, 但茎叶图中的叶增加了具体的数值, 从而保留了数据更多的信息.

箱线图

箱线图, 又称为框须图、盒形图, 是五数 (最小值、第三四分位数、中位数、第一四分位数、最大值) 的图形概括, 它也是数据分析的一种有效的工具, 可用来对数据分布的形状进行大致的判断. 在 R 中使用函数 boxplot( ) 作箱线图. boxplot( ) 的调用格式如下:

```
boxplot(formula, data = NULL, ..., subset, na.action = NULL)
```

说明: formula 是指明箱线图的作图规则 ($y \sim grp$, 表示数值变量 y 根据因子 grp 分类), data 说明数据的来源. 我们来看一下雌性负鼠的箱线图,

```
library(DAAG)
data(possum)
fpossum <- possum[possum$sex=="f",]
boxplot(fpossum$totlngth)
```

得到图 7.18. 箱 (盒) 子中的五根横线对应的坐标分别是最小值、第一四分位数、中位数、第三四分位数和最大值.

正态性检验

1) 使用 QQ 图

```
qqnorm(fpossum$totlngth,
       main="Normality Check via QQ Plot")
qqline(fpossum$totlngth, col='red')
```

得到图 7.19. 图 7.19 表明数据与正态性略有差异, 特别在图形的中部.

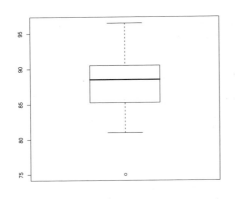

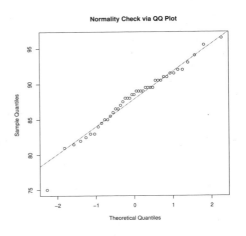

图 7.18　雌性负鼠的箱线图　　　　　图 7.19　雌性负鼠的 QQ 图

2) 与正态密度函数比较

```
dens <- density(totlngth)
xlim <- range(dens$x); ylim <- range(dens$y)
par(mfrow=c(1,2))
hist(totlngth, breaks=72.5+(0:5)*5,
     xlim=xlim, ylim=ylim,
     probability=T, xlab="total length",
     main="A:Breaks at 72.5,77.5...")
lines(dens,col=par('fg'), lty=2)
m <- mean(totlngth)
s <- sd(totlngth)
curve( dnorm(x, m, s), col='red', add=T)
hist(totlngth,breaks=75+(0:5)*5,
     xlim=xlim, ylim=ylim,
     probability=T, xlab="total length",
     main="B:Breaks at 75,80...")
lines(dens,col=par('fg'),lty=2)
m <- mean(totlngth)
s <- sd(totlngth)
curve( dnorm(x, m, s), col='red', add=T)
```

得到图 7.20. 图 7.20 表明数据 `totlngth` 与正态性也略有差异. 进一步需要使用统计量进行正态性检验.

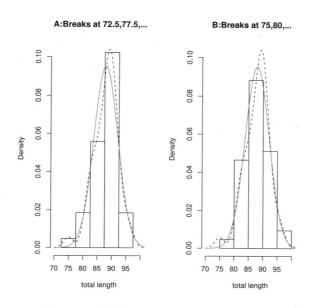

图 7.20 雌性负鼠的核密度与正态分布的比较

3) 使用经验分布函数

```
x <- sort(totlngth)
n <- length(x)
y <- (1:n)/n
m <- mean(totlngth)
s <- sd(totlngth)
plot(x,y, type='s', main="empirical cdf of ")
curve(pnorm(x,m,s),col='red', lwd=2, add=T)
```

得到图 7.21. 结论与前面类似.

7.3.2 单组数据的描述性统计

样本来自总体, 样本的观测值中含有总体各方面的信息, 但这些信息较为分散, 有时显得杂乱无章. 为将这些分散在样本中的有关总体的信息集中起来以反映总体的各种特征, 需要对样本进行加工得到统计量. 均值、标准差、五数 (最小值、第三四

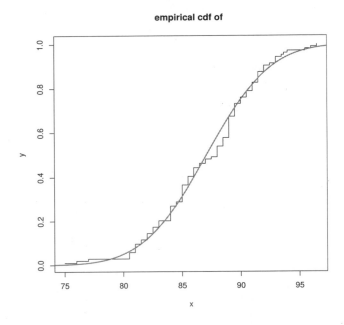

图 7.21 雌性负鼠的经验分布

分位数、中位数、第一四分位数、最大值) 是数据的主要统计量, 它们对数据的进一步分析很有帮助.

概括性描述

在 R 中, 函数 summary( ) 对数据做出概括性描述, 计算出单组数据的均值和五数. 仍然用上一节的例子, 考虑雌性负鼠总长度的概括性描述.

```
summary(fpossum$totlngth)
```

得到

```
   Min. 1st Qu.  Median    Mean 3rd Qu.    Max.
  75.00   85.25   88.50   87.91   90.50   96.50
```

如果只需要均值可以利用函数 mean( ) 实现.

```
mean(fpossum$totlngth)
[1] 87.90698
```

五数及样本分位数概括

计算数据的五数用函数 fivenum( ). 若要得到分位数用函数 quantile( ), 计算中位数使用函数 median( ), 最大值使用函数 max( ), 最小值使用函数 min( ). 我们在第 2 章中提过, 计算更多概率值的样本分位数, 可使用选项 probs. 以雌性负鼠的总长度为例:

```
fivenum(fpossum$totlngth)
[1] 75.00 85.25 88.50 90.50 96.50

quantile(fpossum$totlngth)
    0%    25%    50%    75%   100%
 75.00  85.25  88.50  90.50  96.50

quantile(fpossum$totlngth, prob=c(0.25,0.5,0.75))
   25%    50%    75%
 85.25  88.50  90.50

median(fpossum$totlngth)
[1] 88.5

max(fpossum$totlngth)
[1] 96.5

min(fpossum$totlngth)
[1] 75
```

离差的概括

样本的平均水平可以用上面介绍的平均值函数 mean( ) 和中位数函数 median( ) 来计算. 样本的变异程度可以用极值 (max( )-min( ))、四分位极值函数 (IQR( ))、标准差函数 (sd( ))、方差函数 var( ) 和绝对离差函数 (mad( )) 等来表示. 方差函数 var( ) 也可用于计算两个向量的协方差或一个矩阵的协方差阵. 对于向量 $\boldsymbol{x} = (x_1, \dots, x_n)$, sd( ) 的定义为

$$\mathrm{sd}(\boldsymbol{x}) = \sqrt{\frac{\sum_{i=1}^{n}(x_i - \bar{x})}{n-1}}.$$

mad( ) 在 R 中的定义为

```
1.4826*median(abs(x-median(x)))
```

其中系数 1.4826 约等于 1/qnorm(3/4), 目的是使 mad(x) 作为方差的估计具有一致性 (在正态或大样本下). 仍以雌性负鼠的总长度为例:

```
max(fpossum$totlngth)-min(fpossum$totlngth)
[1] 21.5

IQR(fpossum$totlngth)
[1] 5.25

sd(fpossum$totlngth)
[1] 4.182241

sd(fpossum$totlngth)^2
[1] 17.49114

var(fpossum$totlngth)
[1] 17.49114

mad(fpossum$totlngth)
[1] 3.7065
```

样本偏度系数和峰度系数

设随机变量 X 的三阶矩存在, 则称比值

$$\beta_1 = \frac{\mathrm{E}(X - \mathrm{E}(X))^3}{[\mathrm{E}(X - \mathrm{E}(X)^2]^{3/2}} = \frac{\nu_3}{(\nu_2)^{3/2}}$$

为 X 的偏度系数. 当 $\beta_1 > 0$ 时分布为正偏 (或右偏); 当 $\beta_1 = 0$ 时分布关于均值对称; 当 $\beta_1 < 0$ 时分布为负偏 (或左偏). 用样本的中心矩代替总体的中心矩就可得到样本的偏度系数.

设随机变量 X 的四阶矩存在, 则称比值

$$\beta_2 = \frac{\mathrm{E}(X - \mathrm{E}(X))^4}{[\mathrm{E}(X - \mathrm{E}(X)^2]^2} - 3 = \frac{\nu_4}{(\nu_2)^2} - 3$$

为 X 的峰度系数. 峰度系数刻画的是分布的峰度, 当 $\beta_2 > 0$ 时标准化后的分布形状

比正态分布更尖峭, 称为高峰度; 当 $\beta_2 = 0$ 时标准化后的分布形状与正态分布相当; 当 $\beta_2 < 0$ 时标准化后的分布形状比正态分布更平坦, 称为低峰度. 用样本的中心矩代替总体的中心矩就可得到样本的偏度系数.

R 的扩展统计程序包 **fBasics** 提供了函数 **skewness( )** 用来求样本的偏度, 函数 **kurtosis( )** 用来求样本的峰度. 对于雌性负鼠的总长度有

```
library(fBasics)
skewness(fpossum$totlngth)
[1] -0.54838
attr(,"method")
[1] "moment"

kurtosis(fpossum$totlngth)
[1] 0.6170082
attr(,"method")
[1] "excess"
```

另外, **fBasics** 程序包的函数 **basicStats( )** 提供了几乎上面所有的统计特征量.

7.4 多组数据的描述性统计分析

7.4.1 两组数据的图形概括

散点图

在两组数据的图形展示中, 散点图是简单而重要的工具, 因为它能清楚地描述两组数据的关系. 下面我们来看一个例子.

例 7.4.1 在 R 的程序包 DAAG 中有数据集 cars, 使用下面的命令加载数据集.

```
library(DAAG)
data(cars)
```

我们希望估计速度 (speed) 与终止距离 (dist) 之间的关系, 先考查它们之间的散点图, 命令

```
plot(cars$dist ~ cars$speed,
    xlab = "Speed (mph)",
    ylab = "Stopping distance (ft)")
lines(lowess(cars$speed, cars$dist), lwd=2)
```

得到图 7.22. 图 7.22 表明 speed 和 dist 基本呈现线性相依关系. 所以散点图可用来描述两个变量 (对应数据) 的相关性.

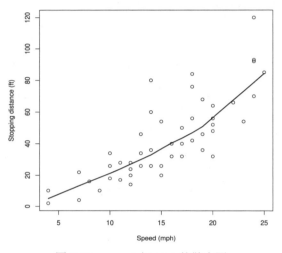

图 7.22   speed 与 dist 的散点图

注意我们用一条非线性的特殊曲线来拟合这种关系, 调用了函数 lowess( ). 在 R 中, 有两个函数可以实现这个功能, 一个是 lowess( ), 另一个是 loess( ), 前者只适用于二维的情况, 而 loess( ) 可以处理多维的情况. lowess( ) 的具体调用格式如下:

```
lowess(x, y = NULL, f = 2/3, iter = 3,
    delta = 0.01*diff(range(xy$x[o])))
```

在散点图中加入拟合曲线对于我们认识总体的特征很有帮助. 进一步, 我们还可通过函数 rug( ) 标记出数据在横轴和纵轴上对应的具体位置. 例如, 由

```
rug(side=2, jitter(cars$dist, 20))
rug(side=1, jitter(cars$speed, 5))
```

得到图 7.23.

我们也可以在数轴两边加上单变量的箱线图.

```
op <- par( )
layout(matrix(c(2,1,0,3), 2, 2, byrow=T ), c(1,6), c(4,1))
par(mar=c(1,1,5,2))
plot(cars$dist ~ cars$speed,
     xlab='', ylab='', las = 1)
rug(side=1, jitter(cars$speed, 5) )
rug(side=2, jitter(cars$dist, 20) )
title(main = "cars data")
par(mar=c(1,2,5,1))
boxplot(cars$dist, axes=F)
title(ylab='Stopping distance (ft)', line=0)
par(mar=c(5,1,1,2))
boxplot(cars$speed, horizontal=T, axes=F)
title(xlab='Speed (mph)', line=1)
par(op)
```

运行得到图 7.24. 这样我们既可以了解两个变量的基本分布, 也可以看出两变量之间的关系.

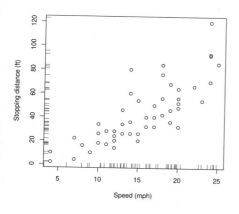

图 7.23 带 rug 的散点图

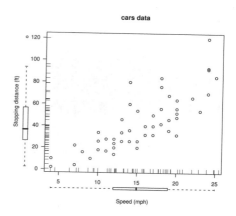

图 7.24 加上箱线图的散点图

等高线图

有时候数据太多太集中, 散点图上的信息不容易看出来. 例如由

```
library(chplot)
data(hdr)
x <- hdr$age
y <- log(hdr$income)
plot(x,y)
```

得到图 7.25, 从中不易看清二维数据的分布. 这时我们要借助于二维的密度估计来认识数据的分布. 首先使用 MASS 程序包中的二维核密度估计函数 kde2d( ) 来估计出这个二维数据的密度函数值, 再利用函数 contour( ) 画出密度的等高曲线图.

```
library(MASS)
z <- kde2d(x,y)
contour(z, col = "red", drawlabels = FALSE,
        main = "Density estimation: contour plot")
```

运行得到图 7.26.

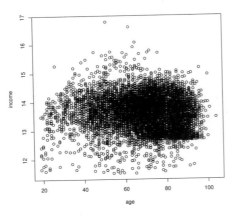

图 7.25 age 与 income 的
散点图

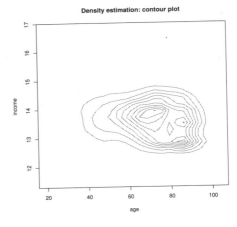

图 7.26 age 与 income 的
等高曲线图

三维透视图

我们也可以利用函数 persp( ) 作出三维透视图, 这样看更形象.

```
persp(z, main = "Density estimation: perspective plot")
```

运行得到图 7.27.

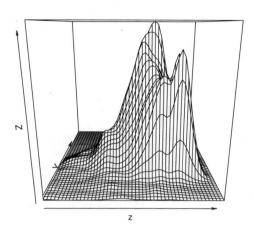

图 7.27　三维透视图

数据的变换

当直接用原数据得不到有意义的图形时, 可以对数值进行变换以得到有意义的
图形, 最常用的是对数变换、倒数变换、指数变换和更为一般的 Box-Cox 变换:

$$f(x) = \begin{cases} \dfrac{y^\lambda - 1}{\lambda}, & \text{如果}\lambda \neq 0, \\ \ln(y), & \text{如果}\lambda = 0. \end{cases}$$

我们用程序包 MASS 中的数据集 Animals 来举例说明.

例 7.4.2　首先调出数据集 Animals

```
library(MASS)
data(Animals)
```

输出数据结果如下

	body	brain
Mountain beaver	1.350	8.1
Cow	465.000	423.0
Grey wolf	36.330	119.5
Goat	27.660	115.0
Guinea pig	1.040	5.5
Dipliodocus	11700.000	50.0
...		
Pig	192.000	180.0

我们在 R 中画出两个 brain 关于 body 的散点图, 一个使用原始的数据, 另一个对原来的数值取对数.

```
par(mfrow=c(1,2))
plot(brain~body, data=Animals)
plot(log(brain)~log(body), data=Animals)
```

得到图 7.28. 可以看到图 7.28 左侧的散点图没有价值, 而从右侧的散点图可以看出两组数据在取对数后呈现明显的线性相依关系. 对两组数据取对数的技巧在绘图中很常见, 生活中许多数据成指数上升趋势, 比如细胞繁殖, 这种数据取对数后就呈线性上升趋势. 因此, 对数据作对数处理 (或更为一般的变换) 很有意义.

7.4.2 多组数据的图形描述

对多组数据, 我们给出 3 种作图的方法 (函数): pairs() 或 plot(), matplot() 和 boxplot(). 它们都可以看成一维或二维绘图函数的延伸. 我们仅通过一个例子加以说明, 具体使方法可参考相应的帮助文件.

例 7.4.3   模拟数据: 5 个长度为 10 的向量构成的数据框.

```
n <- 10
d <- data.frame(y1 = abs(rnorm(n)),
                y2 = abs(rnorm(n)),
                y3 = abs(rnorm(n)),
                y4 = abs(rnorm(n)),
                y5 = abs(rnorm(n))
                )
```

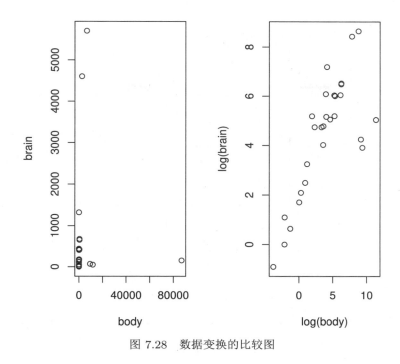

图 7.28 数据变换的比较图

散点图

多组数据的散点图就是不同变量的散点图像矩阵一样放在一起, 使用的函数为 pairs( ), 也可直接使用散点图函数 plot( ). 运行

```
plot(d)  # 或者 pairs(d)
```

得到图 7.29.

矩阵图

matplot( ) 在处理多组数据时很好用. 它与散点图矩阵的区别是将各个散点图放在同一个作图区域中. 对于上面的模拟数据运行

```
matplot(d, type = 'l', ylab = "", main = "Matplot")
```

得到图 7.30.

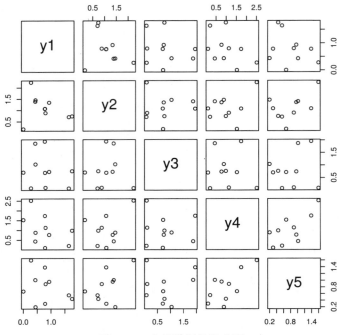

图 7.29　多组数据的散点图

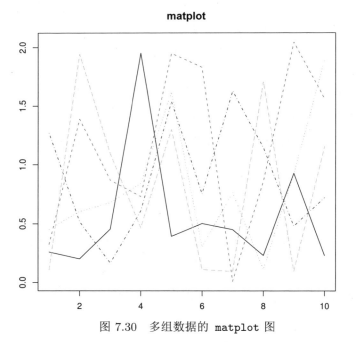

图 7.30　多组数据的 matplot 图

箱线图

使用函数 boxplot( ) 可在同一个作图区域画出各组数据的箱线图, 对于上面的数据运行

```
boxplot(d)
```

得到图 7.31.

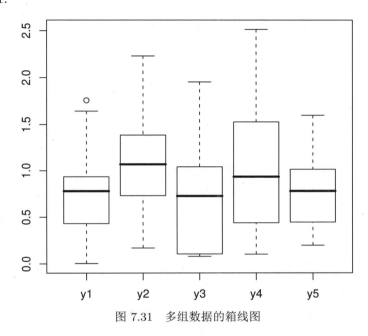

图 7.31　多组数据的箱线图

分组数据比较特殊, 它既含有定性的变量, 又含有数值型变量, 而上面所说的多组数据, 我们仅局限于数值型的观测. 我们将在后面一节专门给出带定性变量的分类数据的描述性统计分析.

7.4.3　多组数据的描述性统计

多组数据的概括性描述

对多组数据进行概述与单组数据情形类似, 直接使用 summary( ) 可以得到各组数据的均值和五数. 先看一个例子

例 7.4.4　程序包 datasets 中数据框 state.x77 描述了美国 50 个州的人口数、人均收入、人均寿命、一年中有雾的天数等情况. 部分数据如下:

```
head(state.x77)
           Population Income Illiteracy Life Exp Murder
Alabama          3615   3624        2.1    69.05   15.1
Alaska            365   6315        1.5    69.31   11.3
Arizona          2212   4530        1.8    70.55    7.8
Arkansas         2110   3378        1.9    70.66   10.1
California      21198   5114        1.1    71.71   10.3
Colorado         2541   4884        0.7    72.06    6.8
           HS Grad Frost    Area
Alabama       41.3    20   50708
Alaska        66.7   152  566432
Arizona       58.1    15  113417
Arkansas      39.9    65   51945
California     62.6    20  156361
Colorado      63.9   166  103766
```

使用函数 summary( ) 概括 state.x77，结果如下：

```
summary(state.x77)
   Population          Income         Illiteracy
 Min.   :  365   Min.   :3098   Min.   :0.500
 1st Qu.: 1080   1st Qu.:3993   1st Qu.:0.625
 Median : 2838   Median :4519   Median :0.950
 Mean   : 4246   Mean   :4436   Mean   :1.170
 3rd Qu.: 4968   3rd Qu.:4814   3rd Qu.:1.575
 Max.   :21198   Max.   :6315   Max.   :2.800
    Life Exp         Murder           HS Grad
 Min.   :67.96   Min.   : 1.400   Min.   :37.80
 1st Qu.:70.12   1st Qu.: 4.350   1st Qu.:48.05
 Median :70.67   Median : 6.850   Median :53.25
 Mean   :70.88   Mean   : 7.378   Mean   :53.11
 3rd Qu.:71.89   3rd Qu.:10.675   3rd Qu.:59.15
 Max.   :73.60   Max.   :15.100   Max.   :67.30
     Frost            Area
 Min.   :  0.00   Min.   :  1049
```

```
1st Qu.: 66.25   1st Qu.: 36985
Median :114.50   Median : 54277
Mean   :104.46   Mean   : 70736
3rd Qu.:139.75   3rd Qu.: 81162
Max.   :188.00   Max.   :566432
```

为了统计不同地区 (Northeast, South, North Central, West) 的这几个变量的均值 (或中位数、分位数) 可以使用分组概括函数 aggregate( )，其调用格式如下:

aggregate(x, by, FUN, ...)

说明: x 是数据框, by 指定分组变量, FUN 是用于计算的统计函数. 例如, 要计算均值, FUN 为 mean. 接着上面的例子计算各个地区各个变量的均值:

```
aggregate(state.x77, list(Region = state.region), mean)
          Region Population   Income Illiteracy Life Exp
1      Northeast   5495.111 4570.222   1.000000 71.26444
2          South   4208.125 4011.938   1.737500 69.70625
3  North Central   4803.000 4611.083   0.700000 71.76667
4           West   2915.308 4702.615   1.023077 71.23462
     Murder   HS Grad    Frost       Area
1  4.722222 53.96667 132.7778  18141.00
2 10.581250 44.34375  64.6250  54605.12
3  5.275000 54.51667 138.8333  62652.00
4  7.215385 62.00000 102.1538 134463.00
```

同样, 根据不同地区一年中有雾的天数超过 130 天来统计这几个变量的均值:

```
aggregate(state.x77,
          list(Region = state.region,
               Cold = state.x77[,"Frost"] > 130),mean)
          Region  Cold Population    Income Illiteracy
1      Northeast FALSE  8802.8000 4780.400  1.1800000
2          South FALSE  4208.1250 4011.938  1.7375000
3  North Central FALSE  7233.8333 4633.333  0.7833333
4           West FALSE  4582.5714 4550.143  1.2571429
5      Northeast  TRUE  1360.5000 4307.500  0.7750000
6  North Central  TRUE  2372.1667 4588.833  0.6166667
```

```
7              West  TRUE   970.1667 4880.500  0.7500000
   Life Exp    Murder   HS Grad    Frost      Area
1 71.12800   5.580000 52.06000 110.6000   21838.60
2 69.70625  10.581250 44.34375  64.6250   54605.12
3 70.95667   8.283333 53.36667 120.0000   56736.50
4 71.70000   6.828571 60.11429  51.0000   91863.71
5 71.43500   3.650000 56.35000 160.5000   13519.00
6 72.57667   2.266667 55.66667 157.6667   68567.50
7 70.69167   7.666667 64.20000 161.8333 184162.17
```

注: Cold 为 TRUE 表示该地区一年有雾的天数超过 130 天; Cold 为 FALSE 表示该地区一年有雾的天数没有超过 130 天.

标准差与协方差阵的计算

函数 var( ) 应用在多组数据 (多个变量) 上计算它们的协方差阵:

```
var(state.x77)
                  Population        Income   Illiteracy
Population 19931683.7588     571229.7796  292.8679592
Income        571229.7796    377573.3061 -163.7020408
Illiteracy       292.8680      -163.7020    0.3715306
Life Exp        -407.8425       280.6632   -0.4815122
Murder          5663.5237      -521.8943    1.5817755
HS Grad        -3551.5096      3076.7690   -3.2354694
Frost         -77081.9727      7227.6041  -21.2900000
Area         8587916.9494  19049013.7510 4018.3371429
                  Life Exp        Murder      HS Grad
Population -4.078425e+02   5663.523714 -3551.509551
Income      2.806632e+02   -521.894286  3076.768980
Illiteracy -4.815122e-01      1.581776    -3.235469
Life Exp    1.802020e+00     -3.869480     6.312685
Murder     -3.869480e+00     13.627465   -14.549616
HS Grad     6.312685e+00    -14.549616    65.237894
Frost       1.828678e+01   -103.406000   153.992163
Area       -1.229410e+04  71940.429959 229873.192816
```

```
                Frost          Area
Population -77081.97265   8.587917e+06
Income       7227.60408   1.904901e+07
Illiteracy    -21.29000   4.018337e+03
Life Exp       18.28678  -1.229410e+04
Murder       -103.40600   7.194043e+04
HS Grad       153.99216   2.298732e+05
Frost        2702.00857   2.627039e+05
Area       262703.89306   7.280748e+09
```

标准差函数 sd( ) 主要用在单变量数据上, 下面的结果

```
options(digits=3)
sd(state.x77)
[1] 37802
```

显然没有什么意义. 但我们可以用函数 aggregate( ) 分别计算不同区域各个变量的标准差:

```
aggregate(state.x77, list(Region = state.region), sd)
      Region Population Income Illiteracy Life Exp
1   Northeast       6080    559      0.278    0.744
2       South       2780    605      0.552    1.022
3 North Central      3703    283      0.141    1.037
4        West       5579    664      0.608    1.352
  Murder HS Grad Frost    Area
1   2.67    3.93  30.9   18076
2   2.63    5.74  31.3   57965
3   3.57    3.62  23.9   14967
4   2.68    3.50  68.9  134982
```

相关系数的计算

散点图让我们对两组数据的线性相依关系有了直观的认识, Pearson 相关系数可以度量这种线性相关性的强弱. 如果数据呈现的不是线性关系, 而是单调的, 这时可使用 Spearman 或者 Kendall 相关系数, 因为它们描述的是秩相关性. 在 R 中我们使用函数 cor( ) 计算相关系数或相关系数矩阵, 其调用格式如下:

```
cor(x, y = NULL, use = "all.obs",
    method = c("pearson", "kendall","spearman"))
```

例如, 我们计算下面两个向量 x 与 y 之间的三个相关系数:

```
x <- c(44.4, 45.9, 46.0, 46.5, 46.7, 47, 48.7, 49.2, 60.1)
y <- c(2.6, 10.1, 11.5, 30.0, 32.6, 50.0, 55.2, 85.8, 86.8)
cor(x, y)
[1] 0.769
cor(x, y, method="spearman")
[1] 1
cor(x, y, method="kendall")
[1] 1
```

从 x 与 y 的散点图 (见图 7.32) 可以看出, x 与 y 的线性相关系数受到右上角一个极端值的影响而变小了. 因此在计算相关性度量的时候我们要考虑计算哪种相关系数更有意义且稳健.

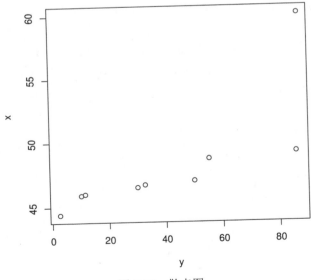

图 7.32 散点图

7.4.4 分组数据的图形概括

分组数据可视为特殊的多组数据, 它们的区别是: 在多组数据中各数值型变量的观测值指向不同的对象, 而分组数据是指同一个数值型变量的观测值. 按另一个分类变量分成若干个子集, 因此, 这些子集指向同一个变量. 下面我们通过 DAAG 中的数据集 cuckoos 来看一下分组数据特殊的图形描述方法.

例 7.4.5   杜鹃把蛋下在其他种类鸟的鸟巢中, 这些鸟会帮它们孵化, 我们希望了解在不同类的鸟巢中杜鹃蛋的长度, 先加载数据:

```
data(cuckoos)
```

使用条件散点图

当数据集中含有一个或多个因子变量时, 可以使用条件散点图函数 coplot( ) 作出因子变量不同水平下的多个散点图, coplot( ) 的调用格式为:

```
coplot(formula, data,......)
```

对于一个因子变量 a, 变量 x 与 y 的条件散点图可用下面的命令得到:

```
coplot(y ~ x | a)
```

对于两个因子变量 a 与 b, 变量 x 与 y 的条件散点图可用下面的命令得到:

```
coplot(y ~ x | a*b)
```

对于例 7.4.5, 运行命令

```
coplot(length ~ breadth | species)
```

得到图 7.33.

使用直方图

简单而烦琐的方法是反复使用函数 hist( ). 运行命令

```
data(cuckoos)
attach(cuckoos)
length.mp <- length[species=="meadow.pipit"]
length.tp <- length[species=="tree.pipit"]
length.hs <- length[species=="hedge.sparrow"]
length.r <- length[species=="robin"]
```

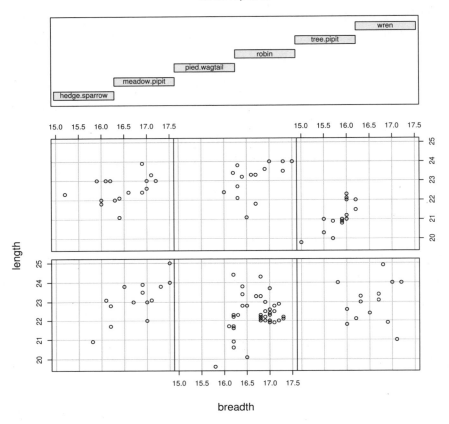

图 7.33 各鸟巢杜鹃蛋长度与宽度的散点图

```
length.pw <- length[species=="pied.wagtail"]
length.w <- length[species=="wren"]
par(mfrow=c(3,2))
hist(length.mp, breaks=6, probability=T,
     xlim=c(19,25), ylim=c(0,1), main="", col=6)
hist(length.tp, breaks=6,probability=T,
     xlim=c(19,25), ylim=c(0,1), main="", col=6)
hist(length.hs, breaks=6,probability=T,
     xlim=c(19,25), ylim=c(0,1), main="", col=6)
hist(length.r, breaks=6,probability=T,
```

```
     xlim=c(19,25), ylim=c(0,1), main="", col=6)
hist(length.pw, breaks=6,probability=T,
     xlim=c(19,25), ylim=c(0,1), main="", col=6)
hist(length.w, breaks=6,probability=T,
     xlim=c(19,25), ylim=c(0,1), main="", col=6)
par(mfrow=c(1,1))
```

得到图 7.34.

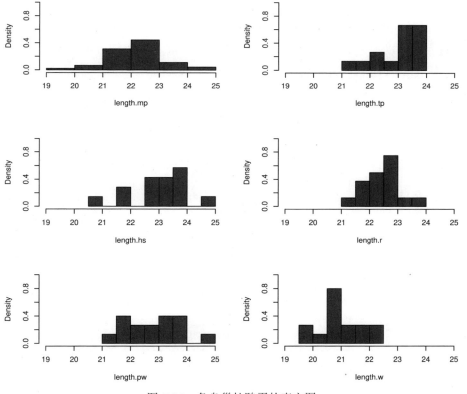

图 7.34　各鸟巢杜鹃蛋的直方图

我们可将上面的直方图纵向压缩在一起 (像后面的框须图), 得到所谓的直方组图. 直方组图函数 hists( ) 定义为:

```
hists <- function (x, y, ...) {
    y <- factor(y)
    n <- length(levels(y))
```

```
op <- par( mfcol=c(n,1), mar=c(2,4,1,1) )
b <- hist(x, ..., plot=F)$breaks
for (l in levels(y)){
hist(x[y==l], breaks=b, probability=T, ylim=c(0,1.0),
     main="", ylab=l, col='lightblue', xlab="", ...)
points(density(x[y==l]), type='l', lwd=3, col='red')
  }
par(op)
}
```

ylim 的范围可以根据需要自己调整, 这更能直观地展示和比较分组数据. 运行命令

hists(cuckoos$length,cuckoos$species)

得到图 7.35.

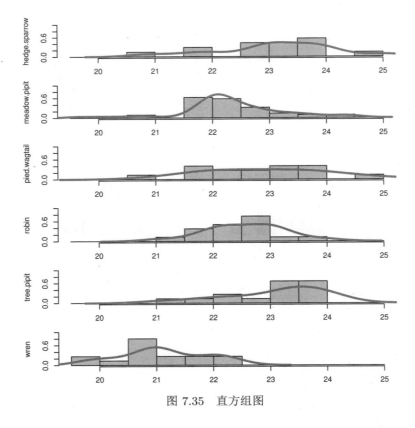

图 7.35 直方组图

我们也可直接利用 lattice 包中的直方图函数 histogram( ) 得到类似于 7.34 的每组数据的直方图. 运行命令

```
histogram(~length|species,data=cuckoos)
```

得到图 7.36. 显然, 这种方法方便多了. lattice 程序包还提供了其他许多功能强大、使用方便的作图函数, 有兴趣的读者可通过其帮助文件学习和使用.

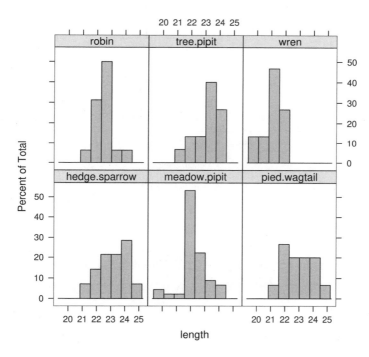

图 7.36   各鸟巢杜鹃蛋的直方图

使用箱线图

我们可以用函数 boxplot( ) 同时考查各组数据的分布. 命令

```
boxplot(length~species,data=cuckoos,
     xlab="length of egg",horizontal=TRUE)
```

得到图 7.37. 注意到 horizontal=TRUE 是让盒子横向放置. 从图上我们可以看出在 wren(鹪鹩) 巢中的杜鹃蛋长度最小.

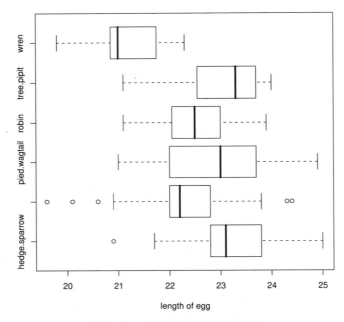

图 7.37 各鸟巢杜鹃蛋的箱线图

使用条形图

利用函数 stripchart() 得到杜鹃蛋在不同鸟巢的长度的分布图. 函数 stripchart() 在数据不多的时候和函数 boxplot() 的功能类似, 描绘了数据分布的情况, 其调用格式如下:

```
stripchart(x, method ="overplot"....)
```

说明: method 说明数据重复的时候该如何放置, 有三种方式: overplot 是重叠放置, stack 是把数据垒起来, jitter 是散放在数值的周围. 运行

```
stripchart(cuckoos$length~cuckoos$species,  method ="jitter" )
```

得到图 7.38.

使用密度曲线图

lattice 包中的函数 densityplot() 可分别展示每组数据的密度曲线图. 运行

```
densityplot(~length|species,data=cuckoos)
```

得到图 7.39.

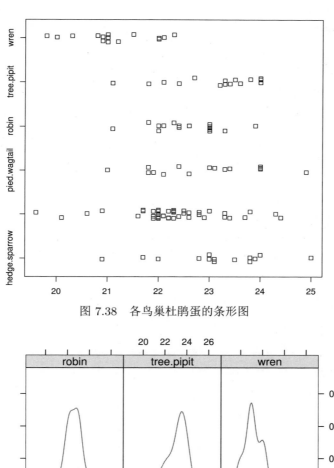

图 7.38　各鸟巢杜鹃蛋的条形图

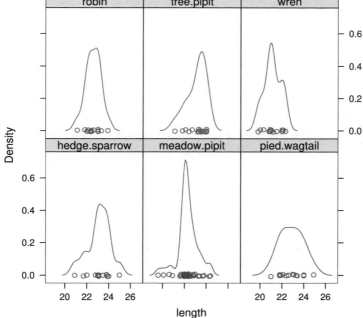

图 7.39　各鸟巢杜鹃蛋的密度曲线图

7.5 分类数据的描述性统计分析

如果数据集中对应的变量都是定性变量, 这样的数据称为分类数据. 这种数据常使用表格来描述, 并为进一步的统计分析服务. 我们主要考虑由二元定性数据所构成的二维列联表数据. 本节主要描述如何制作列联表和图形描述, 列联表的独立性检验将在第 10 章第 10.4 节中介绍.

7.5.1 列联表的制作

由分类数据构造列联表

例 7.5.1   为考查眼睛 (Eye) 的颜色与头发 (Hair) 的颜色之间的关系, 收集了下面的一组数据

	EYE			
Hair	Brown	Blue	Hazel	Green
Black	68	20	15	5
Brown	119	84	54	29
Red	26	17	14	14
Blond	7	94	10	16

我们可以通过矩阵建立这个列联表, 命令如下

```
Eye.Hair <- matrix(c(68,20,15,5, 119,84,54,29,
                     26,17,14,14, 7,94,10,16),  nrow=4, byrow=T)
colnames(Eye.Hair) <- c("Brown", "Blue", "Hazel", "Green")
rownames(Eye.Hair) <- c("Black","Brown","Red", "Blond")
Eye.Hair
      Brown Blue Hazel Green
Black    68   20    15     5
Brown   119   84    54    29
Red      26   17    14    14
Blond     7   94    10    16
```

由原始数据构造列联表

R 中可以使用函数 `table( )`, `xtabs( )` 或 `ftable( )` 由原始数据构造列联表, 具体用法参见它们的帮助. 我们仅以 `table( )` 为例加以说明. 其用法为

```
table(factor1,factor2,...)
```

例 7.5.2 数据包 `ISwR` 中的数据集 `juul` 中含有三个分类变量: sex, tanner, menarche. 则我们可以得到下面的一些列联表:

```
library(ISwR)   # 先安装
attach(juul)
table(sex)
table(sex,menarche)
table(menarche,tanner)
```

最后一个的显示结果为

```
         tanner
menarche   1   2   3   4   5
       1 221  43  32  14   2
       2   1   1   5  26 202
```

获得边际列表

在实际使用时常需要按列联表中某个属性 (因子) 求和, 称之为边际列表. 除了使用前面已经提到的函数 `apply( )` 外, 更为方便的是使用函数 `margin.table( )`. 例如, 对于数据 `Eye.Hair`, 运行

```
margin.table(Eye.Hair,1)
Black Brown   Red Blond
  108   286    71   127

margin.table(Eye.Hair,2)
Brown  Blue Hazel Green
  220   215    93    64
```

可分别得到眼睛颜色和头发颜色的边际列表, 其中选项 1 和 2 分别表示按行和按列求边际和.

频率列联表

上面的列联表的元素为分类变量 (因子) 的频数, 故可称为频数列联表. 由频数列联表除以边际和就可得到它们的 (相对) 频率列联表, 这可通过函数prop.table( ) 实现. 若再乘上 100 就得到相对应的用百分比表示的 (相对) 频率列联表. 仍以上面的例子加以说明:

```
round(prop.table(Eye.Hair,1),digits=2)
       Brown Blue Hazel Green
Black   0.63 0.19  0.14  0.05
Brown   0.42 0.29  0.19  0.10
Red     0.37 0.24  0.20  0.20
Blond   0.06 0.74  0.08  0.13

prop.table(Eye.Hair,1)*100
       Brown Blue Hazel Green
Black  62.96 18.5 13.89  4.63
Brown  41.61 29.4 18.88 10.14
Red    36.62 23.9 19.72 19.72
Blond   5.51 74.0  7.87 12.60
```

注意: 全局相对频率列联表不能由 prop.table( ) 得到, 但可以用下面的命令得到

```
round(Eye.Hair/sum(Eye.Hair),digits=2)
       Brown Blue Hazel Green
Black   0.11 0.03  0.03  0.01
Brown   0.20 0.14  0.09  0.05
Red     0.04 0.03  0.02  0.02
Blond   0.01 0.16  0.02  0.03
```

7.5.2   列联表的图形描述

使用条形图

像单组数据一样, 我们可以用条形图 (或称为柱状图) 来表示. 运行

```
data(HairEyeColor)
a <- as.table(apply(HairEyeColor,c(1,2),sum))
```

```
barplot(a, legend.text = attr(a, "dimnames")$Hair)
```

得到图 7.40. 这是按行 (头发颜色) 叠加、按列 (眼睛颜色) 排列的条形图. 我们也可将它们并列放, 这时只需选项 beside 取值为 TRUE. 运行

```
barplot(a, beside = TRUE,
        legend.text = attr(a, "dimnames")$Hair)
```

得到图 7.41.

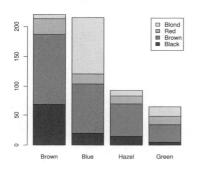

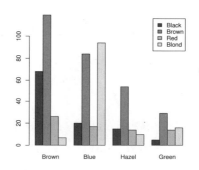

图 7.40　二元定性数据的条形图 (1)　　　图 7.41　二元定性数据的条形图 (2)

使用点图

函数 dotchart( ) 给出 Cleveland 点图. 运行

```
dotchart(Eye.Hair)
```

得到图 7.42.

习题

练习 7.1　模拟得到 1000 个参数为 0.3 的伯努利分布随机数, 并用图示表示出来.

练习 7.2　用命令 rnorm( ) 产生 1000 个均值为 10, 方差为 4 的正态分布随机数, 并用直方图呈现数据的分布并添加核密度曲线.

练习 7.3　模拟得到三个 t 分布混合而成的样本, 并用直方图呈现数据的分布并添加核密度曲线.

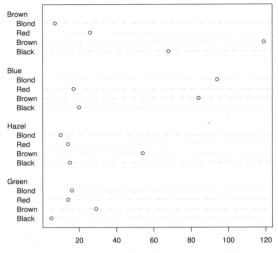

图 7.42　二元定性数据的 Cleveland 点图

练习 7.4　由程序包 DAAG 中的数据集 possum,

1) 利用函数 hist(possum$age) 作出负鼠年龄的直方图. 试选用两种不同的端点并作比较, 说明两图的不同之处;

2) 求出负鼠年龄变量的均值、标准差、中位数以及上下四分位数.

练习 7.5　考虑程序包 DAAG 中的数据集 tinting,

1) 获得变量 tint 和 sex 的列联表;

2) 在同一图上作出变量 sex 与 tint 的联合柱状图;

3) 作出 age 和 it 的散点图, 并进一步完成下面的操作:

 i. 用函数 lowness() 作出拟合线;

 ii. 在图的两边加上细小的数据刻度;

 iii. 在图的两边加上箱线图;

4) 作出 age 和 it 关于因子变量 tint 的条件散点图;

5) 作出 age 和 it 关于因子变量 tint 和 sex 的条件散点图;

6) 作出 it 与 csoa 的等高线图;

7) 使用 matplot( ) 描述变量 age, it 和 csoa 之间的关系.

练习 7.6　由命令

`data(InsectSprays)`

得到数据集 InsectSprays, 根据数据作出有意义的图, 并对数据作出描述性统计.

练习 7.7　假定某校 100 名女生的血清总蛋白含量 (单位: g/L) 服从均值为 75, 标准差为 3 的正态分布, 并假定数据由下面的命令产生

```
options(digits=4)
rnorm(100,75,9)
```

根据产生的数据

1) 计算样本均值、方差、标准差、极差、四分位极差、变异系数、偏度、峰度和五数概括;

2) 画出直方图、核密度估计曲线、经验分布图和 QQ 图;

3) 画出茎叶图、框须图.

练习 7.8　某校测得 20 名学生的四项指标: 性别、年龄、身高 (cm) 和体重 (kg), 具体数据如表 7.1 所示.

1) 绘制体重对身高的散点图;

2) 绘制不同性别, 体重对身高的散点图;

3) 绘制不同年龄阶段, 体重对身高的散点图;

4) 绘制不同性别和不同年龄阶段, 体重对身高的散点图.

表 7.1　学生身高与体重数据

学号	性别	年龄	身高	体重
01	F	18	166	54
02	F	18	155	58
03	F	19	154	50
04	F	18	160	47
05	F	20	162	46
06	F	19	153	48
07	F	21	156	50
08	F	20	152	49
09	F	21	170	57
10	F	20	156	52
11	M	18	168	61
12	M	18	166	55

续表

学号	性别	年龄	身高	体重
13	M	19	172	63
14	M	18	178	68
15	M	20	169	59
16	M	19	180	65
17	M	21	177	59
18	M	20	168	56
19	M	21	182	69
20	M	20	170	61

第 8 章

参数估计

本 章 概 要

- 矩法估计和极大似然估计
- 单正态总体均值和方差的估计
- 两正态总体的参数估计
- 比率的估计
- 样本容量的确定

　　根据样本推断总体的分布和分布的数字特征称为统计推断. 本章介绍统计推断的一个基本问题——参数估计问题. 在很多实际问题中, 总体的分布类型已知, 但它包含一个或多个参数, 总体的分布完全由所含的参数决定, 这样就需要对参数作出估计. 参数估计有两类, 一类是点估计, 就是以某个统计量的样本观测值作为未知参数的估计值; 另一类是区间估计, 就是用两个统计量所构成的区间来估计未知参数.

8.1　矩法估计和极大似然估计

8.1.1　矩法估计

　　由辛钦大数定律和柯尔莫哥洛夫强大数定律可知, 如果总体 X 的 k 阶矩存在, 则样本的 k 阶矩以概率收敛到总体的 k 阶矩, 样本矩的连续函数收敛到总体矩的连续函数. 这就启发我们可以用样本矩作为总体矩的估计量, 这种用相应的样本矩去估计总体矩的估计方法就称为矩法估计.

　　· 设 $X_1, \ldots, X_n$ 为来自某总体 X 的一个样本, 样本的 k 阶原点矩为

$$A_k = \frac{1}{n} \sum_{i=1}^{n} X_i^k, \ k = 1, 2, \ldots.$$

如果总体 X 的 k 阶原点矩 $\mu_k = \mathrm{E}(X^k)$ 存在, 则按矩法估计的思想, 用 A_k 去估计

μ_k: $\hat{\mu}_k = A_k$.

设总体 X 的分布函数含有 k 个未知参数 $\theta = (\theta_1, \theta_2, \ldots, \theta_k)$, 且分布的前 k 阶矩存在, 它们都是 $\theta_1, \theta_2, \ldots, \theta_k$ 的函数, 此时求 $\theta_j (j = 1, 2, \ldots, k)$ 的矩估计的具体步骤如下:

1) 求出 $\mathrm{E}(X^j) = \mu_j, j = 1, 2, \ldots, k$, 并假定

$$\mu_j = g_j(\theta_1, \theta_2, \ldots, \theta_k), \quad j = 1, 2, \ldots, k. \tag{8.1}$$

2) 解方程组(8.1)得

$$\theta_j = h_j(\mu_1, \mu_2, \ldots, \mu_k), \quad j = 1, 2, \ldots, k. \tag{8.2}$$

3) 在上式中用 A_j 代替 $\mu_j, j = 1, 2, \ldots, k$, 即得 $\theta_1, \theta_2, \ldots, \theta_k$ 的矩估计:

$$\hat{\theta}_j = h_j(A_1, A_2, \ldots, A_k), \quad j = 1, 2, \ldots, k.$$

若有样本观测值 $x_1, x_2, \ldots, x_k$, 代入上式即得 $\theta_1, \theta_2, \ldots, \theta_k$ 的矩估计值. 由于函数 g_j 的表达式不同, 求解上述方程或方程组会相当困难, 这时需要通过迭代算法数值求解, 这需要具体问题具体分析, 我们不可能有固定的 R 程序来直接估计 θ, 只能利用 R 的计算功能根据具体问题编写相应的 R 程序, 下面我们通过几个例子来说明如何在 R 中实现矩法估计.

例 8.1.1　设 $X_1, \ldots, X_n$ 是来自 $\mathrm{binom}(1, \theta)$ 的一个样本, θ 表示某事件的成功概率, 通常事件的成败机会比 $g(\theta) = \theta/(1 - \theta)$ 是人们感兴趣的参数, 我们可以用矩法估计轻松地给出 $g(\theta)$ 一个很不错的估计, 因为 θ 是总体均值, 由矩法, 记 $\overline{X} = \dfrac{1}{n} \sum X_i$, 则

$$T(\overline{X}) = \frac{\overline{X}}{1 - \overline{X}}$$

是 $g(\theta)$ 的一个矩估计.

例 8.1.2　对某个篮球运动员记录其在一次比赛中投篮命中与否, 观测数据如下:

```
1 1 0 1 0 0 1 0 1 1 1 0 1 1 0 1

0 0 1 0 1 0 1 0 0 1 1 0 1 1 0 1
```

编写相应的 R 函数估计这个篮球运动员投篮的成败比.

```
X <- c(1,1,0 ,1 ,0, 0, 1, 0 ,1 ,1,1, 0 ,1, 1 ,0 ,1,
       0 ,0 ,1, 0 ,1 ,0,1, 0 ,0 ,1,1 ,0 ,1, 1, 0, 1)
theta <- mean(X)
t <- theta/(1-theta)
t
[1] 1.29
```

我们得到 $g(\theta)$ 的矩估计为 1.29.

例 8.1.3　设总体是参数为 λ 的指数分布, 其密度函数为

$$p(x|\lambda) = \lambda e^{-\lambda x}, \quad x > 0,$$

$X_1, \ldots, X_n$ 是样本. 由于总体均值为 $1/\lambda$, 则 λ 的矩法估计为

$$\hat{\lambda} = \frac{1}{\overline{X}}.$$

另外, 由于 $\mathrm{Var}(X) = 1/\lambda^2$, 则 λ 的另一个矩法估计为

$$\hat{\lambda} = \frac{1}{\sqrt{s^2}},$$

其中 s^2 为样本方差. 这说明矩估计可能是不唯一的, 这是矩法估计的一个缺点, 此时应该尽量采用低阶矩给出未知参数的估计.

例 8.1.4　下面的观测值为来自指数分布的一个样本:

0.591328	0.128549	0.469002	0.298360	0.243415
0.065666	0.400855	2.996871	0.052789	0.098986

我们来估计其参数 λ. R 程序如下 (一阶矩法估计):

```
X <- c(0.591328,0.128549,0.469002,0.298360,0.243415,
       0.065666,0.400855,2.996871,0.052789,0.098986)
lambda <- 1/mean(X)
lambda
[1] 1.87
```

如果使用二阶矩进行矩法估计, 则得

```
lambda <- 1/sd(X)
lambda
[1] 1.13
```

结论:

1) λ 的一阶矩估计为 1.87, 二阶矩估计为 1.13. 实际上上面的数据是模拟参数为 2 的指数分布, 可见低阶矩更精确.

2) 在总体分布未知的情况下也可以用样本均值估计总体均值, 用样本方差估计总体方差.

8.1.2 极大似然估计

极大似然估计法是建立在极大似然原理基础上的一种统计方法, 我们先看一个例子: 某位同学与一位猎人一起外出打猎, 一只野兔从前方窜过. 只听一声枪响, 野兔应声倒下, 如果要你推测, 这一发命中的子弹是谁打的? 你就会想, 只发一枪便打中, 由于猎人命中的概率一般大于这位同学命中的概率, 看来这一枪是猎人射中的. 这种推断就体现了极大似然估计法的基本思想.

离散分布情形

设总体 X 是离散型随机变量, 其分布律为 $p(x|\theta)$, 其中 θ 是未知参数 (或未知参数向量). 设 $X_1, X_2, \ldots, X_n$ 为取自总体 X 的样本, 则其联合概率函数为 $\prod_{i=1}^{n} p(x_i|\theta)$.

若我们已知样本的观测值为 $x_1, x_2, \ldots, x_n$, 则事件 $(X_1 = x_1, X_2 = x_2, \ldots, X_n = x_n)$ 发生的概率为 $\prod_{i=1}^{n} p(x_i|\theta)$. 这一概率随 θ 的值而变化. 从直观上来看, 既然样本观测值 $x_1, x_2, \ldots, x_n$ 出现了, 它们出现的概率, 即 $\prod_{i=1}^{n} p(x_i|\theta)$ 相对来说应比较大. 换句话说, θ 应使样本 $x_1, x_2, \ldots, x_n$ 的出现具有较大的概率. 将上式看作 θ 的函数, 并用 $L(\theta)$ 表示, 即

$$L(\theta) = L(x_1, x_2, \ldots, x_n; \theta) = \prod_{i=1}^{n} p(x_i|\theta), \tag{8.3}$$

称 $L(\theta)$ 为似然函数. 极大似然估计法就是在参数 θ 的可能取值范围 Θ 内, 选取使

$L(\theta)$ 达到最大的参数值 $\hat{\theta}$ 作为参数 θ 的估计值. 即取 $\hat{\theta}$, 使

$$L(\hat{\theta}) = L(x_1, x_2, \ldots, x_n; \hat{\theta}) = \max_{\theta \in \Theta} L(x_1, x_2, \ldots, x_n; \theta).$$

连续分布情形

设总体 X 是连续型随机变量, 其概率密度函数为 $p(x|\theta)$, 其中 θ 是未知参数 (或未知参数向量). 设 $X_1, X_2, \ldots, X_n$ 为取自总体 X 的样本, 则其联合密度函数值为 $\prod_{i=1}^{n} f(x_i|\theta)$. 若取得样本观测值为 $x_1, x_2, \ldots, x_n$, 则因为 $(X_1, X_2, \ldots, X_n)$ 取 $(x_1, x_2, \ldots, x_n)$(指落在其邻域中) 的概率正比于 $\prod_{i=1}^{n} p(x_i|\theta)$, 所以, 按极大似然估计法, 应选择 θ 的值使此概率达到最大. 我们也称 $L(\theta) = \prod_{i=1}^{n} f(x_i|\theta)$ 为似然函数. 再按离散情形同样的方法求使似然函数达到最大的参数 θ 的值, 即极大似然估计值.

可见, 不管在离散还是连续场合, 似然函数都可表示为(8.3), 其中 $p(x|\theta)$ 为总体 X 的概率函数, 它在离散情形表示分布律, 在连续情形表示密度函数.

在单参数情形, 我们可以使用 R 的基础包 stats 中的优化函数 optimize( ) 求极大似然估计值. optimize( ) 的调用格式如下:

```
optimize(f = , interval = , lower = min(interval),
         upper = max(interval), maximum = TRUE,
         tol = .Machine$double.eps^0.25, ...)
```

说明: f 是似然函数, interval 是参数 θ 的取值范围, lower 是 θ 的下界, upper 是 θ 的上界, maximum = TRUE 是求极大值, 否则 (maximum = FALSE) 表示求函数的极小值, tol 是表示求极值的精度, ... 是 f 的附加参数.

在多参数场合, 我们用 R 的基础包 stats 中的优化函数 optim( ) 或者 nlm( ) 来求似然函数的极大值点. optim( ) 和 nlm( ) 的调用格式如下:

```
optim(par, fn, gr = NULL,
      method = c("Nelder-Mead", "BFGS", "CG", "L-BFGS-B",
                 "SANN", "Brent"),
      lower = -Inf, upper = Inf, control = list( ),
      hessian = FALSE, ...)
```

```
nlm(f, p, hessian = FALSE, typsize=rep(1, length(p)),
    fscale=1, print.level = 0, ndigit=12, gradtol = 1e-6,
```

```
stepmax = max(1000 * sqrt(sum((p/typsize)^2)), 1000),
steptol = 1e-6, iterlim = 100,
check.analyticals = TRUE, ...)
```

三者的主要区别是: 函数 nlm( ) 仅使用牛顿—拉弗森算法求函数的最小值点; 函数 optim( ) 提供 method 选项给出的六种方法中的一种进行优化; 上面两个可用于多维函数的极值问题, 函数 optimize( ) 仅适用于一维函数, 但可以用于求最大与最小值点.

对于一维的统计分布 (无论分布含有单个参数还是多个参数), 我们还可以借助 stats4 包中的 mle( ) 函数或 MASS 包中的 fitdistr( ) 函数求参数的极大似然估计, 其中 mle( ) 函数实际借助了 optim( ) 函数, 它们的调用格式如下:

```
mle(minuslogl, start, optim = stats::optim,
    method = if(!useLim) "BFGS" else "L-BFGS-B",
 ...)
```

说明: minuslogl 是负的对数似然函数, start 为参数的初始值 (向量) 或参数的初始值列表, optim 为最优化函数, 默认为基础包 stats 中的 optim( ) 函数, method 指优化的方法.

```
fitdistr(x, densfun, start, ...)
```

说明: x 为数据向量, densfun 为指定分布的字符串, 例如 Γ 分布对应"gamma", start 为参数的初始值列表.

下面通过一个例子来说明 θ 为一维时如何求极大似然估计.

例 8.1.5　一地质学家为研究密歇根湖的湖滩地区的岩石成分, 随机地自该地区取出 100 个样品, 每个样品有十块石子, 他记录了每个样品中属石灰石的石子数, 所得到的数据如表 8.1 所示. 假设这 100 次观测相互独立, 求这地区石子中的石灰石的比例 p 的最大似然估计.

解　显然, 每个样品中的石子数服从二项分布 binom$(10, p)$, 我们的目的是根据 100 次观测估计参数 p. 似然函数为

$$L(\theta) = L(x_1, x_2, \ldots, x_n; \theta) = \prod_{i=1}^{n} p(x_i, \theta)$$
$$= p^{1+2\times 6+\cdots+10\times 2}(1-p)^{100\times 10-(1+2\times 6+\cdots+10\times 2)}$$
$$= p^{519}(1-p)^{481}.$$

表 8.1 岩石成分数据

样本中的石子数	0	1	2	3	4	5	6	7	8	9	10
样品个数	0	1	6	7	23	26	21	12	3	1	2

R 中程序如下:

```
x <- c(0, 1, 2, 3, 4, 5, 6, 7, 8, 9, 10)
f <- c(0, 1, 6, 7, 23, 26, 21, 12, 3, 1, 2)
n <- 100*10
lik <- function(p) p^sum(x*f)*(1-p)^(n-sum(x*f))
optimize(lik, c(0,1), maximum = TRUE)
$maximum
[1] 0.519
$objective
[1] 1.92e-301

nll <- function(p) {
  lik = p^sum(x*f)*(1-p)^(n-sum(x*f))
  return(-log(lik))
}
library(stats4)
mle(nll, start = list(p = 0.4),
    method = "Brent", lower = 0.2, upper = 0.9)
Call:
mle(minuslogl = nll, start = list(p = 0.4), method = "Brent",
    lower = 0.2, upper = 0.9)
Coefficients:
    p
0.519
```

因此该地区石子中的石灰石的比例 p 的极大似然估计为 0.519. 在计算结果中, $maximum 或 Coefficients 是极大值的近似解, 即估计值 $\hat{p} = 0.519$, $objective 是目标函数在近似解处的函数值. ■

8.2　单正态总体参数的区间估计

8.1 节讨论了点估计, 由于点估计值只是估计量的一个近似值, 因而点估计本身既没有反映出这种近似值的精度, 即指出用估计值去估计的误差范围有多大, 而且也没有指出这个误差范围以多大的概率包括未知参数, 这些正是区间估计要讨论的问题. 区间估计解决了这两个问题, 它给出了估计的可信程度, 是一种重要的统计推断形式, 我们在接下来的几节将讨论. 本节我们讨论单正态总体参数的区间估计问题.

假设总体 $X \sim N(\mu, \sigma^2)$, $X_1, \ldots, X_n$ 是来自此正态总体的一个样本, $\overline{X} = \frac{1}{n} \sum_{i=1}^{n} X_i$ 为其样本均值, $S^2 = \frac{1}{n-1} \sum_{i=1}^{n} (X_i - \overline{X})^2$ 为其样本方差.

8.2.1　均值 μ 的区间估计

1. 当方差 σ^2 已知时 μ 的置信区间

由于

$$\overline{X} \sim N\left(\mu, \frac{\sigma^2}{n}\right),$$

因此有

$$Z = \frac{\overline{X} - \mu}{\sigma/\sqrt{n}} \sim N(0,1). \tag{8.4}$$

由 $P\left(-z_{1-\frac{\alpha}{2}} < Z < z_{1-\frac{\alpha}{2}}\right) = 1 - \alpha$ 即得

$$P\left(\overline{X} - \frac{\sigma}{\sqrt{n}} z_{1-\frac{\alpha}{2}} < \mu < \overline{X} + \frac{\sigma}{\sqrt{n}} z_{1-\frac{\alpha}{2}}\right) = 1 - \alpha.$$

所以, 对于单个正态总体 $N(\mu, \sigma^2)$, 当 σ^2 已知时, μ 的置信水平为 $1 - \alpha$ 的置信区间是

$$\left(\overline{X} - \frac{\sigma}{\sqrt{n}} z_{1-\frac{\alpha}{2}}, \quad \overline{X} + \frac{\sigma}{\sqrt{n}} z_{1-\frac{\alpha}{2}}\right),$$

简记为

$$\overline{X} \pm \frac{\sigma}{\sqrt{n}} z_{1-\frac{\alpha}{2}}.$$

同理可求得 μ 的置信水平为 $1 - \alpha$ 的单侧置信上限为

$$\overline{X} + \frac{\sigma}{\sqrt{n}} z_{1-\alpha},$$

μ 的置信水平为 $1-\alpha$ 的单侧置信下限为

$$\overline{X} - \frac{\sigma}{\sqrt{n}} z_{1-\alpha}.$$

由于在 R 中没有求方差已知时均值置信区间的内置函数, 因此需要自己编写函数. 编写的 R 程序如下:

```
z.test <- function(x,sigma,alpha,u0=0,alternative="two.sided"){
  options(digits=4)
  result <- list( )
  n <- length(x)
  mean <- mean(x)
  z <- (mean-u0)/(sigma/sqrt(n))
  p <- pnorm(z,lower.tail=FALSE)
  result$mean <- mean
  result$z <- z
  result$p.value <- p
  if(alternative=="two.sided"){
    p <- 2*p
    result$p.value <- p
  }
  else if (alternative == "greater"|alternative =="less" ){
    result$p.value <- p
  }
  else return("your input is wrong")
  result$conf.int <- c(
  mean-sigma*qnorm(1-alpha/2,mean=0, sd=1,
               lower.tail = TRUE)/sqrt(n),
  mean+sigma*qnorm(1-alpha/2,mean=0, sd=1,
               lower.tail = TRUE)/sqrt(n))
  result
}
```

　　利用此程序即可给出总体均值的置信区间. 此程序还可用于进行第 9 章要讲的单正态总体均值 μ 的假设检验, 之所以在程序中同时完成区间估计与假设检验, 是为了与 R 中的 t 检验函数 t.test( ) 相对应. 实际上, 我们可以从上面的程序中抽出区间估计的部分, 得到下面求置信区间的程序:

```
conf.int <- function(x,sigma,alpha){
   options(digits=4)
   n <- length(x)
   mean <- mean(x)
   c(mean-sigma*qnorm(1-alpha/2,mean=0, sd=1,
                       lower.tail = TRUE)/sqrt(n),
     mean+sigma*qnorm(1-alpha/2,mean=0, sd=1,
                       lower.tail = TRUE)/sqrt(n))
}
```

　　下面通过例子看一下在 R 中如何去求置信水平为 $1-\alpha$ 的置信区间.

　　例 8.2.1　一个人 10 次称自己的体重 (单位: 500g): 175, 176, 173, 175, 174, 173, 173, 176, 173, 179, 我们希望估计一下他的体重. 假设此人的体重服从正态分布, 标准差为 1.5, 我们要求体重的置信水平为 95% 的置信区间.

　　解　由上述函数 z.test( ), R 程序为

```
x <- c(175, 176, 173, 175, 174, 173, 173, 176, 173, 179)
result <- z.test(x, 1.5, 0.05)
result$conf.int
[1] 173.8 175.6
```

　　因此, 我们得到体重的置信水平为 0.95 的置信区间为 $(173.8, 175.6)$.

　　注: 运行

```
z.test(x, 1.5, 0.05)
```

将同时获得假设检验的结果, 而上面的程序仅提取了区间估计的部分, 这相当于执行了

```
x <- c(175, 176, 173, 175, 174, 173, 173, 176, 173, 179)
conf.int(x, 1.5, 0.05)
```

2. 当方差 σ^2 未知时 μ 的置信区间

由于

$$\frac{\overline{X} - \mu}{\sigma/\sqrt{n}} \sim N(0,1),$$

$$\frac{(n-1)S^2}{\sigma^2} \sim \chi^2(n-1),$$

且二者独立, 所以有

$$T = \frac{\overline{X} - \mu}{S/\sqrt{n}} \sim t(n-1). \tag{8.5}$$

同样由 $P(-t_{1-\frac{\alpha}{2}}(n-1) < T < t_{1-\frac{\alpha}{2}}(n-1)) = 1-\alpha$, 得到

$$P\left(\overline{X} - \frac{S}{\sqrt{n}}t_{1-\frac{\alpha}{2}}(n-1) < \mu < \overline{X} + \frac{S}{\sqrt{n}}t_{1-\frac{\alpha}{2}}(n-1)\right) = 1-\alpha,$$

所以, 当 σ^2 未知时, μ 的置信水平为 $1-\alpha$ 的置信区间为

$$\left(\overline{X} - \frac{S}{\sqrt{n}}t_{1-\frac{\alpha}{2}}(n-1), \overline{X} + \frac{S}{\sqrt{n}}t_{1-\frac{\alpha}{2}}(n-1)\right),$$

其中 $t_p(n)$ 为自由度为 n 的 t 分布的下侧 p 分位数. 同理可求得 μ 的置信水平为 $1-\alpha$ 的单侧置信上限为

$$\overline{X} + \frac{S}{\sqrt{n}}t_{1-\alpha}(n-1),$$

μ 的置信水平为 $1-\alpha$ 的单侧置信下限为

$$\overline{X} - \frac{S}{\sqrt{n}}t_{1-\alpha}(n-1).$$

方差未知时我们直接利用 R 语言的 `t.test( )` 来求置信区间. `t.test( )` 的调用格式如下:

```
t.test(x, y = NULL,
       alternative = c("two.sided", "less", "greater"),
       mu = 0, paired = FALSE, var.equal = FALSE,
       conf.level = 0.95, ...)
```

说明: 若仅出现数据 x, 则进行单样本 t 检验; 若出现数据 x 和 y, 则进行两样本的 t 检验 (见第 9.3 节); alternative=c("two.sided", "less", "greater") 用

于指定所求置信区间的类型; alternative="two.sided" 是默认值, 表示求置信区间; alternative="less" 表示求置信上限; alternative="greater" 表示求置信下限. mu 表示均值, 它仅在假设检验中起作用, 默认值为零.

在上例中如果不知道方差, 就需要用函数 t.test( ) 来求置信区间, 我们看一下在 R 中是如何实现的.

R 程序如下:

```
x <- c(175, 176, 173, 175, 174, 173, 173, 176, 173, 179)
t.test(x)
```

运行结果如下:

```
One Sample t-test
data:  x
t = 284, df = 9, p-value <2e-16
alternative hypothesis: true mean is not equal to 0
95 percent confidence interval:
 173.3 176.1
sample estimates:
mean of x
    174.7
```

我们可以看到置信水平为 0.95 的置信区间为 (173.3, 176.1). 我们注意到这个输出结果过于烦琐, 由于我们只需要置信区间的结果, 因此可由 R 程序:

```
t.test(x)$conf.int
```

提取出置信区间的部分, 结果如下:

```
[1] 173.3 176.1
attr(,"conf.level")
[1] 0.95
```

以下用到的许多程序都可能输出很多结果, 如同此例, 在其后面加上 $conf.int 将只输出置信区间的结果.

8.2.2 方差 σ^2 的区间估计

此时虽然也可以就均值是否已知分两种情况讨论 σ^2 的置信区间, 但在实际中 μ 已知的情形是极为罕见的, 所以我们只在 μ 未知的条件下讨论 σ^2 的置信区间.

由于

$$\chi^2 = \frac{(n-1)S^2}{\sigma^2} \sim \chi^2(n-1),$$ (8.6)

所以由

$$P\left(\chi^2_{\frac{\alpha}{2}}(n-1) < \frac{(n-1)S^2}{\sigma^2} < \chi^2_{1-\frac{\alpha}{2}}(n-1)\right) = 1 - \alpha$$

就可得到 σ^2 的置信水平为 $1 - \alpha$ 的置信区间

$$\left(\frac{(n-1)S^2}{\chi^2_{1-\frac{\alpha}{2}}(n-1)}, \quad \frac{(n-1)S^2}{\chi^2_{\frac{\alpha}{2}}(n-1)}\right).$$

在 R 中也没有直接求 σ^2 的置信区间的函数, 我们需要自己编写函数, 下面的函数 chisq.var.test( ) 可以用来求 σ^2 的置信区间 (在第 9 章中还将用于关于 σ^2 的假设检验.)

```
chisq.var.test <- function(x,var,alpha,alternative="two.sided"){
  options(digits=4)
  result <- list( )
  n <- length(x)
  v <- var(x)
  result$var <- v
  chi2 <- (n-1)*v/var
  result$chi2 <- chi2
  p <- pchisq(chi2,n-1)
  if(alternative == "less"|alternative=="greater"){
     result$p.value <- p
  } else if (alternative=="two.sided") {
    if(p>.5)
       p <- 1-p
       p <- 2*p
       result$p.value <- p
     } else return("your input is wrong")
result$conf.int <- c(
  (n-1)*v/qchisq(alpha/2, df=n-1, lower.tail=F),
```

```
    (n-1)*v/qchisq(alpha/2, df=n-1, lower.tail=T))
  result
}
```

将此函数用到上例, 由

```
x <- c(175, 176, 173, 175, 174, 173, 173, 176, 173, 179)
result <- chisq.var.test(x, alpha=0.05)
result$conf.int
[1]  1.793 12.628
```

运行显示 σ^2 的置信水平为 0.95 的置信区间为 $(1.793, 12.628)$.

8.3 两正态总体参数的区间估计

设总体 X 与 Y 独立, $X \sim N(\mu_1, \sigma_1^2)$, $Y \sim N(\mu_2, \sigma_2^2)$, $X_1, \ldots, X_{n_1}$ 是来自总体 X 的样本, $\overline{X} = \frac{1}{n_1}\sum_{i=1}^{n_1} X_i$ 为其样本均值, $S_1^2 = \frac{1}{n-1}\sum_{i=1}^{n}(X_i - \overline{X})^2$ 为其样本方差. $Y_1, \ldots, Y_{n_2}$ 是来自总体 Y 的样本, $\overline{Y} = \frac{1}{n_2}\sum_{i=1}^{n_2} Y_i$ 为其样本均值, $S_2^2 = \frac{1}{n-1}\sum_{i=1}^{n}(Y_i - \overline{Y})^2$ 为其样本方差.

8.3.1 均值差 $\mu_1 - \mu_2$ 的置信区间

1. 当两总体方差都已知时两均值差的置信区间

进一步假设 σ_1^2 与 σ_2^2 都已知, 要求 $\mu_1 - \mu_2$ 置信水平为 $1 - \alpha$ 的置信区间. 由于

$$\overline{X} \sim N\left(\mu_1, \frac{\sigma_1^2}{n_1}\right), \qquad \overline{Y} \sim N\left(\mu_2, \frac{\sigma_2^2}{n_2}\right),$$

且两者独立, 得

$$\overline{X} - \overline{Y} \sim N\left(\mu_1 - \mu_2, \frac{\sigma_1^2}{n_1} + \frac{\sigma_2^2}{n_2}\right),$$

所以

$$Z = \frac{(\overline{X} - \overline{Y}) - (\mu_1 - \mu_2)}{\sqrt{\frac{\sigma_1^2}{n_1} + \frac{\sigma_2^2}{n_2}}} \sim N(0, 1). \tag{8.7}$$

由

$$P\left(-z_{1-\frac{\alpha}{2}} < Z < z_{1-\frac{\alpha}{2}}\right) = 1 - \alpha,$$

化简得

$$P\left(\overline{X} - \overline{Y} - z_{1-\frac{\alpha}{2}}\sqrt{\frac{\sigma_1^2}{n_1} + \frac{\sigma_2^2}{n_2}} < \mu_1 - \mu_2 < \overline{X} - \overline{Y} + z_{1-\frac{\alpha}{2}}\sqrt{\frac{\sigma_1^2}{n_1} + \frac{\sigma_2^2}{n_2}}\right) = 1 - \alpha.$$

所以 $\mu_1 - \mu_2$ 的置信水平为 $1 - \alpha$ 的置信区间为

$$\left(\overline{X} - \overline{Y} - z_{1-\frac{\alpha}{2}}\sqrt{\frac{\sigma_1^2}{n_1} + \frac{\sigma_2^2}{n_2}}, \quad \overline{X} - \overline{Y} + z_{1-\frac{\alpha}{2}}\sqrt{\frac{\sigma_1^2}{n_1} + \frac{\sigma_2^2}{n_2}}\right).$$

同理可求得 $\mu_1 - \mu_2$ 的置信水平为 $1 - \alpha$ 的单侧置信上限为

$$\overline{X} - \overline{Y} + z_{1-\alpha}\sqrt{\frac{\sigma_1^2}{n_1} + \frac{\sigma_2^2}{n_2}},$$

$\mu_1 - \mu_2$ 的置信水平为 $1 - \alpha$ 的单侧置信下限为

$$\overline{X} - \overline{Y} - z_{1-\alpha}\sqrt{\frac{\sigma_1^2}{n_1} + \frac{\sigma_2^2}{n_2}}.$$

在 R 语言中可以编写函数求置信区间 (读者可以类似地编写单侧置信限程序)

```
two.sample.ci <- function(x, y, conf.level=0.95, sigma1, sigma2 ){
  options(digits=4)
  m = length(x); n = length(y)
  xbar = mean(x)-mean(y)
  alpha = 1 - conf.level
  zstar = qnorm(1-alpha/2)*(sigma1/m+sigma2/n)^(1/2)
  xbar + c(-zstar, +zstar)
}
```

我们来看一个例子.

例 8.3.1   为比较两个小麦品种的产量, 选择 18 块条件相似的试验田, 采用相同的耕作方法做试验, 结果播种甲品种的 8 块试验田的单位面积产量和播种乙品种的 10 块试验田的单位面积产量分别为:

甲品种	628	583	510	554	612	523	530	615		
乙品种	535	433	398	470	567	480	498	560	503	426

假定每个品种的单位面积产量均服从正态分布, 甲品种产量的方差为 2140, 乙品种产量的方差为 3250, 试求这两个品种平均面积产量差的置信区间 (取 $\alpha = 0.05$).

解   直接利用上面编写的函数:

```
x <- c(628, 583, 510, 554, 612, 523, 530, 615)
y <- c(535, 433, 398, 470, 567, 480, 498, 560, 503, 426)
sigmasq.1 <- 2140
sigmasq.2 <- 3250
two.sample.ci(x, y, conf.level=0.95, sigmasq.1, sigmasq.2)
[1]   34.67 130.08
```

得这两个品种平均面积产量差的置信水平为 0.95 的置信区间为 (34.67, 130.08). ■

2. 当两总体方差都未知但相等时两均值差的置信区间

设方差 σ_1^2 与 σ_2^2 都未知, 但 $\sigma_1^2 = \sigma_2^2 = \sigma^2$. 此时由于

$$Z = \frac{(\overline{X} - \overline{Y}) - (\mu_1 - \mu_2)}{\sigma^2 \sqrt{\frac{1}{n_1} + \frac{1}{n_2}}} \sim N(0,1),$$

$$\frac{(n_1 - 1)S_1^2}{\sigma^2} \sim \chi^2(n_1 - 1), \quad \frac{(n_2 - 1)S_2^2}{\sigma^2} \sim \chi^2(n_2 - 1)$$

且由 S_1^2 与 S_2^2 的独立性得

$$\frac{(n_1 - 1)S_1^2}{\sigma^2} + \frac{(n_2 - 1)S_2^2}{\sigma^2} \sim \chi^2(n_1 + n_2 - 2).$$

由此可以得到

$$T = \frac{(\overline{X} - \overline{Y}) - (\mu_1 - \mu_2)}{\sqrt{(\frac{1}{n_1} + \frac{1}{n_2})S^2}} \sim t(n_1 + n_2 - 2), \tag{8.8}$$

其中

$$S^2 = \frac{(n_1 - 1)S_1^2 + (n_2 - 1)S_2^2}{(n_1 - 1) + (n_2 - 1)}.$$

由

$$P(-t_{1-\frac{\alpha}{2}}(n_1 + n_2 - 2) < T < t_{1-\frac{\alpha}{2}}(n_1 + n_2 - 2)) = 1 - \alpha$$

解不等式即得 $\mu_1 - \mu_2$ 的置信水平为 $1 - \alpha$ 的置信区间为

$$\overline{X} - \overline{Y} \pm t_{1-\frac{\alpha}{2}}(n_1 + n_2 - 2)\sqrt{\frac{1}{n_1} + \frac{1}{n_2}}\, S.$$

同理可求得 $\mu_1 - \mu_2$ 的置信水平为 $1 - \alpha$ 的单侧置信上限为

$$\overline{X} - \overline{Y} + t_{1-\alpha}(n_1 + n_2 - 2)\sqrt{\frac{1}{n_1} + \frac{1}{n_2}}\, S,$$

$\mu_1 - \mu_2$ 的置信水平为 $1 - \alpha$ 的单侧置信下限为

$$\overline{X} - \overline{Y} - t_{1-\alpha}(n_1 + n_2 - 2)\sqrt{\frac{1}{n_1} + \frac{1}{n_2}}\, S.$$

如同求单正态总体的均值的置信区间, 在 R 中可以直接利用 t.test( ) 求两方差都未知但相等时两均值差的置信区间.

例 8.3.2 在例 8.3.1 中, 如果不知道两种品种产量的方差但已知两者相等, 此时须在 t.test( ) 中指定选项 var.equal=TRUE, 则由

```
x <- c(628, 583, 510, 554, 612, 523, 530, 615)
y <- c(535, 433, 398, 470, 567, 480, 498, 560, 503, 426)
t.test(x, y, var.equal=TRUE)
Two Sample t-test
data:  x and y
t = 3.3, df = 16, p-value = 0.005
alternative hypothesis: true difference in means is not equal to 0
95 percent confidence interval:
    29.47   135.28
sample estimates:
mean of x mean of y
    569.4     487.0
```

可知这两个品种的单位面积产量之差的置信水平为 0.95 的置信区间为 (29.47, 135.28).

8.3.2　两方差比 σ_1^2/σ_2^2 的置信区间

由于

$$\frac{(n_1-1)S_1^2}{\sigma_1^2} \sim \chi^2(n_1-1), \quad \frac{(n_2-1)S_2^2}{\sigma_2^2} \sim \chi^2(n_2-1),$$

且 S_1^2 与 S_2^2 相互独立, 故

$$F = \frac{S_1^2/\sigma_1^2}{S_2^2/\sigma_2^2} \sim F(n_1-1, n_2-1). \tag{8.9}$$

所以, 对给定的置信水平 $1-\alpha$, 由

$$P\left(F_{\alpha/2}(n_1-1, n_2-1) \leqslant \frac{S_1^2}{S_2^2} \cdot \frac{\sigma_2^2}{\sigma_1^2} \leqslant F_{1-\alpha/2}(n_1-1, n_2-1)\right) = 1-\alpha,$$

经不等式变形即得 σ_1^2/σ_2^2 的置信水平为 $1-\alpha$ 的置信区间为

$$\left(\frac{S_1^2}{S_2^2} \cdot \frac{1}{F_{1-\alpha/2}(n_1-1, n_2-1)}, \quad \frac{S_1^2}{S_2^2} \cdot \frac{1}{F_{\alpha/2}(n_1-1, n_2-1)}\right),$$

其中 $F_p(m,n)$ 为自由度为 (m,n) 的 F 分布的下侧 p 分位数.

R 中的函数 `var.test( )` 可以直接用于求两正态总体方差比的置信区间, 其调用格式如下:

```
var.test(x, y, ratio = 1,
         alternative = c("two.sided", "less", "greater"),
         conf.level = 0.95, ...)
```

在求置信区间时, 我们只需给出两个总体的样本 x, y 以及相应的置信水平, 选项 `alternative` 用于第 9 章的假设检验. 我们用下面的例子来说明.

例 8.3.3　甲、乙两台机床分别加工某种轴承, 轴承的直径分别服从正态分布 $N(\mu_1, \sigma_1^2)$ 和 $N(\mu_2, \sigma_2^2)$, 从各自加工的轴承中分别抽取若干个轴承测其直径, 结果如表 8.2 所示. 试求两台机床加工的轴承直径的方差比 σ_1^2/σ_2^2 的置信水平为 0.95 的置信区间.

解　运行 R 程序

```
x <- c(20.5,19.8,19.7,20.4,20.1,20.0,19.0,19.9)
y <- c(20.7,19.8,19.5,20.8,20.4,19.6,20.2)
var.test(x, y)
```

表 8.2　机床加工的轴的直径数据

总体	样本容量	直径
X(机床甲)	8	20.5 19.8 19.7 20.4 20.1 20.0 19.0 19.9
Y(机床乙)	7	20.7 19.8 19.5 20.8 20.4 19.6 20.2

```
F test to compare two variances
data:  x and y
F = 0.79, num df = 7, denom df = 6, p-value = 0.8
alternative hypothesis: true ratio of variances is not equal to 1
95 percent confidence interval:
 0.1393 4.0600
sample estimates:
ratio of variances
          0.7932
```

可得两台机床加工的轴承的直径的方差比 σ_1^2/σ_2^2 的置信水平为 0.95 的置信区间为 $(0.1393, 4.0600)$. 结果中 `sample estimates` 给出的是方差比 σ_1^2/σ_2^2 的矩估计值 0.7932. ■

8.4　单总体比率 p 的区间估计

在许多实际问题中, 我们经常要去估计在总体中具有某种特性的个体占总体的比例 (率), 设为 p. 例如, 整个学校中女生 (或男生) 占全校人数的比例, 一批产品中合格产品占总产品数的比例, 产品的不合格品率, 某一电视节目的收视率, 对某项政策的支持率等. 关于点估计我们在 8.1 节已经介绍, 这里介绍一种求 p 的近似区间估计的方法.

称在样本中具有某种特征的个体占样本总数的比例为样本比例. 设 x 为容量为 n 的样本中具有某种特征的个体数量, 则样本比例为 x/n. 当总体中的样品数足够多时, x 近似服从二项分布 $\mathrm{binom}(n, p)$(实际上它是超几何分布), 这时总体比例可用样本比例来估计, 即 $\hat{p} = \frac{x}{n}$, 且为极大似然估计. 当 n 较大时, 由中心极限定理知 $\hat{p}$ 具有渐近正态性, 即

$$Z = \frac{\hat{p} - p}{\sqrt{p(1-p)/n}} \overset{\cdot}{\sim} N(0, 1).$$

由于 n 较大, 所以可用 $\hat{p}$ 来代替分母中的 p, 从而近似地有

$$Z = \frac{\hat{p} - p}{\sqrt{\hat{p}(1-\hat{p})/n}} \overset{\cdot}{\sim} N(0,1). \qquad (8.10)$$

这样由

$$P(-z_{1-\frac{\alpha}{2}} < Z < z_{1-\frac{\alpha}{2}}) = 1 - \alpha$$

解不等式即得总体比例 p 的置信水平为 $1 - \alpha$ 的置信区间为

$$\left(\hat{p} - z_{1-\frac{\alpha}{2}}\sqrt{\hat{p}(1-\hat{p})/n}, \quad \hat{p} + z_{1-\frac{\alpha}{2}}\sqrt{\hat{p}(1-\hat{p})/n}. \right)$$

同理可得 p 的置信水平为 $1 - \alpha$ 的单侧置信上限为

$$\hat{p} + z_{1-\alpha}\sqrt{\hat{p}(1-\hat{p})/n},$$

p 的置信水平为 $1 - \alpha$ 的单侧置信下限为

$$\hat{p} - z_{1-\alpha}\sqrt{\hat{p}(1-\hat{p})/n}.$$

在 R 中, 我们可利用函数 prop.test( ) 对 p 进行估计与检验, 其调用格式如下:

```
prop.test(x, n, p = NULL,
          alternative = c("two.sided", "less", "greater"),
          conf.level = 0.95, correct = TRUE)
```

　　说明: x 为样本中具有某种特性的样本数量, n 为样本容量, correct 选项为是否做连续性校正. 根据抽样理论, p 的 $1 - \alpha$ 的近似置信区间为

$$\hat{p} \pm z_{1-\frac{\alpha}{2}}\sqrt{(1-f)\hat{p}(1-\hat{p})/(n-1)} - \frac{1}{2n},$$

其中 f 为抽样比. 由于假设样本容量很大, 因此修正后 p 的置信水平为 $1 - \alpha$ 的置信区间近似地为

$$\hat{p} \pm z_{1-\frac{\alpha}{2}}\sqrt{\hat{p}(1-\hat{p})/n} - \frac{1}{2n}.$$

它与刚才用中心极限定理推得的结论相比, 区间长了 $\frac{1}{n}$, 这是由用连续分布去近似离散分布 (超几何分布) 引起的.

例 8.4.1 从一份共有 3042 人的人名录中随机抽 200 人, 发现 38 人的地址已变动, 试以 95% 的置信水平, 估计这份名录中需要修改地址的比例.

解 在 R 中运行程序

```
prop.test(38, 200, correct=TRUE)
1-sample proportions test with continuity correction
data:  38 out of 200, null probability 0.5
X-squared = 76, df = 1, p-value <2e-16
alternative hypothesis: true p is not equal to 0.5
95 percent confidence interval:
 0.1395 0.2527
sample estimates:
   p
0.19
```

由此得到结论: 我们以 95% 的置信水平认为这份名录中需要修改地址的比例 p 落在 (0.1395, 0.2527) 中, 其点估计为 0.19.

如果不进行校正, 相应的 R 命令为:

```
prop.test(38, 200, correct=FALSE)
```

结果如下:

```
1-sample proportions test without continuity correction
data:  38 out of 200, null probability 0.5
X-squared = 77, df = 1, p-value <2e-16
alternative hypothesis: true p is not equal to 0.5
95 percent confidence interval:
 0.1417 0.2500
sample estimates:
   p
0.19
```

此时 p 的置信水平为 95% 的置信区间为 (0.1417, 0.2500), 其长度比修正的缩短了. ∎

前已指出, 样本中具有某种特性的样本数量 x 服从超几何分布, 上面我们用正态分布来近似, 还可以用二项分布来近似超几何分布, 此时要求抽样比 f 很小. R 中的函数 binom.test( ) 可以求得这样的置信区间, 其调用格式如下:

```
binom.test(x, n, p = NULL,
            alternative = c("two.sided", "less", "greater"),
            conf.level = 0.95)
```

其含义和上面的函数 prop.test( ) 一致. 应用到上例中, 由

```
binom.test(38,200)
Exact binomial test
data:  38 and 200
number of successes = 38, number of trials = 200,
p-value < 2e-16
alternative hypothesis:true probability of success is not equal to 0.5
95 percent confidence interval:
  0.1381 0.2513
sample estimates:
probability of success
               0.19
```

可知用二项分布近似所得的 p 的 95% 置信区间为 (0.1381, 0.2513), 它与修正的正态近似方法更接近.

8.5　两总体比率差 $p_1 - p_2$ 的区间估计

设有两总体 X 与 Y 相互独立 (总体容量都较大), 从中分别抽取 n_1 和 n_2 个 (n_1, n_2 也较大) 观察, 结果发现其中各有 x_1 和 x_2 个具有某种特性. 设总体 X 与 Y 中具有上述特性的比率分别为 p_1 和 p_2, 我们的目的是要估计 $p_1 - p_2$, 我们仅考虑近似正态性下的区间估计问题.

两个总体比例 p_1 和 p_2 的极大似然估计分别为 $\hat{p}_1 = \frac{x_1}{n_1}, \hat{p}_2 = \frac{x_2}{n_2}$. 由 8.4 节的结论知, 若 n_1 和 n_2 较大, 则 $\hat{p}_1, \hat{p}_2$ 近似地服从正态分布:

$$\hat{p}_1 \overset{\cdot}{\sim} N\left(p_1, \frac{p_1(1-p_1)}{n_1}\right), \quad \hat{p}_2 \overset{\cdot}{\sim} N\left(p_2, \frac{p_2(1-p_2)}{n_2}\right).$$

所以

$$\hat{p}_1 - \hat{p}_2 \overset{\cdot}{\sim} N\left(p_1 - p_2, \frac{p_1(1-p_1)}{n_1} + \frac{p_2(1-p_2)}{n_2}\right).$$

标准化, 并用 $\hat{p}_1, \hat{p}_2$ 分别代替 p_1, p_2, 得到

$$Z = \frac{(\hat{p}_1 - \hat{p}_2) - (p_1 - p_2)}{\sqrt{\frac{\hat{p}_1(1-\hat{p}_1)}{n_1} + \frac{\hat{p}_2(1-\hat{p}_2)}{n_2}}} \stackrel{.}{\sim} N(0,1). \tag{8.11}$$

这样由

$$P(-z_{1-\frac{\alpha}{2}} < Z < z_{1-\frac{\alpha}{2}}) = 1 - \alpha,$$

通过不等式变形即得两比例差 $p_1 - p_2$ 的置信水平为 $1 - \alpha$ 的区间估计为

$$(\hat{p}_1 - \hat{p}_2) \pm z_{1-\frac{\alpha}{2}} \sqrt{\frac{\hat{p}_1(1-\hat{p}_1)}{n_1} + \frac{\hat{p}_2(1-\hat{p}_2)}{n_2}}.$$

同理可得 $p_1 - p_2$ 的置信水平为 $1 - \alpha$ 的单侧置信上限为

$$(\hat{p}_1 - \hat{p}_2) + z_{1-\alpha} \sqrt{\frac{\hat{p}_1(1-\hat{p}_1)}{n_1} + \frac{\hat{p}_2(1-\hat{p}_2)}{n_2}},$$

$p_1 - p_2$ 的置信水平为 $1 - \alpha$ 的单侧下限为

$$(\hat{p}_1 - \hat{p}_2) - z_{1-\alpha} \sqrt{\frac{\hat{p}_1(1-\hat{p}_1)}{n_1} + \frac{\hat{p}_2(1-\hat{p}_2)}{n_2}}.$$

例 8.5.1 据一项市场调查, 在 A 地区被调查的 1000 人中有 478 人喜欢品牌 K, 在 B 地区被调查的 750 人中有 246 人喜欢品牌 K, 试估计两地区的人喜欢品牌 K 比例之差的置信水平为 95% 的置信区间.

解 可以利用 R 中的内置函数 prop.test( ) 求两总体的比例差的置信区间, 在 R 中运行

```
like <- c(478, 246)
people <- c(1000, 750)
prop.test(like, people)
```

得结果如下

```
2-sample test for equality of proportions with
continuity correction
data:  like out of people
```

```
X-squared = 39, df = 1, p-value = 4e-10
alternative hypothesis: two.sided
95 percent confidence interval:
  0.1031 0.1969
sample estimates:
prop 1 prop 2
  0.478   0.328
```

可以看出 A 地区喜欢品牌 K 的人更多, 且 A, B 两地区喜欢品牌 K 的比例之差的置信水平为 95% 的置信区间为 $(0.1031, 0.1969)$. ■

注:

- 同单样本一样, 上面的结果实际上是经过连续性修改后得到的;
- 由上面的公式, 我们也可以自己编写没有修正的两比例之差的区间估计函数

ratio.ci( ):

```
ratio.ci <- function(x, y, n1, n2, conf.level=0.95){
  xbar1 = x/n1;xbar2=y/n2
  xbar = xbar1-xbar2
  alpha = 1 - conf.level
  zstar = qnorm(1-alpha/2)
      *(xbar1*(1-xbar1)/n1+xbar2*(1-xbar2)/n2)^(1/2)
  xbar + c(-zstar, +zstar)
  }
```

用到上例中, 运行

```
ratio.ci(478, 246, 1000, 750, conf.level=0.95)
[1] 0.1043 0.1957
```

可得两比例之差的置信水平为 95% 的置信区间为 $(0.1043, 0.1957)$, 其长度比修正下的结果略小些.

8.6　样本容量的确定

确定样本容量 n 是抽样中的一个重要问题. 样本容量抽取过少会丢失样本信息, 从而导致误差太大而不满足要求; 若样本抽取太多, 虽然各种信息都包含了, 误差也

降低了, 但同时会增加所需的人力、物力和费用开销. 所以权衡两者, 我们要抽取适当数量的样本.

8.6.1　当估计正态总体均值时样本容量的确定

设总体 X 的均值为 μ, 方差为 σ^2, 一般估计总体的均值时, 我们提出这样的精度要求, 以置信水平 $1 - \alpha$ 允许均值的最大绝对误差为 d, 即

$$P(|\overline{X} - \mu| \leqslant d) = 1 - \alpha.$$

下面考虑总体 X 为正态 (或近似正态) 分布, 估计均值 μ 时所需的样本容量, 我们分两种情况进行讨论.

1. 当总体方差 σ^2 已知时

令 $\sigma^2 = \sigma_0^2$, 则由

$$\frac{\overline{X} - \mu}{\sigma_0/\sqrt{n}} \sim N(0,1)$$

得

$$P\left(\frac{|\overline{X} - \mu|}{\sigma_0/\sqrt{n}} < \frac{d}{\sigma_0/\sqrt{n}}\right) = 1 - \alpha.$$

所以

$$n = \left(\frac{z_{1-\frac{\alpha}{2}}\sigma_0}{d}\right)^2. \tag{8.12}$$

在 R 中可以定义如下的函数 `size.norm1( )` 来求样本容量:

```
size.norm1 <- function(d, var, conf.level) {
  alpha = 1 - conf.level
  ((qnorm(1-alpha/2)*var^(1/2))/d)^2
}
```

例 8.6.1　某地区有 10000 户家庭, 拟抽取一个简单的样本调查一个月的平均开支, 要求置信水平为 95%, 最大允许误差为 2, 根据经验, 家庭间开支的方差为 500, 问我们应抽取多少户进行调查?

```
size.norm1(d=2, var=500, conf.level=0.95)
[1] 480.2
```

所以应该抽取 481 户.

2. 当总体方差 σ^2 未知时

当 σ^2 未知时, 由

$$P\left(\frac{|\overline{X}-\mu|}{s/\sqrt{n}}<\frac{d}{s/\sqrt{n}}\right)=1-\alpha$$

得

$$n=\left(\frac{t_{1-\frac{\alpha}{2}}(n-1)s}{d}\right)^2. \tag{8.13}$$

注意到, $t_{1-\frac{\alpha}{2}}(n-1)$ 的值是随自由度 $n-1$ 而变化的, 也就是说 $t_{1-\frac{\alpha}{2}}(n-1)$ 的值原本就与样本容量 n 有关. 这样在 n 未确定之前 $t_{1-\frac{\alpha}{2}}(n-1)$ 的值也是未知的. 在这种情况之下, 一般用试错法, 先将一个非常大的自由度代入 (相当于用 $z_{1-\alpha/2}$ 代替 $t_{1-\alpha/2}(n-1)$ 求出 n_1, 然后再将 n_1 代入 $t_{1-\frac{\alpha}{2}}(n-1)$ 求出 n_2, 重复此法直至先后两次所求得的 n 几乎相等为止, 最后的 n_2 就是要确定的样本容量.

在 R 中我们可以通过循环确定样本容量:

```
size.norm2 <- function(s, alpha, d, m){
  t0 <- qt(alpha/2, m, lower.tail=FALSE)
  n0 <- (t0*s/d)^2
  t1 <- qt(alpha/2, n0, lower.tail=FALSE)
  n1 <- (t1*s/d)^2
  while(abs(n1-n0)>0.5){
    n0 <- (qt(alpha/2, n1, lower.tail=FALSE)*s/d)^2
    n1 <- (qt(alpha/2, n0, lower.tail=FALSE)*s/d)^2
    }
  return(n1)
}
```

说明: m 是事先给定的一个很大的数.

例 8.6.2　某公司生产了一批新产品, 产品总体服从正态分布, 现要估计这批产品的平均重量, 最大允许误差为 2, 样本标准差 $s=10$, 试问在 $\alpha=0.01$ 下要抽取多少样本?

解　在 R 中运行程序

```
size.norm2(10, 0.01, 2, 100)
[1] 169.7
```

可知, 在最大允许误差为 2 时应抽取 170 个样本. ■

对估计量精度的要求还有别的方法, 比如要求均值的最大相对误差为 γ 或者是变异系数不超过 $\sqrt{c}$. 类似地, 我们可以求出样本容量的表达式, 据此再通过 R 求解.

8.6.2 当估计比例 p 时样本容量的确定

在样本容量较大的条件下, 样本比例 $\hat{p}$ 近似服从正态分布, 也即

$$\frac{\hat{p}-p}{\sqrt{p(1-p)/n}} \overset{.}{\sim} N(0,1).$$

在置信水平 $1-\alpha$ 下, 若允许比例的最大绝对误差为 d, 则由

$$P\left(\frac{|\hat{p}-p|}{\sqrt{p(1-p)/n}} < \frac{d}{\sqrt{p(1-p)/n}}\right) = 1-\alpha,$$

从而

$$n = \left(\frac{z_{1-\frac{\alpha}{2}}}{d}\right)^2 p(1-p). \tag{8.14}$$

如果根据经验, 能给出 p 的一个粗略的估计值或者知道 p 的取值范围, 问题就能解决. (当取值范围包括 0.5 时, 取 $p = 0.5$, 反之, 取接近 0.5 的值, 这样我们可以得到 n 的一个较为保守的值, 因为 $p(1-p) \leqslant 1/4$.) 如果对 p 没有任何先验知识, 那么取 $p = 0.5$.

在 R 中我们这样实现:

```
size.bin <- function(d, p, conf.level=0.95) {
  alpha = 1 - conf.level
  ((qnorm(1-alpha/2))/d)^2*p*(1-p)
}
```

例 8.6.3 某市一所重点大学历届毕业生就业率为 90%, 试估计应届毕业生就业率, 要求估计误差不超过 3%, 试问在 $\alpha = 0.05$ 下要抽取应届毕业生多少人?

解 在 R 中运行程序

```
size.bin(0.03, 0.9, 0.95)
[1] 384.1
```

得到在 $\alpha = 0.05$ 下要抽取应届毕业生 385 人以确保估计误差不超过 3%. ∎

习题

练习 8.1 设总体 X 是用无线电测距仪测量的误差, 它服从 (α, β) 上的均匀分布, 在 200 次测量中, 误差为 X_i 的次数有 n_i 次:

X_i	3	5	7	9	11	13	15	17	19	21
n_i	21	16	15	26	22	14	21	22	18	25

求 α, β 的矩法估计值 (注: 这里的测量误差为 X_i 是指测量误差在 $(X_i - 1, X_i + 1)$ 间的代表值.)

练习 8.2 为检验某自来水消毒设备的效果, 现从消毒后的水中随机抽取 1 L, 化验每升水中大肠杆菌的个数 (假设 1 L 水中大肠杆菌的个数服从泊松分布), 其化验结果如下

大肠杆菌数 (个/L)	0	1	2	3	4	5	6
该值出现的频数	17	20	10	2	1	0	0

试问平均每升水中大肠杆菌个数为多少时, 才能使上述情况出现的概率达到最大?

练习 8.3 已知某种木材的横纹抗压力服从 $N(\mu, \sigma^2)$, 现对 10 个试件做横纹抗压力试验, 得数据如下 (kg/cm^2):

$$482, \quad 493, \quad 457, \quad 471, \quad 510, \quad 446, \quad 435, \quad 418, \quad 394, \quad 469$$

1) 求 μ 的置信水平为 0.95 的置信区间.

2) 求 σ 的置信水平为 0.90 的置信区间.

练习 8.4 某卷烟厂生产两种卷烟 A 和 B, 现分别对两种香烟的尼古丁含量进行 6 次试验, 结果如下

卷烟 A	25	28	23	26	29	22
卷烟 B	28	23	30	35	21	27

若香烟的尼古丁含量服从正态分布,

1) 问两种卷烟中尼古丁含量的方差是否相等?

2) 试求两种香烟的尼古丁平均含量差的 95% 的置信区间.

练习 8.5　比较两个小麦品种的产量, 选择 22 块条件相似的试验田, 采用相同的耕作方法做试验, 结果播种甲品种的 12 块试验田的单位面积产量和播种乙品种的 12 块试验田的单位面积产量分别为

甲品种	628	583	510	554	612	523	530	615	573	603	334	564
乙品种	535	433	398	470	567	480	498	560	503	426	338	547

假定每个品种的单位面积产量均服从正态分布, 甲品种产量的方差为 2140, 乙品种产量的方差为 3250, 试求这两个品种平均面积产量差的置信水平为 0.95 的置信上限和置信水平为 0.90 的置信下限.

练习 8.6　有两台机床生产同一型号的滚珠, 根据以往经验知, 这两台机床生产的滚珠直径都服从正态分布. 现分别从这两台机床生产的滚珠中随机地抽取 7 个和 9 个, 测得它们的直径如下 (单位: mm)

机床甲	15.2	14.5	15.5	14.8	15.1	15.6	14.7		
机床乙	15.2	15.0	14.8	15.2	15.0	14.9	15.1	14.8	15.3

试问机床乙生产的滚珠直径的方差是否比机床甲生产的滚珠直径的方差小?

练习 8.7　某公司对本公司生产的两种自行车型号 A, B 的销售情况进行了了解, 随机选取了 400 人询问他们对 A, B 的选择, 其中有 224 人喜欢 A, 试求顾客中喜欢 A 的人数比例 p 的置信水平为 0.99 的区间估计.

练习 8.8　某公司生产了一批新产品, 产品总体服从正态分布, 现要估计这批产品的平均重量, 最大允许误差为 1, 样本标准差 $s = 10$, 试问在 0.95 的置信水平下至少要抽取多少个产品?

练习 8.9　根据以往的经验, 船运大量玻璃器皿, 损坏率不超过 5%. 现要估计某船中玻璃器皿的损坏率, 要求估计与真值间不超过 1%, 且置信水平为 0.90, 那么要抽取多少样本验收可满足上述要求?

第 9 章

参数的假设检验

第 8 章介绍了参数的点估计与区间估计的构造方法. 统计推断的另一重要内容是假设检验. 先对总体的某个未知参数或总体的分布形式作某种假设, 然后由抽取的样本提供的信息构造合适的统计量, 对所提供的假设进行检验, 以做出统计判断是接受 (保留) 假设还是拒绝假设, 这类统计推断问题称为假设检验问题, 前者称为参数假设检验, 后者称为非参数假设检验. 我们在本章和第 10 章中分别加以介绍.

9.1 假设检验与检验的 p 值

9.1.1 假设检验的概念与步骤

统计假设

下面先通过几个例子来说明什么是假设检验.

例 9.1.1 微波炉在炉门关闭时的辐射量是一个重要的质量指标. 设该指标服从正态分布 $N(\mu, 0.1^2)$, 均值要求不超过 0.12. 为检查近期产品的质量, 从某厂生产的微波炉中抽查了 25 台, 得其炉门关闭时辐射量的均值 $\overline{X} = 0.13$, 问该厂生产的微波炉炉门关闭时辐射量是否偏高?

本例是希望通过样本检验炉门关闭时辐射量是否高于 0.12.

例 9.1.2 某车间用一台包装机包装精盐, 额定标准每袋净重 500g, 设包装机包

装出的盐每袋净重 $X \sim N(\mu, \sigma^2)$, 某天随机地抽取 9 袋, 称得净重为 490, 506, 508, 502, 498, 511, 510, 515, 512. 问该包装机工作是否正常?

本例是希望通过样本检验包装机包装的盐的平均重量是否为 500g.

以上两个例子都是参数的假设检验. 我们把施加于一个或多个总体的概率分布或参数上的假设称为统计假设, 简称假设. 所作的假设可以是真的, 也可能是假的. 为了判断一个统计假设是否正确, 需要检验. 我们把判断统计假设是否正确的方法称为统计假设检验, 简称为统计检验.

假设检验的基本思想

1) 假设检验的基本思想

无论是怎样的假设, 假设检验的思想是一样的, 就是所谓概率性质的反证法. 其根据是实际推断原理: 小概率事件在一次试验中是几乎不可能发生的. 进一步讲, 要检验某假设 H_0, 先假设 H_0 正确, 在此假设下构造某一事件 A, 它在 H_0 正确的条件下的概率很小, 例如 $P(A|H_0) = \alpha$(常用 0.05). 现在进行一次试验, 如果事件 A 发生了, 也就是说小概率事件在一次试验中居然发生了, 这与实际推断原理相矛盾, 这表明"假定 H_0 正确"是错误的, 因而拒绝 H_0; 反之, 如果小概率事件没有发生, 我们就没有理由拒绝 H_0, 通常就接受 (保留)H_0.

通常称"结论"成立的假设为原假设 (又称为零假设), 记为 H_0; 与之对立的假设为备择假设 (又称为对立假设), 记为 H_1. 我们将一个假设检验问题简记为 $H_0 \longleftrightarrow H_1$. 例如, 例 9.1.1 中的假设检验问题为

$$H_0 : \mu \leqslant 0.12 \longleftrightarrow H_1 : \mu > 0.12.$$

值得注意的是:

• 小概率事件在一次试验中发生与实际推断原理相矛盾, 这种矛盾并不是形式逻辑中的绝对矛盾, 因为"小概率事件在一次试验中几乎是不会发生的", 并不意味着"小概率事件在一次试验中绝对不会发生". 因此, 根据概率性质的反证法得出的接受 H_0 或拒绝 H_0 的决策, 并不等于我们证明了原假设 H_0 正确或错误, 而只是根据样本所提供的信息以一定的可靠程度 (对应置信区间中的置信度) 认为 H_0 正确或错误.

• 原假设与备择假设并不对称或可以交换, 它们在假设检验中的地位是不同的.

原假设与备择假设主要是由具体问题决定的. 常把没有把握、不能轻易肯定、需要充分理由 (证据/数据)"证明"的命题作为备择假设, 而把没有充分理由不能轻易否定的命题作为原假设, 只有理由充分时才拒绝它, 否则应予以保留.

2) 两类错误

从主观上讲, 我们总希望经过假设检验, 能作出正确的判断, 即若 H_0 确实为真, 则接受 H_0; 若 H_0 确实为假, 则拒绝 H_0. 但在客观上, 我们是根据样本所确定的统计量之值来推断的, 由于样本的随机性, 在推断时就难免要犯错误. 因为当 H_0 正确时, 小概率事件也有可能发生而非绝对不可能发生, 这时我们却错误地否定了 H_0. 这种"弃真"的错误, 称之为第一类错误; 由上所述, 犯第一类错误的概率为 $P(拒绝 H_0 | H_0 为真) = \alpha$. 我们还有可能犯"取伪"的错误, 称之为第二类错误, 就是当 H_0 不真, 但我们却接受了 H_0. 犯第二类错误的概率为 $P(接受 H_0 | H_0 为假) = \beta$.

我们当然希望犯两类错误的概率都很小, 但是在样本容量固定时是办不到的. 通常把解决这一问题的原则简化成只对犯第一类错误的最大概率 α 加以限制, 而不考虑犯第二类错误的概率 β. 这种统计假设检验问题称为显著性检验, 并将犯第一类错误的最大概率 α 称为假设检验的显著性水平. 本书仅讨论显著性检验.

3) 检验步骤

先介绍接受域和拒绝域的概念: 对于一个检验问题 $H_0 \longleftrightarrow H_1$, 当检验统计量 W 取某区域 C 中的值时, 我们拒绝原假设 H_0, 则称区域 C 为 H_0 关于统计量 W 的拒绝域. 拒绝域的边界点称为临界点 (或临界值). 当检验统计量 W 取某区域 $\overline{C}$ 中的值时, 我们无法拒绝原假设 H_0, 则称区域 $\overline{C}$ 为 H_0 关于统计量 W 的接受域.

由以上的讨论, 我们归纳得到假设检验的主要步骤:

1) 提出原假设 H_0 与备择假设 H_1;

2) 构造检验统计量 W 并确定其分布;

3) 在给定的显著性水平下, 确定 H_0 关于统计量 W 的拒绝域;

4) 算出样本点对应的检验统计量的值;

5) 判断: 若统计量的值落在拒绝域内, 则拒绝 H_0, 否则接受 H_0.

9.1.2　检验的 p 值

定义 9.1　在一个假设检验问题中, 拒绝原假设 H_0 的最小显著性水平称为检验的 p 值.

从此定义可知, p 值表示对原假设的怀疑程度, 或解释为首次拒绝原假设的概率.

p 值越小, 表示原假设越可疑, 从而越应拒绝原假设. p 值的具体计算依赖于原假设、统计量的分布及其观测值. 现有统计软件中的各类检验, 包括 R 在内, 都提供了检验的 p 值.

引入检验的 p 值有明显的好处. 首先, 它比较客观地避免了事先确定显著性水平; 其次, 由检验的 p 值与人们心目中的显著性水平 α 进行比较可以很容易得出检验的结论: 如果 $p \leqslant \alpha$, 则在显著性水平 α 下拒绝 H_0; 如果 $p > \alpha$, 则在显著性水平 α 下接受 H_0.

9.2 单正态总体参数的检验

在实际中, 很多现象都可以近似地用正态分布描述, 因此关于正态分布参数均值和方差的检验, 是实际中常见的统计问题. 本节先介绍单正态总体中的假设检验问题, 9.3 节考虑两正态总体中的假设检验问题.

假设总体 $X \sim N(\mu, \sigma^2)$, $X_1, \ldots, X_n$ 是来自此正态总体的一个样本, $\overline{X} = \frac{1}{n} \sum_{i=1}^n X_i$ 为其样本均值, $S^2 = \frac{1}{n-1} \sum_{i=1}^n (X_i - \overline{X})^2$ 为其样本方差.

9.2.1 均值 μ 的假设检验

1. 当方差 σ^2 已知时 μ 的检验: Z 检验

设方差 $\sigma^2 = \sigma_0^2$ 已知, 考虑假设检验问题:

1) $H_0 : \mu = \mu_0 \longleftrightarrow H_1 : \mu \neq \mu_0$(双边假设检验)

2) $H_0 : \mu \leqslant \mu_0 \longleftrightarrow H_1 : \mu > \mu_0$(单边假设检验)

3) $H_0 : \mu \geqslant \mu_0 \longleftrightarrow H_1 : \mu < \mu_0$(单边假设检验)

在 $\mu = \mu_0$ 下可得

$$Z = \frac{\overline{X} - \mu_0}{\sigma_0 / \sqrt{n}} \sim N(0, 1). \tag{9.1}$$

对于检验问题 1), 若 $\overline{X}$ 偏离 μ_0(或左或右) 均会倾向于拒绝原假设 H_0, 从而接受对立假设 H_1, 所以此问题的拒绝域为

$$C_1 = \{|Z| > z_{1-\alpha/2}\}.$$

对于检验问题 2), 若 $\overline{X}$ 大于 μ_0, 则会倾向于拒绝原假设 H_0, 从而接受对立假设

H_1, 所以此问题的拒绝域为

$$C_2 = \{Z > z_{1-\alpha}\}.$$

对于检验问题 3), 若 $\overline{X}$ 小于 μ_0, 则会倾向于拒绝原假设 H_0, 从而接受对立假设 H_1, 所以此问题的拒绝域为

$$C_3 = \{Z < -z_{1-\alpha}\}.$$

R 程序在读入数据后, 还需要:

- 指定显著性水平 α、原假设中的均值 μ_0 和已知的总体标准差 σ_0;
- 按上式计算出统计量 Z 的值;
- 计算 p 值.

设 Z_{obs} 表示统计量 Z 的观测值, 则对于上述三个假设检验问题, 相应的 p 值分别为:

1) $p_1 = P(|Z| > |Z_{obs}|)$

2) $p_2 = P(Z > Z_{obs})$

3) $p_3 = P(Z < Z_{obs})$

R 中没有直接的函数来作方差已知时均值的检验, 需自己编写. 这里我们直接引用第 8 章中当方差已知时均值的置信区间的函数 z.test( ).

例 9.2.1　在显著性水平 $\alpha = 0.05$ 下, 讨论例 9.1.1 中的假设检验问题.

解　R 程序如下:

```
z.test(0.13, 25, 0.1, 0.05, u0=0.12, alternative="less")
```

运行结果为:

```
$mean
[1] 0.13
$z
[1] 0.5
$p.value
[1] 0.3085
$conf.int
[1] 0.0908 0.1692
```

结论: 因为 p 值 $= 0.3085 > \alpha = 0.05$, 故接受原假设, 认为炉门关闭时辐射量没有偏高.

2. 当方差 σ^2 未知时 μ 的检验: t 检验

设方差 σ^2 未知. 仍考虑假设检验问题 1), 2) 和 3), 这时在 $\mu = \mu_0$ 下可得:

$$T = \frac{\overline{X} - \mu_0}{S/\sqrt{n}} \sim t(n-1). \tag{9.2}$$

由此得三个假设检验问题的拒绝域分别为:

1) $C_1 = \{|T| > t_{1-\alpha/2}(n-1)\}$
2) $C_2 = \{T > t_{1-\alpha(n-1)}\}$
3) $C_3 = \{T < -t_{1-\alpha(n-1)}\}$

与方差已知的情形相比, 我们并不需要复杂的编程, 直接利用 R 语言的 **t.test( )** 函数就可完成原假设的检验. **t.test( )** 的调用格式见第 8 章, 这里不再重复.

例 9.2.2 在显著性水平 $\alpha = 0.05$ 下, 讨论例 9.1.2 中的假设检验问题.

解 R 程序如下:

```
salt <- c(490, 506, 508, 502, 498, 511, 510, 515, 512)
t.test(salt, mu=500)
```

运行结果为:

```
One Sample t-test
data:  salt
t = 2.2, df = 8, p-value = 0.06
alternative hypothesis: true mean is not equal to 500
95 percent confidence interval:
  499.7 511.8
sample estimates:
mean of x
  505.8
```

结论: 因为 p 值 $= 0.06 > \alpha = 0.05$, 故接受原假设, 认为该包装机正常. ∎

例 9.2.3 已知某种水样中 $CaCO_3$ 的真值为 20.7mg/L, 现用某种方法重复测定该水样 11 次, $CaCO_3$ 的含量为: 20.9, 20.41, 20.10, 20.00, 20.19, 22.60, 20.99, 20.41, 20, 23, 22. 问用该法测定的 $CaCO_3$ 含量的均值与真值有无显著差异? (显著性水平为 0.05)

解 R 程序如下:

```
CaCo3 <- c(20.9, 20.41, 20.10, 20.00, 20.19,
           22.60, 20.99, 20.41, 20, 23, 22)
t.test(CaCo3,  mu=20.7)
```

运行结果为:

```
One Sample t-test
data:  CaCo3
t = 0.81, df = 10, p-value = 0.4
alternative hypothesis: true mean is not equal to 20.7
95 percent confidence interval:
 20.24 21.69
sample estimates:
mean of x
  20.96
```

结论: 因为 p 值 $= 0.4 > \alpha = 0.05$, 故认为此法所测定的水中 $CaCO_3$ 的含量的均值与真值无显著差异, 故此法可信. ∎

9.2.2   方差 σ^2 的检验: χ^2 检验

考虑假设检验问题:

1) $H_0: \sigma^2 = {\sigma_0}^2 \longleftrightarrow H_1: \sigma^2 \neq {\sigma_0}^2$(双边假设检验)

2) $H_0: \sigma^2 \leqslant {\sigma_0}^2 \longleftrightarrow H_1: \sigma^2 > {\sigma_0}^2$(单边假设检验)

3) $H_0: \sigma^2 \geqslant {\sigma_0}^2 \longleftrightarrow H_1: \sigma^2 < {\sigma_0}^2$(单边假设检验)

这时在 $\sigma^2 = {\sigma_0}^2$ 下可得:

$$\chi^2 = \frac{(n-1)S^2}{{\sigma_0}^2} \sim \chi^2(n-1), \tag{9.3}$$

由此得三个假设检验问题的拒绝域分别为:

1) $C_1 = \{\chi^2 \geqslant \chi^2_{1-\alpha/2}(n-1) \text{ 或 } \chi^2 \leqslant \chi^2_{\alpha/2}(n-1)\}$

2) $C_2 = \{\chi^2 \geqslant \chi^2_{1-\alpha}(n-1)\}$

3) $C_3 = \{\chi^2 \leqslant \chi^2_{\alpha}(n-1)\}$

在 R 中没有直接的函数来做 χ^2 检验, 但第 8 章中编写的函数 `chisq.var.test( )` 可用于求单总体方差的检验.

例 9.2.4   检查一批保险丝, 抽出 10 根测量其通过强电流熔化所需的时间 (单位: s) 为: 42, 65, 75, 78, 59, 71, 57, 68, 54, 55. 假设熔化所需的时间服从正态分布, 问能否认为熔化时间方差不超过 80 (取 $\alpha = 0.05$).

解 R 程序如下:

```
time <- c(42, 65, 75, 78, 59, 71, 57, 68, 54, 55)
chisq.var.test(time, 80, 0.05, alternative="less")
```

运行结果为:

```
$var
[1] 121.8
$chi2
[1] 13.71
$p.value
[1] 0.8668
$conf.int
[1]  57.64 406.02
```

结论: 因为 p 值 $= 0.8668 > \alpha = 0.05$, 故接受原假设, 认为熔化时间方差不超过 80. ∎

9.3 两正态总体参数的检验

9.2 节讨论了单个正态总体参数的显著性检验, 它是把样本统计量的观测值与原假设所提供的总体参数做比较, 这种检验要求我们事先能提出合理的参数假设值, 并对参数有某种意义的备择值, 但在实际工作中很难做到这一点, 因而限制了这种方法在实际中的应用. 在实际 (特别在临床医学) 中, 我们常常选择两个样本, 一个作为处理, 一个作为对照, 在两个样本之间做比较. 比如, 要比较某班男生的成绩是否比女生高, 服用某种维生素的人是否比不服用的人不易感冒, 或判断它们之间是否存在显著的差异, 等等.

设总体 X 与 Y 独立, $X \sim N(\mu_1, \sigma_1^2)$, $Y \sim N(\mu_2, \sigma_2^2)$, $X_1, \ldots, X_{n_1}$ 是来自总体 X 的样本, $\overline{X} = \frac{1}{n_1} \sum_{i=1}^{n_1} X_i$ 为其样本均值, $S_1^2 = \frac{1}{n_1-1} \sum_{i=1}^{n_1} (X_i - \overline{X})^2$ 为其样本方差. $Y_1, \ldots, Y_{n_2}$ 是来自总体 Y 的样本, $\overline{Y} = \frac{1}{n_2} \sum_{i=1}^{n_2} Y_i$ 为其样本均值, $S_2^2 = \frac{1}{n_2-1} \sum_{i=1}^{n_2} (Y_i - \overline{Y})^2$ 为其样本方差.

9.3.1   均值的比较: t 检验

设两正态总体的方差相等, 即 $\sigma_1{}^2 = \sigma_2^2 = \sigma^2$. 考虑假设检验问题:

1) $H_0 : \mu_1 = \mu_2 \longleftrightarrow H_1 : \mu_1 \neq \mu_2$(双边假设检验)

2) $H_0 : \mu_1 \leqslant \mu_2 \longleftrightarrow H_1 : \mu_1 > \mu_2$(单边假设检验)

3) $H_0 : \mu_1 \geqslant \mu_2 \longleftrightarrow H_1 : \mu_1 < \mu_2$(单边假设检验)

这时在 $\mu_1 = \mu_2$ 下可得:

$$T = \frac{(\bar{x} - \bar{y}) - (\mu_1 - \mu_2)}{\sqrt{(\frac{1}{n_1} + \frac{1}{n_2})s^2}} \sim t(n_1 + n_2 - 2). \tag{9.4}$$

由此得三个假设检验问题的拒绝域分别为:

1) $C_1 = \{|T| > t_{1-\alpha/2}(n_1 + n_2 - 2)\}$

2) $C_2 = \{T > t_{1-\alpha(n_1+n_2-2)}\}$

3) $C_3 = \{T < -t_{1-\alpha(n_1+n_2-2)}\}$

在 R 语言中可以直接利用 t.test( ) 函数完成原假设的检验.

例 9.3.1   甲、乙两台机床分别加工某种轴承, 轴承的直径分别服从正态分布 $N(\mu_1, \sigma_1^2)$ 和 $N(\mu_2, \sigma_2^2)$, 从各自加工的轴承中分别抽取若干个轴承测其直径, 结果如表 9.1 所示. 设 $\sigma_1^2 = \sigma_2^2$, 问两台机床的加工精度有无显著差异? (取 $\alpha = 0.05$)

表 9.1   机床加工的轴的直径数据

总体	样本容量	直径/mm
X(机床甲)	8	20.5 19.8 19.7 20.4 20.1 20.0 19.0 19.9
Y(机床乙)	7	20.7 19.8 19.5 20.8 20.4 19.6 20.2

解   R 程序如下:

```
x <- c(20.5, 19.8, 19.7, 20.4, 20.1, 20.0, 19.0, 19.9)
y <- c(20.7, 19.8, 19.5, 20.8, 20.4, 19.6, 20.2)
t.test(x, y, var.equal=TRUE)
```

运行结果为:

```
Two Sample t-test
data:  x and y
t = -0.85, df = 13, p-value = 0.4
```

```
alternative hypothesis: true difference in means is not equal to 0
95 percent confidence interval:
  -0.7684  0.3327
sample estimates:
mean of x mean of y
   19.93     20.14
```

结论: 因为 p 值 $= 0.4 > \alpha = 0.05$, 故接受原假设, 认为两台机床的加工精度无显著差异. ∎

9.3.2 方差的比较: F 检验

考虑假设检验问题:

1) $H_0: \sigma_1{}^2 = \sigma_2{}^2 \longleftrightarrow H_1: \sigma_1{}^2 \neq \sigma_2{}^2$(双边假设检验)

2) $H_0: \sigma_1{}^2 \leqslant \sigma_2{}^2 \longleftrightarrow H_1: \sigma_1{}^2 > \sigma_2{}^2$(单边假设检验)

3) $H_0: \sigma_1{}^2 \geqslant \sigma_2{}^2 \longleftrightarrow H_1: \sigma_1{}^2 < \sigma_2{}^2$(单边假设检验)

这时在 $\sigma_1{}^2 = \sigma_2{}^2$ 下可得:

$$F = \frac{S_1{}^2}{S_2{}^2} \sim F(n_1 - 1, n_2 - 1) \tag{9.5}$$

由此得三个假设检验问题的拒绝域分别为:

1) $C_1 = \{F \geqslant F_{1-\alpha/2}(n_1 - 1, n_2 - 1) \text{ 或 } F \leqslant F_{\alpha/2}(n_1 - 1, n_2 - 1)\}$

2) $C_2 = \{F \geqslant F_{1-\alpha}(n_1 - 1, n_2 - 1)\}$

3) $C_3 = \{F \leqslant F_\alpha(n_1 - 1, n_2 - 1)\}$

R 语言中的 `var.test( )` 函数可完成两样本的 F 检验. `var.test( )` 的调用格式见第 8 章.

例 9.3.2 数据同例 9.3.1, 问两台机床加工的轴承的直径的方差是不是相同的?

解 R 程序如下:

```
x <- c(20.5, 19.8, 19.7, 20.4, 20.1, 20.0, 19.0, 19.9)
y <- c(20.7, 19.8, 19.5, 20.8, 20.4, 19.6, 20.2)
var.test(x, y)
```

运行结果为:

```
F test to compare two variances
data:  x and y
F = 0.79, num df = 7, denom df = 6, p-value = 0.8
alternative hypothesis: true ratio of variances is not equal to 1
95 percent confidence interval:
    0.1393 4.0600
sample estimates:
ratio of variances
          0.7932
```

结论: 因为 p 值 $= 0.8 > \alpha = 0.05$, 故接受原假设, 认为两台机床加工的轴承的直径的方差相同. ∎

从本例也可知, 例 9.3.1 中方差相同的假设是没有问题的. 以后在做两样本的均值检验时要先做方差是否相等的检验 (称为方差齐性检验). 如果方差相等不满足, 则在 t.test( ) 函数中使用选项 var.equal=FALSE. 方差不等时均值检验问题还没有完全解决, 其近似检验方法请参看文献 Dalgaard(2002).

9.4 成对数据的 t 检验

在 9.3 节中, 我们提过, 对一般情况下的两样本均值检验还没有完全解决. 本节考虑一种特殊的情况: 两样本成对数据的 t 检验. 所谓成对数据, 是指两个样本的样本容量相等, 且两个样本之间除均值之外没有别的差异. 例如比较某一班同一单元内容的第二次考试成绩是否比第一次高? 同一个人在服用某种维生素后是否比未服用之前不易感冒? 这就是成对数据的比较检验.

设 $X_1, \ldots, X_n$ 是来自总体 X 的样本, $Y_1, \ldots, Y_n$ 是来自总体 Y 的样本, 定义: $Z_i = X_i - Y_i (i = 1, 2, \ldots, n)$, 记 $\mu = \mu_1 - \mu_2, \sigma^2 = \sigma_1^2 + \sigma_2^2$, 则 $Z_1, Z_2, \ldots, Z_n$ 为总体 $Z \sim N(\mu, \sigma^2)$ 的样本. 此时, μ_1 与 μ_2 的检验问题等价于单总体下均值 μ 的检验问题. 因此由单正态总体均值的假设检验知, 假设检验问题

1) $H_0: \mu = \mu_0 \longleftrightarrow H_1: \mu \neq \mu_0$(双边假设检验)

2) $H_0: \mu \leqslant \mu_0 \longleftrightarrow H_1: \mu > \mu_0$(单边假设检验)

3) $H_0: \mu \geqslant \mu_0 \longleftrightarrow H_1: \mu < \mu_0$(单边假设检验)

的拒绝域分别为:

1) $C_1 = \{|T| > t_{\alpha/2}(n-1)\}$

2) $C_2 = \{T > t_\alpha(n-1)\}$

3) $C_3 = \{T < -t_\alpha(n-1)\}$

其中在 $\mu = \mu_0$ 假设下

$$T = \frac{\overline{Z} - \mu_0}{S/\sqrt{n}} \sim t(n-1). \tag{9.6}$$

$\overline{Z}$ 和 S 分别表示总体 Z 的样本均值和样本标准差.

在 R 语言中可以直接利用 t.test( ) 函数增加选项 paired=TRUE 完成原假设的显著性检验. 下面通过例子来说明具体的用法.

例 9.4.1 在针织品漂白工艺过程中, 要考虑温度对针织品断裂强力 (主要质量指标) 的影响. 为了比较 70°C 与 80°C 的影响有无差别, 在这两个温度下, 分别重复做了 8 次试验, 得数据如表 9.2 所示: 根据经验, 温度对针织品断裂强度的波动没有影响. 问在 70°C 时的平均断裂强力与 80°C 时的平均断裂强力间是否有显著差别? 假定断裂强力服从正态分布 ($\alpha = 0.05$).

表 9.2 温度对针织品断裂强力 (单位: N) 的影响数据

70 °C 时的强力	20.5	18.8	19.8	20.9	21.5	19.5	21.0	21.2
80 °C 时的强力	17.7	20.3	20.0	18.8	19.0	20.1	20.0	19.1

解 R 程序如下:

```
data.x <- c(20.5, 18.8, 19.8, 20.9, 21.5, 19.5, 21.0, 21.2)
data.y <- c(17.7, 20.3, 20.0, 18.8, 19.0, 20.1, 20.0, 19.1)
t.test(x, y, paired=TRUE)
```

运行结果为:

```
Paired t-test
data:  data.x and data.y
t = 1.8, df = 7, p-value = 0.1
alternative hypothesis: true difference in means is not equal to 0
95 percent confidence interval:
  -0.3214  2.3714
sample estimates:
mean of the differences
              1.025
```

结论: 因为 p 值 $= 0.1 > \alpha = 0.05$, 故接受原假设, 认为在 70℃ 时的平均断裂强力与 80℃ 时的平均断裂强力间无显著差别.

除了用 t.test() 函数完成原假设的检验外, R 中还可以用 DAAG 程序包中的 onesamp() 函数来完成检验, onesamp() 函数的调用格式如下:

```
onesamp(dset=corn,  x="unsprayed",  y="sprayed", xlab=NULL,
            ylab=NULL,  dubious=NULL,  conv=NULL,  dig=2)
```

说明: dset 为有两列的数据框或矩阵; x 为处于预测变量 (predictor) 地位的列名; y 为处于响应变量 (response) 地位的列名.

下面用 onesamp() 函数来做上面的例子.

R 程序如下:

```
library(DAAG)
z <- data.frame(data.x, data.y)
onesamp(z, x="data.y", y="data.x")
```

所得结论与前面相同.

9.5　单总体比率的检验

设 $X_1, X_2, \ldots, X_n$ 为来自二项分布 (伯努利分布) $\mathrm{binom}(1, p)$ 的样本, 则 $T = \sum_{i=1}^{n} X_i \sim \mathrm{binom}(n, p)$.

9.5.1　比率 p 的精确检验

考虑假设检验问题:

1) $H_0: p = p_0 \longleftrightarrow H_1: p = p_0$(双边假设检验)
2) $H_0: p \leqslant p_0 \longleftrightarrow H_1: p > p_0$(单边假设检验)
3) $H_0: p \geqslant p_0 \longleftrightarrow H_1: p < p_0$(单边假设检验)

基于统计量 $T = \sum_{i=1}^{n} X_i$ 作检验, 上述三个检验问题拒绝域分别有如下形式:

1) $C_1 = \{T \leqslant c_1 \text{ 或 } T \geqslant c_2\}, \quad c_1 < c_2$;
2) $C_2 = T \geqslant c$;
3) $C_3 = T \leqslant c'$.

为获得置信水平为 α 的检验, 需要定出各拒绝域中的临界值 c, c', c_1, c_2. 下面仅以检验问题 2) 来说明两种确定临界值的方法.

利用二项分布来确定临界值

对于检验问题 2), c 是满足下式的最小整数:

$$P(T \geqslant c) = \sum_{i=c}^{n} \binom{n}{d} p_0^i (1-p_0)^{n-i} \leqslant \alpha. \tag{9.7}$$

用 F 分布来确定临界值

根据二项分布与 F 分布之间的关系

$$\sum_{i=c}^{n} \binom{n}{d} p_0^i (1-p_0)^{n-i} = F\left(\frac{n_2}{n_1} \frac{p_0}{1-p_0}; n_1, n_2\right), \tag{9.8}$$

右端是自由度为 n_1, n_2 的 F 分布的分布函数在 $\frac{n_2}{n_1}\frac{p_0}{1-p_0}$ 处的值, $n_1 = 2c, n_2 = 2(n-c+1)$. 这样为求出使(9.7)式成立的最小整数 c 等价于求使 $F_\alpha(n_1, n_2) \geqslant \frac{n_2 p_0}{n_1(1-p_0)}$ 成立的最小整数 c.

R 语言中的 `binom.test( )` 函数可完成原假设的检验. `binom.test( )` 的调用格式见第 8 章.

9.5.2 比率 p 的近似检验

当样本容量较大时, 比例 p 的抽样分布可近似地服从正态分布, 因此我们可将问题转换为正态分布来处理. 考虑上述假设检验问题, 在 $p = p_0$ 条件下构造统计量

$$Z = \frac{\hat{p} - p_0}{\sqrt{p_0(1-p_0)/n}} \sim N(0,1), \tag{9.9}$$

其中 $\hat{p} = \frac{T}{n}$. 由此上述三个检验问题的拒绝域分别为:

1) $C_1 = \{|Z| > z_{1-\frac{\alpha}{2}}\}$
2) $C_2 = \{Z > z_{1-\alpha}\}$
3) $C_3 = \{Z < -z_{1-\alpha}\}$

R 语言中的 `prop.test( )` 函数可完成原假设的检验. `prop.test( )` 的调用格式见第 8 章.

例 9.5.1 某产品的优质品率一直保持在 40%, 近期技监部门抽查了 12 件产品,

其中优质品为 5 件, 问在 $\alpha = 0.05$ 水平上能否认为其优质品率仍保持在 40%?

　　解　由于本例的样本容量不大, 不适合用大样本的方法来处理, 故我们对 p 做精确检验. R 程序如下:

```
binom.test(c(7, 5), p=0.4)
```

运行结果为:

```
Exact binomial test
data:  c(7, 5)
number of successes = 7, number of trials = 12,
p-value = 0.2
alternative hypothesis:true probability of success is not equal to 0.4
95 percent confidence interval:
   0.2767 0.8483
sample estimates:
probability of success
              0.5833
```

　　结论: 因为 p 值 $= 0.2 > \alpha = 0.05$, 故接受原假设, 认为该产品的优质品率仍保持在 40%.

　　同样, 我们也可以用 prop.test( ) 进行 χ^2 近似检验, 注意由于样本量偏小会导致近似不太好, 这时会出现警告. R 程序如下:

```
prop.test(7, 12, p=0.4, correct=TRUE)
```

运行结果为:

```
Warning in prop.test(7, 12, p = 0.4, correct = TRUE):
Chi-squared approximation may be incorrect
1-sample proportions test with continuity correction
data:  7 out of 12, null probability 0.4
X-squared = 1, df = 1, p-value = 0.3
alternative hypothesis: true p is not equal to 0.4
95 percent confidence interval:
   0.286 0.835
sample estimates:
   p
0.5833
```

结论: 因为 p 值 $= 0.3 > \alpha = 0.05$, 故接受原假设, 认为该产品的优质品率仍保持在 40%. ■

说明: 当样本容量较小而做近似检验时, R 输出的结果会有警告信息 (warning message):Chi-squared 近似算法有可能不准. 在 R 中, 当样本容量大于 20 时不会出现这样的警告信息. 通常, 我们一般在样本容量大于 30 时做大样本近似.

例 9.5.2 某大学随机调查 120 名男学生, 发现有 35 人喜欢看武侠小说, 问可否认为该大学有四分之一的男学生喜欢看武侠小说? (取 $\alpha = 0.05$)

解 R 程序如下:

```
prop.test(35, 120, p=0.25, conf.level=0.95, correct=TRUE)
```

运行结果为:

```
1-sample proportions test with continuity correction
data:  35 out of 120, null probability 0.25
X-squared = 0.9, df = 1, p-value = 0.3
alternative hypothesis: true p is not equal to 0.25
95 percent confidence interval:
  0.2141 0.3828
sample estimates:
    p
0.2917
```

结论: 因为 p 值 $= 0.3 > \alpha = 0.05$, 故接受原假设, 认为该大学有四分之一的男学生喜欢看武侠小说. ■

9.6 两总体比率的检验

设两总体 X 与 Y 相互独立 (总体容量都较大), 从中分别抽取 n_1 和 n_2 个 $(n_1, n_2$ 也较大) 观察, 结果发现其中各有 x_1 和 x_2 个具有某种性质. 设总体 X 与 Y 中具有上述特性的比率分别为 p_1 和 p_2, 我们的目的是要对下面的假设作出检验.

1) $H_0 : p_1 = p_2 \longleftrightarrow H_1 : p_1 \neq p_2$ (双边假设检验)

2) $H_0 : p_1 \leqslant p_2 \longleftrightarrow H_1 : p_1 > p_2$ (单边假设检验)

3) $H_0 : p_1 \geqslant p_2 \longleftrightarrow H_1 : p_1 < p_2$ (单边假设检验)

两个总体比例 p_1 和 p_2 的极大似然估计分别为 $\hat{p}_1 = \frac{x_1}{n_1}, \hat{p}_2 = \frac{x_2}{n_2}$. 由第 8 章的介绍, 若 n_1 和 n_2 较大, 则 $\hat{p}_1, \hat{p}_2$ 近似地服从正态分布:

$$\hat{p}_1 \stackrel{\cdot}{\sim} N\left(p_1, \frac{p_1(1-p_1)}{n_1}\right), \quad \hat{p}_2 \stackrel{\cdot}{\sim} N\left(p_2, \frac{p_2(1-p_2)}{n_2}\right).$$

在 $p_1 = p_2$ 下, 有

$$Z = \frac{\hat{p}_1 - \hat{p}_2}{\sqrt{\frac{(n_1+n_2)\hat{p}(1-\hat{p})}{n_1 n_2}}} \stackrel{\cdot}{\sim} N(0,1), \tag{9.10}$$

其中 $\hat{p} = \dfrac{n_1\hat{p}_1 + n_2\hat{p}_2}{n_1 + n_2}$. 由此可知, 上述三个检验问题的拒绝域分别为

1) $C_1 = \{|Z| > z_{1-\frac{\alpha}{2}}\}$
2) $C_2 = \{Z > z_{1-\alpha}\}$
3) $C_3 = \{Z < -z_{1-\alpha}\}$

R 语言中的 prop.test( ) 函数可完成原假设的检验.

例 9.6.1   2002 年, 某高校随机抽取了 102 个男学生与 135 个女学生调查家中有无计算机, 调查结果为 23 个男学生与 25 个女学生家中有计算机. 问在 $\alpha = 0.05$ 水平下, 能否认为男、女学生家中拥有计算机的比率一致?

解 R 程序如下:

```
success <- c(23, 25)
total <- c(102, 135)
prop.test(success, total)
```

运行结果为:

```
2-sample test for equality of proportions with continuity correction
data:  success out of total
X-squared = 0.36, df = 1, p-value = 0.5
alternative hypothesis: two.sided
95 percent confidence interval:
   -0.07256  0.15317
sample estimates:
prop 1 prop 2
0.2255 0.1852
```

结论: 因为 p 值 $= 0.5 > \alpha = 0.05$, 故接受原假设, 认为该大学的男、女学生家中拥有计算机的比率一致. ∎

习题

练习 9.1 有一批枪弹, 出厂时, 其初速 $v \sim N(950, \sigma^2)$ (单位: m/s). 经过较长时间储存, 取 9 发进行测试, 得样本值 (单位: m/s) 如下: 914, 920, 910, 934, 953, 940, 912, 924, 930. 据经验, 枪弹储存后其初速仍服从正态分布, 且标准差不变, 问是否可认为这批枪弹的初速有显著降低? ($\alpha = 0.01$)

练习 9.2 已知维尼纶纤度在正常条件下服从正态分布, 且标准差为 0.048. 从某天生产的产品中抽取 5 根纤维, 测得其纤度为: 1.32, 1.55, 1.36, 1.40, 1.1, 问这天抽取的维尼纶纤度的总体标准差是否正常? ($\alpha = 0.05$)

练习 9.3 下面给出了两种型号的计算器充电以后所能使用的时间 (单位: h) 的观测值

| 型号 A | 5.5 | 5.6 | 6.3 | 4.6 | 5.3 | 5.0 | 6.2 | 5.8 | 5.1 | 5.2 | 5.9 | |
| 型号 B | 3.8 | 4.3 | 4.2 | 4.9 | 4.5 | 5.2 | 4.8 | 4.5 | 3.9 | 3.7 | 3.6 | 2.9 |

设两样本独立且数据所属的两个总体的密度函数至多差一个平移量. 试问能否认为型号 A 的计算器平均使用时间比型号 B 的长? ($\alpha = 0.01$)

练习 9.4 现测得两批电子器件样本的电阻 (Ω) 为

| A 批 (x) | 0.140 | 0.138 | 0.143 | 0.142 | 0.144 | 0.137 |
| B 批 (y) | 0.135 | 0.140 | 0.142 | 0.136 | 0.138 | 0.130 |

设这两批器材的电阻值分别服从正态分布 $N(\mu_1, \sigma_1^2)$ 和 $N(\mu_2, \sigma_2^2)$, 且两样本独立,

1) 试检验两个总体的方差是否相等? ($\alpha = 0.01$)
2) 试检验两个总体的均值是否相等? ($\alpha = 0.05$)

练习 9.5 有人称某地成年人中大学毕业生比例不低于 30%, 为检验之, 随机调查该地 15 名成年人, 发现有 3 名大学毕业生, 取 $\alpha = 0.05$, 问该人的看法是否成立?

第 10 章

非参数的假设检验

本 章 概 要

- 单一样本的检验
- 两样本的比较与检验
- 多样本的比较与检验

第 9 章讲的参数假设检验是在假设总体分布已知的情况下进行的. 但在实际生活中, 那种对总体分布的假定并不是能随便做出的. 数据并不是来自所假定分布的总体, 或者, 数据根本不是来自一个总体; 还有可能数据因为种种原因被严重污染. 这样, 在假定总体分布已知的情况下进行推断的做法就可能产生错误甚至灾难性的结论. 于是, 人们希望在不对总体分布做出假定的情况下, 尽量从数据本身来获得所需要的信息, 这就是非参数统计推断的宗旨. 本章分别就单一样本、两样本及多样本的位置参数与尺度参数给出一些非参数的检验方法.

10.1 秩介绍

本章将多次用到基于统计秩的非参数推断方法, 在此先做个介绍. 设有独立同分布的样本 $X_1, X_2, \ldots, X_n$, 不妨假设总体是连续型随机变量, 从而以概率 1 保证样本单元 $X_1, X_2, \ldots, X_n$ 互不相等, 将样本单元由小到大排列: $X_{(1)} < X_{(2)} < \cdots < X_{(n)}$. 若 $X_i = X_{(R_i)}$, 则称 $X_i(i = 1, 2, \ldots, n)$ 在 $X_1, X_2, \ldots, X_n$ 中的秩为 R_i, 简称 X_i 的秩为 R_i, $R_i = 1, 2, \ldots, n$. 秩方法的基本思想是, 用 X_i 的秩 R_i 代替 X_i 进行统计推断. $\boldsymbol{R} = (R_1, R_2, \ldots, R_n)$ 以及由 R 构造的任意的统计量都称为秩统计量.

$\boldsymbol{R}$ 服从离散分布, 它取 $n!$ 个值. 由于样本 $X_1, X_2, \ldots, X_n$ 独立同分布, 所以 R 取任意一组值 $(r_1, r_2, \ldots, r_n)$ 的概率是 $1/n!$, 其中 $(r_1, r_2, \ldots, r_n)$ 是 $(1, 2, \ldots, n)$ 的任意一个排列, 这说明 $\boldsymbol{R}$ 服从均匀分布. 由此可见, 秩统计量的分布与总体服从什么样的分布无关, 这就是称秩方法为非参数方法的原因.

由于 $\boldsymbol{R}$ 服从均匀分布, 所以单个样本的秩 $R_i(i = 1, 2, \ldots, n)$ 也服从均匀分布:$P(R_i = r) = \frac{1}{n}, i = 1, 2, \ldots, n$, 从而有:

定理 10.1 对任意的 $i = 1, 2, \ldots, n$, 都有

$$\mathrm{E}(R_i) = \frac{n+1}{2}, \mathrm{Var}(R_i) = \frac{n^2 - 1}{12}.$$

同样地, R_i 和 $R_j(i \neq j)$ 的联合分布也是均匀分布

$$P(R_i = r_i, R_j = r_j) = \frac{1}{n(n-1)},$$

其中 $r_i \neq r_j$, 从而有:

定理 10.2 对任意的 $1 \leqslant i < j \leqslant n$, 都有 $\mathrm{Cov}(R_i, R_j) = -\frac{n+1}{12}$.

若数据中有结 (tie), 即有相同的数字, 则它们的秩为按升幂排列后位置的平均值. 比如数据 2, 3, 3, 6, 10 这五个数的秩分别为 1, 2.5, 2.5, 4, 5. 也就是说, 处于第二和第三位置的两个 3 得到秩（2+3）/2=2.5. 这样的秩称为中位秩. 如果结多了, 原假设下检验统计量的大样近似公式就不准了, 因此需要修正.

10.2 单总体位置参数的检验

设 $X_1, X_2, \ldots, X_n$ 为来自总体 X 的容量为 n 的样本, 在有了样本观测值 $x_1, x_2, \ldots, x_n$ 之后, 很自然地想要知道它所代表的总体的"中心"在哪里? 它所代表的总体的分布是否与我们所希望的分布一样? 这些问题中不涉及分布具体形式的假定, 因此属于非参数的假设检验问题. 我们先考虑前一问题, 分别介绍两个常用的中位数符号检验和对称中心的 Wilcoxon 符号秩检验, 10.3 节再介绍分布的拟合优度检验.

10.2.1 中位数的符号检验

我们知道在总体为正态分布时, 要检验其均值是否为 μ, 用 t 检验. 它的检验统计量 $T = \frac{\overline{X} - \mu}{S/\sqrt{n}}$ 在零假设成立时服从自由度为 $n - 1$ 的 t 分布. 但是, t 检验并不稳健, 在不知道总体分布时, 特别是在小样本场合, 运用 t 检验就可能有风险. 这时就要考虑使用非参数方法对分布的中心进行检验, 如本小节讨论的中位数的符号检验.

本小节使用总体 X 的中位数 M 作为分布中心, 即 M 满足: $P(X < M) =$

$P(X > M) = \frac{1}{2}$.

考虑假设检验问题:

1) $H_0 : M = M_0 \longleftrightarrow H_1 : M > M_0$(单边假设检验)

2) $H_0 : M = M_0 \longleftrightarrow H_1 : M < M_0$(单边假设检验)

3) $H_0 : M = M_0 \longleftrightarrow H_1 : M \neq M_0$(双边假设检验)

符号检验的检验统计量为:

$$S^+ = \#\{X_i : X_i - M_0 > 0, i = 1, 2, \ldots, n\}, \tag{10.1}$$

其中 $\#$ 表示计数, 即 S^+ 是集合 G 中的元素的个数, 其中 G 是由使得 $X_i - M_0 > 0$ 成立的 $X_i(i = 1, 2, \ldots, n)$ 构成的集合. S^+ 也可以等价地表示为:

$$S^+ = \sum_{i=1}^{n} u_i, \quad u_i = \begin{cases} 1, & X_i - M_0 > 0, \\ 0, & 其他, \end{cases} \quad i = 1, 2, \ldots, n. \tag{10.2}$$

由上面的假设可知:

$$S^+ \sim \text{binom}\left(n, \frac{1}{2}\right).$$

由此上述三个假设检验问题的拒绝域分别为:

1) $C_1 = \{S^+ \geqslant C\}$, 其中 $C = \inf\left\{C^* : (\frac{1}{2})^n \sum_{i=C}^{n} \binom{n}{i} \leqslant \alpha\right\}$

2) $C_2 = \{S^+ \leqslant D\}$, 其中 $D = \sup\left\{D^* : (\frac{1}{2})^n \sum_{i=0}^{D} \binom{n}{i} \leqslant \alpha\right\}$

3) $C_3 = \{S^+ \geqslant C \text{ 或 } S^+ \leqslant D\}$

其中 C, D 满足

$$C = \inf\left\{C^* : (\frac{1}{2})^n \sum_{i=C}^{n} \binom{n}{i} \leqslant \frac{\alpha}{2}\right\}, D = n - C. \tag{10.3}$$

注: 在实际问题中可能有某一些观测值 x_i 正好等于 M_0, 一般采用的方法是将这些正好等于 M_0 的观测值舍去, 并相应地减少样本容量 n.

另外, 因为 $E(S^+) = \frac{n}{2}$, $\text{Var}(S^+) = \frac{n}{4}$, 所以当 n 比较大时, 有

$$Z = \frac{S^+ - \frac{n}{2}}{\sqrt{n}/2} \dot\sim N(0, 1). \tag{10.4}$$

因为正态分布是连续的, 所以在离散的二项分布近似中, 要用连续修正量, 即用

$$Z' = \frac{S^+ - \frac{n}{2} \pm 0.5}{\sqrt{n}/2} \sim N(0,1). \tag{10.5}$$

这里分子当 $S^+ < \frac{n}{2}$ 时取加号, 当 $S^+ > \frac{n}{2}$ 时取负号.

在 R 中没有直接的函数来做符号检验, 需要编写函数. 借助函数 binom.test (见第 8 章), 符号检验函数 sign.test( ) 定义如下:

```
sign.test <- function(x, m0, alpha=0.05, alter="two.sided"){
  p <- list( )
  n <- length(x)
  sign <- as.numeric(x>=m0)
  s <- sum(sign)
  result <- binom.test(s, n, p=0.5, alternative=alter,
                       conf.level=alpha)
  p$p.value=result$p.value
  return(p)
}
```

说明: alter 的取值为 "two.sided" 或 "greater", "two.sided" 表示双边检验, "greater" 表示单边检验.

例 10.2.1   在某保险种类中, 一次关于 2006 年的索赔数额 (单位: 元) 的随机抽样为 (按升幂排列):

4632	4728	5052	5064	5484	6972	7696	9048
14760	15013	18730	21240	22836	52788	67200	

已知 2005 年的索赔数额的中位数为 6064 元. 问 2006 年索赔的中位数与前一年是否有所变化? ($\alpha = 0.05$)

解   R 程序及运行结果如下:

```
insure <- c(4632, 4728, 5052, 5064, 5484, 6972, 7696, 9048,
            14760, 15013, 18730, 21240, 22836, 52788, 67200)
sign.test(insure, 6064)
$p.value
[1] 0.3018
```

结论: 因为 p 值 $= 0.3018 > \alpha = 0.05$, 故接受原假设, 认为 2006 年索赔的中位数与前一年没有发生变化. ■

10.2.2　Wilcoxon 符号秩检验

符号检验利用观测值和原假设的中心位置之差的符号来进行检验, 但是它并没有利用这些差的大小 (体现于差的绝对值的大小) 所包含的信息. 不同的符号代表了在中心位置的哪一边, 而差的绝对值的秩的大小代表了距离中心的远近. Wilcoxon 符号秩检验把这两者结合起来, 所以要比仅仅利用符号的符号检验要更有效.

Wilcoxon 符号秩检验使用总体 X 的对称中心 M 作为分布中心, 即总体 X 的分布 $F(x)$ 关于 M 对称, M 满足: $F(M-x) = 1 - F(x-M), \forall x \in \mathbf{R}$. 在此我们还要求 X 是连续型的.

仍考虑上一小节的假设检验问题. Wilcoxon 符号秩检验的检验统计量为:

$$W^+ = \sum_{i=1}^{n} u_i R_i, \tag{10.6}$$

其中 u_i 的定义同(10.2)式, R_i 为 $|X_i|$ 在样本绝对值 $|X_1|, |X_2|, \ldots, |X_n|$ 中的秩.

由此以上三个假设检验问题的拒绝域分别为

1) $C_1 = \{W^+ \geqslant C\}$, 其中 C 满足: $C = \inf\{C^* : P(W^+ \geqslant C^*) \leqslant \alpha\}$

2) $C_2 = \{W^+ \leqslant D\}$, 其中 D 满足: $D = \sup\{D^* : P(W^+ \leqslant D^*) \leqslant \alpha\}$

3) $C_3 = \{W^+ \geqslant C$ 或 $S^+ \leqslant D\}$, 其中 C, D 满足

$$C = \inf\left\{C^* : P(W^+ \geqslant C^*) \leqslant \frac{\alpha}{2}\right\}, D = \sup\left\{D^* : P(W^+ \leqslant D^*) \leqslant \frac{\alpha}{2}\right\} \tag{10.7}$$

为求上述检验的 p 值, 需要知道 W^+ 的分布. 我们有

定理 10.3　令 $S = \sum_{i=1}^{n} i u_i$, 则在总体的分布关于原点 0 对称时, W^+ 与 S 同分布.

定理 10.4　在总体的分布关于原点 0 对称时, W^+ 的概率分布为:

$$P(W^+ = d) = P\left(\sum_{i=1}^{n} u_i R_i = d\right) = \frac{t_n(d)}{2^n},$$

$$d = 1, 2, \ldots, \frac{n(n+1)}{2}, \tag{10.8}$$

其中 $t_n(d)$ 表示从 $1, 2, \ldots, n$ 这 n 个数中任取若干个数其和恰为 d 的取法总数.

定理 10.5　在总体的分布关于原点 0 对称时, W^+ 服从对称分布, 对称中心为 $0, 1, 2, \ldots, \frac{n(n+1)}{2}$ 的中点 $\frac{n(n+1)}{4}$.

有了以上三个定理, 我们就可以计算 p 值了 (从略). 另外, 由于

$$E(W^+) = \frac{n(n+1)}{4}, \operatorname{Var}(W^+) = \frac{n(n+1)(2n+1)}{24},$$

故当 n 比较大时, 有

$$Z = \frac{W^+ - \dfrac{n(n+1)}{4}}{\sqrt{\dfrac{n(n+1)(2n+1)}{24}}} \overset{\cdot}{\sim} N(0,1). \tag{10.9}$$

R 中的函数 `wilcox.test( )` 可完成原假设的检验, 调用格式如下:

```
wilcox.test(x, y=NULL, alternative=c("two.sided","less","greater"),
            mu=0, paired = FALSE, exact = NULL, correct =TRUE,
            conf.int = FALSE, conf.level = 0.95, ...)
```

说明: `exact` 表示是否算出精确的 p 值; `correct` 表示大样本时是否做连续性修正.

例 10.2.2　用 Wilcoxon 检验对例 10.2.1 的数进行检验.

解　R 程序如下:

```
insure <- c(4632, 4728, 5052, 5064, 5484, 6972, 7696, 9048,
            14760, 15013, 18730, 21240, 22836, 52788, 67200)
wilcox.test(insure, mu=6064, conf.int = TRUE)
```

运行结果为:

```
Wilcoxon signed rank exact test
data: insure
V = 101, p-value = 0.02
alternative hypothesis: true location is not equal to 6064
95 percent confidence interval:
 6840 28926
sample estimates:
```

> (pseudo)median
>   13065

结论: 因为 p 值 $= 0.02 < \alpha = 0.05$, 故拒绝原假设, 认为 2006 年索赔的中位数与前一年有变化. 根据 95% 的置信区间, 2006 年索赔的中位数有所增加: 并且给出了一个 (伪) 中位数 13065. 这与中位数的符号检验所得的结果不同, 说明了 Wilcoxon 符号秩检验比符号检验利用了更多的信息, 检验应更有效. ■

10.3   分布的一致性检验: χ^2 检验

在给定一些数据之后, 我们往往会假设它们来自某种分布, 但是这种假设对不对呢? 本节我们讨论这一问题.

考虑假设检验问题

$$H_0 : F(x) = F_0(x) \longleftrightarrow H_1 : F(x) \neq F_0(x).$$

在随机变量 X 的取值范围 $[a, b]$ (a 可为 $-\infty$, b 可为 ∞) 内选取 $m - 1$ 个实数 $a = a_0 < a_1 < a_2 < \cdots < a_{m-1} < a_m = b$, 它们将 $[a, b]$ 分为 m 个小区间 $A_i = [a_{i-1}, a_i)$, 记 $p_{i0} = F_0(a_i) - F_0(a_{i-1})$.

设 $(x_1, x_2, \ldots, x_n)$ 为来自总体 $F(x)$ 的容量为 n 的一组样本观测值, n_i 为观测值落入 A_i 的频数, $\sum_{i=1}^{m} n_i = n$. 若 H_0 成立, 则实际频数 n_i 与理论频数 np_{i0} 比较接近, 因此分布的拟合优度检验可转换为分类数据的实际频数与理论频数的一致性检验. 下面的定理为此提供了理论依据.

定理 10.6   (Pearson 定理)

1) 若 $F_0(x)$ 完全已知 (不带有未知参数), 则当 H_0 成立时, 统计量

$$\chi^2 = \sum_{i=1}^{m} \frac{(n_i - np_{i0})^2}{np_{i0}} \sim \chi^2(m-1). \tag{10.10}$$

2) 若 $F_0(x) = F_0(x, \theta_1, \theta_2, \ldots, \theta_r)$ 中含有 r 个未知参数 $\theta_1, \theta_2, \ldots, \theta_r$, 它们的极大似然估计为 $\hat{\theta}_1, \hat{\theta}_2, \ldots, \hat{\theta}_r$. 令 $\hat{p}_{i0} = F_0(a_i, \hat{\theta}_1, \hat{\theta}_2, \ldots, \hat{\theta}_r) - F_0(a_{i-1}, \hat{\theta}_1, \hat{\theta}_2, \ldots, \hat{\theta}_r), i = 1, 2, \ldots, m$, 则

$$\chi^2 = \sum_{i=1}^{m} \frac{(n_i - n\hat{p}_{i0})^2}{n\hat{p}_{i0}} \sim \chi^2(m-r-1). \tag{10.11}$$

由定理 10.6 知, 上述检验问题的拒绝域为 $C = \{\chi^2 > \chi^2_{1-\alpha}(m-1)\}$.

R 中的函数 chisq.test( ) 可完成原假设的检验. chisq.test( ) 的调用格式如下:

```
chisq.test(x, y = NULL, correct =TRUE, p=rep(1/length(x), length(x)),
           rescale.p = FALSE, simulate.p.value = FALSE, B = 2000)
```

说明: x 为向量或矩阵. 若 x 是一维的且 y 不给出 (y =NULL), 则chisq.test( ) 函数用于本节分布的拟合优度检验, 这时检验的是总体概率是否与给定的 p 相同, p 默认表示进行等可能性检验; x 与 y 同时给出时则进行 10.4.1 小节介绍的列联表检验.

例 10.3.1 某箱子中盛有 10 种球, 现在从中有返回地随机抽取 200 个, 其中第 i 种球共取得 ν_i 个, 数据记录在表 10.1 中. 问箱子中这 10 种球的比例是否一样? ($\alpha = 0.05$)

表 10.1 10 种球的数目

种类	数目 (ν_i)	种类	数目 (ν_i)	种类	数目 (ν_i)
1	35	5	17	9	30
2	16	6	19	10	14
3	15	7	11		
4	17	8	16		

解 R 程序如下:

```
v <- c(35, 16, 15, 17, 17, 19, 11, 16, 30, 24)
chisq.test(v)
```

运行结果为:

```
Chi-squared test for given probabilities
data: v
X-squared = 25, df = 9, p-value = 0.003
```

结论: 因为 p 值 $= 0.003 < \alpha = 0.05$, 故拒绝原假设, 认为箱子中的 10 种球的比例不一样. ∎

例 10.3.2　　卢瑟福和盖格做了一个著名的实验, 他们观察了长为 7.5 s 的时间间隔里由某块放射物质放出的到达某个计数器的 α 质点数, 共观察了 2608 次. 表 10.2 的第一列给出的是质点数 i, 第二列表示相应的频数 n_i. 试问这种分布规律是否服从泊松分布? ($\alpha = 0.05$)

表 10.2　放射物质放出的 α 质点数与频数

质点数 i	频数 n_i	质点数 i	频数 n_i	质点数 i	频数 n_i
0	57	4	532	8	45
1	203	5	408	9	27
2	383	6	273	10	16
3	525	7	139		

解　　在 R 中没有直接算带参数的拟合检验函数, 故要根据具体问题自己编程.

我们先利用第 8 章中介绍的函数 mle( ) 计算参数 λ 的极大似然估计, R 程序如下:

```
x <- c(0, 1, 2, 3, 4, 5, 6, 7, 8, 9, 10)
y <- c(57, 203, 383, 525, 532, 408, 273, 139, 45, 27, 16)
options(digits=3)
likely <- function(lambda=3){
-sum(y*dpois(x, lambda=lambda, log=TRUE))
}
mle(likely)
```

运行结果为:

```
Call:
mle(minuslogl = likely)
Coefficients:
lambda
3.87
```

由于函数 chisq.test( ) 无法调整因参数估计引起的自由度变化, 因此需要编程计算检验统计量及 p 值, R 程序如下:

```
chisq.fit <- function(x, y, r){
options(digits=4)
result <- list( )
n <- sum(y)
prob <- dpois(x,3.87,log=FALSE)
y <- c(y,0)
m <- length(y)
prob <- c(prob,1-sum(prob))
result$chisq <- sum((y-n*prob)^2/(n*prob))
result$p.value <- pchisq(result$chisq,m-r-1,
lower.tail=FALSE)
return(result)
}
x <- c(0, 1, 2, 3, 4, 5, 6, 7, 8, 9, 10)
y <- c(57, 203, 383, 525, 532, 408, 273, 139, 45, 27, 16)
chisq.fit(x, y, 1)
```

运行结果为:

```
$chisq
[1] 20.55
$p.value
[1] 0.02442
```

结论: 因为 p 值 $= 0.02442 < \alpha = 0.05$, 故拒绝原假设, 认为该分布规律不服从泊松分布. ■

10.4 两总体的比较与检验

在单样本问题中, 人们想要检验的是总体的中心是否等于一个已知的值. 但在实际问题中, 更关注的往往是比较两个总体的位置参数; 比如, 两种训练方法中哪一种更出成绩, 两种汽油中哪一种污染更少, 两种市场营销策略中哪一种更有效等.

10.4.1　独立性的 χ^2 检验

若随机变量 X, Y 的分布函数分别为 $F_1(x)$ 和 $F_2(y)$, 联合分布为 $F(x, y)$, 则 X 与 Y 的独立性归结为假设检验问题:

$$H_0 : F(x, y) = F_1(x)F_2(y) \longleftrightarrow H_1 : F(x, y) \neq F_1(x)F_2(y).$$

若 X 与 Y 为分类变量, 其中 X 的取值为 $X_1, X_2, \ldots, X_r$, Y 的取值为 $Y_1, Y_2, \ldots, Y_s$, 将 X 与 Y 的各种情况的组合用一个 $r \times s$ 列联表表示, 称为 $r \times s$ 二维列联表, 如表 10.3 所示, 表中 n_{ij} 表示 n 个随机试验的结果中 X 取 X_i 及 Y 取 Y_j 的频数, 令

$$n = \sum_{i=1}^{r} \sum_{j=1}^{s} n_{ij}, \text{表示行列总和,}$$

$$n_{i.} = \sum_{j=1}^{s} n_{ij}, i = 1, 2, \ldots, r, \text{表示各行之和,}$$

$$n_{.j} = \sum_{i=1}^{r} n_{ij}, j = 1, 2, \ldots, s, \text{表示各列之和.}$$

令 $p_{ij} = P(X = X_i, Y = Y_j), p_{i.} = P(X = X_i), p_{.j} = P(Y = Y_j), i = 1, 2, \ldots, r; j = 1, 2, \ldots, s$, 则 X 与 Y 的独立性检验就等价于下述检验:

$$H_0 : p_{ij} = p_{i.}p_{.j}, \forall 1 \leqslant i \leqslant r, 1 \leqslant j \leqslant s \longleftrightarrow H_1 : \exists (i, j), p_{ij} \neq p_{i.}p_{.j}.$$

表 10.3　$r \times s$ 列联表

	Y_1	Y_2	$\cdots$	Y_s	边际和
X_1	n_{11}	n_{12}	$\cdots$	n_{1s}	$n_{1.}$
$\vdots$	$\vdots$	$\vdots$	$\vdots$	$\vdots$	$\vdots$
X_r	n_{r1}	n_{r2}	$\cdots$	n_{rs}	$n_{r.}$
边际和	$n_{.1}$	$n_{.2}$	$\cdots$	$n_{.s}$	n

注: 若 X 与 Y 为连续型随机变量, 这时将它们的取值范围分成 r 个及 s 个互不相交的小区间, 用 n_{ij} 表示 n 个随机试验的结果中 "X 属于第 i 个小区间, Y 属于第 k 个小区间" 的频数 $(i = 1, 2, \ldots, r; k = 1, 2, \ldots, s)$. 这时可将 X 与 Y 的独立性转

换为列联表的独立性检验问题.

由于 $p_{i\cdot}$ 的极大似然估计为 $\hat{p}_{i\cdot} = n_{i\cdot}/n$, $p_{\cdot j}$ 的极大似然估计为 $\hat{p}_{\cdot j} = n_{\cdot j}/n$, 因此若 H_0 成立, 则 p_{ij} 的极大似然估计为 $\hat{p}_{i\cdot}\hat{p}_{\cdot j} = n_{i\cdot}n_{\cdot j}/n^2$. 从而 X 取 X_i, Y 取 Y_j(试验数据落入第 (i,j) 个类) 的理论频数的估计为 $n \times n_{i\cdot}n_{\cdot j}/n^2 = n_{i\cdot}n_{\cdot j}/n$. 由此构造检验统计量

$$\chi^2 = \sum_{i=1}^{r}\sum_{j=1}^{s}\left[n_{ij} - \frac{n_{i\cdot}n_{\cdot j}}{n}\right]^2 \bigg/ \frac{n_{i\cdot}n_{\cdot j}}{n}. \tag{10.12}$$

可以证明在原假设成立时, χ^2 近似服从 $\chi^2((r-1)(s-1))$.

R 语言中的函数 chisq.test( ) 可完成独立性检验, chisq.test( ) 的调用格式见上一小节.

例 10.4.1 表 10.4 是对 63 个肺癌患者和由 43 人组成的对照组的调查结果. 问总体中患肺癌是否与吸烟有关系? ($\alpha = 0.05$)

表 10.4 吸烟与肺癌关系的调查数据

	吸烟	不吸烟
肺癌患者	60	3
对照组	32	11

解 R 程序如下:

```
compare <- matrix(c(60,32,3,11), nr = 2,
                  dimnames = list(c("cancer", "normal"),
                                  c("smoke", "Not smoke")))
chisq.test(compare, correct=TRUE)
```

运行结果为:

```
Pearson's Chi-squared test with Yates' continuity correction
data:  compare
X-squared = 7.9, df = 1, p-value = 0.005
```

结论: 因为 p 值 $= 0.005 < \alpha = 0.05$, 故拒绝原假设, 即认为患肺癌与吸烟有关系.

10.4.2　Fisher 精确检验

上述近似 χ^2 检验要求 2 维列联表中只允许 20% 以下的格子的期望频数小于 5, 否则 R 会给出警告, 这时应该使用 Fisher 精确检验. 下面仅以 2×2 列联表 (见表 10.5) 为例加以叙述.

表 10.5　2×2 列联表

	B_1	B_2	总和
A_1	n_{11}	n_{12}	$n_{1.}$
A_2	n_{21}	n_{22}	$n_{2.}$
总和	$n_{.1}$	$n_{.2}$	n

在 X 和 Y 独立的原假设下, 在给定边际频率时, 这个具体的列联表的条件概率只依赖于四个值中的任意一个, 其条件概率为:

$$P\{n_{ij}\} = \frac{n_{1.}! n_{2.}! n_{.1}! n_{.2}!}{n! n_{11}! n_{12}! n_{21}! n_{22}!}, i = 1, 2, j = 1, 2, \tag{10.13}$$

即 n_{ij} 服从超几何分布.

在给定 $n_{11} + n_{21} = n_{.1}$ 后, 我们在 n_{11} 比较大时拒绝 H_0, 所以给定水平 α, 它的临界值 C 满足条件:

$$P(n_{11} \geqslant C) = \sum_{i \geqslant C} \frac{n_{1.}! n_{2.}! n_{.1}! n_{.2}!}{n! i! (n_{.1} - i)! (n_{1.} - i)! (n - n_{1.} - n_{.1} - i)!} \leqslant \alpha. \tag{10.14}$$

R 语言中的函数 fisher.test( ) 可完成原假设的检验. fisher.test( ) 的调用格式如下:

```
fisher.test(x, y=NULL, workspace=200000, hybrid=FALSE, control=list(),
        or = 1, alternative = "two.sided", conf.int = TRUE,
        conf.level = 0.95, simulate.p.value = FALSE, B = 2000)
```

说明: 参数 workspace 的值为整数, 指定工作空间的数量; 参数 hybrid 的值为逻辑型的, 指定是否计算精确的概率, 这两个参数只在维数高于 2×2 的列联表中使用; 参数 or 指定假设的概率, 只在 2×2 列联表中使用.

例 10.4.2　数据同例 10.4.1, 问总体中肺癌患者吸烟的比例是否比对照组中吸烟的比例要大? ($\alpha = 0.05$)

解 R 程序如下:

```
compare <- matrix(c(60,32,3,11),nr = 2,
                  dimnames = list(c("cancer", "normal"),
                                  c("smoke", "Not smoke")))
fisher.test(compare, alternative = "greater")
```

运行结果为:

```
Fisher's Exact Test for Count Data
data: compare
p-value = 0.002
alternative hypothesis: true odds ratio is greater than 1
95 percent confidence interval:
  1.95  Inf
sample estimates:
odds ratio
  6.747
```

结论: 因为 p 值 $= 0.002 < \alpha = 0.05$, 故拒绝原假设, 认为总体中肺癌患者吸烟的比例是要比对照组中吸烟的比例大. ∎

10.4.3 Wilcoxon 秩和检验法与 Mann-Whitney U 检验

Wilcoxon 秩和检验法

在正态总体的假定下, 两样本的均值检验通常用 t 检验. 检验统计量为

$$T = \frac{(\overline{X} - \overline{Y}) - (\mu_1 - \mu_2)}{\sqrt{(\frac{1}{n_1} + \frac{1}{n_2})S^2}}.$$

在零假设成立时服从自由度为 $n_1 + n_2 - 2$ 的 t 分布. 和单样本情况一样, t 检验并不稳健, 在不知总体分布时, 使用 t 检验可能有风险. 这时考虑非参数方法: Wilcoxon 秩和检验法.

此检验法是用来检验两个样本的位置参数关系. 与单样本的 Wilcoxon 符号检验一样, 它也充分利用了样本中秩的信息. 此检验需要假设: $X_1, X_2, \ldots, X_m$ 为来自连续型总体 X 的容量为 m 的样本, $Y_1, Y_2, \ldots, Y_n$ 为来自连续型总体 Y 的容量为 n 的样本, 且两样本相互独立. 记 M_X 为总体 X 的中位数, M_Y 为总体 Y 的中位数.

考虑假设检验问题:

1) $H_0: M_X = M_Y \longleftrightarrow H_1: M_X > M_Y$(单边假设检验)

2) $H_0: M_X = M_Y \longleftrightarrow H_1: M_X < M_Y$(单边假设检验)

3) $H_0: M_X = M_Y \longleftrightarrow H_1: M_X \neq M_Y$(双边假设检验)

构造检验统计量的基本思想是: 把样本 $X_1, X_2, \ldots, X_m$ 和 $Y_1, Y_2, \ldots, Y_n$ 混合起来, 并把这 $N = m + n$ 个观测值从小到大排列起来, 这样每一个 Y 的观测值在混合排列中都有自己的秩. 令 R_i 为 Y_i 在这 N 个数中的秩, 则这些秩的和为 $W_Y = \sum\limits_{i=1}^{n} R_i$. 同样地, 由 X 的样本也可得到 W_X, 称 W_X 或 W_Y 为 Wilcoxon 秩和统计量, 它们的分布由下面的定理给出.

定理 10.7 在原假设 H_0 为真时, W_Y 的概率分布和累积概率分别为:

$$
\begin{aligned}
P(W_Y = d) &= P\left(\sum_{i=1}^{n} R_i = d\right) = \frac{t_{m,n}(d)}{\binom{N}{n}}, \\
P(W_Y \leqslant d) &= P\left(\sum_{i=1}^{n} R_i \leqslant d\right) = \frac{\sum\limits_{i \leqslant d} t_{m,n}(i)}{\binom{N}{n}},
\end{aligned}
\tag{10.15}
$$

其中 $d = \frac{n(n+1)}{2}, \ldots, \frac{n(n+1)}{2} + mn$; $t_{m,n}(d)$ 表示在 $1, 2, \ldots, N = m + n$ 这 N 个数中任取 n 个数, 其和恰为 d 的取法数.

由定理 10.7 可以给出以上三个假设检验问题的拒绝域及 p 值 (略).

另外, 由于在样本量比较大时, 精确算法的计算量很大, 因此可以考虑用大样本近似来简化计算和检验. 可以证明在原假设 H_0 为真时,

$$
\mathrm{E}(W_Y) = \frac{n(N+1)}{2}, \quad \mathrm{Var}(W_Y) = \frac{mn(N+1)}{12},
$$

故当 m, n 比较大时,

$$
Z = \frac{W_Y - \frac{n(N+1)}{2}}{\sqrt{\frac{mn(N+1)}{12}}} \dot{\sim} N(0, 1).
\tag{10.16}
$$

Mann-Whitney U 检验

与 Wilcoxon 秩和统计量等价的有 Mann-Whitney U 统计量. 令 W_{XY} 为把所有的 X 的观测值和 Y 的观测值做比较之后, Y 的观测值大于 X 的观测值的个数,

则称 W_{XY} 为 Mann-Whitney U 统计量. 它与 Wilcoxon 秩和统计量的关系如下:

$$W_Y = W_{XY} + \frac{n(n+1)}{2}, \quad W_X = W_{YX} + \frac{m(m+1)}{2}.$$

故可以根据定理 10.7 给出 W_{XY} 的概率分布和累积概率, 从而可以对假设检验问题给出拒绝域和 p 值.

R 语言中的函数 wilcox.test() 可完成原假设的检验, 其调用格式见第 10.2.2 节.

例 10.4.3　有糖尿病的和正常的老鼠质量为 (单位: g)

糖尿病鼠	42	44	38	52	48	46	34	44	38						
正常老鼠	34	43	35	33	34	26	30	31	31	27	28	27	30	37	32

试检验这两组老鼠的体重是否有显著不同? ($\alpha = 0.05$)

解　R 程序如下:

```
diabetes <- c(42, 44, 38, 52, 48, 46, 34, 44, 38)
normal <- c(34, 43, 35, 33, 34, 26, 30, 31, 31, 27, 28,
            27, 30, 37, 32)
wilcox.test(diabetes, normal, exact = FALSE, correct=FALSE)
```

运行结果为:

```
Wilcoxon rank sum test
data:  diabetes and normal
W = 128, p-value = 3e-04
alternative hypothesis: true location shift is not equal to 0
```

结论: 因为 p 值 $= 0.0003 < \alpha = 0.05$, 故拒绝原假设, 认为这两组的体重显著不同. ∎

10.4.4　Mood 检验

位置参数描述了总体的位置, 而描述总体概率分布离散程度的参数是尺度参数. 假定两独立样本 $X_1, X_2, \ldots, X_m$ 和 $Y_1, Y_2, \ldots, Y_n$ 分别来自 $N(\mu_1, \sigma_1^2)$ 和 $N(\mu_2, \sigma_2^2)$, 则检验 $H_0 : \sigma_1^2 = \sigma_2^2$ 最常用的统计方法是 F 检验, 检验统计量为两独立样本的方差之比 $F = S_X^2 / S_Y^2$. 在零假设成立时, 它服从自由度为 $(m-1, n-1)$ 的 F 分布. 但是在总体不是正态或有严重污染时, 上述的 F 检验就不一定合适了. 本小节介绍的 Mood 检验是用来检验两样本尺度参数之间关系的一种非参数方法.

设两连续总体 X 与 Y 独立, 样本 $X_1, X_2, \ldots, X_m \sim F(\frac{x-\theta_1}{\sigma_1})$, $Y_1, Y_2, \ldots, Y_n \sim F(\frac{y-\theta_2}{\sigma_2})$, 而且 $F(0) = \frac{1}{2}$, $\theta_1 = \theta_2$. (若不相等, 可以通过平移来使它们相等.)

考虑假设检验问题:

1) $H_0 : \sigma_1 = \sigma_2 \longleftrightarrow H_1 : \sigma_1 > \sigma_2$(单边假设检验)

2) $H_0 : \sigma_1 = \sigma_2 \longleftrightarrow H_1 : \sigma_1 < \sigma_2$(单边假设检验)

3) $H_0 : \sigma_1 = \sigma_2 \longleftrightarrow H_1 : \sigma_1 \neq \sigma_2$(双边假设检验)

构造检验统计量的基本思想为: 把样本 $X_1, X_2, \ldots, X_m$ 和 $Y_1, Y_2, \ldots, Y_n$ 混合起来, 记 $R_{11}, R_{12}, \ldots, R_{1m}$ 为 X 的观测值在混合样本中的秩, 而 $R_{21}, R_{22}, \ldots, R_{2n}$ 为 Y 的观测值在混合样本中的秩, $N = m + n$. 对样本 X 来说, 考虑秩统计量

$$M = \sum_{j=1}^{m} \left(R_{1j} - \frac{N+1}{2} \right)^2. \tag{10.17}$$

则以上三个假设检验问题的拒绝域分别为:

1) $C_1 = \{M \geqslant c\}$, 其中 c 满足: $c = \inf\{c^* : P(M \geqslant c^*) \leqslant \alpha\}$

2) $C_2 = \{M \leqslant d\}$, 其中 d 满足: $d = \sup\{d^* : P(M \leqslant d^*) \leqslant \alpha\}$

3) $C_3 = \{M \geqslant c \text{ 或 } M \leqslant d\}$, 其中 c, d 满足:

$$c = \inf\{c^* : P(M \geqslant c^*) \leqslant \frac{\alpha}{2}\}, \quad d = \sup\{d^* : P(M \leqslant d^*) \leqslant \frac{\alpha}{2}\}. \tag{10.18}$$

当原假设 H_0 成立时, 可以证明:

$$\mathrm{E}(M) = \frac{m(N^2 - 1)}{12},$$

$$\mathrm{Var}(M) = \frac{mn}{N(N-1)} \sum_{i=1}^{N} \left[\left(i - \frac{N+1}{2} \right)^2 - \frac{N^2-1}{12} \right]^2.$$

故

$$Z = \frac{M - \mathrm{E}(M)}{\sqrt{\mathrm{Var}(M)}} \sim N(0, 1). \tag{10.19}$$

R 语言中的函数 mood.test( ) 可完成原假设的检验, 其调用格式如下:

```
mood.test(x, y, alternative = c("two.sided", "less", "greater"),...)
```

例 10.4.4 两个村农民的月收入分别为 (单位: 元)

A 村	321	266	256	388	330	329	303	334	299	
	221	365	250	258	342	343	298	238	317	354
B 村	488	598	507	428	807	342	512	350	672	
	589	665	549	451	481	514	391	366	468	

问两个村农民的月收入的内部差异是否相同? ($\alpha = 0.05$)

解 R 程序如下:

```
A <- c(321, 266, 256, 388, 330, 329, 303, 334, 299,
       221, 365, 250, 258, 342, 343, 298, 238, 317, 354)
B <- c(488, 598, 507, 428, 807, 342, 512, 350, 672,
       589, 665, 549, 451, 481, 514, 391, 366, 468)
diff <- median(B)-median(A)
A <- A+diff
mood.test(A,B)
```

运行结果为:

```
Mood two-sample test of scale
data:  A and B
Z = -2.5, p-value = 0.01
alternative hypothesis: two.sided
```

结论: 因为 p 值 $= 0.01 < \alpha = 0.05$, 故拒绝原假设, 认为这两个村的内部差异是不同的. ■

注意: 因为 mood 检验需要的假定之一是要两样本的中位数相同, 故在做检验时要先消除两样本之间中位数的差异, 接着才可以做 mood 检验.

10.5 多总体的比较与检验

多样本问题是统计中最常见的一类问题. 例如多种投资方案在试行后效果的比较、不同机器在同一条件下的稳定性是否相同等. 本节就多样本模型讨论位置参数与尺度参数的检验问题.

设 k 个连续型随机变量 (总体) $X_1, X_2, \ldots, X_k$ 相互独立, $X_i \sim F\left(\frac{x-\theta_i}{\sigma_i}\right), \sigma_i > 0, X_{i1}, X_{i2}, \ldots, X_{in_i}$ 是来自第 i 个总体 X_i 的容量为 n_i 的样本, $N = \sum\limits_{i=1}^{k} n_i$.

10.5.1 位置参数的 Kruskal-Wallis 秩和检验

设 $\sigma_1 = \sigma_2 = \cdots = \sigma_k$, 不妨设为 1 (其检验见下面两小节). 考虑假设检验问题:

$H_0 : \theta_1 = \theta_2 = \cdots = \theta_k \longleftrightarrow H_1 : \theta_1, \theta_2, \ldots, \theta_k$ 不全相等

构造检验统计量的基本思想为: 把 k 个样本混合起来, 算出所有数据在混合样本中的秩, 记样本 X_{ij} 的秩为 R_{ij} (R_{ij} 的意义同第 10.4.4 小节), 对每一个样本的观测值的秩求和得到 $R_i = \sum\limits_{j=1}^{n_i} R_{ij}, i = 1, 2, \ldots, k$, 由此找到它们在每组中的平均值 $\overline{R}_i = R_i/n_i$. 如果这些 $\overline{R}_i$ 很不一样, 就可以怀疑原假设.

构造检验统计量:

$$
\begin{aligned}
H &= \frac{12}{N(N+1)} \sum_{i=1}^{k} n_i (\overline{R}_i - \overline{R})^2 \\
&= \frac{12}{N(N+1)} \sum_{i=1}^{k} \frac{R_i^2}{n_i} - 3(N+1),
\end{aligned}
\tag{10.20}
$$

其中 $\overline{R} = \sum\limits_{i=1}^{k} n_i \overline{R}_i / N = \frac{N+1}{2}$. 可以证明:

$$
\mathrm{E}(R_i) = n_i(N+1), \quad \mathrm{Var}(R_i) = \frac{n_i(N-n_i)(N+1)}{12}.
$$

从而

$$
\begin{aligned}
\mathrm{E}(\overline{R}_i) &= N+1, \\
\mathrm{Var}(\overline{R}_i) &= \frac{(N-n_i)(N+1)}{12n_i}, \\
\mathrm{E}(H) &= \frac{12}{N(N+1)} \mathrm{E}\left(\sum_{i=1}^{k} n_i \left(\overline{R}_i - \frac{N+1}{2} \right)^2 \right) \\
&= \frac{12}{N(N+1)} \sum_{i=1}^{k} n_i \mathrm{Var}(\overline{R}_i) = k-1.
\end{aligned}
\tag{10.21}
$$

当原假设 H_0 成立时, 若 $\min\{n_1, n_2, \ldots, n_k\} \longrightarrow +\infty$, 且 $\frac{n_i}{N} \longrightarrow \lambda_i, i = 1, 2, \ldots, k$, $\lambda_i \in (0, 1)$, 则 $H \sim \chi^2(k-1)$.

故上述检验问题的拒绝域 $C = \{H \geqslant \chi_{1-\alpha}^2(k-1)\}$.

R 中的函数 `kruskal.test( )` 可完成原假设的检验, 其调用格式如下:

```
kruskal.test(x, g, ...)
```

说明: x 为一向量或列表, g 为对 x 分类的因子, 当 x 为列表时 g 可以省略.

例 10.5.1 下面的数据是游泳、打篮球、骑自行车等三种不同的运动在 30 min 内消耗的热量 (单位: cal). 问这些数据是否说明这三种运动消耗的热量全相等? ($\alpha = 0.05$)

游泳	306	385	300	319	320
打篮球	311	364	315	338	398
骑自行车	289	198	201	302	289

解 R 程序如下:

```
x <- list(swim = c(306, 385, 300, 319, 320),
          basketball = c(311, 364, 315, 338, 398),
          bicycle = c(289, 198, 201, 302, 289))
kruskal.test(x)
```

运行结果为:

```
Kruskal-Wallis rank sum test
data:  x
Kruskal-Wallis chi-squared = 9.2, df = 2, p-value
= 0.01
```

结论: 因为 p 值 $= 0.01 < \alpha = 0.05$, 故拒绝原假设, 认为这三种运动消耗的热量不全相等. ∎

10.5.2 尺度参数的 Ansari-Bradley 检验

设 $\theta_1 = \theta_2 = \cdots = \theta_k$. 考虑假设检验问题:

$H_0 : \sigma_1^2 = \sigma_2^2 = \cdots = \sigma_k^2 \longleftrightarrow H_1 : \sigma_1^2, \sigma_2^2, \ldots, \sigma_k^2$ 不全相等.

记

$$\overline{A}_i = \frac{1}{n_i} \sum_{j=1}^{n_i} \left[\frac{N+1}{2} - \left| R_{ij} - \frac{N+1}{2} \right| \right]^2, i = 1, 2, \ldots, k.$$

构造检验统计量:

$$B = \frac{N^3 - 4N}{48(N+1)} \sum_{i=1}^{k} n_i \left[\overline{A}_i - \frac{N+2}{4} \right]^2. \tag{10.22}$$

可以证明在原假设 H_0 成立时, $B \sim \chi^2(k-1)$. 从而上述检验问题的拒绝域为 $C = \{B \geqslant \chi^2_{1-\alpha}(k-1)\}$.

R 语言中的函数 ansari.test( ) 可完成原假设的检验, 其调用格式如下:

```
ansari.test(x, y, alternative = c("two.sided", "less", "greater"),
            exact = NULL, conf.int = FALSE, conf.level = 0.95, ...)
```

说明: x 为一向量或列表, g 为对 x 分类的因子, 当 x 为列表时 g 可以省略.

例 10.5.2   两个工人加工的零件尺寸 (各 10 个) 为 (单位:mm):

工人 A	18.0	17.1	16.4	16.9	16.9	16.7	16.7	17.2	17.5	16.9
工人 B	17.0	16.9	17.0	16.9	17.2	17.1	16.8	17.1	17.1	17.2

问这个结果能否说明两个工人的水平 (加工精度) 一致? ($\alpha = 0.05$)

解   R 程序如下:

```
worker.a <- c(18.0,17.1,16.4,16.9,16.9,16.7,16.7,17.2,17.5,16.9)
worker.b <- c(17.0,16.9,17.0,16.9,17.2,17.1,16.8,17.1,17.1,17.2)
ansari.test(worker.a, worker.b)
```

运行结果为:

```
Ansari-Bradley test
data:  worker.a and worker.b
AB = 42, p-value = 0.04
alternative hypothesis: true ratio of scales is not equal to 1
```

结论: 因为 p 值 $= 0.04 < \alpha = 0.05$, 故拒绝原假设, 认为这两个工人的水平不一样. ■

10.5.3 尺度参数的 Fligner-Killeen 检验

该检验需要的假设与 Ansari-Bradley 检验相同.

记 $\theta_1 = \theta_2 = \cdots = \theta_k = \theta$, $V_{ij} = |X_{ij} - \theta|, i = 1, 2, \ldots, k; j = 1, 2, \ldots, n_i$. 当 θ 未知时, 用样本中位数 M 代替 θ, 即 $V_{ij} = |X_{ij} - M|$, 再用 R_{ij} 表示在混合样本中

V_{ij} 的秩.

当 $k = 2$ 时, 采用检验统计量

$$W = \sum_{i=1}^{n_1} R_{ij}. \tag{10.23}$$

可以证明在原假设 H_0 成立时, 统计量 W 有 Wilcoxon 分布.

当 $k > 2$ 时, 采用检验统计量

$$K = \frac{12}{N(N+1)} \sum_{i=1}^{k} n_i \left(\overline{R}_i - \frac{N+1}{2} \right)^2, \tag{10.24}$$

其中 $\overline{R}_i = \frac{1}{n_i} \sum_{j=1}^{n_i} R_{ij}$. 可以证明在 H_0 成立时, 统计量 K 有 Kruskal-Wallis 分布.

R 语言中的函数 fligner.test( ) 可完成原假设的检验, 其调用格式如下:

```
fligner.test(x, g, ...)
```

说明: x 为一向量或列表, g 为对 x 分类的因子, 当 x 为列表时 g 可以省略.

例 10.5.3   三名不同的运动员 A, B, C 同时在同一条件下进行打靶比赛, 各打 10 发子弹, 他们打中的环数如下:

A	8	7	9	10	9	6	5	8	10	5
B	8	7	9	6	8	9	10	7	8	9
C	10	10	9	6	8	3	5	6	7	4

问这三名运动员的稳定性是否一样? ($\alpha = 0.05$)

解   R 程序如下:

```
x <- list(A=c(8,7,9,10,9,6,5,8,10,5),
          B=c(8,7,9,6,8,9,10,7,8,9),
          C=c(10,10,9,6,8,3,5,6,7,4))
fligner.test(x)
```

运行结果为:

```
Fligner-Killeen test of homogeneity of variances
data:  x
Fligner-Killeen:med chi-squared = 5.2, df = 2,
p-value = 0.07
```

结论: 因为 p 值 $= 0.07 > \alpha = 0.05$, 故接受原假设, 认为这三名运动员的稳定性相同. ■

习题

练习 10.1　某地区从事管理工作的职员的月收入的中位数是 6500 元. 现有一个该地区从事管理工作的 20 名妇女组成的样本, 她们的月收入 (单位: 元) 如下:

6100	5300	4900	7100	6400	5700	5200	5100	6800	6200
7000	3900	5300	6200	6500	6300	6200	5300	5800	6700

问该地区从事管理工作的妇女的月收入的中位数是否小于 6500? ($\alpha = 0.05$)

练习 10.2　调查某美发店上半年各月的顾客数量, 如表 10.6 所示. 问该店每月的顾客数量是否服从均匀分布?

表 10.6　美发店 1—6 月的顾客数量

月份	1	2	3	4	5	6	合计
顾客人数/百人	27	18	15	24	36	30	150

练习 10.3　从某地区高中二年级学生中随机抽取 45 位学生测得他们的体重如表 10.7 所示, 问该地区学生的体重是否服从正态分布?

表 10.7　高二年级学生体重 (单位: kg)

36	36	37	38	40	42	43	43	44	45	48	48	50	50	51
52	53	54	54	56	57	57	57	58	58	58	58	58	59	60
61	61	61	62	62	63	63	65	66	68	68	70	73	73	75

练习 10.4　美国某年总统选举前, 由社会调查总部抽查黑白种族与支持不同政党是否有关, 得到数据如表 10.8 所示, 问不同种族与支持政党之间是否存在独立性? ($\alpha = 0.05$)

练习 10.5　为了解两种药物对治疗某种疾病的效果, 抽取 42 名患者分别服用药物 A 和 B, 数据如表 10.9 所示, 问药物的疗效与服用的药物是否相关? ($\alpha = 0.05$)

练习 10.6　在一次社会调查中, 以问卷的方式调查了总共 901 人的年收入及对工作的满意程度, 其中年收入 (A) 分为小于 6000 元、6000 ~< 15000 元、15000 ~< 25000

表 10.8　种族与政党的关系数据

种族	民主党	共和党	无党
白人	341	405	105
黑人	103	11	15

表 10.9　某疾病两种药物的治疗效果

药物	疗效		
	有效	无效	合计
A	8	2	10
B	14	18	32
合计	22	20	42

元及大于等于 25000 元 4 档. 对工作的满意程度 (B) 分为很不满意、较不满意、基本满意和很满意 4 档. 调查结果如表 10.10 所示. 问工作的满意程度与年收入高低是否无关? ($\alpha = 0.05$)

表 10.10　工作满意程度与年收入列联表

	很不满意	较不满意	基本满意	很满意	合计
< 6000	20	24	80	82	206
$6000 \sim < 15000$	22	38	104	125	289
$15000 \sim < 25000$	13	28	81	113	235
$\geqslant 25000$	7	18	54	92	171
合计	62	108	319	412	901

练习 10.7　股票的波动程度可以用来衡量投资的风险. 取自同一年 11 月和 12 月的前 10 个交易日的股票指数样本数据如下:

11 月	1149	1169	1152	1183	1173	1169	1130	1152	1120	1171
12 月	1116	1147	1135	1125	1184	1125	1192	1174	1164	1180

问:

1) 这两段时间的股票指数的中位数是否相同? ($\alpha = 0.05$)

2) 这两段时间的股票指数的波动程度是否一样? ($\alpha = 0.05$)

练习 10.8   对 5 位健康成年人的血液测量其中的尿酸浓度, 分别用手工 (X) 和仪器 (Y) 两种方法测量, 结果如表 10.11 所示, 问两种测量方法的精度是否存在差异? $(\alpha = 0.05)$

表 10.11   尿酸浓度的两种测量值

手工 (X)	4.5	6.5	7	10	12
仪器 (Y)	6	7.2	8	9	9.8

练习 10.9   茶是世界上最为广泛的一种饮料, 但是很少人知其营养价值. 任一种茶叶都含有叶酸, 它是一种维生素 B. 如今已有测定茶叶中叶酸含量的方法. 为研究各产地的绿茶的叶酸含量是否有显著差异, 特选 4 个产地的绿茶, 其中产地 A 制作了 7 个样品, 产地 B 制作了 5 个样品, 产地 C 和 D 各制作了 6 个样品, 共有 24 个样品, 按随机次序测试其叶酸含量 (单位:mg), 测试结果如表 10.12 所示.
问:

1) 4 个产地绿茶的叶酸含量的均值是否有显著差异? $(\alpha = 0.05)$

2) 4 个产地绿茶的叶酸含量的方差是否有显著差异? $(\alpha = 0.05)$

表 10.12   4 个产地茶叶的叶酸含量

产地	叶酸含量 (单位: mg)						
A	7.9	6.2	6.6	8.6	10.1	9.6	8.9
B	5.7	7.5	9.8	6.1	8.4		
C	6.4	7.1	7.9	4.5	5.0	4.0	
D	6.8	7.5	5.0	5.3	6.1	7.4	

第 11 章

方差分析

本 章 概 要

- 单因子方差分析
- 无交互效应的两因子方差分析
- 有交互效应的两因子方差分析
- 协方差分析

方差分析 (analysis of variance, 简写为 ANOVA) 是工农业生产和科学研究中分析试验数据的一种有效的统计方法. 引起观测值不同 (波动) 的原因主要有两类: 一类是试验过程中随机因素的干扰或观测误差所引起不可控制的波动, 另一类则是由于试验中处理方式不同或试验条件不同引起的可以控制的波动. 方差分析的主要工作就是将观测数据的总变异 (波动) 按照变异的原因的不同分解为因子效应与试验误差, 并对其作出数量分析, 比较各种原因在总变异中所占的重要程度, 以此作为进一步统计推断的依据.

11.1 单因子方差分析

11.1.1 模型介绍

设试验只有一个因子 (又称为因素)A, 它有 r 个水平 $A_1, A_2, \ldots, A_r$. 先在水平 A_i 下进行 n_i 次独立观测, 得到观测数据为 $X_{ij}, j = 1, 2, \ldots, n_i, i = 1, 2, \ldots, r$, 则单因素方差模型可表示为

$$\begin{cases} X_{ij} = \mu + \alpha_i + \varepsilon_{ij}, i = 1, 2, \ldots, r, j = 1, 2, \ldots, n_i, \\ \varepsilon_{ij} \sim N(0, \sigma^2), \text{且各 } \varepsilon_{ij} \text{ 相互独立}, \\ \sum_{i=1}^{r} n_i \alpha_i = 0, \end{cases} \quad (11.1)$$

其中 μ 为总平均, α_i 是第 i 个水平的效应, ε_{ij} 是随机误差. 若 $n_1 = n_2 = \cdots = n_r$, 则我们称模型是平衡的, 否则称模型是非平衡的.

我们的目的是要比较因素 A 的 r 个水平的效应是否有显著差异, 这可归结为检验假设

$$H_0 : \alpha_1 = \alpha_2 = \cdots = \alpha_r \longleftrightarrow H_1 : \alpha_1, \alpha_2, \ldots, \alpha_r \text{不全相等}.$$

如果 H_0 被拒绝, 则说明因素 A 的各水平的效应之间有显著的差异, 否则, 差异不明显.

按照方差分析的思想, 将总离差平方和分解为两部分, 即

$$SS_T = SS_E + SS_A,$$

其中

$$SS_T = \sum_{i=1}^{r} \sum_{j=1}^{n_i} (X_{ij} - \overline{X})^2, \quad \overline{X} = \frac{1}{n} \sum_{i=1}^{r} \sum_{j=1}^{n_i} X_{ij},$$

$$SS_E = \sum_{i=1}^{r} \sum_{j=1}^{n_i} (X_{ij} - \overline{X}_{i.})^2, \quad \overline{X}_{i.} = \frac{1}{n} \sum_{j=1}^{n_i} X_{ij},$$

$$SS_A = \sum_{i=1}^{r} \sum_{j=1}^{n_i} (\overline{X}_{i.} - \overline{X})^2.$$

这里称 SS_T 为总离差平方和 (或称总变差), 它是所有数据 X_{ij} 与总平均值 $\overline{X}$ 之差的平方和, 描绘所有观察数据的离散程度; SS_E 为误差平方和 (或组内平方和), 是对固定的 i, 观测值 $X_{i1}, X_{i2}, \ldots, X_{in_i}$ 之间的差异大小的度量. SS_A 为因素 A 的效应平方 (或组间平方和), 表示因子 A 在各水平下的样本均值和总平均值之差的平方和.

可以证明, 当 H_0 成立时

$$\frac{SS_E}{\sigma^2} \sim \chi^2(n-r), \quad \frac{SS_A}{\sigma^2} \sim \chi^2(r-1),$$

且 SS_A 与 SS_E 独立. 于是

$$F = \frac{SS_A/(r-1)}{SS_E/(n-r)} \sim F(r-1, n-r), \tag{11.2}$$

若 $F > F_\alpha(r-1, n-r)$, 则拒绝原假设, 认为因素 A 的 r 个水平有显著差异, 反之

"接受" 原假设. 这也可以通过检验的 p 值来决定是接受还是拒绝原假设 H_0.

R 中的函数 aov( ) 提供了方差分析的计算与检验, 其调用格式为:

```
aov(formula,data=NULL,projections=FALSE,qr=TRUE,contrasts=NULL,...)
```

说明: formula 是方差分析的公式, 在单因素方差分析中它表示为 x ~ A, data 是数据框, 其他参见在线帮助.

例 11.1.1   以淀粉为原料生产葡萄糖的过程中, 残留许多糖蜜, 可作为生产酱色的原料. 在生产酱色的过程之前应尽可能彻底除杂, 以保证酱色质量. 为此对除杂方法进行选择. 在试验中选用 5 种不同的除杂方法, 每种方法做 4 次试验, 即重复 4 次, 结果见表 11.1.

表 11.1   不同除杂方法的除杂量

除杂方法 A_i	除杂量 X_{ij}				均量 $\overline{X}_i$
A_1	25.6	22.2	28.0	29.8	26.4
A_2	24.4	30.0	29.0	27.5	27.7
A_3	25.0	27.7	23.0	32.2	27.0
A_4	28.8	28.0	31.5	25.9	28.6
A_5	20.6	21.2	22.0	21.2	21.3

解   R 程序为:

```
X <- c(25.6, 22.2, 28.0, 29.8, 24.4, 30.0, 29.0, 27.5,
       25.0, 27.7, 23.0, 32.2, 28.8, 28.0, 31.5, 25.9,
       20.6, 21.2, 22.0, 21.2)
A <- factor(rep(1:5, each=4))
miscellany <- data.frame(X, A)
aov.mis <- aov(X ~ A, data = miscellany)
summary(aov.mis)
```

输出结果为:

```
          Df Sum Sq Mean Sq F value Pr(>F)
A          4    132    33.0    4.31  0.016 *
Residuals 15    115     7.7
---
```

```
Signif. codes:
0 '***' 0.001 '**' 0.01 '*' 0.05 '.' 0.1 ' ' 1
```

说明: 上述结果中, Df 表示自由度; Sum Sq 表示平方和; Mean Sq 表示均方和; F value 表示 F 检验统计量的值, 即 F 比; Pr(>F) 表示检验的 p 值; A 就是因素 A; Residuals 为残差.

可以看出, $F = 4.31 > F_{0.05}(5 - 1, 20 - 5) = 3.06$, 或者 p 值 $= 0.016 < 0.05$, 说明有理由拒绝原假设, 即认为五种除杂方法有显著差异. 据上述结果可以填写下面的方差分析表: 再通过函数 plot( ) 绘图可直观描述 5 种不同除杂方法之间的差异, 在 R 中运行命令

```
plot(miscellany$X ~ miscellany$A)
```

得到图 11.1. 从图形上也可以看出, 5 种除杂方法产生的除杂量有显著差异, 特别第 5 种与前面的 4 种, 而方法 1 与 3, 方法 2 与 4 的差异不明显.

表 11.2　除杂方法试验的方差分析表

方差来源	自由度	平方和	均方和	F 比	p 值
因素 A	4	132	33	4.31	0.016
误差	15	115	7.7		
总和	19	247			

11.1.2　均值的多重比较

进行方差分析后发现各效应的均值之间有显著差异, 此时只知道有某些均值彼此不同, 但无法知道哪些均值不同, 下面的方法帮助我们找出在进行方差分析时哪些均值是不同的.

多重 t 检验方法

这种方法就是针对因子 A 的两个效应进行比较, 假设检验为

$$H_0 : \alpha_i = \alpha_j, i \neq j \ (i, j = 1, 2, \ldots, r),$$

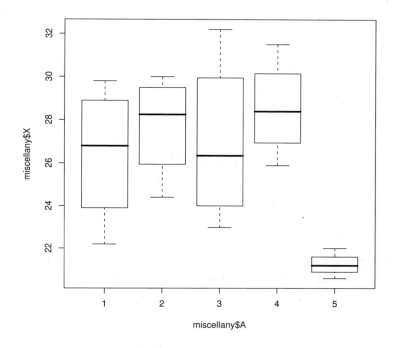

图 11.1   不同除杂方法的差异

检验统计量为

$$T_{ij} = \frac{\overline{X}_{i.} - \overline{X}_{j.}}{\sqrt{MS_E(\frac{1}{n_i} + \frac{1}{n_j})}}, \quad i \neq j \ (i, j = 1, 2, \ldots, r), \tag{11.3}$$

其中 $MS_E = SS_E/(n-r)$ 为误差的均方和, 也是 σ^2 的估计. 当 H_0 成立时, $T_{ij} \sim t(n-r)$. 所以检验的拒绝域为

$$C = \{|T_{ij}| > t_{1-\frac{\alpha}{2}}(n-r)\}. \tag{11.4}$$

　　说明: 多重 t 检验方法使用方便, 但当多次重复使用 t 检验时会增大犯第一类错误的概率, 从而使得 "有显著差异" 的结论不一定可靠, 所以在进行较多次重复比较时, 我们要对 p 值进行调整.

　　R 语言中的 p 值调整使用函数 p.adjust( ), 其调用格式为:

p.adjust(p, method=p.adjust.methods, n=length(p))

说明: p 是 p 值构成的向量, method 是修正方法, 包括

- Holm(1979) 方法
- Hochberg(1988) 方法
- Hommel(1988) 方法
- Bonferroni 方法
- Benjamini & Hochberg, BH(1995) 方法 (也称为 fdr 方法)
- Benjamini & Yekutieli, BY(2001) 方法

在 R 中输入命令

p.adjust.methods

得到调整方法的列表:

```
p.adjust.methods
[1] "holm"        "hochberg"    "hommel"      "bonferroni"
[5] "BH"          "BY"          "fdr"         "none"
```

具体意义参见在线帮助.

当比较次数较多时, Bonferroni 方法的效果较好, 所以在做多重 t 检验时常采用 Bonferroni 法对 p 进行调整. 实际上, 它采用 $a = a'/k$ 作为给出 "有无显著差异" 的检验水平, 其中 k 为两两比较的次数, a' 为累积第一类错误的概率.

R 语言中的函数 pairwise.t.test( ) 可以得到多重比较的 p 值, 其调用格式为:

pairwise.t.test(x, g, p.adjust.method=p.adjust.methods,
                pool.sd=TRUE, ...)

说明: x 是响应变量构成的向量, g 是分组向量 (因子). p.adjust.method 是上面提到的调整 p 值的方法, "p.adjust.method=none" 表示不做任何调整, 默认值按 Holm 方法调整.

例 11.1.2   对例 11.1.1 做均值的多重比较, 进一步检验

$$H_0 : \alpha_i = \alpha_j, \quad i, j = 1, 2, 3, 4, 5.$$

解   用三种方法进行多重比较:

1) 不对 p 作出调整:

R 程序为

```
pairwise.t.test(X, A, p.adjust.method="none")
```

检验结果如下:

```
Pairwise comparisons using t tests with pooled SD
data:  X and A
    1      2      3      4
2 0.509  -      -      -
3 0.773  0.707  -      -
4 0.289  0.679  0.434  -
5 0.019  0.005  0.010  0.002
P value adjustment method: none
```

检验的结果与图 11.1 一致, 即 μ_5 与其他 4 个差异明显, 后者差异不明显.

2) 按默认的 "holm" 对 p 值进行调整:

R 程序为

```
pairwise.t.test(X, A, p.adjust.method="holm")
```

检验结果如下:

```
Pairwise comparisons using t tests with pooled SD
data:  X and A
    1     2     3     4
2 1.00  -     -     -
3 1.00  1.00  -     -
4 1.00  1.00  1.00  -
5 0.13  0.04  0.08  0.02
P value adjustment method: holm
```

3) 按 "bonferroni" 对 p 值进行调整:

R 程序为

```
pairwise.t.test(X, A, p.adjust.method="bonferroni")
```

检验结果如下:

```
Pairwise comparisons using t tests with pooled SD
data:  X and A
    1     2     3     4
2 1.00  -     -     -
```

```
3 1.00 1.00 -    -
4 1.00 1.00 1.00 -
5 0.19 0.05 0.10 0.02
P value adjustment method: bonferroni
```

从输出结果可以看出, 做调整后 p 值增大, 在一定程度上克服了多重 t 检验的缺点. ∎

11.1.3　同时置信区间: Tukey 法

若经前面的 F 检验, $H_0 : \alpha_1 = \cdots = \alpha_r$ 被拒绝了, 则因子 A 的 r 个水平的效应不全相等, 这时我们希望对效应之差 $\alpha_i - \alpha_j \ (i \neq j)$ 做出置信区间, 由此了解哪一些效应不相等. 这里仅介绍一种基于学生化极差分布的 Tukey 方法. 这是 J. W. Tukey(1953) 提出的一种多重比较方法, 是以试验错误率为标准的, 又称真正显著差 (honesty significient difference, HSD) 法. 该方法基于下面的定理:

定理 11.1　设 $X_1, X_2, \ldots, X_n$ 是来自 $N(\mu, \sigma^2)$ 的样本, $U = m\frac{\hat{\sigma}^2}{\sigma^2} \sim \chi^2(m)$, 且 $U, X_1, \ldots, Y_n$ 相互独立, 则

1)

$$\frac{\max\limits_{i} X_i - \min\limits_{i} X_i}{\hat{\sigma}^2/\sigma^2} \sim q(n, m), \tag{11.5}$$

其中 $q(n, m)$ 表示参数为 n, m 的学生化极差分布.

2) 所有 $\alpha_i - \alpha_j, i \neq j$ 的置信度为 $1 - \alpha$ 的同时置信区间为

$$X_i - X_j - q_{1-\alpha}(n, m)\hat{\sigma} \leqslant \alpha_i - \alpha_j \leqslant X_i - X_j + q_{1-\alpha}(n, m)\hat{\sigma}. \tag{11.6}$$

对于平衡的方差分析模型, 设 $n_1 = \cdots = n_r = n, N = nr$, 由

$$\overline{X} \sim N(\mu + \alpha_i, \sigma^2/n)$$

且 $\overline{X}_i$ 与 $\overline{X}_j$ 独立,

$$(N - r)\frac{\hat{\sigma}^2}{\sigma^2} \sim \chi^2(N - r),$$

故由定理知, 对一切 $i \neq j$, $\alpha_i - \alpha_j$ 的置信度为 $1 - \alpha$ 的同时置信区间 (称为 Tukey

区间) 为

$$\overline{X}_i - \overline{X}_j \pm q_{1-\alpha}(r, r(n-1))\frac{\sigma}{\sqrt{n}}. \tag{11.7}$$

若 $n_i \neq n_j$, 则 $\alpha_i - \alpha_j$ 的置信度为 $1 - \alpha$ 的同时置信区间近似为

$$\overline{X}_i - \overline{X}_j \pm q_{1-\alpha}(r, r(n-1))\frac{\sigma}{\sqrt{2}} \cdot \sqrt{\frac{1}{n_i} + \frac{1}{n_j}}. \tag{11.8}$$

在 R 语言中, 函数 qtukey( ) 用于计算 q 分布 (学生化残差分布) 的分位数, 函数 TukeyHSD( ) 用于计算同时置信区间, 其调用格式为:

```
TukeyHSD(x, which, ordered=FALSE, conf.level=0.95...)
```

说明: x 为方差分析的对象, which 是给出需要计算比较区间的因子向量, ordered 是逻辑值, 如果为"true", 则因子的水平先递增排序, 从而使得因子间差异均以正值出现. conf.level 是置信水平.

例 **11.1.3**　某商店以各自的销售方式卖出新型手表, 连续四天手表的销售量如表 11.3 所示, 试考察销售方式之间是否有显著差异.

表 11.3　销售方式与销售量数据表

销售方式	销售量数据			
A_1	23	19	21	13
A_2	24	25	28	27
A_3	20	18	19	15
A_4	22	25	26	23
A_5	24	23	26	27

解　首先以数据框形式生成数据 sales

```
sales <- data.frame(
  X = c(23, 19, 21, 13, 24, 25, 28, 27, 20, 18,
     19, 15, 22, 25, 26, 23, 24, 23, 26, 27),
  A = factor(rep(1:5, c(4, 4, 4, 4, 4)))
  )
```

其次进行方差分析, 由 R 命令

summary(aov(X ~ A, sales))

得

```
            Df Sum Sq Mean Sq F value Pr(>F)
A            4    213    53.2    7.98 0.0012 **
Residuals   15    100     6.7
---
Signif. codes:
0 '***' 0.001 '**' 0.01 '*' 0.05 '.' 0.1 ' ' 1
```

可见不同的销售方式有差异.

最后再求均值之差的同时置信区间. R 命令为

TukeyHSD(aov(X ~ A, sales))

运行结果为

```
Tukey multiple comparisons of means
    95% family-wise confidence level
Fit: aov(formula = X ~ A, data = sales)
$A
     diff       lwr     upr   p adj
2-1     7    1.3622  12.638  0.0120
3-1    -1   -6.6378   4.638  0.9806
4-1     5   -0.6378  10.638  0.0945
5-1     6    0.3622  11.638  0.0344
3-2    -8  -13.6378  -2.362  0.0042
4-2    -2   -7.6378   3.638  0.8062
5-2    -1   -6.6378   4.638  0.9806
4-3     6    0.3622  11.638  0.0344
5-3     7    1.3622  12.638  0.0120
5-4     1   -4.6378   6.638  0.9806
```

可以看出, 共有 10 个两两比较的结果, 在 0.05 的显著性水平下, $A_2 - A_1, A_5 - A_1, A_3 - A_2, A_4 - A_3$ 和 $A_5 - A_3$ 的差异是显著的, 其他两两比较的结果均是不显著的. ∎

11.1.4 方差齐性检验

前面已提到要进行方差分析, 应具备以下三个条件: (1) 可加性, (2) 独立正态性, (3) 方差齐性. 方差齐性检验就是检验数据在不同水平下方差是否相同. 最常用的方法就是 Bartlett 检验和 Levene 检验.

Bartlett 检验

检验问题为:

H_0: 各因子水平下的方差相同 $\longleftrightarrow$ H_1: 各因子水平下的方差不同.

当处理组的数据较多时, 令 $N = \sum_{i=1}^{r} n_i$,

$$S_i^2 = \frac{1}{n_i - 1} \sum_{j=1}^{n_i} (X_{ij} - \overline{X}_i)^2,$$

$$S_c^2 = \frac{\sum_{i=1}^{k} \left[\sum_{j=1}^{n_i} (X_{ij} - \overline{X}_i) \right]}{\sum_{i=1}^{k} (n_i - 1)}$$

$$= \frac{1}{N - r} \sum_{i=1}^{r} (n_i - 1) S_i^2 = MS_E,$$

$$C = 1 + \frac{1}{3(r - 1)} \left[\sum_{i=1}^{r} \frac{1}{n_i - 1} - \frac{1}{N - r} \right].$$

则在原假设成立下, 统计量

$$\chi^2 = \frac{2.3026}{C} \left[(N - r) \ln S_c^2 - \sum_{i=1}^{r} (n_i - 1) \ln S_i^2 \right] \tag{11.9}$$

近似服从自由度为 $r - 1$ 的 χ^2 分布. 因此对于给定的显著性水平 α, 若 p 值小于 α, 则拒绝 H_0, 即认为至少有两个水平下的数据的方差不相等; 否则认为数据满足方差齐性的要求.

在 R 语言中, 函数 Barlett.test( ) 提供 Bartlett 检验, 其调用格式为:

```
bartlett.test(x, g, ...)
bartlett.test(formula, data, subset, no.action, ...)
```

说明: x 是由数据构成的向量或列表; g 是由因子构成的向量, 当 x 是列表时, 此项无效; formula 是方差分析公式, data 是数据框, 其余参数见在线帮助.

Levene 检验

将原样本观测值做离均差变换, 或离均差平方变换, 然后进行方差分析, 其检验结果用于判断方差是否齐性.

$$(1)d_{ij} = |X_{ij} - \overline{X}_i|; \quad (2)d_{ij} = |X_{ij} - md_i|; \quad (3)d_{ij} = |X_{ij} - \overline{X}_i|^2,$$

其中 md_i 为第 i 个水平下数据的样本中位数.

Levene 检验对原始数据是否为正态不灵敏, 所以比较稳健, 因此推荐采用 levene 进行方差齐性检验.

R 的程序包 car 中提供了 Levene 检验的函数 levene.Test( ), 其调用格式为:

```
levene.Test(x, group)
```

说明: x 是由数据构成的向量, group 是由因子构成的向量.

例 11.1.4   对例 11.1.3 的数据做方差齐性检验. 分别用 Bartlett 检验和 Levene 检验来检验方差的齐性.

解   先用 Bartlett 检验, 由 R 命令

```
bartlett.test(X ~ A, data = sales)
```

得检验结果:

```
Bartlett test of homogeneity of variances
data:  X by A
Bartlett's K-squared = 3.7, df = 4, p-value = 0.4
```

再用 Levene 检验, 由 R 命令

```
library(car)
leveneTest(sales$X, sales$A)
```

得检验结果:

```
Levene's Test for Homogeneity of Variance (center = median)
      Df F value Pr(>F)
group  4    0.82    0.53
      15
```

Bartlett 检验和 Levene 检验的 p 值分别为 0.4 和 0.53, 均大于显著性水平 0.05,

故接受原假设, 认为各处理组的数据满足方差齐性的要求. 因此两种检验方法有完全相同的结果. ■

注:

1) 方差分析模型可视为一种特殊的线性模型, 因此方差分析还可以使用第 12 章讲的线性模型函数 `lm( )`, 并用函数 `anova( )` 提取其中的方差分析表, 因此 `aov(formula)` 等价于 `anova(lm(formula))`;

2) 单因子方差分析还可使用函数 `oneway.test( )`, 若各水平下数据的方差相等 (使用选项 `var.equal=TRUE`), 它等同于使用函数 `aov( )` 进行一般的方差分析; 若各水平下数据的方差不相等 (使用选项 `var.equal=FALSE`), 则它使用 Welch(1951) 的近似方法进行方差分析;

3) 当各水平下的分布未知时, 则采用第 10 章讲的 **Kruskal-Wallis** 秩和检验进行方差分析.

11.2 双因子方差分析

对于两因素的方差分析, 基本思想和方法与单因素的方差分析相似, 前提条件仍然是要满足独立、正态、方差齐性. 所不同的是在双因素方差分析中, 有时会出现交互作用, 即两因素的不同水平交叉搭配对指标产生影响. 我们先讨论无交互作用的双因素方差分析.

11.2.1 无交互作用的双因子方差分析

设有 A 和 B 两个因素, 因素 A 有 r 个水平 $A_1, A_2, \ldots, A_r$; 因素 B 有 s 个水平 $B_1, B_2, \ldots, B_s$. 在因素 A, B 的每一个水平组合 (A_i, B_j) 下进行一次独立的试验, 得到观测值 $X_{ij}, i = 1, 2, \ldots, r, j = 1, 2, \ldots, s$, 假定 $X_{ij} \sim N(\mu_{ij}, \sigma^2)$, 且各 X_{ij} 相互独立. 则不考虑交互作用的两因素方差分析模型可表示为

$$\begin{cases} X_{ij} = \mu_i + \alpha_i + \beta_j + \varepsilon_{ij}, i = 1, \ldots, r, j = 1, \ldots, s, \\ \varepsilon_{ij} \sim N(0, \sigma^2), \text{且各 } \varepsilon_{ij} \text{ 相互独立}, \\ \sum_{i=1}^{r} \alpha_i = 0, \ \sum_{j=1}^{s} \beta_j = 0, \end{cases} \tag{11.10}$$

其中 $\mu = \frac{1}{rs} \sum_{i=1}^{r} \sum_{j=1}^{s} \mu_{ij}$ 为总平均. α_i 为因素 A 的第 i 个水平的效应, β_j 为因素 B 的第 j 个水平的效应.

在给定显著性水平 α 下, 考虑如下的两个假设检验:

1) $H_{01}: \alpha_1 = \alpha_2 = \cdots = \alpha_r = 0$ (因子 A 对指标影响不显著)

2) $H_{02}: \beta_1 = \beta_2 = \cdots = \beta_s = 0$ (因子 B 对指标影响不显著)

类似于单因素方差分析, 先对总离差平方和 SS_T 分解为因素 A 的效应平方和 SS_A、因素 B 的效应平方和 SS_B 及误差平方和 SS_E, 即

$$
\begin{aligned}
SS_T &= \sum_{i=1}^{r} \sum_{j=1}^{s} (X_{ij} - \overline{X})^2 \\
&= \sum_{i=1}^{r} \sum_{j=1}^{s} \left[(X_{ij} - \overline{X}_{i.} - \overline{X}_{.j} + \overline{X}) + (\overline{X}_{i.} - \overline{X}) + (\overline{X}_{.j} - \overline{X}) \right]^2 \\
&= \sum_{i=1}^{r} \sum_{j=1}^{s} (\overline{X}_{i.} - \overline{X})^2 + \sum_{i=1}^{r} \sum_{j=1}^{s} (\overline{X}_{.j} - \overline{X})^2 \\
&\quad + \sum_{i=1}^{r} \sum_{j=1}^{s} (X_{ij} - \overline{X}_{i.} - \overline{X}_{.j} + \overline{X})^2 \\
&= SS_A + SS_B + SS_E,
\end{aligned}
$$

其中

$$
\begin{aligned}
\overline{X} &= \frac{1}{rs} \sum_{i=1}^{r} \sum_{j=1}^{s} X_{ij}, \\
\overline{X}_{i.} &= \frac{1}{s} \sum_{j=1}^{s} X_{ij} \quad (i = 1, 2, \ldots, r), \\
\overline{X}_{.j} &= \frac{1}{r} \sum_{i=1}^{r} X_{ij} \quad (j = 1, 2, \ldots, s).
\end{aligned}
$$

可以证明:

1) 当 H_{01} 成立时,

$$
\frac{SS_A}{\sigma^2} \sim \chi^2(r-1), \quad \frac{SS_E}{\sigma^2} \sim \chi^2((r-1)(s-1)),
$$

且 SS_A 与 SS_E 独立, 于是

$$
F_A = \frac{SS_A/(r-1)}{SS_E/[(r-1)(s-1)]} \sim F(r-1, (r-1)(s-1)). \tag{11.11}
$$

2) 当 H_{02} 成立时,

$$\frac{SS_B}{\sigma^2} \sim \chi^2(s-1),$$

且 SS_B 与 SS_E 独立, 于是

$$F_B = \frac{SS_B/(s-1)}{SS_E/[(r-1)(s-1)]} \sim F(s-1,(r-1)(s-1)). \tag{11.12}$$

所以, H_{01} 与 H_{02} 的拒绝域分别为

1) $C_A = \{F_A > F_{1-\alpha}(r-1,(r-1)(s-1))\}$

2) $C_B = \{F_B > F_{1-\alpha}(s-1,(r-1)(s-1))\}$

在 R 语言中, 方差分析函数 aov( ) 既适用于单因素方差分析, 也同样适用于双因素方差分析, 其中方差模型公式为 $x \sim A + B$, 加号表示两个因素具有可加性. 下面用一个例子来说明.

例 11.2.1   原来检验果汁中含铅量有三种方法 A_1, A_2, A_3, 现研究出另一种快速检验法 A_4, 能否用 A_4 代替前三种方法, 需要通过试验考察. 观察的对象是果汁, 不同的果汁当作不同的水平: B_1 为苹果汁, B_2 为葡萄汁, B_3 为西红柿汁, B_4 为苹果汁, B_5 为橘子汁, B_6 为菠萝柠檬汁. 现进行双因素交错搭配试验, 即用四种方法同时检验每一种果汁, 其检验结果如表 11.4 所示. 问因素 A(检验方法) 和 B(果汁品种) 对果汁的含铅量是否有显著影响?

表 11.4   果汁含铅比测试试验数据统计

因素 A	因素 B						X_i
	B_1	B_2	B_3	B_4	B_5	B_6	
A_1	0.05	0.46	0.12	0.16	0.84	1.30	2.93
A_2	0.08	0.38	0.40	0.10	0.92	1.57	3.45
A_3	0.11	0.43	0.05	0.10	0.94	1.10	2.73
A_4	0.11	0.44	0.08	0.03	0.93	1.15	2.74
$X_{.j}$	0.35	1.71	0.65	0.39	3.63	5.12	$X_{..} = 11.85$

解   先建立数据框:

```
juice <- data.frame(
  X = c(0.05, 0.46, 0.12, 0.16, 0.84, 1.30, 0.08, 0.38, 0.40,
```

```
            0.10, 0.92, 1.57, 0.11, 0.43, 0.05, 0.10, 0.94, 1.10,
            0.11, 0.44, 0.08, 0.03, 0.93, 1.15),
  A = gl(4, 6),
  B = gl(6, 1, 24)
)
```

注: 这里函数 gl( ) 用来给出因子水平, 其调用格式为:

```
gl(n, k, length=n*k, labels=1:n, ordered=FALSA)
```

说明: n 是水平数, k 是每一水平上的重复次数, length 是总观测值数, ordered 指明各水平是否先排序.

下面进行双因素方差分析, R 程序为:

```
juice.aov <- aov(X ~ A+B, data = juice)
summary(juice.aov)
```

分析结果为

```
            Df Sum Sq Mean Sq F value Pr(>F)
A            3  0.06   0.019    1.63    0.22
B            5  4.90   0.980   83.98   2e-10 ***
Residuals   15  0.18   0.012
---
Signif. codes:
0 '***' 0.001 '**' 0.01 '*' 0.05 '.' 0.1 ' ' 1
```

结论: p 值说明果汁品种 (因素 B) 对含铅量有显著影响, 而没有充分理由说明检验方法 (因素 A) 对含铅量有显著影响.

最后用函数 bartlett.test( ) 分别对因素 A 和因素 B 做方差的齐性检验:

```
bartlett.test(X ~ A, data = juice) # 对因素A
Bartlett test of homogeneity of variances
data:  X by A
Bartlett's K-squared = 0.27, df = 3, p-value = 1

bartlett.test(X ~ B, data = juice) # 对因素B
Bartlett test of homogeneity of variances
data:  X by B
Bartlett's K-squared = 17, df = 5, p-value = 0.004
```

结论: 对因素 A, p 值 (1) 远大于 0.05, 故接受原假设, 认为因素 A 在各水平下的数据是等方差的; 对因素 B, p 值 (0.004) 小于 0.05, 拒绝原假设, 即认为因素 B 不满足方差齐性要求. ∎

11.2.2 有交互作用的方差分析

设有两个因素 A 和 B, 因素 A 有 r 个水平 $A_1, A_2, \ldots, A_r$; 因素 B 有 s 个水平 $B_1, B_2, \ldots, B_s$. 在许多情况下, 两因素 A 与 B 之间存在着一定程度的交互作用. 为了考察因素间的交互作用, 要求在两个因素的每一水平组合下进行重复试验. 设在每种水平组合 (A_i, B_j) 下重复试验 t 次. 记第 k 次的观测值为 X_{ijk}. 则有交互作用的两因素方差分析模型可表示为

$$\begin{cases} X_{ij} = \mu + \alpha_i + \beta_j + \delta_{ij} + \varepsilon_{ijk}, i = 1, \ldots, r, j = 1, \ldots, s, k = 1, \ldots, t, \\ \varepsilon_{ijk} \sim N(0, \sigma^2), \text{且各 } \varepsilon_{ijk} \text{ 相互独立}, \\ \sum_{i=1}^{r} \alpha_i = 0, \sum_{j=1}^{s} \beta_j = 0, \sum_{i=1}^{r} \delta_{ij} = \sum_{j=1}^{s} \delta_{ij} = 0, \end{cases} \tag{11.13}$$

其中 α_i 为因素 A 的第 i 个水平的效应, β_j 为因素 B 的第 j 个水平的效应, δ_{ij} 为 A_i 和 B_j 的交互效应, $\mu = \frac{1}{rs} \sum_{i=1}^{r} \sum_{j=1}^{s} \mu_{ij}$. 检验的假设为

1) H_{01}: $\alpha_1 = \alpha_2 = \cdots = \alpha_r = 0$ (因素 A 对指标 X 没有影响)

2) H_{02}: $\beta_1 = \beta_2 = \cdots = \beta_s = 0$ (因素 B 对指标 X 没有影响)

3) H_{03}: $\delta_{11} = \delta_{12} = \cdots = \delta_{rs} = 0$ (因素 A 和 B 没有联合作用)

类似于无交互作用的方差分析, 总的离差平方和可分解为

$$\begin{aligned} SS_T &= \sum_{i=1}^{r} \sum_{j=1}^{s} \sum_{k=1}^{t} (X_{ijk} - \overline{X})^2 \\ &= \sum_{i=1}^{r} \sum_{j=1}^{s} \sum_{k=1}^{t} (X_{ijk} - \overline{X}_{ij\cdot})^2 + st \sum_{i=1}^{r} (\overline{X}_{i\cdot\cdot} - \overline{X})^2 \\ &\quad + rt \sum_{j=1}^{s} (\overline{X}_{\cdot j\cdot} - \overline{X})^2 + t \sum_{i=1}^{r} \sum_{j=1}^{s} (\overline{X}_{ij\cdot} - \overline{X}_{i\cdot\cdot} - \overline{X}_{\cdot j\cdot} + \overline{X})^2 \\ &= SS_E + SS_A + SS_B + SS_{A \times B}, \end{aligned}$$

其中

$$\overline{X} = \frac{1}{rst} \sum_{i=1}^{r} \sum_{j=1}^{s} \sum_{k=1}^{t} X_{ijk}, \quad \overline{X}_{ij.} = \frac{1}{t} \sum_{k=1}^{t} X_{ijk},$$

$$\overline{X}_{i..} = \frac{1}{st} \sum_{j=1}^{s} \sum_{k=1}^{t} X_{ijk}, \quad \overline{X}_{.j.} = \frac{1}{rt} \sum_{i=1}^{r} \sum_{k=1}^{t} X_{ijk}.$$

可以证明,

1) 当 H_{01} 成立时,

$$F_A = \frac{SS_A/(r-1)}{SS_E/[rs(t-1)]} \sim F(r-1, rs(t-1)). \tag{11.14}$$

2) 当 H_{02} 成立时,

$$F_B = \frac{SS_B/(s-1)}{SS_E/[rs(t-1)]} \sim F(s-1, rs(t-1)). \tag{11.15}$$

3) 当 H_{03} 成立时,

$$F_{A \times B} = \frac{SS_{A \times B}/[(r-1)(s-1)]}{SS_E/[rs(t-1)]} \sim F((r-1)(s-1), rs(t-1)). \tag{11.16}$$

R 语言中仍用函数 aov( ) 进行有交互作用的方差分析, 但其中的方差模型格式为 x~A+B+A:B. 下面用一个例子来全面展示有交互作用方差分析的过程.

例 11.2.2　有一个关于检验毒品强弱的试验, 给 48 只老鼠注射 I, II, III 三种毒药 (因素 A), 同时有 A, B, C, D 4 种治疗方案 (因素 B), 这样的试验在每一种因素组合下都重复 4 次测试老鼠的存活时间, 数据如表 11.5 所示. 试分析毒药和治疗方案以及它们的交互作用对老鼠存活时间有无显著影响.

解　先以数据框形式建立数据, 并用函数 plot( ) 作图. 图 11.2 显示两因素的各水平均有较大差异存在.

```
rats <- data.frame(
Time = c(0.31, 0.45, 0.46, 0.43, 0.82, 1.10, 0.88, 0.72,
         0.43, 0.45, 0.63, 0.76, 0.45, 0.71, 0.66, 0.62,
         0.38, 0.29, 0.40, 0.23, 0.92, 0.61, 0.49, 1.24,
```

```
        0.44, 0.35, 0.31, 0.40, 0.56, 1.02, 0.71, 0.38,

        0.22, 0.21, 0.18, 0.23, 0.30, 0.37, 0.38, 0.29,

        0.23, 0.25, 0.24, 0.22, 0.30, 0.36, 0.31, 0.33),
Toxicant = gl(3, 16, 48, labels = c("I", "II", "III")),
Cure = gl(4, 4, 48, labels = c("A", "B", "C", "D"))
)

op <- par(mfrow=c(1, 2))
plot(Time~Toxicant+Cure, data=rats)
```

表 11.5 老鼠存活时间 (年) 的试验报告

	A		B		C		D	
I	0.31	0.45	0.82	1.10	0.43	0.45	0.45	0.71
	0.46	0.43	0.88	0.72	0.63	0.76	0.66	0.62
II	0.38	0.29	0.92	0.61	0.44	0.35	0.56	1.02
	0.40	0.23	0.49	1.24	0.31	0.40	0.71	0.38
III	0.22	0.21	0.30	0.37	0.23	0.25	0.30	0.36
	0.18	0.23	0.38	0.29	0.24	0.22	0.31	0.33

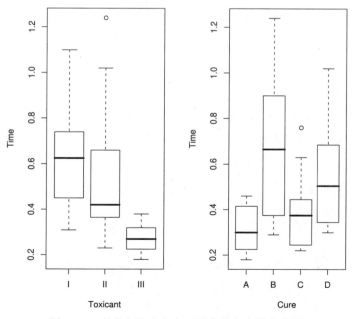

图 11.2 毒药和治疗方案两因素的各自效应分析

下面再用函数 interaction.plot( ) 作出交互效应图, 以考查因素之间交互作用是否存在, R 程序为

```
with(rats,
    interaction.plot(Toxicant, Cure, Time, trace.label="Cure"))
with(rats,
    interaction.plot(Cure, Toxicant, Time, trace.label="Toxicant"))
```

输出结果如图 11.3(a) 和图 11.3(b) 所示. 两图中的曲线并没有明显的相交情况出现, 因此我们初步认为两个因素没有交互作用.

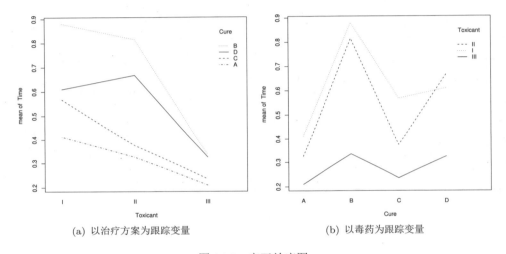

(a) 以治疗方案为跟踪变量　　　　　　(b) 以毒药为跟踪变量

图 11.3　交互效应图

尽管如此, 由于实验误差的存在, 我们需用方差分析函数 aov( ) 对此进行确认, 其中方差模型格式为 x~A*B 或 A+B+A:B, 表示不仅考虑因素 A, B 各自的效应, 还考虑两者的交互效应. 若仅考虑 A 与 B 的交互效应则方差模型格式为 A:B.

由 R 程序

```
rats.aov <- aov(Time ~ Toxicant*Cure, data=rats)
summary(rats.aov)
```

得到检验结果

	Df	Sum Sq	Mean Sq	F value	Pr(>F)	
Toxicant	2	1.036	0.518	23.23	3.3e-07	***
Cure	3	0.915	0.305	13.67	4.1e-06	***

```
Toxicant:Cure  6  0.248    0.041      1.85      0.12
Residuals     36  0.803    0.022
---
Signif. codes:
0 '***' 0.001 '**' 0.01 '*' 0.05 '.' 0.1 ' ' 1
```

根据 p 值知, 因素 Toxicant 和 Cure 对 Time 的影响是高度显著的, 而交互作用对 Time 的影响却是不显著的.

再进一步使用前面的 Bartlett 和 Levene 两种方法检验因素 Toxicant 和 Cure 下的数据是否满足方差齐性的要求, R 程序如下.

```
library(car)
leveneTest(rats$Time, rats$Toxicant)
leveneTest(rats$Time, rats$Cure)
bartlett.test(Time ~ Toxicant, data=rats)
bartlett.test(Time ~ Cure, data=rats)
```

结果显示从略, 其中各 p 值均小于 0.05 表明在 0.05 显著性水平下两因素的方差不满足齐性的要求, 这与图 11.2 是一致的. ■

11.3 协方差分析

前面两节介绍的方差分析方法中两组或多组均值间比较的假设检验, 其处理因素一般是可以控制的. 但在实际工作中, 有时有些因素无法加以控制, 如何在比较两组或多组均数间差别的同时扣除或均衡这些不可控因素的影响, 可考虑采用协方差分析的方法.

协方差分析 (analysis of covariance, 简称 ancova) 是将线性回归分析与方差分析结合起来的一种统计分析方法, 其基本思想就是: 将一些对响应变量 Y 有影响的变量 (指未知或难以控制的因素) 看作协变量 (covariate), 建立响应变量 Y 随协变量 X 变化的线性回归关系, 并利用这种回归关系把 X 值化为相等后再对各处理组下 Y 的修正均值 (adjusted mean) 间差别进行假设检验, 其实质就是从 Y 的总的平方和中扣除 X 对 Y 的回归平方和, 对残差平方和进一步分解后再进行方差分析, 以更好地评价这种处理的效应.

可见, 对于一个协方差分析模型, 方差分析是主要的, 我们的基本目的是做方差分析, 而回归分析仅仅是因为回归变量 (协变量) 不能完全控制而引入的. 下面讨论最简单的情形: 只有一个协变量的单因素的协方差分析. 回归分析的内容将在第 12 章介绍.

设试验只有一个因素 A 在变化, A 有 r 个水平 $A_1, A_2, \ldots, A_r$, 与之有关的仅有一个协变量 X, 在水平 A_i 下进行 n_i 次独立观测, 得到 n 对观测数据 $(X_{ij}, Y_{ij}), i = 1, 2, \ldots, r; j = 1, 2, \ldots, n_i$, 则协方差模型可用线性模型表示为

$$\begin{cases} Y_{ij} = \mu + \alpha_i + \beta(X_{ij} - \overline{X}_{..}) + \varepsilon_{ij}, i = 1, 2, \ldots, r, j = 1, 2, \ldots, n_i, \\ \varepsilon_{ij} \sim N(0, \sigma^2), \text{且各 } \varepsilon_{ij} \text{ 相互独立}, \\ \sum_{i=1}^{r} n_i \alpha_i = 0, \quad \beta \neq 0, \end{cases} \quad (11.17)$$

其中 μ 为总平均, α_i 为第 i 个水平的效应, β 是 Y 对 X 的线性回归函数, ε_{ij} 为随机误差, $\overline{X}_{..}$ 为 X_{ij} 的总平均数.

给定显著性水平 α, 考虑假设检验

$$H_0 : \alpha_1 = \alpha_2 = \cdots = \alpha_r = 0, \longleftrightarrow H_1 : \alpha_1, \alpha_2, \ldots, \alpha_r \text{不全相等}.$$

令

$$SS_T(y) = \sum_{i=1}^{r} \sum_{j=1}^{n_i} (Y_{ij} - \overline{Y}_{..})^2 = \sum_{i=1}^{r} \sum_{j=1}^{n_i} Y_{ij} - n\overline{Y}_{..}^2$$
$$(y \text{ 的总离均差平方和}),$$

$$SS_A(y) = \sum_{i=1}^{r} \sum_{j=1}^{n_i} (\overline{Y}_{i.} - \overline{Y}_{..})^2 = \sum_{i=1}^{r} n_i \overline{Y}_{i.}^2 - n\overline{Y}_{..}^2 \quad (y \text{ 的组间平方和}),$$

$$SS_E(y) = \sum_{i=1}^{r} \sum_{j=1}^{n_i} (Y_{ij} - \overline{Y}_{i.})^2 = SS_T(y) - SS_A(y) \quad (y \text{ 的组内平方和}),$$

$$SS_T(x) = \sum_{i=1}^{r} \sum_{j=1}^{n_i} (X_{ij} - \overline{X}_{..})^2 = \sum_{i=1}^{r} \sum_{j=1}^{n_i} X_{ij} - n\overline{X}_{..}^2$$
$$(x \text{ 的总离均差平方和}),$$

$$SS_A(x) = \sum_{i=1}^{r} \sum_{j=1}^{n_i} (\overline{X}_{i.} - \overline{X}_{..})^2 = \sum_{i=1}^{r} n_i \overline{X}_{i.}^2 - n\overline{X}_{..}^2 \quad (x \text{ 的组间平方和}),$$

$$SS_E(x) = \sum_{i=1}^{r}\sum_{j=1}^{n_i}(X_{ij}-\overline{X}_{i\cdot})^2 = SS_T(x)-SS_T(x) \quad (x \text{ 的组内平方和}),$$

$$SP_T = \sum_{i=1}^{r}\sum_{j=1}^{n_i}(X_{ij}-\overline{X}_{\cdot\cdot})(Y_{ij}-\overline{Y}_{\cdot\cdot}) = \sum_{i=1}^{r}\sum_{j=1}^{n_i}X_{ij}Y_{ij}-n\overline{X}_{\cdot\cdot}\overline{Y}_{\cdot\cdot}$$

$$(x \text{ 与 } y \text{ 的总离均差乘积和}),$$

$$SP_A = \sum_{i=1}^{r}\sum_{j=1}^{n_i}(\overline{X}_{i\cdot}-\overline{X}_{\cdot\cdot})(\overline{Y}_{i\cdot}-\overline{Y}_{\cdot\cdot}) = \sum_{i=1}^{r}n_i\overline{X}_{i\cdot}\overline{Y}_{i\cdot}-n\overline{X}_{\cdot\cdot}\overline{Y}_{\cdot\cdot}$$

$$(x \text{ 与 } y \text{ 的组间乘积和}),$$

$$SP_E = \sum_{i=1}^{r}\sum_{j=1}^{n_i}(X_{ij}-\overline{X}_{i\cdot})(Y_{ij}-\overline{Y}_{i\cdot}) = SP_T-SP_A$$

$$(x \text{ 与 } y \text{ 的组内乘积和}),$$

其中

$$\overline{X}_{i\cdot} = \frac{1}{n_i}\sum_{j=1}^{n_i}X_{ij}, \quad \overline{Y}_{i\cdot} = \frac{1}{n_i}\sum_{j=1}^{n_i}Y_{ij},$$

$$\overline{X}_{\cdot\cdot} = \frac{1}{r}\sum_{i=1}^{r}\frac{1}{n_i}\sum_{j=1}^{n_i}X_{ij} = \frac{1}{r}\sum_{i=1}^{r}\overline{X}_{i\cdot},$$

$$\overline{Y}_{\cdot\cdot} = \frac{1}{r}\sum_{i=1}^{r}\frac{1}{n_i}\sum_{j=1}^{n_i}Y_{ij} = \frac{1}{r}\sum_{i=1}^{r}\overline{Y}_{i\cdot}.$$

由此得参数 μ, α_i 和 β 的估计为

$$\hat{\mu} = \overline{Y}_{\cdot\cdot}, \quad \hat{\beta} = b^* = \frac{SP_E}{SS_E(x)}, \quad \hat{\alpha}_i = \overline{Y}_{i\cdot}-\overline{Y}_{\cdot\cdot}-b^*(\overline{X}_{i\cdot}-\overline{X}_{\cdot\cdot}),$$

其中 $b^*(\overline{X}_{i\cdot}-\overline{X}_{\cdot\cdot})$ 反映了当线性回归系数显著时对数据的矫正. 这时矫正后的组内平方和

$$SS_E = SS_E(y)-b^*SP_E = SS_E(y)-\frac{SP_E^2}{SS_E(x)},$$

其自由度 $df = n-r-1$, 且 $\dfrac{SS_E}{\sigma^2} \sim \chi^2(n-r-1)$. 矫正后总平方和

$$SS_T = SS_T(y)-\frac{SP_T^2}{SS_T(x)},$$

矫正后的组间平方和

$$SS_A = SS_T - SS_E,$$

其自由度 $df = r - 1$, 且 $\frac{SS_A}{\sigma^2} \sim \chi^2(r-1)$. 而当 H_0 成立时, SS_A 与 SS_E 独立, 从而

$$F = \frac{\dfrac{SS_A}{r-1}}{\dfrac{SS_E}{n-r-1}} \sim F(r-1, n-r-1). \tag{11.18}$$

因此, 若 $F > F_{1-\alpha}(r-1, n-r-1)$, 则拒绝 H_0, 即认为各水平效应显著不同. 反之 "接受" 原假设.

R 中的 HH 程序包中的函数 ancova() 提供了协方差分析的计算, 其调用格式为:

```
ancova(formula, data.in = sys.parent(), x, groups)
```

说明: formula 是协方差分析的公式; data.in 是数据框; x 为协方差分析中的协变量, 在作图时若 formula 中没有 x 则需要指出; groups 为因子, 在作图时若 formula 的条件项中没有 groups 则需要指出; 其他参见在线帮助.

例 11.3.1　为研究 A, B, C 三种饲料对猪的催肥效果, 用每种饲料喂养 8 头猪一段时间, 测得每头猪的初始重量 (X) 和增重 (Y), 数据见表 11.6. 试分析三种饲料对猪的催肥效果是否相同?

表 11.6　三种饲料喂养猪的初始重量与增重 (单位: kg)

	A 饲料		B 饲料		C 饲料	
	X_1	Y_1	X_2	Y_2	X_3	Y_3
1	15	85	17	97	22	89
2	13	83	16	90	24	91
3	11	65	18	100	20	83
4	12	76	18	95	23	95
5	12	80	21	103	25	100
6	16	91	22	106	27	102
7	14	84	19	99	30	105
8	17	90	18	94	32	110

解 饲料是人为可以控制的定性因素, 猪的初始重量是难以控制的定量因子, 为协变量 X; 试验的观察指标是猪的增量, 为响应变量 Y. 各组的增重由于受猪的原始体重影响, 不能直接进行方差分析, 需进行协方差分析.

R 程序及结果分步说明如下:

- 建立数据集

```
feed <- rep(c("A","B","C"),each=8)
Weight_Initial <- c(15,13,11,12,12,16,14,17,17,16,
                    18,18,21,22,19,18,22,24,20,23,
                    25,27,30,32)
Weight_Increment <-c(85,83,65,76,80,91,84,90,97,90,
                    100,95,103,106,99,94,89,91,83,
                    95,100,102,105,110)
data_feed <- data.frame(feed,Weight_Initial,Weight_Increment)
```

- 首先检验在三种不同饲料喂养下, 猪的初始体重对增重的影响是否相同, 即增重的速度 (回归直线的斜率) 是否相同. 这等价于检验初始体重与饲料组的交互作用是否显著, 这可通过命令

```
library(HH)
ancova(Weight_Increment ~ Weight_Initial*feed,
       data = data_feed)
```

完成. 由于方差分析表 (略) 中交互作用项的 p 值 > 0.05, 因此可以认为三种饲料下猪的初始体重对增重的影响相同. 此命令提供的图 11.4 也直观地说明了这一点.

- 其次由 (斜率相同的) 三组回归对猪的增重进行修正, 并利用方差分析比较三种饲料对增重是否有显著差异, 这可通过命令

```
library(HH)
ancova(Weight_Increment ~ Weight_Initial+feed,
       data = data_feed)
```

完成. 命令提供的方差分析表为

```
Analysis of Variance Table
Response: Weight_Increment
                Df  Sum Sq Mean Sq F value     Pr(>F)
```

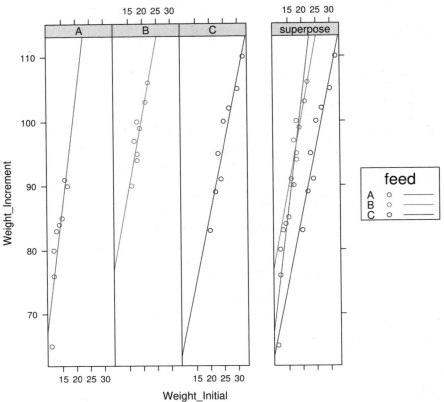

图 11.4 增重速度不同下的回归

```
Weight_Initial  1 1621.12 1621.12 142.445 1.496e-10 ***

feed            2  707.22  353.61  31.071 7.322e-07 ***

Residuals      20  227.61   11.38

---

Signif. codes:  0 '***' 0.001 '**' 0.01 '*' 0.05 '.' 0.1
```

由于 p 值 < 0.01, 因此可以认为, 扣除初始体重因素的影响后, 三种饲料对猪的增重有显著差异. 此命令给出了猪的增重速度 (斜率) 相同条件下的三条回归直线, 见图 11.5.

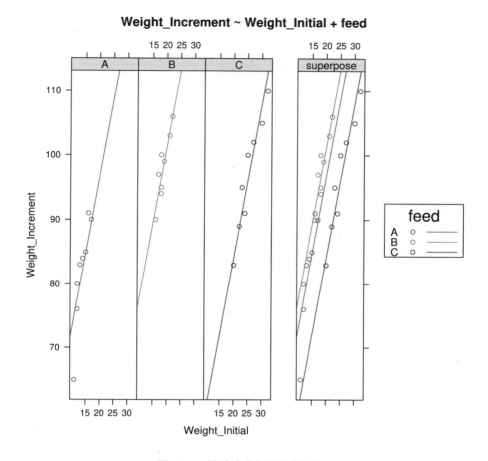

图 11.5 增重速度相同下的回归

习题

练习 11.1 由 4 个不同的实验室制作同一型号的纸张, 为比较各实验室生产纸张的光滑度, 测量了每个实验室生产的 8 种张纸, 得其光滑度如表 11.7 所示. 假设上述数据服从方差分析模型. 试在显著性水平 $\alpha = 0.05$ 下, 检验各个实验室生产的纸张的光滑度是否有显著差异.

练习 11.2 在对比研究中观察正常人、萎缩性胃炎和胃癌三个不同群体 (用 TYPE=A, B 和 C 表示), 记录的资料见表 11.8, 试对该组数做作方差分析.

1) 检验三个群体中胃液癌胚抗原 (CEA) 含量 (mg/ml) 的分布是否为正态分布,

表 11.7   4 个实验室生产纸张的光滑度

实验室	纸张的光滑度						
A_1	38.7	41.5	43.8	44.5	45.5	46.0	47.7	58.0
A_2	39.2	39.3	39.7	41.4	41.8	42.9	43.3	45.8
A_3	34.0	35.0	39.0	40.0	43.0	43.0	44.0	45.0
A_4	34.0	34.8	34.8	35.4	37.2	37.8	41.2	42.8

方差是否相等 ($\alpha = 0.01$)?

2) 试用方差分析过程比较这三个群体 CEA 含量有无显著差异? 若有显著差异, 请指出哪些群体间 CEA 的平均含量有显著差异? ($\alpha = 0.05$)

表 11.8   胃液癌胚抗原 (CEA) 含量 X(mg/ml)

正常人 (A)	20.4	30.2	210.4	365.0	56.8	37.8
	265.3	175.0	169.8	356.4	254.0	262.3
	170.5	360.0	78.4	86.4	128.0	24.1
	28.5	108.5	472.5	158.6	238.7	253.6
	57.0	189.6	59.3	259.3	380.2	210.5
	64.6	87.3				
萎缩性胃炎 (B)	281.0	377.1	230.0	537.9	248.7	571.4
	766.2	495.0	87.3	389.8	423.9	577.3
	66.8	521.3	327.8	421.4	149.7	47.5
	425.7	270.8	378.5	228.0	538.7	245.6
	584.1	64.8	485.6	110.8	398.7	452.6
	587.7	86.8	532.1	311.6	442.2	
胃癌 (C)	480.0	488.9	350.7	652.8	1400.0	850.0
	725.6	590.0	765.0	1200.0	231.2	485.3
	600.0	1380.0	438.5	652.4	432.8	296.1
	464.8	608.4	688.5	630.5	750.0	815.0
	664.0	348.6	550.0	640.0		

练习 11.3   在饲料对样鸡增肥的研究中, 某研究所提出三种饲料配方: A_1 是以鱼粉为主的饲料, A_2 是以槐树粉为主的饲料, A_3 是以苜蓿粉为主的饲料, 为比较三种饲料的效果, 特选 30 只雏鸡随机均分为三组, 每组各喂一种饲料, 60 天后观察它们的

重量, 试验结果如表 11.9 所示. 试问在显著性水平 $\alpha = 0.05$ 下进行方差分析, 可以得到哪些结果?

表 11.9 鸡饲料试验数据

饲料	鸡重/g									
A_1	1073	1058	1071	1037	1066	1026	1053	1049	1065	1051
A_2	1061	1058	1038	1042	1020	1045	1044	1061	1034	1049
A_3	1084	1069	1106	1078	1075	1090	1079	1094	1111	1092

练习 11.4 为考察对纤维弹性测量的误差, 现对 4 个工厂 (A_1, A_2, A_3, A_4) 生产的同一批原料进行测量, 每厂各找 4 个检验员 (B_1, B_2, B_3, B_4) 轮流使用各厂设备进行重复测量, 试验数据如表 11.10 所示. 请问因素 A 与 B 的影响是否显著 $(\alpha = 0.05)$?

表 11.10 纤维弹性数据

检验员	A_1	A_2	A_3	A_4
B_1	71.73	73.75	76.73	71.73
B_2	72.73	76.74	79.77	73.72
B_3	75.73	78.77	74.75	70.71
B_4	77.75	76.74	74.73	69.69

练习 11.5 水稻试验问题: 考察的因子有水稻品种 A 和施肥量 B; 考察的指标为水稻的产量 Y. 设因子 A 有 3 个水平: A_1(窄叶青), A_2(珍珠矮) 和 A_3(江二矮); 因子 B 有 4 个水平: B_1(无肥), B_2(低肥), B_3(中肥) 和 B_4(高肥). 对这 12 种搭配的每一种, 在两块试验田上做试验. 每块试验田分为 12 块面积相同的小田, 随机地安排 12 种搭配条件进行试验. 得数据如表 11.11 所示. 试分析此水稻试验数据, 并回答以下问题:

表 11.11 水稻试验数据

	B_1		B_2		B_3		B_4	
A_1	19.3	19.2	24.0	27.3	26.0	28.5	27.8	28.5
A_2	21.7	22.6	27.5	30.3	29.0	28.7	30.2	29.8
A_3	20.0	20.1	24.2	27.3	24.5	27.1	28.1	27.7

1) 不同稻种的产量是否有显著的差别? 哪种稻种更好些?

2) 不同的施肥量对产量是否有明显的影响? 最适合的施肥量是多少?

3) 稻种和施肥量对产量的影响哪个更大些?

4) 稻种和施肥量有无交互作用?

5) 使产量达到最高的生产条件是什么?

练习 11.6 用 3 种压力 (B_1, B_2, B_3) 和 4 种温度 (A_1, A_2, A_3, A_4) 组成的集中试验方案, 得到产品得率资料如表 11.12 所示, 试分析压力和温度以及它们的交互作用对产品得率有无显著影响 $(\alpha = 0.05)$.

表 11.12   产品得率试验数据

温度 A	压力 B								
	B_1			B_2			B_3		
A_1	52	43	39	41	47	53	49	38	42
A_2	48	37	39	50	41	30	36	48	47
A_3	34	42	38	36	39	44	37	40	32
A_4	45	58	42	44	46	60	43	56	41

练习 11.7   为了提高化工厂的产品质量, 需要寻求最优反应速度与应力的搭配, 为此选择如下水平:

A: 反应速度 (m/s) 60   70   80,

B: 反应应力 (kg) 2   2.5   3

在每个 (A_i, B_j) 条件下做 2 次试验, 其产量如表 11.13 所示.

表 11.13   化工厂产品质量试验数据

	A_1		A_2		A_3	
B_1	4.6	4.3	6.1	6.5	6.8	6.4
B_2	6.3	6.7	3.4	3.8	4.0	3.8
B_3	4.7	4.3	3.9	3.5	6.5	7.0

(1) 对数据作方差分析 (应考虑交互作用);

(2) 对 (A_i, B_j) 条件下平均产量做多重比较.

练习 11.8   在庆大霉素 3 种不同水平下, 即对照组 (无), 30ug/ml 和 300ug/ml 做兔子结肠器官培养液中胸腺嘧啶核苷的吸收分析. 对每个试验, 可得到不同浓度的胸腺嘧啶核苷的含量 X 和 DNA 的合成率 Y, 数据如表 11.14 所示. 如果抗生素有效, DNA(Y) 合成率会降低. 试做协方差分析.

表 11.14　在兔结肠器官培养液中胸腺嘧啶核苷的吸收分析

对照		30 ug/ml		300 ug/ml	
X_1	Y_1	X_2	Y_2	X_3	Y_3
1.40	0	1.6	0	2.2	0
1.5	3	2.0	3	2.3	3
1.8	5	2.3	5	3.0	10
2.2	10	2.9	10	3.2	5
3.4	2.	4.5	20	4.5	20
3.6	25	5.1	25	5.9	30
4.6	30	6.0	25	7.0	30

练习 11.9　已知出生体重随种族的不同而不同. 白种人婴儿的出生体重比其他种族的重. 出生体重也随孕期的增长而增加, 足月 (40 周) 的婴儿通常比不足月 (小于 40 周) 的重. 一般来说, 当比较不同种族婴儿的出生体重时必须对孕期长短进行较正. 表 11.15 是出生体重孕期长短的数据. 试做协方差分析.

表 11.15　按母亲种族分类的出生体重的孕期

白人		黑人		西班牙人		亚洲人	
孕期 (天数)	出生体重 (盎司[1])	孕期 (天数)	出生体重 (盎司)	孕期 (天数)	出生体重 (盎司)	孕期 (天数)	出生体重 (盎司)
X_1	Y_1	X_2	Y_2	X_3	Y_3	X_4	Y_4
260	130	260	115	262	113	260	111
275	135	263	118	264	115	271	174
278	138	270	120	270	120	274	117
280	142	278	125	275	121	279	118
282	146	281	128	280	127	281	120
288	149	285	132	284	132	283	122

[1] 1 盎司 = 28.35 g.

第 12 章

相关分析与回归分析

本 章 概 要
- 相关性及其度量
- 一元线性回归分析
- 多元线性回归分析
- 回归诊断
- 广义线性模型

相关分析和回归分析是研究变量间相互关系, 测定它们联系的紧密程度, 揭示其变化的具体形式和规律性的统计方法, 是构造各种经济模型、进行结构分析、政策评价、预测和控制的重要工具, 被视为统计分析的核心、机器学习及深度学习的基础方法.

12.1 相关性及其度量

12.1.1 相关性概念

变量之间相互关系大致可分为两种类型, 即函数关系和相关关系. 函数关系是指变量之间存在的相互依存关系, 它们之间的关系可以用某一方程 (函数)$y = f(x)$ 表达出来; 相关关系是指两个变量的数值变化存在不完全确定的依存关系, 它们之间的关系不能用方程表示出来, 但可用某种相关性度量来刻画. 相关关系是相关分析的研究对象, 而函数关系则是回归分析的研究对象.

相关的种类繁多, 按照不同的标准可有不同的划分. 按照相关程度的不同, 可分为完全相关、不完全相关、不相关; 按照相关方向的不同, 可分为正相关和负相关; 按照相关形式的不同, 又可分为线性相关和非线性相关; 按涉及变量的多少可分为一元相关和多元相关; 按影响因素的不同, 可分为单相关和复相关.

在进行相关分析和回归分析之前, 可先通过不同变量之间的散点图直观地了解它们之间的关系和相关程度. 常见的是一些连续型变量间的散点图, 若图中数据点分布在一条直线 (曲线) 附近, 表明可用直线 (曲线) 近似地描述变量间的关系. 若有多个变量, 常制作多幅两两变量间的散点图来考察变量间的关系.

在 R 中使用函数 plot( ) 可以方便地画出两个样本的散点图, 从而直观地了解对应随机变量之间的相关关系和相关程度.

例 12.1.1 某医生测定了 10 名孕妇的 15—17 周及分娩时脐带血和母血 TSH (mIU/L) 水平, 见表 12.1 所示. 试绘制脐带血和母血的散点图.

表 12.1 10 名孕妇的 15—17 周及分娩时脐带血和母血 TSH(mIU/L)

母血 TSH(X)	1.21	1.30	1.39	1.42	1.47	1.56	1.68	1.72	1.98	2.10
脐带血 (Y)	3.90	4.50	4.20	4.83	4.16	4.93	4.32	4.99	4.70	5.20

解 R 程序如下:

```
x <- c(1.21, 1.30, 1.39, 1.42, 1.47, 1.56, 1.68, 1.72, 1.98, 2.10)
y <- c(3.90, 4.50, 4.20, 4.83, 4.16, 4.93, 4.32, 4.99, 4.70, 5.20)
level <- data.frame(x,y)
plot(level)
```

运行结果如图 12.1 所示. 从图上可以直观看出, 数据点分布相对较为分散, 但观察所有点的分布趋势, 又可能存在某种递增的趋势, 所以可推测 X 和 Y 之间有某种正相关关系. ■

12.1.2 相关分析

散点图是一种最为有效、最为简单的相关性分析工具. 若通过散点图可以基本明确它们之间存在直线关系, 则可通过线性回归进一步确定它们之间的函数关系 (见第 12.2 节), 它们之间的相关程度可以用 Pearson 相关系数来刻画, 因此 Pearson 相关系数实际上反映了变量间的线性相关程度. 除此之外, 还有 Spearman 秩相关系数和 Kendall 相关系数. 若不特别说明, 两个变量之间的相关系数指的是 Pearson 相关系数.

设两个随机变量 X 与 Y 的观测值为 $(X_1,Y_1),(X_2,Y_2),\ldots,(X_n,Y_n)$, 则它们之

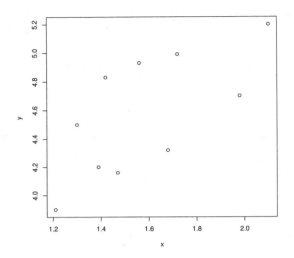

图 12.1   脐带血与母血 TSH 数据点的散点图

间的 (样本) 相关系数为

$$\gamma_{xy} = \frac{\sum\limits_{i=1}^{n}(X_i - \overline{X})(Y_i - \overline{Y})}{\sqrt{\sum\limits_{i=1}^{n}(X_i - \overline{X})^2 \sum\limits_{i=1}^{n}(Y_i - \overline{Y})^2}}.$$

可以证明, 当样本个数 n 充分大时, 样本相关系数可以作为总体 X 和 Y 的相关系数

$$\rho_{xy} = \frac{\mathrm{E}(X - \mathrm{E}(X))(Y - \mathrm{E}(Y))}{\sqrt{\mathrm{Var}(X)\mathrm{Var}(Y)}}$$

的 (矩法) 估计. 因此 $|\gamma| \leqslant 1$. 当 $|\gamma| \to 1$ 时, 表明两个变量的数据有较强的线性关系; 当 $|\gamma| \to 0$ 时, 表明两个变量的数据间几乎无线性关系, $\gamma \geqslant 0 (\leqslant 0)$ 表示正 (负) 相关, 表示随 x 的递增 (减), y 的值大体上会递增 (减).

进一步, 若 (X, Y) 服从二元正态分布, 则

$$T = \frac{\gamma_{xy}\sqrt{n-2}}{\sqrt{1 - \gamma_{xy}^2}} \sim t(n-2).$$

由此可以对 X 和 Y 进行 Pearson 相关性检验: 若 $T > t_{1-\alpha}(n-2)$, 则认为 X 和

Y 的观测值之间存在显著的 (线性) 相关性. 此外, 还可根据 Spearman 秩相关系数和 Kendall 相关系数进行相应的 Spearman 秩检验和 Kendall 检验. 这里只介绍 R 中的函数, 有关它们的检验原理请参见数理统计教材, 如茆诗松, 周纪芗 (1999) 和茆诗松等 (2004).

在 R 语言中, cor.test( ) 提供了上述三种检验方法, 其调用格式为:

```
cor.test(x,  y,
         alternative=c("two.sided",  "less",  "greater"),
         method=c("pearson",  "kendall",  "spearman"),
         exact=NULL,  conf.level=0.95...)
```

说明: x, y 是长度相同的向量; alternative 是备择假设, 默认值为"two.side"; method 是选择检验方法, 默认值为 Pearson 检验; coef.level 是置信水平, 默认值为 0.95.

cor.test( ) 函数还有另外一种调用格式:

```
cor.test(formula, data, subset, na.action, ...)
```

说明: formula 是公式, 形如 ∼u+v, 其中 u 和 v 必须是具有相同长度的数值向量; data 是数据框; subset 是可选择向量, 表示观测值的子集.

例 12.1.2　对例 12.1.1 中的两组数据进行相关性检验.

解　R 程序如下:

```
attach(level)
cor.test(x, y)
```

运行结果为:

```
Pearson's product-moment correlation
data:  x and y
t = 2.6, df = 8, p-value = 0.03
alternative hypothesis: true correlation is not equal to 0
95 percent confidence interval:
   0.08943 0.91723
sample estimates:
   cor
0.6807
```

结论: 因为 p 值＝ $0.03 \leqslant 0.05$, 故拒绝原假设, 从而认为变量 X 与 Y 相关. ■

12.2　一元线性回归分析

相关分析只能得出两个变量之间是否相关, 但却不能回答在两个变量之间存在相关关系时, 它们之间是如何联系的, 即无法找出刻画它们之间因果关系的函数. 回归分析就可以解决这一问题, 我们先从一元线性回归讲起.

12.2.1　模型描述

设变量 X 和 Y 之间存在一定的相关关系, 回归分析方法即找出 Y 的值是如何随 X 的值的变化而变化的规律, 我们称 Y 为因变量 (或响应变量), X 为自变量 (或解释变量), 现通过例子说明如何来确定 Y 与 X 之间的关系.

例 12.2.1　有 10 个同类企业的生产性固定资产价值 (X) 和工业总产值 (Y) 资料如下 (见表 12.2):

表 12.2　企业固定资产价值和工业总产值

企业编号	生产性固定资产价值/万元	工业总产值/万元
1	318	524
2	910	1019
3	200	638
4	409	815
5	415	913
6	502	928
7	314	605
8	1210	1516
9	1022	1219
10	1225	1624
合计	6525	9801

为了直观起见, 可以固定资产价值的取值 x 为横坐标、工业总产值的取值 y 为纵坐标画一张散点图, 每一数据对 (x_i, y_i) 为 x—y 坐标中的一个点, $i = 1, 2, \ldots, 10$, 如下图 12.2 所示. 相应的命令为

```
x <- c(318, 910, 200, 409, 415, 502, 314, 1210, 1022, 1225)
y <- c(524, 1019, 638, 815, 913, 928, 605, 1516, 1219, 1624)
plot(x, y)
```

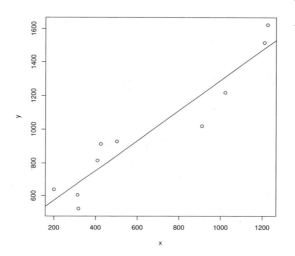

图 12.2 生产性固定资产价值与工业总产值的散点图

从图上发现, 10 个点基本在一条直线附近, 从而可以认为 Y 与 X 的关系基本上是线性的, 而这些点与直线的偏离是由其他一切不确定因素造成的, 为此可做如下假定

$$Y = \beta_0 + \beta_1 X + \varepsilon, \tag{12.1}$$

其中 $Y = \beta_0 + \beta_1 X$ 表示 Y 随 X 变化而线性变化的部分; ϵ 是随机误差, 它是其他一切不确定因素影响的总和, 其值不可观测, 通常假定 $\epsilon \sim N(0, \sigma^2)$. 称函数 $f(X) = \beta_0 + \beta_1 X$ 为一元线性回归函数, β_0 为回归常数项 (或截距), β_1 为回归系数 (或斜率), 统称为回归参数.

若 $(X_1, Y_1), (X_2, Y_2), \ldots, (X_n, Y_n)$ 是 (X, Y) 的一组观测值 (样本), 则一元线性回归模型可表示为

$$Y_i = \beta_0 + \beta_1 X_i + \varepsilon_i, \quad i = 1, 2, \ldots, n, \tag{12.2}$$

其中 $\mathrm{E}(\varepsilon_i) = 0$, $\mathrm{Var}(\varepsilon_i) = \sigma^2$, $i = 1, 2, \ldots, n$.

12.2.2　估计与检验

β_0, β_1 的估计

求出未知参数 β_0, β_1 的估计 $\hat{\beta}_0, \hat{\beta}_1$ 的一种直观想法就是要求图 12.2 中的点 (X_i, Y_i) 与直线上的点 $\hat{X}_i, \hat{Y}_i$ 的偏离越小越好, 这里 $\hat{Y}_i = \hat{\beta}_0 + \hat{\beta}_1 X_i$ 称为回归值或拟合值. 令

$$Q(\beta_0, \beta_1) = \sum_{i=1}^{n} (Y_i - \beta_0 - \beta_1 X_i)^2, \tag{12.3}$$

则 β_0, β_1 的最小二乘估计就是使 $Q(\beta_0, \beta_1)$ 取得最小值时的 $\hat{\beta}_0, \hat{\beta}_1$.

用微分法可得

$$\hat{\beta}_1 = \frac{\sum_{i=1}^{n} (X_i - \overline{X})(Y_i - \overline{Y})}{\sum_{i=1}^{n} (X_i - \overline{X})^2} = \frac{S_{xy}}{S_{xx}}, \tag{12.4}$$

$$\hat{\beta}_0 = \overline{Y} - \hat{\beta}_1 \overline{X}, \tag{12.5}$$

其中

$$\overline{X} = \frac{1}{n} \sum_{i=1}^{n} X_i, \quad S_{xx} = \sum_{i=1}^{n} (X_i - \overline{X})^2,$$

$$\overline{Y} = \frac{1}{n} \sum_{i=1}^{n} Y_i, \quad S_{xy} = \sum_{i=1}^{n} (X_i - \overline{X})(Y_i - \overline{Y}),$$

即 (一元) 回归方程为 $Y = \hat{\beta}_0 + \hat{\beta}_1 X$.

通常取 $\hat{\sigma}^2 = \sum_{i=1}^{n} (Y_i - \hat{\beta}_0 - \hat{\beta}_1 X_i)^2/(n-2)$ 作为参数 σ^2 的估计量 (也称为 σ^2 的最小二乘估计). 进一步, 可以证明回归系数的估计 $\hat{\beta}_0, \hat{\beta}_1$ 是最佳线性无偏估计 (方差最小), $\hat{\sigma}^2$ 也是无偏估计, 且有

$$\hat{\beta}_0 \sim N\left(\beta_0, \frac{\sigma^2 \sum_{i=1}^{n} X_i^2}{\sum_{i=1}^{n} (X_i - \overline{X})^2}\right),$$

$$\hat{\beta}_1 \sim N\left(\beta_1, \frac{\sigma^2}{\sum_{i=1}^{n} (X_i - \overline{X})^2}\right).$$

回归方程的显著性检验

从回归参数的估计公式(12.4)可知, 在计算过程中并不一定要知道 Y 与 X 是否有线性相关的关系, 但如果不存在这种关系, 那么求得的回归方程毫无意义. 因此, 需要对回归方程进行显著性检验. 对于一元线性回归模型, 它等价于回归系数 β_1 的显著性检验.

对于检验问题

$$H_0 : \beta_1 = 0 \leftrightarrow H_1 : \beta_1 \neq 0$$

通常采用三种 (等价) 的检验方法:

1) t 检验法. 当 H_0 成立时, 统计量

$$T = \frac{\hat{\beta}_1}{\mathrm{Sd}(\hat{\beta}_1)} = \frac{\hat{\beta}_1 \sqrt{S_{xx}}}{\hat{\sigma}} \sim t(n-2). \tag{12.6}$$

因此, 对给定的显著性水平 α , 检验 H_0 的拒绝域为

$$C = \left\{ |T| > t_{1-\alpha/2}(n-2) \right\}.$$

2) F 检验法. 当 H_0 成立时, 统计量

$$F = \frac{\hat{\beta}_1 S_{xx}}{\hat{\sigma}^2} \sim F(1, n-2). \tag{12.7}$$

对于给定的显著性水平 α, 检验 H_0 的拒绝域为

$$C = \{ F > F_{1-\alpha}(1, n-2) \}.$$

3) 相关系数检验法. 记样本相关系数可表示为 $\gamma_{xy} = \frac{S_{xy}}{\sqrt{S_{xx}S_{xy}}}$. 对于给定的显著性水平 α, 检验 H_0 的拒绝域为

$$C = \{ |\gamma_{xy}| > \gamma_{1-\alpha}(n-2) \}. \tag{12.8}$$

在上述三种检验中, 当拒绝 H_0 时, 就认为线性回归方程是显著的.

β_0, β_1 的区间估计

由 $\hat{\beta}_0$ 与 $\hat{\beta}_1$ 的统计性质知

$$T_i = \frac{\hat{\beta}_i - \beta_i}{\text{Sd}(\beta_i)} \sim t(n-2), \quad i = 0, 1. \tag{12.9}$$

因此, 对给定的置信水平 $1 - \alpha$, 由

$$P\left\{\left|\frac{\hat{\beta}_i - \beta_i}{\text{Sd}(\beta_i)}\right| \leqslant t_{\frac{\alpha}{2}}(n-2)\right\} = 1 - \alpha, \quad i = 0, 1, \tag{12.10}$$

得 $\beta_i(i = 0, 1)$ 的区间估计为

$$[\hat{\beta}_i - \text{Sd}(\hat{\beta}_i)t_{\frac{\alpha}{2}}(n-2), \ \hat{\beta}_i + \text{Sd}(\hat{\beta}_i)t_{\frac{\alpha}{2}}(n-2)]. \tag{12.11}$$

在 R 中, 由函数 lm( ) 可以非常方便地求出回归方程, 函数 confint( ) 可求出参数的置信区间. 与回归分析有关的函数还有 summary( ), anova( ) 和 predict( ) 等. 函数 lm( ) 的调用格式为:

```
lm(formula, data, subset, weights, na.action,
   method="qr", model=TRUE, x=FALSE, y=FALSE,
   qr=TRUE, singular.OK=TRUE, contrasts=NULL, offset,...)
```

说明: formula 是显式回归模型, data 是数据框, subset 是样本观察的子集, weights 是用于拟合的加权向量, na.action 显示数据是否包含缺失值, method 指出用于拟合的方法, model, x, y, qr 是逻辑表达, 如果是 TRUE, 应返回其值. 除了第一个选项 formula 是必选项, 其他都是可选项.

函数 confint( ) 的调用格式为:

```
confint(object,  parm,  level=0.95, ...)
```

说明: object 是指回归模型, parm 要求指出所求区间估计的参数, 默认值为所有的回归参数, level 是指置信水平.

例 12.2.2   求例 12.2.1 的回归方程及回归系数的置信水平为 95% 的置信区间, 并对相应的方程做检验.

解   R 程序如下:

```
x <- c(318, 910, 200, 409, 415, 502, 314, 1210, 1022, 1225)
y <- c(524, 1019, 638, 815, 913, 928, 605, 1516, 1219, 1624)
lm.reg1 <- lm(y ~ 1+x)
summary(lm.reg1)
confint(lm.reg1, level=0.95)
```

在程序中, 第三行函数 lm( ) 表示使用线性回归模型 $y = \beta_0 + \beta_1 x$ 进行建模与拟合, 第四行函数 summary( ) 用于提取模型计算结果, 第五行函数 confint( ) 用于提取回归系数的置信区间. 运行结果如下:

```
Call:
lm(formula = y ~ 1 + x)
Residuals:
   Min     1Q Median    3Q    Max
 -191.8  -87.0   44.8   77.9  145.7
Coefficients:
             Estimate Std. Error t value Pr(>|t|)
(Intercept)  395.567     80.261     4.93   0.0012 **
x              0.896      0.107     8.40  3.1e-05 ***
---
Signif. codes:
0 '***' 0.001 '**' 0.01 '*' 0.05 '.' 0.1 ' ' 1
Residual standard error: 127 on 8 degrees of freedom
Multiple R-squared:  0.898,Adjusted R-squared:  0.886
F-statistic: 70.6 on 1 and 8 DF,  p-value: 3.06e-05
              2.5 %  97.5 %
(Intercept) 210.48 580.650
x             0.65   1.142
```

结论: 从上述输出结果的 p 值可以看出回归方程通过回归参数的检验与回归方程的检验, 由此得到回归方程 $Y = 395.567 + 0.896X$, β_0 和 β_1 的 0.95% 置信区间分别为 $(210.48, 580.65)$ 和 $(0.650, 1.142)$.

得到了回归方程, 还可以对误差项独立同正态分布的假设进行检验. 在 R 中只需再执行一个 plot 命令.

```
op <- par(mfrow=c(2, 2))
plot(lm.reg1)
par(op)
```

运行结果见图 12.3.

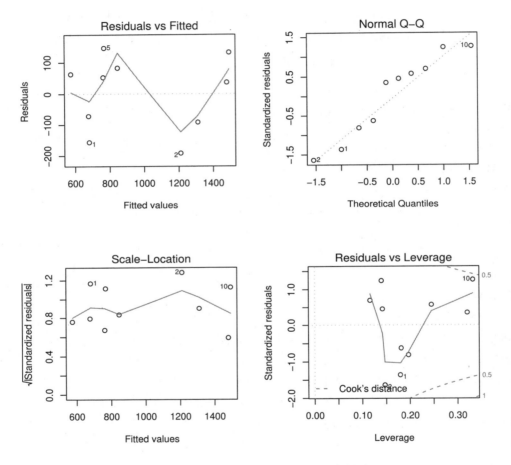

图 12.3　例 12.2.2 中回归分析的诊断图

上面的命令 plot(lm.reg1) 产生 4 个图形, 它们分别为:

1) Residual vs Fitted 散点图为拟合值 $\hat{y}$ 对残差的图形, 可以看出, 数据点都基本均匀地分布在直线 $y = 0$ 的两侧, 说明无明显趋势;

2) Normal QQ 图中数据点分布趋于一条直线, 说明残差是服从正态分布的;

3) Scale – Location 图显示了标准化残差 (standardized residuals) 的平方根的分布情况. 最高点为残差最大值点;

4) Residuals vs Leverage 图显示了残差对杠杆值的散点图, 图中虚线为 Cook 距离的等高线图. 所有的点都在 0.5 以内, 说明它们都不是强影响点.

■

12.2.3　预测与控制

当 $X = x_0$ 时, $Y = y_0$ 的预测值为 $\hat{y}_0 = \hat{\beta}_0 + \hat{\beta}_1 x_0$, 置信度为 $1 - \alpha$ 的预测区间为

$$\hat{y}_0 \pm t_{1-\alpha/2}(n-2)\hat{\sigma}\sqrt{1 + \frac{1}{n} + \frac{(\overline{X} - x_0)^2}{S_{xx}}}. \tag{12.12}$$

由于当 $n \to \infty$ 时, $t_{1-\alpha/2}(n-2) \approx z_{1-\alpha/2}$, 于是 $Y = y_0$ 的置信度为 $1 - \alpha$ 的预测区间可近似为

$$\left[\hat{y}_0 - \hat{\sigma}z_{1-\alpha/2}, \ \hat{y}_0 + \hat{\sigma}z_{1-\alpha/2}\right]. \tag{12.13}$$

控制可视为预测的反问题, 即要求观测值 Y 在某一区间 (y_l, y_u) 内取值时, 问应将 X 控制在什么范围内. 由式(12.13), 构造不等式

$$\begin{cases} \hat{y} - \hat{\sigma}z_{1-\alpha/2} = \hat{\beta}_0 + \hat{\beta}_1 x - \hat{\sigma}z_{1-\alpha/2} \geqslant y_l, \\ \hat{y} + \hat{\sigma}z_{1-\alpha/2} = \hat{\beta}_0 + \hat{\beta}_1 x + \hat{\sigma}z_{1-\alpha/2} \leqslant y_u. \end{cases} \tag{12.14}$$

由不等式(12.14)得到 X 的取值范围, 并以此作为控制 X 的上下界. 为了保证得到的控制范围有意义, y_u 和 y_l 应满足 $y_u - y_l \geqslant 2\hat{\sigma}z_{1-\alpha/2}$.

例 12.2.3　求例 12.2.1 中, 当 $X = x_0 = 415$ 时相应 Y 的置信水平为 0.95 的预测区间.

解　R 程序: 利用 predict( ) 函数求预测值和预测区间.

```
x <- c(318, 910, 200, 409, 415, 502, 314, 1210, 1022, 1225)
y <- c(524, 1019, 638, 815, 913, 928, 605, 1516, 1219, 1624)
lm.reg1 <- lm(y ~ 1+x)
point <- data.frame(x=415)
lm.pred1 <- predict(lm.reg1, point,
```

```
                    interval="prediction", level=0.95)
lm.pred1
    fit   lwr  upr
1 767.3 455.6 1079
```

函数中选项 interval="prediction" 表示同时要给出相应的预测区间, 选项 level 指出相应的预测水平, 默认值为 0.95, 这时可省略. 由计算结果得到: 当 $x = 415$ 时, y 的预测值为 767.3, 预测区间为 (455.6, 1079.0).　■

12.2.4　算例

例 12.2.4　表 12.3 是有关 15 个地区某种食物年需求量 (X, 单位: 10 t) 和地区人口增加量 (Y, 单位: 千人) 的资料. 利用此表数据展示一元回归模型的统计分析过程.

表 12.3　某种食物年需求量与人口增加量

编号	1	2	3	4	5	6	7	8	9	10	11	12	13	14	15
X	274	180	375	205	86	265	98	330	195	53	430	372	236	157	370
Y	162	120	223	131	67	169	81	192	116	55	252	234	144	103	212

计算分析过程如下:

1) 建立数据集, 并画出散点图: 考查数据点的分布趋势, 看是否分布在一条直线附近. 程序如下

```
x <- c(274, 180, 375, 205,  86, 265,  98, 330, 195,  53,
       430, 372, 236, 157, 370)
y <- c(162, 120, 223, 131,  67, 169,  81, 192, 116,  55,
       252, 234, 144, 103, 212)
A <- data.frame(x, y)
plot(A$x, A$y)
```

运行结果如图 12.4 所示, 这些点基本上都落在一条直线的附近.

2) 进行回归分析, 并在散点图上显示回归直线. R 程序为

```
lm.reg2 <- lm(y~x)
summary(lm.reg2)
abline(lm.reg2)
```

回归结果如下, 回归直线仍画在图 12.4 上.

```
Call:
lm(formula = y ~ x)
Residuals:
   Min      1Q Median     3Q    Max
-191.8   -87.0   44.8   77.9  145.7
Coefficients:
             Estimate Std. Error t value Pr(>|t|)
(Intercept)   395.567     80.261    4.93   0.0012 **
x               0.896      0.107    8.40  3.1e-05 ***
---
Signif. codes:
0 '***' 0.001 '**' 0.01 '*' 0.05 '.' 0.1 ' ' 1
Residual standard error: 127 on 8 degrees of freedom
Multiple R-squared:  0.898,Adjusted R-squared:  0.886
F-statistic: 70.6 on 1 and 8 DF,  p-value: 3.06e-05
```

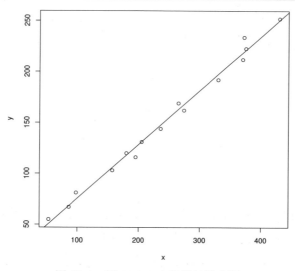

图 12.4　例 12.2.4 中数据的散点图

结论:

- 回归系数的估计与检验: 回归系数的估计为 $\hat{\beta}_0 = 395.567, \hat{\beta}_1 = 0.896$, 相应

的标准差为 $\mathrm{Sd}(\hat{\beta}_0) = 80.261, \mathrm{Sd}(\hat{\beta}_1) = 0.107$. 它们的 p 值均很小, 故均非常显著.

- 相关分析: 相关系数的平方 $R^2 = 0.898$, 表明数据中 90% 可由回归方程来描述.

- 方程的检验: F 分布的 p 值为 3.06×10^{-5}, 因此方程是非常显著的, 这与 R^2 的结果一致.

3) 残差分析—图形诊断: 用函数 `residuals( )` 计算回归方程的残差, 并画出关于残差的散点图, 见图 12.5.

```
res <- residuals(lm.reg2)
plot(res)
text(12, res[12], labels=12, adj=(.05))
```

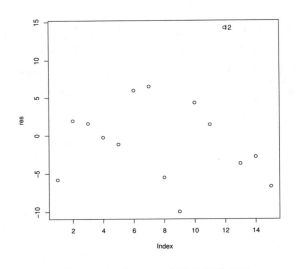

图 12.5　例 12.2.4 中残差的散点图

从图 12.5 可以看出, 第 12 个样本点可能有问题 (程序中已用函数 `text( )` 标注), 它比其他样本点的残差大很多: 这或是由于模型的假设不正确, 或是由于 σ^2 不是常数, 或是存在异常点, 等等. 总之, 需要对这个问题进一步的分析, 这将在第 12.4 节的回归诊断中详细介绍.

12.3 多元线性回归分析

许多实际问题中, 影响响应变量的因素往往不只有一个而是有多个, 我们称这类回归分析为多元回归分析. 这里仅讨论最为一般的线性回归问题和可以化为线性回归的问题 (如本章第 12.9 节的 `logistic` 回归).

12.3.1 模型描述

假设随机变量 Y 与 p 个自变量 $X_1, X_2, \ldots, X_p$ 之间存在着线性相关关系

$$Y = \beta_0 + \beta_1 X_1 + \beta_2 X_2 + \cdots + \beta_p X_p,$$

其中 $\beta_0, \beta_1, \ldots, \beta_p$ 是未知参数 (称为回归系数或回归参数), $X_1, X_2, \ldots, X_p$ 是 p 个可以精确测量并可控制的变量 (称为回归因子或预测变量), Y 为响应变量. 若其 n 次观测值为 $(X_{i1}, X_{i2}, \ldots, X_{ip}, Y_i), i = 1, 2, \ldots, n,$ 则这 n 个观测值可写为如下形式:

$$\begin{cases} y_1 = \beta_0 + \beta_1 X_{11} + \beta_2 X_{12} + \cdots + \beta_p X_{1p} + \varepsilon_1, \\ y_2 = \beta_0 + \beta_1 X_{21} + \beta_2 X_{22} + \cdots + \beta_p X_{2p} + \varepsilon_2, \\ \qquad \cdots\cdots \\ y_n = \beta_0 + \beta_1 X_{n1} + \beta_2 X_{n2} + \cdots + \beta_p X_{np} + \varepsilon_n, \end{cases} \tag{12.15}$$

其中 $\varepsilon_1, \varepsilon_2, \ldots, \varepsilon_p$ 是随机误差, 和一元线性回归分析一样, 我们假定它们相互独立且服从同一正态分布 $N(0, \sigma^2)$. 若将方程组(12.15)用矩阵表示, 则有

$$\boldsymbol{Y} = \boldsymbol{X}\boldsymbol{\beta} + \boldsymbol{\varepsilon}, \tag{12.16}$$

其中

$$\boldsymbol{Y} = \begin{pmatrix} y_1 \\ y_2 \\ \vdots \\ y_n \end{pmatrix}, \quad \boldsymbol{X} = \begin{pmatrix} 1 & X_{11} & X_{12} & \cdots & X_{1p} \\ 1 & X_{21} & X_{22} & \cdots & X_{2p} \\ \vdots & \vdots & \vdots & & \vdots \\ 1 & X_{n1} & X_{n2} & \cdots & X_{np} \end{pmatrix},$$

$$\boldsymbol{\beta} = \begin{pmatrix} \beta_1 \\ \beta_2 \\ \vdots \\ \beta_n \end{pmatrix}, \quad \boldsymbol{\varepsilon} = \begin{pmatrix} \varepsilon_1 \\ \varepsilon_2 \\ \vdots \\ \varepsilon_n \end{pmatrix}.$$

12.3.2　估计与检验

多元线性回归分析的首要任务就是通过寻求 $\boldsymbol{\beta}$ 的估计值 $\hat{\boldsymbol{\beta}}$, 建立多元线性回归方程

$$Y = \hat{\beta}_0 + \hat{\beta}_1 X_1 + \hat{\beta}_2 X_2 + \cdots + \hat{\beta}_p X_p, \tag{12.17}$$

并对此方程及其回归系数的显著性做出检验.

与一元线性回归分析相同, 求参数 $\boldsymbol{\beta}$ 的估计值 $\hat{\boldsymbol{\beta}}$ 就是求解 β_j $(j = 1, 2, \ldots, p)$ 使全部观测值 Y_i 与回归值 (拟合值)$\widehat{Y}_i$ $(i = 1, 2, \ldots, n)$ 的残差平方和

$$Q(\beta_0, \beta_1, \ldots, \beta_p) = \sum_{i=1}^{n} (Y_i - (\beta_0 + \beta_1 X_{i1} + \beta_2 X_{i2} + \cdots + \beta_p X_{ip}))^2 \tag{12.18}$$

达到最小.

可以证明, 若 $\boldsymbol{X}$ 是列满秩的, 则 $\boldsymbol{\beta}$ 的最小二乘估计为

$$\hat{\boldsymbol{\beta}} = (\boldsymbol{X}^{\mathrm{T}} \boldsymbol{X})^{-1} \boldsymbol{X}^{\mathrm{T}} \boldsymbol{Y}. \tag{12.19}$$

由残差向量 $\hat{\boldsymbol{\varepsilon}} = \boldsymbol{Y} - \boldsymbol{X} \hat{\boldsymbol{\beta}}$, 通常取

$$\hat{\sigma}^2 = \frac{\hat{\boldsymbol{\varepsilon}}^{\mathrm{T}} \hat{\boldsymbol{\varepsilon}}}{n - p - 1} \tag{12.20}$$

作为 σ^2 的估计, 也称为 σ^2 的最小二乘估计.

进一步, 可以证明 $\boldsymbol{\beta}$ 和 $\hat{\sigma}^2$ 均是无偏估计, $\boldsymbol{\beta}$ 是最佳线性无偏估计, 且有

$$\boldsymbol{\beta} \sim N\left(\boldsymbol{\beta}, \sigma^2 (\boldsymbol{X}^{\mathrm{T}} \boldsymbol{X})^{-1}\right).$$

得到了回归方程后, 由于我们无法像一元线性回归分析那样用直观的方法帮助判断变量 Y 与 $X_1, X_2, \ldots, X_p$ 之间是否有线性关系, 为此必须对回归方程进行显著性检验. 其次在 p 个变量中, 每个自变量对 Y 的影响程度是不同的, 甚至有的自变量

是可有可无的. 这表现在回归系数中有的绝对值很大, 有的很小或接近于零, 这就需要对回归系数进行显著性检验.

回归方程显著性检验

考虑假设检验问题:
$$H_0 : \beta_0 = \beta_1 = \cdots = \beta_p = 0 \longleftrightarrow H_1 : \beta_0, \beta_1, \ldots, \beta_p \text{ 不全为 } 0.$$
可以证明当 H_0 成立时, 统计量

$$F = \frac{SS_R/p}{SS_E/(n-p-1)} \sim F(p, n-p-1), \tag{12.21}$$

其中

$$SS_R = \sum_{i=1}^{n} (\hat{Y}_i - \overline{Y}_i)^2, \quad SS_E = \sum_{i=1}^{n} (Y_i - \hat{Y}_i)^2,$$

$$\overline{Y} = \frac{1}{n} \sum_{i=1}^{n} Y_i, \quad \hat{Y}_i = \hat{\beta}_0 + \hat{\beta}_1 X_{i1} + \hat{\beta}_2 X_{i2} + \cdots + \hat{\beta}_p X_{ip}.$$

称 SS_R 为回归平方和, 称 SS_E 为残差平方和.

因此, 对于给定的显著性水平 α, 检验回归方程的拒绝域为

$$F > F_{1-\alpha}(p, n-p-1).$$

回归系数的显著性检验

我们要检验假设:

$$H_{0j} : \beta_j = 0 \longleftrightarrow H_{1j} : \beta_j \neq 0 (j = 0, 1, \ldots, p).$$

可以证明, 当 H_{0j} 成立时, 有

$$F_j = \frac{Q_j}{SS_E/(n-p-1)} \sim F(1, n-p-1), \tag{12.22}$$

其中 $Q_j = SS_{E(j)} - SS_E$, $SS_{E(j)}$ 是去掉 X_j 后的残差平方和.

结论: 对于给定的显著性水平 α, 当 $F_j > F_{1-\alpha}(1, n-p-1)$ 时拒绝 H_{0j}, 认为变量 X_j 对 Y 有显著影响.

例 12.3.1　某公司在各地区销售一种特殊的化妆品, 该公司观测了 15 个城市在某月该化妆品的销售量 (Y), 使用该化妆品的人数 (X_1) 和人均收入 (X_2), 数据见表 12.4. 试建立 Y 与 X_1, X_2 的线性回归方程, 并做相应的检验.

表 12.4　某种化妆品的销售量及有关指标

地区 i	销售量 (Y)/箱	人数 (X_1)/千人	人均收入 (X_2)/元
1	162	274	2450
2	120	180	3250
3	223	375	3802
4	131	205	2838
5	67	86	2347
6	169	265	3782
7	81	98	3008
8	192	330	2450
9	116	195	2137
10	55	53	2560
11	252	430	4020
12	232	372	4427
13	144	236	2660
14	103	157	2088
15	212	370	2605

解　R 程序为:

```
y <- c(162, 120, 223, 131,  67, 169,  81, 192, 116,  55,
       252, 232, 144, 103, 212)
x1 <- c(274, 180, 375, 205,  86, 265,  98, 330, 195,  53,
        430, 372, 236, 157, 370)
x2 <- c(2450, 3250, 3802, 2838, 2347, 3782, 3008, 2450,
        2137, 2560, 4020, 4427, 2660, 2088, 2605)
sales <- data.frame(y, x1, x2)
lm.reg3 <- lm(y ~ x1+x2, data=sales)
summary(lm.reg3)
```

运行结果如下:

```
Call:
lm(formula = y ~ x1 + x2, data = sales)
Residuals:
   Min     1Q Median     3Q    Max
-3.831 -1.206 -0.244  1.482  3.302
Coefficients:
            Estimate Std. Error t value Pr(>|t|)
(Intercept) 3.445728   2.426693    1.42     0.18
x1          0.495972   0.006046   82.04  < 2e-16 ***
x2          0.009205   0.000967    9.52  6.1e-07 ***
---
Signif. codes:
0 '***' 0.001 '**' 0.01 '*' 0.05 '.' 0.1 ' ' 1
Residual standard error: 2.17 on 12 degrees of freedom
Multiple R-squared:  0.999,Adjusted R-squared:  0.999
F-statistic: 5.7e+03 on 2 and 12 DF,  p-value: <2e-16
```

结论: 由于用于回归方程检验的 F 统计量的 p 值与用于回归系数检验的 t 统计量的 p 值均很小 (<0.05), 因此回归方程与回归系数的检验都是显著的, 相应的回归方程为

$$Y = 3.4457 + 0.4960X_1 + 0.0092X_2.$$

■

12.3.3 预测与控制

当多元线性回归方程经过检验是显著的, 且其中每一个回归系数均显著时 (不显著的先剔除), 可用此回归方程做预测.

给定 $\boldsymbol{X} = \boldsymbol{x}_0 = (x_{01}, x_{02}, \ldots, x_{0p})^{\mathrm{T}}$, 将其代入回归方程, 得预测值

$$\widehat{Y}_0 = \hat{\beta}_0 + \hat{\beta}_1 x_{01} + \cdots + \hat{\beta}_p x_{0p}. \tag{12.23}$$

相应的置信度为 $1 - \alpha$ 的预测区间为

$$\widehat{Y}_0 \pm t_{1-\alpha/2}(n - p - 1)\hat{\sigma}\sqrt{1 + \boldsymbol{x}_0^{\mathrm{T}}(\boldsymbol{X}^{\mathrm{T}}\boldsymbol{X})^{-1}\boldsymbol{x}_0}. \tag{12.24}$$

例 12.3.2　求例 12.3.1 中当 $\boldsymbol{X} = \boldsymbol{x}_0 = (200, 3000)^{\mathrm{T}}$ 时变量 Y 的预测值与 0.95 的预测区间.

解　与一元回归一样, 在 R 中仍使用函数 predict( ) 求多元回归预测. 运行 R 程序

```
exa <- data.frame(x1=200, x2=3000)
lm.pred3 <- predict(lm.reg3, exa,
                    interval="prediction", level=0.95)
lm.pred3
    fit   lwr   upr
1 130.3 125.3 135.2
```

得 $\widehat{Y}_0 = 130.3$, 相应的 Y 的 0.95 的预测区间为 $(125.3, 135.2)$. ∎

12.3.4　算例

例 12.3.3　27 名糖尿病患者的血清总胆固醇 (X_1)、甘油三酯 (X_2)、空腹胰岛素 (X_3)、糖化血红蛋白 (X_4)、空腹血糖 (Y) 的测量值列于表 12.5 中, 试建立血糖与其他指标的多元线性回归方程, 并进一步分析.

解　计算分析过程及相应的 R 程序如下:

1) 建立数据集:

```
y <- c(11.2,  8.8, 12.3, 11.6, 13.4, 18.3, 11.1, 12.1,
        9.6,  8.4,  9.3, 10.6,  8.4,  9.6, 10.9, 10.1,
       14.8,  9.1, 10.8, 10.2, 13.6, 14.9, 16.0, 13.2,
       20.0, 13.3, 10.4)
x1 <- c(5.68, 3.79, 6.02, 4.85, 4.60, 6.05, 4.90, 7.08,
        3.85, 4.65, 4.59, 4.29, 7.97, 6.19, 6.13, 5.71,
        6.40, 6.06, 5.09, 6.13, 5.78, 5.43, 6.50, 7.98,
       11.54, 5.84, 3.84)
x2 <- c(1.90, 1.64, 3.56, 1.07,  2.32, 0.64, 8.50, 3.00,
        2.11, 0.63, 1.97, 1.97,  1.93, 1.18,  2.06, 1.78,
        2.40, 3.67, 1.03, 1.71,  3.36, 1.13,  6.21, 7.92,
       10.89, 0.92,  1.20)
x3 <- c(4.53, 7.32, 6.95, 5.88,  4.05, 1.42, 12.60, 6.75,
```

表 12.5 27 名糖尿病患者的指标

i	X_1	X_2	X_3	X_4	Y
1	5.68	1.90	4.53	8.2	11.2
2	3.79	1.64	7.32	6.9	8.8
3	6.02	3.56	6.95	10.8	12.3
4	4.85	1.07	5.88	8.3	11.6
5	4.60	2.32	4.05	7.5	13.4
6	6.05	0.64	1.42	13.6	18.3
7	4.90	8.50	12.60	8.5	11.1
8	7.08	3.00	6.75	11.5	12.1
9	3.85	2.11	16.28	7.9	9.6
10	4.65	0.63	6.59	7.1	8.4
11	4.59	1.97	3.61	8.7	9.3
12	4.29	1.97	6.61	7.8	10.6
13	7.97	1.93	7.57	9.9	8.4
14	6.19	1.18	1.42	6.9	9.6
15	6.13	2.06	10.35	10.5	10.9
16	5.71	1.78	8.53	8.0	10.1
17	6.40	2.40	4.53	10.3	14.8
18	6.06	3.67	12.79	7.1	9.1
19	5.09	1.03	2.53	8.9	10.8
20	6.13	1.71	5.28	9.9	10.2
21	5.78	3.36	2.96	8.0	13.6
22	5.43	1.13	4.31	11.3	14.9
23	6.50	6.21	3.47	12.3	16.0
24	7.98	7.92	3.37	9.8	13.2
25	11.54	10.89	1.20	10.5	20.0
26	5.84	0.92	8.61	6.4	13.3
27	3.84	1.20	6.45	9.6	10.4

16.28, 6.59, 3.61, 6.61, 7.57, 1.42, 10.35, 8.53,
4.53,12.79, 2.53, 5.28, 2.96, 4.31, 3.47, 3.37,
1.20, 8.61, 6.45)

```
x4 <- c(8.2,   6.9,  10.8,   8.3,  7.5, 13.6,   8.5,  11.5,
        7.9,   7.1,   8.7,   7.8,  9.9,  6.9,  10.5,   8.0,
       10.3,   7.1,   8.9,   9.9,  8.0, 11.3,  12.3,   9.8,
       10.5,   6.4,   9.6)
blood <- data.frame(y, x1, x2, x3, x4)
```

2) 建立多元线性回归方程:

```
lm.reg4 <- lm(y ~ x1+x2+x3+x4, data=blood)
summary(lm.reg4)
Call:
lm(formula = y ~ x1 + x2 + x3 + x4, data = blood)
Residuals:
   Min    1Q Median    3Q    Max
-3.627 -1.200 -0.228  1.539  4.447
Coefficients:
            Estimate Std. Error t value Pr(>|t|)
(Intercept)    5.943      2.829    2.10    0.047 *
x1             0.142      0.366    0.39    0.701
x2             0.351      0.204    1.72    0.099 .
x3            -0.271      0.121   -2.23    0.036 *
x4             0.638      0.243    2.62    0.016 *
---
Signif. codes:
0 '***' 0.001 '**' 0.01 '*' 0.05 '.' 0.1 ' ' 1
Residual standard error: 2.01 on 22 degrees of freedom
Multiple R-squared:  0.601,Adjusted R-squared:  0.528
F-statistic: 8.28 on 4 and 22 DF,  p-value: 0.000312
```

结论: 回归方程的系数的显著性不高, 有的甚至没有通过检验 (X_1 与 X_2), 这说明如果选择全部变量构造方程, 效果并不好. 这就涉及变量选择的问题, 以建立 "最优" 的回归方程.

3) 变量选择与最优回归: R 语言提供了获得 "最优" 回归方程的方法、"逐步回归法" 的计算函数 step( ), 它是以 Akaike 信息统计量为准则 (简称 AIC 准则), 通过选择最小的 AIC 信息统计量, 来达到删除或增加变量的目的. 函数 step( ) 的调

用格式为:

```
step(object, scope, scale=0,
    direction=c("both", "backward", "forward",
    trace=1, keep=NULL, steps=1000, k=2, ...)
```

说明: object 是线性模型或广义线性模型分析的结果, scope 是确定逐步搜索的区域, direction 确定逐步搜索的方向: "both" 是"一切子集回归法", "backward" 是"向后法", "forward" 是向前法, 默认值为"both". 其他参数见在线帮助.

对于本例用函数 step( ) 逐步回归:

```
lm.step <- step(lm.reg4)
```

回归结果为:

```
Start:  AIC=42.16
y ~ x1 + x2 + x3 + x4
       Df Sum of Sq   RSS  AIC
- x1    1       0.61  89.5 40.3
<none>               88.8 42.2
- x2    1      11.96 100.8 43.6
- x3    1      20.06 108.9 45.7
- x4    1      27.79 116.6 47.5
Step:  AIC=40.34
y ~ x2 + x3 + x4
       Df Sum of Sq   RSS  AIC
<none>               89.5 40.3
- x3    1       25.7 115.1 45.2
- x2    1       26.5 116.0 45.4
- x4    1       32.3 121.7 46.7
Call:
lm(formula = y ~ x2 + x3 + x4, data = blood)
Coefficients:
(Intercept)        x2          x3          x4
     6.500      0.402      -0.287       0.663
```

结论: 用全部变量做回归方程时, AIC 统计量的值为 42.16, 如果去掉变量 X_1, AIC 统计量的值为 40.34; 如果去掉变量 X_2, AIC 统计量的值为 43.568, 依次类推. 由

于去掉 X_1 使 AIC 统计量达到最小, 因此 R 语言会自动去掉变量 X_1, 进入下一轮计算. 在下一轮中, 无论去掉哪一个变量, AIC 统计量的值均会升高, 因此 R 语言自动终止计算, 得到 "最优" 回归方程. 再用函数 summary( ) 提取相关回归信息.

```
summary(lm.step)
```

提取结果为:

```
Call:
lm(formula = y ~ x2 + x3 + x4, data = blood)
Residuals:
   Min    1Q Median    3Q    Max
-3.269 -1.231 -0.202  1.489  4.657
Coefficients:
            Estimate Std. Error t value Pr(>|t|)
(Intercept)    6.500      2.396    2.71   0.0124 *
x2             0.402      0.154    2.61   0.0156 *
x3            -0.287      0.112   -2.57   0.0171 *
x4             0.663      0.230    2.88   0.0084 **
---
Signif. codes:
0 '***' 0.001 '**' 0.01 '*' 0.05 '.' 0.1 ' ' 1
Residual standard error: 1.97 on 23 degrees of freedom
Multiple R-squared:  0.598,Adjusted R-squared:  0.546
F-statistic: 11.4 on 3 and 23 DF,  p-value: 8.79e-05
```

结论: 回归系数的显著性水平有很大提高, 所有的检验均是显著的, 由此得到 "最优" 的回归方程

$$Y = 6.500 + 0.402X_2 - 0.287X_3 + 0.663X_4.$$

12.4　回归诊断

前面介绍了如何得到回归模型, 但没有对回归模型的一些特性做进一步的研究, 并且没有研究对回归模型产生较大影响的异常值问题. 异常值的存在往往会使回归模型不稳定, 为此, 人们提出了所谓的回归诊断的问题, 其主要内容有: 残差分析、影响分析、共线性诊断等.

12.4.1 残差分析

残差及残差图

残差向量 $\hat{\boldsymbol{\varepsilon}} = \boldsymbol{Y} - \hat{\boldsymbol{Y}} = (\boldsymbol{I} - \boldsymbol{H})\boldsymbol{Y}$ 是模型中误差项 $\boldsymbol{\varepsilon}$ 的估计, 其中 $\boldsymbol{H} = \boldsymbol{X}(\boldsymbol{X}^{\mathrm{T}}\boldsymbol{X})^{-1}\boldsymbol{X}$ 称为帽子矩阵. 由于

$$\mathrm{E}(\hat{\varepsilon}) = 0, \quad \mathrm{Var}(\hat{\varepsilon}) = \sigma^2(\boldsymbol{I} - \boldsymbol{H}), \tag{12.25}$$

因此, 对于每一个 $\hat{\varepsilon}_i$, 有

$$\frac{\hat{\varepsilon}_i}{\sigma\sqrt{1 - h_{ii}}} \sim N(0, 1), \tag{12.26}$$

其中 h_{ii} 是矩阵 $\boldsymbol{H}$ 对角线上的第 i 个元素.

当用 $\hat{\sigma}^2 = \dfrac{\hat{\varepsilon}^{\mathrm{T}}\hat{\varepsilon}}{n - p - 1}$ 去估计 σ^2 时, 称

$$r_i = \frac{\hat{\varepsilon}_i}{\hat{\sigma}\sqrt{1 - h_{ii}}} \tag{12.27}$$

为标准化残差, 或内学生化残差.

当用 $\hat{\sigma}_{(i)}^2 = \dfrac{1}{n - p - 2}\sum_{j \neq i}(Y_i - \widetilde{\boldsymbol{X}}_j^{\mathrm{T}}\hat{\boldsymbol{\beta}}_{(i)})^2$ 去估计 σ^2 时, 称

$$\frac{\hat{\varepsilon}_i}{\hat{\sigma}_{(i)}\sqrt{1 - h_{ii}}} \tag{12.28}$$

为学生化残差, 或外学生化残差, 其中 $\hat{\boldsymbol{\beta}}_{(i)}$ 是删去第 i 个样本点后用余下的 $n - 1$ 个样本点求得的回归系数, $\widetilde{\boldsymbol{X}}_j^{\mathrm{T}}$ 为设计矩阵 $\boldsymbol{X}$ 的第 j 行.

在 R 语言中, 分别用函数 residuals( ), rstandard( ) 和 rstudent( ) 来计算残差、标准化残差和学生化残差. 这些函数的调格式分别为:

```
residuals(object, ...)
resid(object, ...)
rstandard(model, infl=lm.influence(model, do.coef=FALSE),
          sd=sqrt(deviance(model)/df.residual(model)), ...)
rstudent(model, infl=lm.influence(model, do.coef=FALSE,
         res=infl$wt.res, ...)
```

说明: object 或 model 是由线性模型函数 lm( ) 或广义线性模型函数 glm( )

生成的对象, `infl` 是由函数 `lm.influence( )` 返回得到的影响结构, `sd` 是模型的标准差, `res` 是模型残差.

凡是以残差为纵坐标, 以观测值 Y_i、预测值 $\widehat{Y_i}$、自变量 $X_{ij}(j = 1, 2, \ldots, p)$ 或序号、观测时间等为横坐标的散点图, 均称为回归残差图. 如果多元线性回归模型的假定成立, 从理论上可证明 $r_1, r_2, \ldots, r_n$ 相互独立且近似服从 $N(0, 1)$, 故关于观测值等的残差图中的散点应随机地分布在 -2 到 $+2$ 的带子里, 并称之为正常残差图 (见图12.6(a)), 否则称为异常残差图 (见图12.6(b),(c),(d)).

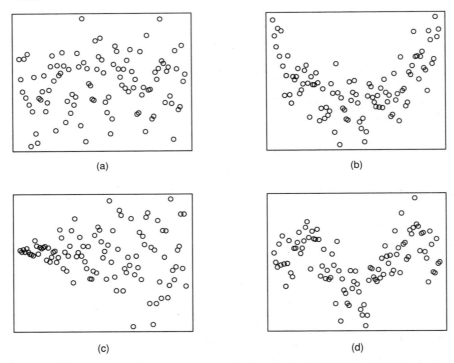

图 12.6　(a) 正常的残差图;　　(b) 应改为曲线模型;　　(c) 方差齐性不成立;
(d) 观测值不独立

例 12.4.1　计算例 12.3.1 的残差和标准化残差, 并画出相应的残差散点图.

解　R 程序为:

```
y.res <- residuals(lm.reg3)    #计算残差
print(y.res)
y.rst <- rstandard(lm.reg3)    #计算标准化残差
print(y.rst)
```

```
y.fit <- predict(lm.reg3)        #计算预测值
op <- par(mfrow=c(1, 2))         #将两张散残差点图一并输出
plot(y.res ~ y.fit)
plot(y.rst ~ y.fit)
par(op)
```

计算结果如下, 见图 12.7. 从图 12.7 可以看出, 残差具有相同的分布且满足模型的各个假设条件.

残差:
```
         1            2            3            4            5
 0.1058453  -2.6366596  -1.4323818  -0.2435552  -0.7032355
         6            7            8            9           10
-0.6913175   1.2606626   2.3313896  -3.8312025   1.7032127
        11           12           13           14           15
-1.7175312   3.3024787  -0.9802297   2.4667892   1.0657346
```
标准化残差:
```
         1            2            3            4            5
 0.05281317  -1.30635637  -0.73052549  -0.11643248  -0.36046378
         6            7            8            9           10
-0.35064339   0.66372152   1.23228395  -1.92770717   0.91558703
        11           12           13           14           15
-0.93261640   1.89069180  -0.47083133   1.24503836   0.57927692
```

方差齐性的诊断及修正方法

从图 12.6(b)—(d) 的残差图可以看出, 当残差的绝对值随预测值的增加也有明显增加的趋势 (或减少的趋势, 或先增加后减少的趋势) 时, 表示关于误差的方差齐性假设 (即 $\sigma_1^2 = \sigma_2^2 = \cdots = \sigma_n^2$) 不成立.

当误差的方差非齐性时, 有时可以通过对因变量做适当的变换, 即令 $Z = f(Y)$, 使得关于因变量 Z 在回归中误差的方差接近齐性. 理论上根据观测向量 Y 的性质 (如均值 $\mathrm{E}(Y)$ 和方差 $\mathrm{Var}(Y)$ 的关系等) 可以判断出应做什么样的变换合适. 实用

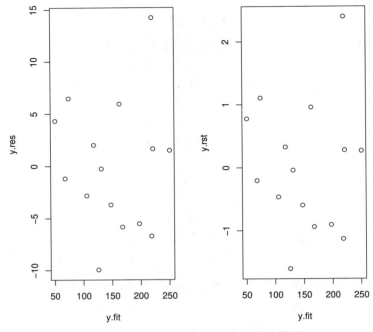

图 12.7   例 12.3.1 的残差与标准化残差图

中, 常选用一些常用的变换, 变换后重新做回归及残差图, 如残差图有改善或已属正常, 则认为该变换是合适的; 否则改变变换函数重新计算, 直到找到合适的变换, 常见的方差稳定化变换有:

1) 开方变换: $Z = \sqrt{Y} \ \ (Y > 0)$;

2) 对数变换: $Z = \ln(Y) \ \ (Y > 0)$;

3) 倒数 (逆) 变换: $Z = 1/Y \ \ (Y \neq 0)$;

4) Box-Cox 变换: $Z = \dfrac{Y^{\lambda} - 1}{\lambda} \ \ (\lambda \neq 0)$.

当 $\lambda = 0$ 时的 Box-Cox 变换即为对数变换.

例 12.4.2   在对 27 家企业的研究中, 记录了企业管理人数 (Y) 与工人人数 (X) 资料 (见表 12.6). 试建立 Y 对 X 的回归方程.

解   分析过程如下:

1) 建立数据.

```
x <- c(294,   247,   267,   358,   423,   311,   450,   534,   438,
       697,   688,   630,   709,   627,   615,   999,   1022,  1015,
```

表 12.6　27 家企业单位中企业管理人员数与工人人数

序号	X	Y	序号	X	Y	序号	X	Y
1	294	50	10	697	78	19	700	106
2	247	40	11	688	80	20	850	128
3	267	45	12	630	84	21	980	130
4	358	55	13	709	88	22	1025	160
5	423	70	14	627	97	23	1021	97
6	311	65	15	615	100	24	1200	180
7	450	55	16	999	109	25	1250	112
8	534	62	17	1022	114	26	1500	210
9	438	68	18	1015	117	27	1650	135

```
        700, 850, 980, 1025, 1021, 1200, 1250, 1500, 1650)
y <- c(50,  40,  45,   55,   70,  65,   55,   62,   68,   78,
        80,  84,  88,   97,  100, 109,  114,  117,  106,  128,
       130, 160,  97,  180,  112, 210,  135)
persons <- data.frame(x, y)
```

2) 做线性回归模型

```
lm.reg5 <- lm(y ~ x)
summary(lm.reg5)
```

得到:

```
Call:
lm(formula = y ~ x)
Residuals:
   Min     1Q Median     3Q     Max
-47.65 -11.14  -4.28  11.68  41.68
Coefficients:
            Estimate Std. Error t value Pr(>|t|)
(Intercept)  25.0943     9.2754    2.71    0.012 *
x             0.0955     0.0110    8.69    5e-09 ***
---
Signif. codes:
```

```
0 '***' 0.001 '**' 0.01 '*' 0.05 '.' 0.1 ' ' 1
Residual standard error: 21.1 on 25 degrees of freedom
Multiple R-squared:  0.751,Adjusted R-squared:  0.741
F-statistic: 75.5 on 1 and 25 DF,  p-value: 5.02e-09
```

显然, 回归系数和回归方程都通过了检验, 所以 Y 对 X 的一元回归方程为

$$Y = 25.0943 + 0.0955X.$$

  3) 回归诊断. 画出标准化残差散点图, R 程序为

```
y.rst <- rstandard(lm.reg5)
y.fit <- predict(lm.reg5)
plot(y.rst~y.fit)
```

其图形如图 12.8 所示. 直观上容易看出, 残差图从左向右逐渐散开, 这是方差齐性不成立的典型征兆. 所以, 应考虑对响应变量 Y 做变换.

  4) 模型更新. 在新的平方变换下进行回归分析, 并进行回归诊断, 相应的 R 程序为:

```
lm.new_reg <- update(lm.reg5, sqrt(.)~.)
coef(lm.new_reg)
```

  说明: 函数 update( ) 对回归模型按给定的方差稳定化变换进行修正, 函数 coef( ) 提取回归系数的估计. 计算结果为:

```
(Intercept)            x
   6.044644      0.004781
```

由此得到新的回归方程为

$$Y = (6.044644 + 0.004781X)^2,$$

最后画出变换后的标准化残差散点图, 程序为

```
yn.rst <- rstandard(lm.new_reg)
yn.fit <- predict(lm.new_reg)
plot(yn.rst ~ yn.fit)
```

其图形如图 12.9 所示, 散点图的趋势大有改善. ■

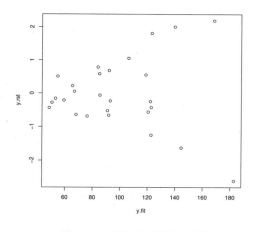

图 12.8   标准化残差散点图

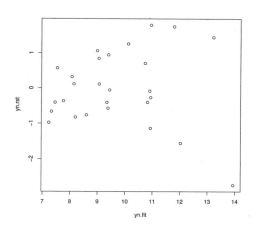

图 12.9   对 Y 开方运算后标准化残差散点图

异常点的识别

如果拟合后的模型能够很好地描述这组数据, 那么残差对预测值的散点图应该像一些随机散布的点. 可是, 若某个观测不能和其他数据一起用这个模型表示, 那么那个观测的残差通常很大. 这里"很大"指的是残差的绝对值, 因为一个"很大"的残差可能是正的也可能是负的. 如果只有占很小百分比的观测出现大的残差, 那么这些观测可能是异常点 (outlier) —— 它们不能用来与其余数据一起拟合模型. 因此对数据中有残差"很大"的观测点, 必须仔细地检查.

一般把标准化残差的绝对值 $\geqslant 2$ 的观测点认为是可疑点; 而标准化残差的绝对值 $\geqslant 3$ 的观测点认为是异常点.

例 12.4.3   对例 12.3.1 中得到回归方程, 判断是否有异常点.

解   由例 12.3.1 和例 12.4.1 的计算结果并结合图形可以看出, 第 12 个点的残差比较大, 被认定为异常点. 它可以用下列语句将异常点标出 (见图 12.10).

```
text(219.78476, 2.4037012, labels=12, adj=(.2))
```

这里再做一个简单处理, 去掉第 12 个观测样本点, 并重复上述回归分析及残差分析的过程, 得到新的标准化残差图, 如图 12.11 所示. 与图 12.10 相比, 现在残差点的分布已有了很大的改进, 它们基本上落在 $[-2, 2]$ 的带状区域内. 但好像仍有一个可疑点存在, 故需进一步分析 (从略).   ■

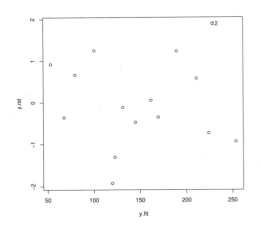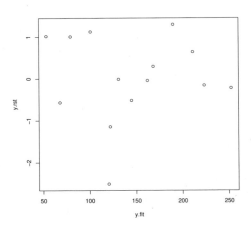

图 12.10　标准化残差图: 全部数据　　　图 12.11　标准化残差图: 去掉 12 号
观测样本点

12.4.2　影响分析

从分析观测点对回归结果的影响入手, 找出对回归结果影响很大的观测点的分析方法称为影响分析.

影响函数

称向量 $\boldsymbol{F}_i = \hat{\boldsymbol{\beta}}_{(i)} - \hat{\boldsymbol{\beta}}$ 为第 i 个观测点的影响函数 $(i = 1, 2, \ldots, n)$, 其中 $\hat{\boldsymbol{\beta}} = (\hat{\beta}_0, \hat{\beta}_1, \ldots, \hat{\beta}_p)^{\mathrm{T}}$ 是回归模型中参数向量 $\boldsymbol{\beta}$ 的最小二乘估计; $\hat{\boldsymbol{\beta}}_{(i)}$ 是去掉第 i 个观测点后重新计算得到的参数向量的最小二乘估计. 直观地看, 若 $\hat{\boldsymbol{\beta}}$ 与 $\hat{\boldsymbol{\beta}}_{(i)}$ 相差较大, 则表明第 i 个观测点对回归结果的影响大.

R 语言中计算影响函数的函数为 `lm.influence( )`, 其调用格式为:

```
lm.influence(model, do.coef=TRUE)
```

说明: `model` 为回归模型, `do.coef=TRUE` 表示结果要求给出去掉第 i 个观测点后的模型回归系数.

Cook 距离

Cook 距离是从估计角度提出的一种度量第 i 个观测点对回归影响大小的统计量. 对每一个观测点, 定义 Cook 距离为

$$D_i(\boldsymbol{M}, C_0) = \frac{(\hat{\boldsymbol{\beta}}_{(i)} - \hat{\boldsymbol{\beta}})^{\mathrm{T}} \boldsymbol{M} (\hat{\boldsymbol{\beta}}_{(i)} - \hat{\boldsymbol{\beta}})}{C_0}. \tag{12.29}$$

一般取 $\boldsymbol{M}$ 为观测数据的离差阵, C_0 为回归模型均方误差 (EMS). D_i 大的观测点称为强影响点. 一般建议使用的判别标准是: 当 $|D_i| > 4/n$ 时, 认为是强影响点, 其中 n 是样本容量.

R 语言中用于计算 Cook 距离的函数为 cooks.distance( ), 其调用格式为:

```
cooks.distance(model,  infl=im.influence(model,  do.coef=FALSE),
          res=weighted.residuals(model),
          sd=sqrt(deviance(model)/df.residual(model)),
          hat=infl$hat, ...)
```

DFFITS 准则

Belsley, Kuh 和 Welsch(1980) 给出另一种准则, 所用的统计量为

$$D_i(\sigma) = \sqrt{\frac{h_{ii}}{1 - h_{ii}}} \frac{\hat{\varepsilon}_i}{\sigma \sqrt{1 - h_{ii}}}, \tag{12.30}$$

其中 σ 用估计量 $\hat{\sigma}(i)$ 来代替. 对于第 i 个观测值, 如果有

$$|D_i(\sigma)| > 2\sqrt{\frac{p+1}{n}},$$

则认为第 i 个观测值的影响比较大, 这里的 $p+1$ 是参数向量 $\boldsymbol{\beta}$ 的维数, n 是观测值容量.

R 语言给出了 DFFITS 统计量的计算函数 dffits( ), 其调用格式为:

```
dffits(model,  infl=...,  res=...)
```

COVRATIO 准则

利用全部观测值点的回归系数估计值的协方差阵和去掉第 i 个观测值点后回归系数估计值的协方差阵分别为

$$\mathrm{Var}(\hat{\boldsymbol{\beta}}) = \sigma^2 (\boldsymbol{X}^{\mathrm{T}} \boldsymbol{X})^{-1}, \quad \mathrm{Var}(\hat{\boldsymbol{\beta}}_{(i)}) = \sigma^2 (\boldsymbol{X}_{(i)}^{\mathrm{T}} \boldsymbol{X}_{(i)})^{-1},$$

其中 $X_{(i)}$ 是 X 剔除第 i 行后得到的矩阵. 使用时分别用 $\hat{\sigma}$ 和 $\hat{\sigma}_{(i)}$ 替代上面两式中的 σ.

为了比较其回归系数的精度, 考虑这两个协方差阵行列式的比值

$$\begin{aligned}
\text{COVRATIO}_i &= \frac{\det(\hat{\sigma_{(i)}}^2(X_{(i)}^{\mathrm{T}}X_{(i)})^{-1})}{\det(\hat{\sigma}^2(X^{\mathrm{T}}X)^{-1})} \\
&= \frac{(\hat{\sigma}_{(i)}^2)^{p+1}}{(\hat{\sigma}^2)^{p+1}} \cdot \frac{1}{1-h_{ii}}, \quad i = 1, 2, \ldots, n.
\end{aligned} \tag{12.31}$$

如果有一个观测值点所对应的 COVRATIO 值离 1 越远, 则认为该观测值点影响越大.

R 语言中计算 COVRATIO 统计量的函数为 covratio( ), 其调用格式为:

```
covratio(model, infl=lm.influence(model, do.coef=FALSE),
        res=weighted.residuals(model))
```

注: 上面介绍了四种分析强影响点的方法及相应的 R 函数, 每种方法找到的点是否是真正的强影响点还需要根据具体情况进行分析. 在 R 语言中, 函数 influence.measures( ) 可以做回归诊断中影响分析的概括, 它的调用格式为:

```
influence.measures(model)
```

结果返回一个列表, 列表中包括 DFFITS 统计量、COVRATIO 统计量、Cooks 距离等.

例 12.4.4　电影院老板调查电视广告的费用 X_1 和报纸广告的费用 X_2 对每周总收入 Y 的影响 (单位: 元), 数据见表 12.7. 试给出回归分析, 并进行回归诊断.

表 12.7　电视广告和报纸广告费用与收入的数据

X_1	X_2	Y	X_1	X_2	Y
1500	5000	96000	2000	2000	90000
1500	4000	95000	2500	2500	92000
3300	3000	95000	2300	3500	95000
4200	2500	94000	2500	3000	94000

解　R 程序如下:

```
x1 <- c(1500, 1500, 3300, 4200, 2000, 2500, 2300, 2500)
x2 <- c(5000, 4000, 3000, 2500, 2000, 2500, 3500, 3000)
y <- c(96000, 95000, 95000, 94000, 90000, 92000, 95000, 94000)
```

```
money <- data.frame(x1, x2, y)
lm.reg6 <- lm(y ~ x1+x2, data=money)
summary(lm.reg6)
influence.measures(lm.reg6)
```

这里只给出 influence.measures( ) 函数语句的返回结果:

```
Influence measures of
          lm(formula = y ~ x1 + x2,  data = money) :
    dfb.1_    dfb.x1   dfb.x2   dffit  cov.r cook.d   hat inf
1  1.98495   0.06107  -3.8115  -5.167 0.0461 2.2838 0.633   *
2  0.11517  -0.26496   0.1105   0.533 1.7687 0.1018 0.301
3 -0.19968   0.33167   0.1285   0.468 1.7188 0.0791 0.262
4  0.88978  -1.56524  -0.3538  -1.871 1.8860 1.0056 0.660   *
5 -1.53634   1.11782   1.4109  -1.633 2.1558 0.8133 0.645   *
6 -0.16907   0.08580   0.1621  -0.242 2.1804 0.0233 0.226
7 -0.00772  -0.00518   0.1016   0.383 1.2356 0.0499 0.140
8  0.10067  -0.03095  -0.0686   0.305 1.4686 0.0335 0.132
```

结论: 可以看出, 第 1, 4, 5 个观测点为强影响点, 结果中已用 "*" 号标出. 其中, 第一个观测值的 cook.d 值为 2.2838 比 $4/n=4/8=0.5$ 大得多; 第四个样本点的 cov.r 值为 1.8860, 与 1 距离很远; 第五个样本点的 dffit 值的绝对值 1.633 明显大于 $2\sqrt{\frac{p+1}{n}} = 2\sqrt{\frac{2}{8}} = 1$. 故这三个点被认为是强影响点. ■

12.4.3   共线性诊断

共线性问题是指拟合多元线性回归时, 自变量之间是否存在线性关系或近似线性关系. 自变量之间的线性关系将会掩盖变量的显著性, 增加参数估计的误差, 还会产生一个很不稳定的模型. 所以, 共线性诊断就是找出哪些变量间存在共线关系, 主要有以下几种方法.

特征值法

首先把 $\boldsymbol{X}^{\mathrm{T}}\boldsymbol{X}$ 变换为主对角线是 1 的矩阵, 然后求特征值和特征向量. 若有 r 个特征值近似等于 0, 则回归设计阵 $\boldsymbol{X}$ 中有 r 个共线性关系, 且共线性关系的系数向量就是近似为 0 的特征值对应的特征向量.

R 语言提供了计算矩阵特征值和特征向量的函数 eigen( ), 其调用格式为:

```
eigen(x, symmetric, only.values=FALSE, EISPACK=FALSE)
```

说明: x 为所求矩阵, symmetric 规定矩阵的对称性, only.value=TRUE 表示只返回了特征值. 否则, 返回特征值和特征向量. 其他参数见在线帮助.

条件指数

若自变量的交叉乘积矩阵 $\boldsymbol{X}^{\mathrm{T}}\boldsymbol{X}$ 的特征值为 $d_1^2 \geqslant d_2^2 \geqslant \cdots \geqslant d_k^2$, 其中 k 为非零特征根的个数, 则 $\boldsymbol{X}$ 的条件数 d_1/d_j 就是刻画矩阵奇异性的一个指标, 故称 $d_1/d_j(j=1,\ldots,k)$ 为条件数.

一般认为, 若条件数在 10 与 30 之间为弱相关; 在 30 与 100 之间为中等相关; 大于 100 表明有强相关性.

在 R 语言中, 可使用函数 kappa( ) 计算矩阵的条件数, 其调用格式为:

```
kappa(x, exact=FALSE, ...)
```

说明: x 是矩阵, exact 是逻辑变量: 当 exact=TRUE 时, 精确计算条件数; 否则近似计算条件数.

方差膨胀因子

方差膨胀因子 VIF 是指回归系数的估计量由于自变量的共线性使得方差增加的一个相对度量. 对第 j 个回归系数 $(j=1,2,\ldots,p)$, 它的方差膨胀因子定义为

$$
\begin{aligned}
\mathrm{VIF}_j &= \frac{\text{第 } j \text{ 个回归系数的方差}}{\text{自变量不相关时第 } j \text{ 个回归系数的方差}} \\
&= \frac{1}{1-R_j^2} = \frac{1}{\mathrm{TOL}_j},
\end{aligned}
\tag{12.32}
$$

其中 $1-R_j^2$ 是自变量 X_j 对模型中其余自变量线性回归模型的 R 平方, VIF_j 的倒数 TOL_j 也称容限 (tolerence).

一般建议: 若 VIF > 10, 则表明模型中有很强的共线性问题.

在 R 语言的 DAAG 程序包中, 函数 vif( ) 可用来计算方差膨胀因子, 其调用格式为:

```
vif(lmobj, digits=5)
```

说明: lmobj 为由 lm( ) 生成的对象, digits 给出小数点位数, 默认为 5 位.

例 12.4.5 某种水泥在凝固时单位质量所释放的热量为 Y cal/g, 它与水泥中下列四种化学成分有关:

- X_1 —— 3CaO $\cdot$ Al$_2$O$_3$ 的成分 (%)
- X_2 —— 3CaO $\cdot$ SiO$_2$ 的成分 (%)
- X_3 —— 4CaO $\cdot$ Al$_2$O$_3$ $\cdot$ Fe$_2$O$_3$ 的成分 (%)
- X_4 —— 2CaO $\cdot$ SiO$_2$ 的成分 (%)

共观测了 13 组数据 (见表 12.8), 试对自变量的共线性进行诊断.

表 12.8 水 泥 数 据

序号	X_1	X_2	X_3	X_4	Y
1	7	26	6	60	78.5
2	1	29	15	52	74.3
3	11	56	8	20	104.3
4	11	31	8	57	87.6
5	7	52	6	33	95.9
6	11	55	9	22	109.2
7	3	71	17	6	102.7
8	1	31	22	44	72.5
9	2	54	18	22	93.1
10	21	47	4	18	115.9
11	1	40	23	34	83.8
12	11	66	9	12	113.3
13	10	68	8	12	109.4

解 回归分析的 R 程序如下:

```
x1 <- c(7, 1, 11, 11, 7, 11, 3, 1, 2, 21, 1, 11, 10)
x2 <- c(26, 29, 56, 31, 52, 55, 71, 31, 54, 47, 40, 66, 68)
x3 <- c(6, 15, 8, 8, 6, 9, 17, 22, 18, 4, 23, 9, 8)
x4 <- c(60, 52, 20, 57, 33, 22, 6, 44, 22, 18, 34, 12, 12)
y <- c(78.5, 74.3, 104.3, 87.6, 95.9, 109.2, 102.7, 72.5,
       93.1, 115.9, 83.8, 113.3, 109.4)
cement <- data.frame(x1, x2, x3, x4)
```

```
lm.reg7 <- lm(y ~ x1+x2+x3+x4, data=cement)
summary(lm.reg7)
```

结果显示为

```
Call:
lm(formula = y ~ x1 + x2 + x3 + x4, data = cement)
Residuals:
   Min     1Q Median     3Q    Max
-3.278 -1.396 -0.237  1.165  4.038
Coefficients:
            Estimate Std. Error t value Pr(>|t|)
(Intercept)   64.804     22.887    2.83   0.0221 *
x1             1.480      0.360    4.12   0.0034 **
x2             0.492      0.229    2.15   0.0635 .
x3             0.051      0.330    0.15   0.8810
x4            -0.156      0.212   -0.74   0.4820
---
Signif. codes:
0 '***' 0.001 '**' 0.01 '*' 0.05 '.' 0.1 ' ' 1
Residual standard error: 2.37 on 8 degrees of freedom
Multiple R-squared:  0.983,Adjusted R-squared:  0.975
F-statistic:  119 on 4 and 8 DF,  p-value: 3.74e-07
```

可见, 在 0.05 的水平下, 仅有 X_1 是显著的. 再看一下变量 X_1, X_2, X_3, X_4 的方差膨胀因子

```
library(DAAG)
vif(lm.reg7, digits=3)
    x1     x2     x3     x4
 9.544 26.936  9.513 31.357
```

结论: 由于 X_2 与 X_4 的方差膨胀因子均大于 10, 因此它们之间可能存在共线性性. 由命令

```
cor(x2, x4)
[1] -0.948
```

知它们之间的线性相关系数达到 0.948, 因此可以肯定它们之间的确存在严重的共线

性性.   ■

12.5 广义线性模型

线性回归模型是定量分析中最常用的统计分析方法, 但线性回归分析要求响应变量是连续型变量. 在实际研究中, 尤其是在生物、医学、经济和社会数据的统计分析中, 会经常遇到非连续型的响应变量, 即分类响应变量. 本节考虑几个更为一般的线性模型, 包括 logistic 回归模型、泊松回归模型和基于 Γ 分布的广义线性模型, 重点讲述最为广泛的 logistic 回归模型的原理及广义线性模型统计分析的函数调用格式.

Logistic 回归

在研究两分类响应变量与诸多自变量间的相互关系时, 常选用 logistic 回归模型.

将两分类响应变量 Y 的一个结果记为"成功", 另一个结果记为"失败", 分别用 0 和 1 表示. 对响应变量 Y 有影响的 p 个自变量 (解释变量) 记为 $X_1, X_2, \ldots, X_p$. 在 p 个自变量的作用下出现"成功"的条件概率记为 $p = P(Y = 1|X_1, X_2, \ldots, X_p)$, 那么 logistic 回归模型表示为

$$p = \frac{\exp(\beta_0 + \beta_1 X_1 + \beta_2 X_2 + \cdots + \beta_p X_p)}{1 + \exp(\beta_0 + \beta_1 X_1 + \beta_2 X_2 + \cdots + \beta_p X_p)}, \tag{12.33}$$

其中 β_0 称为常数项或截距, $\beta_1, \beta_2, \ldots, \beta_p$ 称为 logistic 回归模型的回归系数.

从(12.33)式可以看出, logistic 回归模型是一个非线性的回归模型, 自变量 $X_j(j = 1, 2, \ldots, p)$ 可以是连续变量, 也可以是分类变量, 或哑变量 (dummy variable). 对自变量 X_j 的任意取值, $\beta_0 + \beta_1 X_1 + \beta_2 X_2 + \cdots + \beta_p X_p$ 总落在 $(-\infty, +\infty)$ 中, 因此公式(12.33)中的比值, 即 p 的取值, 总在 0 到 1 之间变化, 这是 logistic 回归模型的合理性所在.

对公式(12.33)做 logit 变换, logistic 回归模型可以写成下面更一般的线性形式

$$\mathrm{logit}(p) = \ln\left(\frac{p}{1-p}\right) = \beta_0 + \beta_1 X_1 + \beta_2 X_2 + \cdots + \beta_p X_p. \tag{12.34}$$

这样我们可以使用线性回归模型对参数 $\beta_j, j = 1, 2, \ldots, p$, 进行估计.

一般的广义线性模型

　　`logistic` 回归模型属于广义线性模型 (generalized linear model) 的一种. 广义线性模型是通常的正态线性模型的推广, 它要求响应变量只能通过线性形式依赖于解释变量. 上述推广体现在两个方面.

- 通过一个连接函数 ψ, 即对响应变量期望的变换, 将响应变量的期望与解释变量建立线性关系

$$\psi(\mathrm{E}(Y)) = \beta_0 + \beta_1 X_1 + \beta_2 X_2 + \cdots + \beta_p X_p,$$

- 通过一个误差函数, 说明广义线性模型的最后一部分随机项;

表 12.9 给出了广义线性模型中常见的连接函数和误差函数. 可见, 若连接函数为恒等变换, 误差函数为正态分布, 则得到通常的正态线性回归模型; 若连接函数为 `logit` 变换, 误差函数为二项分布, 则得到上面所说的 `logistic` 回归模型.

表 12.9　常见的连接函数和误差函数

变换	连接函数	回归模型	典型误差函数
恒等	$\psi(x) = x$	$\mathrm{E}(Y) = X^{\mathrm{T}}\boldsymbol{\beta}$	正态分布
对数	$\psi(x) = \ln(x)$	$\ln(\mathrm{E}(Y)) = X^{\mathrm{T}}\boldsymbol{\beta}$	泊松分布
logit	$\psi(x) = \mathrm{logit}(x)$	$\mathrm{logit}(\mathrm{E}(Y)) = X^{\mathrm{T}}\boldsymbol{\beta}$	二项分布
逆 (倒数)	$\psi(x) = 1/x$	$1/\mathrm{E}(Y) = X^{\mathrm{T}}\boldsymbol{\beta}$	$\varGamma$ 分布

与广义线性模型有关的 R 函数: glm( )

　　R 语言提供了拟合和计算广义线性模型的函数 `glm( )`, 其调用格式为:

```
log <- glm(formula,  family=family.generator,
          data=data.frame)
```

　　说明: `formula` 为拟合公式, 其意义与线性模型相同; `family` 为分布族, 包括正态分布 (`gaussian`)、二项分布 (`binomial`)、泊松分布 (`poission`) 和 $\varGamma$ 分布 (`gamma`), 分布族还可通过选项 `link=` 来指定使用的连接函数; `data` 为数据框.

　　1) 基于正态分布的广义线性模型: 通常的线性回归模型

```
log <- glm(formula, family = gaussian(link = identity),
           data = data.frame)
```

说明: `link=identity` 可以不写, 因为正态分布族的连接函数默认值是恒等变换, 再者整个 `family=gaussian` 也可以不写, 因为分布族的默认值是正态分布. 正态分布族的广义线性模型等同于一般的线性模型, 因此

```
fm <- glm(formula, family = gaussian, data = data.frame)
```

等同于

```
fm <- lm(formula, data = data.frame)
```

2) 基于二项分布的广义线性模型: `logistic` 回归模型

基于二项分布族的广义线性模型, 即 `logistic` 回归模型, 在 R 中 `glm( )` 的调用格式为:

```
log <- glm(formula, family = binominal(link = logit),
           data = data.frame)
```

说明: `glm( )` 就是 R 语言中拟合和计算广义线性模型的函数. 公式 `formula` 有两种输入方法: 一种是输入成功与失败的次数, 另一种像线性模型通常数据的输入方法. `link=logit` 可以不写, 因为 `logit` 是二项分布的连接函数, 是默认状态.

3) 基于泊松分布的广义线性模型: 泊松回归模型

若响应变量 Y 服从泊松分布, 其参数的对数与解释变量存在线性关系, 则数据的统计分析可用泊松回归模型进行解决, 相应的 `glm( )` 的调用格式为:

```
log <- glm(formula, family = poisson(link = log),
           data = data.frame)
```

4) 基于 Γ 分布的广义线性模型:

```
log <- glm(formula, family = gamma(link = inverse),
           data = data.frame)
```

例 12.5.1　表 12.10 为对 45 名驾驶员的调查结果, 其中 4 个变量的含义为:

1) X_1: 表示视力状况, 它是一个分类变量, 1 表示好, 0 表示有问题;

2) X_2: 年龄 (age) 是数值型变量;

3) X_3: 驾车 (drive) 教育, 它也是一个分类变量, 1 表示参加过驾车教育, 0 表示没有;

4) Y: 一个分类型输出变量, 去年是否出过事故 (accident), 1 表示出过事故, 0

表示没有.

试考察前 3 个变量 X_1, X_2, X_3 与发生事故的关系.

表 12.10　对 45 名驾驶员的调查结果

X_1	X_2	X_3	Y	X_1	X_2	X_3	Y	X_1	X_2	X_3	Y
1	17	1	1	1	68	1	0	0	17	0	0
1	44	0	0	1	18	1	0	0	45	0	1
1	48	1	0	1	68	0	0	0	44	0	1
1	55	0	0	1	48	1	1	0	67	0	0
1	75	1	1	1	17	0	0	0	55	0	1
0	35	0	1	1	70	1	1	1	61	1	0
0	42	1	1	1	72	1	0	1	19	1	0
0	57	0	0	1	35	0	1	1	69	0	0
0	28	0	1	1	19	1	0	1	23	1	1
0	20	0	1	1	62	1	0	1	19	0	0
0	38	1	0	0	39	1	1	1	72	1	1
0	45	0	1	0	40	1	1	1	74	1	0
0	47	1	1	0	55	0	0	1	31	0	1
0	52	0	0	0	68	0	1	1	16	1	0
0	55	0	1	0	25	1	0	1	61	1	0

解　求解步骤如下:

1) 用数据框形式建立数据

```
x1 <- rep(c(1, 0, 1, 0, 1), c(5, 10, 10, 10, 10))
x2 <- c(17, 44, 48, 55, 75, 35, 42, 57, 28, 20,
        38, 45, 47, 52, 55, 68, 18, 68, 48, 17,
        70, 72, 35, 19, 62, 39, 40, 55, 68, 25,
        17, 45, 44, 67, 55, 61, 19, 69, 23, 19,
        72, 74, 31, 16, 61)
x3 <- c(1, 0, 1, 0, 1, 0, 1, 0, 0, 0, 1, 0, 1, 0, 0,
        1, 1, 0, 1, 0, 1, 1, 0, 1, 1, 1, 1, 0, 0, 1,
        0, 0, 0, 0, 0, 1, 1, 0, 1, 0, 1, 1, 0, 1, 1)
```

```
y <- c(1, 0, 0, 0, 1, 1, 1, 0, 1, 1, 0, 1, 1, 0, 1,
       0, 0, 0, 1, 0, 1, 0, 1, 0, 0, 1, 1, 0, 1, 0,
       0, 1, 1, 0, 1, 0, 0, 0, 1, 0, 1, 0, 1, 0, 0)
accident <- data.frame(x1, x2, x3, y)
```

2) 再用 logistic 回归模型拟合

```
log.glm <- glm(y~x1+x2+x3, family=binomial, data=accident)
summary(log.glm)
```

回归结果为:

```
Call:
glm(formula = y ~ x1 + x2 + x3, family = binomial, data = accident)
Deviance Residuals:
   Min     1Q  Median     3Q     Max
-1.564  -0.913  -0.789   0.964   1.600
Coefficients:
             Estimate Std. Error z value Pr(>|z|)
(Intercept)    0.5976     0.8948    0.67    0.504
x1            -1.4961     0.7049   -2.12    0.034 *
x2            -0.0016     0.0168   -0.10    0.924
x3             0.3159     0.7011    0.45    0.652
---
Signif. codes:
0 '***' 0.001 '**' 0.01 '*' 0.05 '.' 0.1 ' ' 1
(Dispersion parameter for binomial family taken to be 1)
    Null deviance: 62.183  on 44  degrees of freedom
Residual deviance: 57.026  on 41  degrees of freedom
AIC: 65.03
Number of Fisher Scoring iterations: 4
```

由此得到初步的 logistic 回归模型:

$$p = \frac{\exp(0.5976 - 1.4961X_1 - 0.0016X_2 + 0.3159X_3)}{1 + \exp(0.5976 - 1.4961X_1 - 0.0016X_2 + 0.3159X_3)},$$

即
$$\mathrm{logit}(p) = 0.5976 - 1.4961X_1 - 0.0016X_2 + 0.3159X_3.$$

3) 进行模型的诊断与更新

在此模型中, 由于参数 β_2, β_3 没有通过检验, 可类似于线性模型, 用 step( ) 做变量筛选.

```
log.step <- step(log.glm)
summary(log.step)
```

计算结果为:

```
Start:  AIC=65.03
y ~ x1 + x2 + x3
       Df Deviance  AIC
- x2    1     57.0 63.0
- x3    1     57.2 63.2
<none>        57.0 65.0
- x1    1     61.9 67.9
Step:  AIC=63.03
y ~ x1 + x3
       Df Deviance  AIC
- x3    1     57.2 61.2
<none>        57.0 63.0
- x1    1     62.0 66.0
Step:  AIC=61.24
y ~ x1
       Df Deviance  AIC
<none>        57.2 61.2
- x1    1     62.2 64.2
Call:
glm(formula = y ~ x1, family = binomial, data = accident)
Deviance Residuals:
   Min      1Q  Median      3Q     Max
-1.449  -0.878  -0.878   0.928   1.510
Coefficients:
```

```
            Estimate Std. Error z value Pr(>|z|)
(Intercept)     0.619     0.469     1.32     0.187
x1             -1.373     0.635    -2.16     0.031 *
---
Signif. codes:
0 '***' 0.001 '**' 0.01 '*' 0.05 '.' 0.1 ' ' 1
(Dispersion parameter for binomial family taken to be 1)
    Null deviance: 62.183  on 44  degrees of freedom
Residual deviance: 57.241  on 43  degrees of freedom
AIC: 61.24
Number of Fisher Scoring iterations: 4
```

可以看出, 新的回归方程为:

$$p = \frac{\exp(0.6190 - 1.3728X_1)}{1 + \exp(0.6190 - 1.3728X_1)}.$$

4) 最后进行预测分析

```
log.pre <- predict(log.step, data.frame(x1=1))
(p1 <- exp(log.pre)/(1+exp(log.pre)))
   1
0.32

log.pre <- predict(log.step, data.frame(x1=0))
(p2 <- exp(log.pre)/(1+exp(log.pre)))
   1
0.65
```

运行得到: p_1=0.32; p_2=0.65, 说明了视力有问题的司机发生交通事故的概率是视力正常的司机的两倍以上.

习题

练习 12.1　测得 10 名女中学生体重 X_1(kg)、胸围 X_2(cm) 及肺活量 Y(ml) 的数据如表 12.11 所示, 试画出 Y 与 X_1, X_2 的散点图, 并分析它们之间的相关关系.

表 12.11   10 名女中学生体重 X_1(kg), 胸围 X_2(cm) 及肺活量 Y(ml) 的值

X_1	35	40	40	42	37	45	43	37	44	42
X_2	60	74	64	71	72	68	78	66	70	65
Y	1600	2600	2100	2650	2400	2200	2750	1600	2750	2500

练习 12.2   考察温度对产量的影响, 测得 10 组数据 (见表 12.12)

表 12.12   温度对产量的影响

温度 $X/^\circ$C	20	25	30	35	40	45	50	55	60	65
产量 Y/kg	13.2	15.1	16.4	17.1	17.9	18.7	19.6	21.2	22.5	24.3

1) 试建立 X 与 Y 之间的回归方程;

2) 对此回归方程进行显著性检验;

3) 预测当 $X = 42\,^\circ$C 时产量的估计值及预测区间 (置信水平为 95%).

练习 12.3   根据表 12.13 提供的经济数据,

表 12.13   我国钢材消费量及国民收入

年份	钢材消费量/万吨	国民收入/亿元	年份	钢材消费量/万吨	国民收入/亿元
1964	698	1097	1973	1765	2286
1965	872	1284	1974	1762	2311
1966	988	1502	1975	1960	2003
1967	807	1394	1976	1902	2435
1968	738	1303	1977	2013	2625
1969	1025	1555	1978	2446	2948
1970	1316	1917	1979	2736	3155
1971	1539	2051	1980	2825	3372
1972	1561	2111			

1) 试画出散点图, 判断国民收入 (Y) 与钢材消费量 (X) 是否有线性关系;

2) 求出 Y 关于 X 的一元线性回归方程;

3) 对此回归方程做显著性检验;

4) 现测得 1981 年消费量 $X = 3441$, 试给出 1981 年国民收入的预测值及相应的区间估计 (置信水平为 95%).

练习 12.4 已知变量 X 与 Y 的观测值如表 12.14 所示.

1) 画出数据的散点图, 求回归直线 $Y = \hat{\beta}_0 + \hat{\beta}_1 X$, 同时将回归直线也画在散点图上;

2) 对回归模型与参数分别进行 F 检验和 t 检验;

3) 画出残差 (普通残差和标准残差) 与预测值的残差图, 分析误差是否是等方差的;

4) 修正模型: 对响应变量 Y 开方, 再完成 1)—3) 的工作.

表 12.14 数 据 表

序号	X	Y	序号	X	Y	序号	X	Y
1	1	0.6	11	4	3.5	21	8	17.5
2	1	1.6	12	4	4.4	22	8	13.4
3	1	0.5	13	4	5.1	23	8	4.5
4	1	1.2	14	5	5.7	24	9	30.4
5	2	2.0	15	6	3.4	25	11	12.4
6	2	1.3	16	6	9.7	26	12	13.4
7	2	2.5	17	6	8.6	27	12	26.2
8	3	2.2	18	7	4.0	28	12	7.4
9	3	2.4	19	7	5.5			
10	3	1.2	20	7	10.5			

练习 12.5 某厂生产的一种电器的年销售量 Y 与竞争对手的价格 X_1 及本厂的价格 X_2 有关. 表 12.15 是从 10 个城市采集的数据.

表 12.15 10 个城市某种电器的年销售量和竞争对手价格 (单位: 元)

X_1	X_2	Y	X_1	X_2	Y
120	100	102	140	110	100
190	90	120	130	150	77
155	210	46	175	150	93
125	250	26	145	270	69
180	300	65	150	250	85

1) 建立 Y 与 X_1 及 X_2 的回归关系, 并说明回归方程在 $\alpha = 0.05$ 的水平上是否

显著? 并解释回归系数的含义;

　　2) 对回归模型进行初步诊断, 并指出有无可疑点或异常点;

　　3) 已知在某城市本厂电器的售价为 $X_2 = 160$ 元, 竞争对手售价 $X_1 = 170$ 元, 使用上述建立起来的回归模型预测该城市的年销售量;

　　4) 您能否建立决定系数 $R^2 > 0.68$、且模型中所有回归系数在 0.10 水平上是显著的回归模型? (提示: 考虑二次项和交叉项, 用逐步回归法.)

练习 12.6　　某科学基金会的管理人员欲了解从事研究的工作人员中, 高水平的数学家工资额 Y 与他们的研究成果 (论文、著作等) 的质量指标 X_1, 从事研究工作的时间 X_2 以及能成功获得资助的指标 X_3 之间的关系, 为此按一定的设计方案调查了 24 位此类型的数学家, 数据如表 12.16 所示.

表 12.16　24 位数学家工资额及相关指标的调查数据

序号	Y	X_1	X_2	X_3	序号	Y	X_1	X_2	X_3
1	33.2	3.5	9	6.1	13	43.3	8.0	23	7.6
2	40.3	5.3	20	6.4	14	44.1	5.6	35	7.0
3	38.7	5.1	18	7.4	15	42.8	6.6	39	5.0
4	46.8	5.8	33	6.7	16	33.6	3.7	31	4.4
5	41.4	4.2	31	7.5	17	34.2	6.2	7	5.5
6	37.5	6.0	13	5.9	18	48.0	7.0	40	7.0
7	39.0	6.8	25	6.0	19	38.0	4.0	35	6.0
8	40.7	5.5	30	4.0	20	35.9	4.5	23	3.5
9	30.1	3.1	5	5.8	21	40.4	5.9	33	4.0
10	52.9	7.2	47	8.3	22	36.8	5.6	27	4.3
11	38.2	4.5	25	5.0	23	45.2	4.8	34	8.0
12	31.8	4.9	11	6.4	24	35.1	3.9	15	5.0

　　1) 假设误差服从 $N(0, \sigma^2)$ 分布, 建立 Y 与 X_1, X_2 和 X_3 之间的线性回归方程并研究相应的统计推断问题, 做相应的诊断和检验;

　　2) 假定某位数学家的关于 X_1, X_2, X_3 的值为 $(x_{01}, x_{02}, x_{03}) = (5.1, 20, 7.2)$, 试预测他的年工资额, 并给出置信水平为 95% 的置信区间.

练习 12.7　　某种水泥在凝固时放出的热量 $Y(\text{cal/g})$ 与水泥中四种化学成分 X_1, X_2, X_3, X_4 有关, 现测得 13 组数据, 如表 12.17 所示.

表 12.17　水泥在凝固时放出的热量与 4 种化学成分

序号	Y	X_1	X_2	X_3	X_4	序号	Y	X_1	X_2	X_3	X_4
1	7	26	6	60	78.5	8	1	31	22	44	72.5
2	1	29	15	52	74.3	9	2	54	18	22	93.1
3	11	56	8	50	104.3	10	21	47	4	26	115.9
4	11	31	8	47	87.6	11	1	40	23	34	83.8
5	7	52	6	33	95.9	12	11	66	9	12	113.3
6	11	55	9	22	109.2	13	10	68	8	12	109.4
7	3	71	17	6	102.7						

1) 希望从中选出主要变量, 建立 Y 与它们的回归方程;

2) 考查 X_1, X_2, X_3, X_4 之间是否存在多重共线性;

3) 分析用函数 step( ) 去掉的变量是否合理.

练习 12.8　某研究者欲比较 3 种药物治疗病情不同的某病的效果, 研究数据见表 12.18, 试对数据进行 logistic 回归分析, 并做相应的统计推断.

表 12.18　3 种药物对不同病情的某病的疗效

	病情	有效 (1)	无效 (0)
甲药 (0)	轻 (1)	38	64
	重 (0)	10	82
乙药 (1)	轻 (1)	95	18
	重 (0)	50	35
丙药 (2)	轻 (1)	88	26
	重 (0)	43	37

练习 12.9　表 12.19 是 40 名肺癌患者的生存资料, 其中 X_1 表示生活行为能力评分 (1 到 100); X_2 表示患者的年龄 (岁); X_3 表示由诊断到进入研究的时间 (月); X_4 表示肿瘤类型 ("0"是鳞瘤, "1"是小型细胞癌, "2"是腺癌, "3"是大型细胞癌); X_5 表示两种化疗方法 ("1"是常规方法, "0"是新的试验法); Y 表示患者的生存时间 ("0"是生存时间短, 即生存时间小于 200 天; "1"表示生存时间长, 即生存时间大于或等于 200 天).

1) 建立 $P(Y = 1)$ 对 X_1, X_2, X_3, X_4, X_5 的 logistic 回归模型, 问: X_1 至 X_5

表 12.19 40 名肺癌患者的生存资料

序号	X_1	X_2	X_3	X_4	X_5	Y	序号	X_1	X_2	X_3	X_4	X_5	Y
1	70	64	5	1	1	1	21	60	37	13	1	1	0
2	60	63	9	1	1	0	22	90	54	12	1	0	1
3	70	65	11	1	1	0	23	50	52	8	1	0	1
4	40	69	10	1	1	0	24	70	50	7	1	0	1
5	40	63	58	1	1	0	25	20	65	21	1	0	0
6	70	48	9	1	1	0	26	80	52	28	1	0	1
7	70	48	11	1	1	0	27	60	70	13	1	0	0
8	80	63	4	2	1	0	28	50	40	13	1	0	0
9	60	63	14	2	1	0	29	70	36	22	2	0	0
10	30	53	4	2	1	0	30	40	44	36	2	0	0
11	80	43	12	2	1	0	31	30	54	9	2	0	0
12	40	55	2	2	1	0	32	30	59	87	2	0	0
13	60	66	25	2	1	1	33	40	69	5	3	0	0
14	40	67	23	2	1	0	34	60	50	22	3	0	0
15	20	61	19	3	1	0	35	80	62	4	3	0	0
16	50	63	4	3	1	0	36	70	68	15	0	0	0
17	50	66	16	0	1	0	37	30	39	4	0	0	0
18	40	68	12	0	1	0	38	60	49	11	0	0	0
19	80	41	12	0	1	1	39	80	64	10	0	0	1
20	70	53	8	0	1	1	40	70	67	18	0	0	1

对 $P(Y = 1)$ 的综合影响是否显著? 哪些变量是主要的影响因素, 显著性水平如何? 计算各患者生存时间大于等于 200 天的概率估计值;

2) 用逐步回归法选取自变量, 结果如何? 在所选模型下, 计算患者生存时间大于或等于 200 天的概率估计值, 并将计算结果与 1) 中的模型做比较, 差异如何? 哪一个模型更合理?

练习 12.10 Breslow(1993) 提供了一批遭受轻微或严重间歇性癫痫的患者的年龄和癫痫发病数的数据, 具体可通过 R 包中的数据 breslow.data 了解. 数据包含了患者被随机分配到药物组或者安慰剂组前 8 周和随机分配后 8 周两种情况. 响应变量为 sumY(随机化后 8 周内癫痫发病数), 预测变量为治疗条件 (Trt)、年龄 (Age) 和前

8 周内的基础癫痫发病数 (Base, 对 sumY 有潜在影响).

1) 画出癫痫发病数的分组箱线图, 并对结果给出直观判断;

2) 构建 sumY 关于 Trt, Age 和 Base 的泊松回归, 写出代码并分析输出的结果;

3) 根据回归系数说明年龄增加对癫痫发病数的影响;

4) 服用药物组相对于安慰剂组癫痫发病人数是否有所降低, 降低多少?

第 13 章

多元统计分析介绍

本 章 概 要

- 主成分分析与因子分析
- 判别分析
- 聚类分析
- 典型相关分析
- 对应分析

多元统计分析 (multivariable statistical analysis) 也称多变量统计分析、多因素统计分析或多元分析, 是研究客观事物中多变量 (多因素或多指标) 之间的相互关系和多样品对象之间差异以及以多个变量为代表的多元随机变量之间的依赖和差异的现代统计分析理论和方法.

主成分分析与因子分析的目的是寻找多个变量的 "代表", 判别分析能将对象分类到已知类别中, 聚类分析按照一定的尺度把对象分类, 典型相关分析研究两组变量之间的相关问题, 对应分析探究行列变量的关系.

13.1 主成分分析与因子分析

做衣服时, 需要测量人体的许多尺寸, 如上体长、手臂长、胸围、颈围、总肩宽等. 然而, 这些量之间是否有联系, 能否选出它们的某个线性组合, 使之基本能够刻画人对服装的要求. 若能, 选出的线性组合就是诸多尺寸的主成分或称为主分量.

主成分分析 (principle component analysis, PCA) 是把多维空间的相关多变量的数据集, 通过降维化简为少量而且相互独立的新综合指标, 同时又使简化后的新综合指标尽可能多地包括原指标中的主要信息, 或是尽可能不损失原有指标的主要信息.

为了更直观地理解因子分析, 我们先看一下具体的例子. 测验中学生的知识与能力, 出 40 道题目, 让若干学生回答, 每道题目有一得分, 这是可以观测的随机变量. 我们希望找出有限个不可观测的潜在变量来解释这 40 个随机变量, 这种分析称为因子分析. 这种不可观测的潜在变量一般不能表示为原来随机变量的线性组合, 但却是有实际意义的, 例如语言表达能力、推理能力、艺术修养能力、历史知识和生活常识等, 所以因子分析是寻求潜在变量的一种方法.

因子分析 (factor analysis) 最早于 1904 年由著名统计学家、心理学家 Karl Pearson 和 Charles Spearman 提出, 主要目的是研究相关矩阵的内在依赖关系, 把多个显在的变量综合为少数几个不可观测的"潜在因子"或称公共因子, 以说明复杂多变量系统的内部结构, 并解释原始显在复杂多变量与少数"潜在因子"之间的内在联系和相关关系. 然后, 根据专业知识和定性分析对综合因子所反映的独特含义进行命名和解释.

13.1.1 主成分的定义与计算

定义 13.1 设 $\boldsymbol{X} = (X_1, X_2, \ldots, X_p)^{\mathrm{T}}$ 是 p 维随机向量, 其二阶矩存在, 若向量 $\boldsymbol{t}_1^{\mathrm{T}} = (t_{11}^*, t_{12}^*, \ldots, t_{1p}^*)$ 在条件 $|\boldsymbol{t}_1| = 1$ 下使得 $\mathrm{Var}(\boldsymbol{t}_1^{\mathrm{T}}\boldsymbol{X})$ 最大, 则称 $Y_1 = \boldsymbol{t}_1^{\mathrm{T}}\boldsymbol{X}$ 是 $\boldsymbol{X}$ 的第一主成分或第一主分量; 若向量 $\boldsymbol{t}_2^{\mathrm{T}} = (t_{21}^*, t_{22}^*, \ldots, t_{2p}^*)$ 在条件 $|\boldsymbol{t}_2| = 1$, $\mathrm{Cov}(\boldsymbol{t}_2^{\mathrm{T}}\boldsymbol{X}, Y_1) = 0$ 下使得 $\mathrm{Var}(\boldsymbol{t}_2^{\mathrm{T}}\boldsymbol{X})$ 最大, 则称 $Y_2 = \boldsymbol{t}_2^{\mathrm{T}}\boldsymbol{X}$ 是 $\boldsymbol{X}$ 的第二主成分或第二主分量, 以此类推可定义第三主成分等.

由定义可见, Y_1 尽可能多地反映原来 p 个变量的信息, Y_2 在与 Y_1 不相关的条件下尽可能多地反映原来 p 个变量的信息, 这样继续下去. 定理 13.1 给出主成分的计算公式.

定理 13.1 设 $\boldsymbol{X}$ 为 p 维随机向量, $\mathrm{Cov}(\boldsymbol{X}) = \Sigma$ 存在, 则 $\boldsymbol{X}$ 的第 i 个主成分为 $Y_i = \boldsymbol{t}_i^{\mathrm{T}}\boldsymbol{X}$, $i = 1, 2, \ldots, p$, 其中 $\mathrm{Var}(Y_i) = \lambda_i$ 是 Σ 的特征值从大到小排序后的第 i 个特征值, $\boldsymbol{t}_i$ 是 λ_i 的特征向量.

定义 13.2 $\lambda_k \Big/ \sum\limits_{i=1}^{p} \lambda_i$ 称为主成分 Y_k 的方差贡献率; $\sum\limits_{i=1}^{k} \lambda_i \Big/ \sum\limits_{i=1}^{p} \lambda_i$ 称为主成分 $Y_1, Y_2, \ldots, Y_k$ 的累积方差贡献率, Y_k 与 $\boldsymbol{X}$ 第 i 个分量的相关系数 $\rho(X_i, Y_k)$ 称为因子载荷量.

易证明 $\rho(X_i, Y_k) = \sqrt{\lambda_k} t_{ki} / \sigma_i$, 其中 σ_i^2 是 X_i 的方差, t_{ki} 是 $\boldsymbol{t}_k$ 第 i 个分量.

通常取 m 使 $Y_1, Y_2, \ldots, Y_m$ 的累积方差贡献率达到 70% 或 80% 以上, 然后考虑用 $Y_1, Y_2, \ldots, Y_m$ 来描述 $\boldsymbol{X}$ 的性质.

在实际问题中, $\boldsymbol{X}$ 的不同分量有时有不同的量纲, 当量纲变小时该分量的方差会

变大, 从而在主成分中变得突出, 造成不合理的结果. 为了避免量纲的影响, 常常将随机变量都标准化, 令

$$X_i^* = \frac{X_i - \mathrm{E}(X_i)}{\sqrt{\mathrm{Var}(X_i)}}, \quad i = 1, 2, \ldots, p, \tag{13.1}$$

$\boldsymbol{X}^* = (X_1^*, X_2^*, \ldots, X_p^*)^{\mathrm{T}}$, 再来求 $\boldsymbol{X}^*$ 的主成分, 而 $\boldsymbol{X}^*$ 的协差阵就是 $\boldsymbol{X}^*$ 的相关阵, 也是 $\boldsymbol{X}$ 的相关阵 $\boldsymbol{R}$, 因此我们得到如下的定理.

定理 13.2 设 $\boldsymbol{X}$ 的相关阵为 $\boldsymbol{R}$, 其特征值为 $\lambda_1^* \geqslant \lambda_2^* \geqslant \cdots \geqslant \lambda_p^*$, 相应的特征向量为 $\boldsymbol{t}_1^*, \boldsymbol{t}_2^*, \ldots, \boldsymbol{t}_p^*$, 则 $\boldsymbol{X}^*$ 的主成分分别是 $Y_1^* = \boldsymbol{t}_1^{*\mathrm{T}} \boldsymbol{X}^*, Y_2^* = \boldsymbol{t}_2^{*\mathrm{T}} \boldsymbol{X}^*, \ldots, Y_p^* = \boldsymbol{t}_p^{*\mathrm{T}} \boldsymbol{X}^*$. X_i^* 与主成分 Y_k^* 的相关系数 (因子载荷量) 为 $\rho(X_i^*, Y_k^*) = \sqrt{\lambda_k^*} t_{ki}^*$, 其中 t_{ki}^* 是 $\boldsymbol{t}_k^*$ 的第 i 个分量.

在实际问题中协差阵、相关阵都是未知的, 总用样本协差阵与样本相关阵代替, 这是有道理的: 若 $\boldsymbol{X} \sim N(\boldsymbol{\mu}, \boldsymbol{\Sigma})$, $\hat{\boldsymbol{\Sigma}}$ 是 $\boldsymbol{\Sigma}$ 的极大似然估计, $\hat{\boldsymbol{\Sigma}}$ 的特征值为 $\nu_1 \geqslant \nu_2 \geqslant \cdots \geqslant \nu_p$, 相应单位特征向量为 $\boldsymbol{\iota}_1, \boldsymbol{\iota}_2, \ldots, \boldsymbol{\iota}_p$; 而 $\boldsymbol{\Sigma}$ 的特征值和特征向量分别为 $\lambda_1 \geqslant \lambda_2 \geqslant \cdots \geqslant \lambda_p$ 和 $\boldsymbol{t}_1, \boldsymbol{t}_2, \ldots, \boldsymbol{t}_p$, 则可以证明如下结论.

定理 13.3 在上面的记号下有: $\nu_1, \nu_2, \ldots, \nu_p$ 是 $\lambda_1, \lambda_2, \ldots, \lambda_p$ 的极大似然估计, $\boldsymbol{\iota}_1, \boldsymbol{\iota}_2, \ldots, \boldsymbol{\iota}_p$ 是 $\boldsymbol{t}_1, \boldsymbol{t}_2, \ldots, \boldsymbol{t}_p$ 的极大似然估计.

13.1.2 主成分分析的 R 通用程序

利用 R 语言的 `princomp( )` 函数就可完成主成分分析, `princomp( )` 的两种调用格式如下:

```
princomp(formula, data = NULL, subset, na.action, ...)
princomp(x, cor = FALSE, scores = TRUE, covmat = NULL,
         subset = rep(TRUE, nrow(as.matrix(x))), ...)
```

说明: `formula` 是没有响应变量的公式; `x` 是用于主成分分析的数据; `cor` 是逻辑变量, 当 `cor=TRUE` 时表示用样本的相关阵 $\boldsymbol{R}$ 作主成分分析, 否则当 `cor=FALSE` 时 (默认选项) 表示用样本的协方差阵 $\boldsymbol{S}$ 作主成分分析, 具体说明见 `princomp( )` 的帮助.

例 13.1.1 随机抽取某年级 30 名中学生, 测量其身高 (X_1/cm), 体重 (X_2/kg), 胸围 (X_3/cm), 坐高 (X_4/cm), 数据如表 13.1 所示, 试对这 30 名学生的身体 4 项指标做主成分分析.

表 13.1 30 名中学生的 4 项指标

序号	X_1	X_2	X_3	X_4	序号	X_1	X_2	X_3	X_4
1	148	41	72	78	16	152	35	73	79
2	139	34	71	76	17	149	47	82	79
3	160	49	77	86	18	145	35	70	77
4	149	36	67	79	19	160	47	74	87
5	159	45	80	86	20	156	44	78	85
6	142	31	66	76	21	151	42	73	82
7	153	43	76	83	22	147	38	73	78
8	150	43	77	79	23	157	39	68	80
9	151	42	77	80	24	147	30	65	75
10	139	31	68	74	25	157	48	80	88
11	140	29	64	74	26	151	36	74	80
12	161	47	78	84	27	144	36	68	76
13	158	49	78	83	28	141	30	67	76
14	140	33	67	77	29	139	32	68	73
15	137	31	66	73	30	148	38	70	78

解 R 程序如下:

```
student <- data.frame(
 X1 = c(148, 139, 160, 149, 159, 142, 153, 150, 151, 139,
        140, 161, 158, 140, 137, 152, 149, 145, 160, 156,
        151, 147, 157, 147, 157, 151, 144, 141, 139, 148),
 X2 = c(41, 34, 49, 36, 45, 31, 43, 43, 42, 31,
        29, 47, 49, 33, 31, 35, 47, 35, 47, 44,
        42, 38, 39, 30, 48, 36, 36, 30, 32, 38),
 X3 = c(72, 71, 77, 67, 80, 66, 76, 77, 77, 68,
        64, 78, 78, 67, 66, 73, 82, 70, 74, 78,
        73, 73, 68, 65, 80, 74, 68, 67, 68, 70),
 X4 = c(78, 76, 86, 79, 86, 76, 83, 79, 80, 74,
        74, 84, 83, 77, 73, 79, 79, 77, 87, 85,
        82, 78, 80, 75, 88, 80, 76, 76, 73, 78)
```

```
)
student.pr <- princomp(student, cor=TRUE)
summary(student.pr,loadings=TRUE)
```

计算结果为:

```
Importance of components:
                       Comp.1  Comp.2   Comp.3   Comp.4
Standard deviation     1.8818 0.55981  0.28180  0.25712
Proportion of Variance 0.8853 0.07835  0.01985  0.01653
Cumulative Proportion  0.8853 0.96362  0.98347  1.00000
Loadings:
   Comp.1 Comp.2 Comp.3 Comp.4
X1  0.497  0.543  0.450  0.506
X2  0.515 -0.210  0.462 -0.691
X3  0.481 -0.725 -0.175  0.461
X4  0.507  0.368 -0.744 -0.232
```

对上述结果我们做一些说明:

1) **Standard deviation**: 表示主成分的标准差, 即主成分的方差平方根, 也就是相应特征值的开方;

2) **Proportion of Variance**: 表示方差的贡献率;

3) **Cumulative Proportion**: 表示方差的累积贡献率.

4) 用 summmary( ) 函数中 loadings=TRUE 选项列出了主成分对应原始变量的系数, 因此得到前两个主成分是

$$Y_1 = 0.497X_1^* + 0.515X_2^* + 0.481X_3^* + 0.507X_4^*,$$

$$Y_2 = 0.543X_1^* - 0.210X_2^* - 0.725X_3^* + 0.368X_4^*.$$

由于前两个主成分的累积贡献率已经达到了 96.36%, 所以取前两个主成分来降维.

5) 对于主成分的解释: 由 Y_1 的系数符号相同, 其值都接近于 0.5, 它反映学生身材的魁梧程度, 因此我们称第一主成分为大小因子 (魁梧因子); Y_2 的系数中身高 (X_1) 和坐高 (X_4) 为正值, 它反映学生的胖瘦情况, 故称第二主成分为体型因子 (或胖瘦因子).

13.1.3   因子分析的定义与计算

因子分析方法根据研究对象和分析方法的不同, 分为 R 型和 Q 型两种类型. R 型因子分析研究指标 (变量) 之间的相互关系, 通过对多个变量相关系数矩阵内部结构的研究, 找出控制所有变量的几个公共因子 (或称为主因子、潜在因子); Q 型因子分析研究样品之间的相关关系, 通过对样品的相似矩阵内部结构的研究找出控制所有样品的几个主要因素. 由于这两种因子分析方法的相关关系, 所以通过样品相似系数矩阵与变量相关系数矩阵内部结构的研究, 找出分析的全部运算过程都是一样的, 只是出发点不同而已. R 型分析从相关系数矩阵出发, Q 型分析从相似系数矩阵出发, 对于同一批观测数据, 可根据所要求的目的决定采用哪一类型的分析. 只是 R 型分析须考虑变量量纲及数量级, 而 Q 型分析则不必考虑这一问题.

定义 13.3   设 X 为 $p \times 1$ 随机向量, 其均值为 μ, 协差阵为 $\Sigma = (\sigma_{ij})$, 若 X 能表示为

$$X = \mu + \Lambda f + u, \tag{13.2}$$

其中 Σ 是 $p \times k$ 未知常数阵, f 是 $k \times 1$ 随机向量, μ 是 $p \times 1$ 随机向量, 且满足

$$\begin{cases} \mathrm{E}(f) = 0, & \mathrm{Var}(f) = I, \\ \mathrm{E}(\mu) = 0, & \mathrm{Var}(\mu) = \Psi = \mathrm{diag}(\Psi_1^2, \Psi_2^2, \ldots, \Psi_p^2), \\ \mathrm{Cov}(f, \mu) = 0, \end{cases} \tag{13.3}$$

则称(13.2)为有 k 个因子的因子分析模型, 称 f 为公共因子, 称 μ 为特殊因子, 称 Σ 为因子载荷矩阵, 其元素 σ_{ij} 是第 i 个变量在第 j 个因子上的载荷.

由上面的关系可见 $\mathrm{Cov}(X) = \Lambda\Lambda^{\mathrm{T}} + \Psi = \Sigma$, 从而 Σ 的对角线上的元素 σ_{ii} 可表示为

$$\sigma_{ii} = \sum_{j=1}^{k} \lambda_{ij}^2 + \Psi_i^2 = h_i^2 + \Psi_i^2, i = 1, 2, \ldots, p, \tag{13.4}$$

其中 h_i^2 反映了公共因子对 X_i 的影响, 称为共同度或共性方差.

值得注意的是, 因子载荷不是唯一的, 若 Γ 是任意的 k 阶正交阵, 则 X 可以表示成 $X = \mu + (\Lambda\Gamma)(\Gamma^{\mathrm{T}}f) + u$. 将 $\Lambda\Gamma$ 作为因子载荷, $\Gamma^{\mathrm{T}}f$ 作为公共因子, 则 (13.3)

式仍然成立, 因子载荷的不唯一性, 使得我们有更多的选择余地, 反而是有利的.

在实际问题中, 总是给出随机向量的 n 个观测值, 从而得到样本方差阵, 进而估计因子载荷, 并给公因子赋予有实际背景的解释.

模型 $\boldsymbol{X} = \boldsymbol{\mu} + \boldsymbol{\Lambda}\boldsymbol{f} + \boldsymbol{u}$ 中 $\boldsymbol{\mu}$ 可用样本均值来估计. $\boldsymbol{\Sigma}$ 可用 $\sum\limits_{i=1}^{n}(\boldsymbol{X}^{(i)} - \overline{\boldsymbol{X}})(\boldsymbol{X}^{(i)} - \overline{\boldsymbol{X}})^{\mathrm{T}}/(n-1)$ 来估计, 其中 $\boldsymbol{X}^{(i)}$ 是随机向量的第 i 次观测值.

提取因子的方法有多种, 常用的有主成分分析、主因子分析、迭代主因子分析、极大似然分析等, 用上述方法之一估计出参数后, 还必须对得到的公共因子进行解释, 要给每个公共因子一个名称, 说明其作用. 有时公共因子 $\boldsymbol{f}$ 难以和实际问题相对应, 这时需要通过某个正交阵 $\boldsymbol{\Gamma}$ 做公共因子旋转, 使 $\boldsymbol{\Gamma}^{\mathrm{T}}\boldsymbol{f}$ 和 $\boldsymbol{\Lambda}\boldsymbol{\Gamma}$ 有鲜明的实际意义. 另外, 上述方法估计参数带有随意性, 通过旋转公因子, 可以减少这种随意性. 所以做公共因子旋转是有必要的, 可采用最大方差旋转、最大均方旋转等方法.

因子分析与主成分分析在形式上类似, 但有着明显的区别, 主要表现在五个方面:

1) 因子分析需要构造因子模型, 是把原观测变量表示为公共因子 (新综合因子) 与特殊因子的有机组合. 而主成分分析不能作为一个模型来描述, 只能作为通常的变量变换, 也就是把新综合变量表现为原来多个变量的线性变换 (组合);

2) 在理论上主成分分析中的综合主分量数 m 和原变量的个数 p 之间是相等的, 它是把一组具有相关性的变量变换为一组新的独立变量. 而因子分析要求所构造的因子模型中的公共因子的数目尽可能少, 以便尽可能构造一个结构简单的模型;

3) 因子分析是把原观测变量表示为新综合因子的线性组合, 即新因子的综合指标, 而主成分分析是把主分量表示为原观测变量的线性组合. 另外, 因子分析模型在形式上与线性回归模型相似, 但两者之间有本质的区别: 回归模型中的自变量是可观测的, 而因子模型中各个公共因子是不可观测的潜在因子, 而且两个模型的参数意义很不相同;

4) 主成分分析的数学模型实质上是一种变换, 而因子分析模型是描述原指标 $\boldsymbol{X}$ 协差阵 $\boldsymbol{\Sigma}$ 结构的一种模型;

5) 在主成分分析中每个主成分相应的系数是唯一确定的, 而在因子分析中每个因子的相应系数不是唯一的, 即因子载荷阵不是唯一的.

13.1.4　因子分析的 R 通用程序

利用 R 语言的 `factanal()` 函数就可完成因子分析, 其基本的调用格式如下:

```
factanal(x, factors, data = NULL, covmat = NULL, n.obs = NA,
         subset, na.action, start = NULL,
         scores = c("none", "regression", "Bartlett"),
         rotation = "varimax", control = NULL, ...)
```

说明: x 是用于因子分析的数据, `factors` 表示因子个数, `scores` 表示选用因子得分的方法, `rotation = "varimax"` 表示用最大方差旋转, 具体说明见 R 的在线帮助.

例 13.1.2 100 名学生 6 门课程 (数学、物理、化学、语文、历史、英语) 的成绩如表13.2(只列出了部分, 全部数据存放在 student.txt 中). 目前的问题是, 能不能把这个数据集的 6 个变量用两个综合变量来表示? 这两个综合变量包含多少原来的信息? 怎么解释它们?

表 13.2 100 名学生 6 门课程的成绩

学生代码	数学	物理	化学	语文	历史	英语
1	65	61	72	84	81	79
2	77	77	76	64	70	55
3	67	63	49	65	67	57
4	80	69	75	74	74	63
5	74	70	80	84	81	74
6	78	84	75	62	71	64
7	66	71	67	52	65	57
8	77	71	57	72	86	71
9	83	100	79	41	67	50
...	...	...	...	...	...	...

解 R 程序如下:

```
student <- read.table("../Rdata/student.txt")
names(student)=c("math", "phi", "chem", "lit", "his", "eng")
(fa <- factanal(student, factors=2))
```

R 程序结果:

```
Call:
factanal(x = student, factors = 2)
Uniquenesses:
 math   phi  chem   lit   his   eng
0.245 0.451 0.479 0.136 0.215 0.181
Loadings:
     Factor1 Factor2
math -0.355   0.793
phi  -0.201   0.713
chem -0.216   0.689
lit   0.850  -0.376
his   0.854  -0.235
eng   0.872  -0.242
              Factor1 Factor2
SS loadings     2.425   1.868
Proportion Var  0.404   0.311
Cumulative Var  0.404   0.716
Test of the hypothesis that 2 factors are sufficient.
The chi square statistic is 0.39 on 4 degrees of freedom.
The p-value is 0.983
```

结果说明:

1) 我们用 $X_1, X_2, X_3, X_4, X_5, X_6$ 来表示 math(数学), phys(物理), chem(化学), literat(语文), history(历史), english(英语) 等变量. 这样因子 f_1 和 f_2 与这些原变量之间的关系是

$$X_1 = -0.355f_1 + 0.793f_2,$$
$$X_2 = -0.201f_1 + 0.713f_2,$$
$$X_3 = -0.216f_1 + 0.689f_2,$$
$$X_4 = 0.850f_1 - 0.376f_2,$$
$$X_5 = 0.854f_1 - 0.235f_2,$$
$$X_6 = 0.872f_1 - 0.242f_2.$$

$$(13.5)$$

其中第一个因子主要和语文、历史、英语三科有很强的正相关性, 相关系数分别为

0.850, 0.854, 0.872; 而第二个因子主要和数学、物理、化学三科有很强的正相关性, 相关系数分别为 0.793, 0.713, 0.689. 因此可以给第一个因子起名为 "文科因子", 而给第二个因子起名为 "理科因子".

2) `Proportion Var` 是方差贡献率, `Cumulative Var` 是累积方差贡献率, 假设检验表明两个因子已经充分.

13.2 判别分析

判别分析是用于判断样品所属类型的一种统计分析方法. 判别分析的目的是对已知归类的数据建立由数值指标构成的归类规则, 然后把这样的规则应用到未知归类的样品去归类. 在生产、科研和日常生活中经常会遇到如何根据观测到的数据资料对所研究的对象进行判别归类的问题. 例如一个患者肺部有阴影, 医生需要判断他患的是肺结核、肺部良性肿瘤还是肺癌. 这里, 肺结核患者, 肺部良性肿瘤患者和肺癌患者组成了三个总体, 患者可能就来源于这三个总体之一, 判别分析的目的是通过患者的指标 (阴影大小、阴影部位、边缘是否光滑、是否有痰、是否发烧……) 来判断他属于哪个总体 (即判别他生的是什么病). 又如, 根据已有的气象资料 (气温、气压等)来判断明天是晴天还是阴天, 是有雨还是无雨, 所以判别分析是应用性很强的一种多元分析方法.

判别分析的一般提法是: 设有 k 个总体 $G_1, G_2, \ldots, G_k$, 已知样品 X 来自这 k 个总体的某一个, 但不知它究竟来自哪一个. 判别分析就是要根据对这 k 个总体的已知知识 (由过去的经验或抽样获得) 和待判样品的一些指标的观测值, 去判别样品 X 应归属于哪一个总体.

如同经典的数理统计分析, 我们对于这 k 个总体 $G_1, G_2, \ldots, G_k$ 的了解程度在不同的场合不尽相同. 有时其分布函数完全已知, 设为 $F_1(x), F_2(x), \ldots, F_k(x)$; 有时只知道其形式, 其中某个或某些参数未知; 有时我们对于它们全然不知. 前面两种场合下的判别分析称为参数判别方法, 后面一种场合下的判别分析称为非参数判别方法.

通常我们先对预先得到的来自这 k 个总体的若干个样品 (称为训练样品) 进行检验和归类, 来决定相应的判别归类问题是否有意义及误判可能性的大小. 然后再对给定的一个或几个新的样品, 进行判别归类, 即决定它 (们) 来自哪个总体. 解决这个问题可以有多种途径, 下面我们分别讨论几种常用的方法, 如距离判别法、Fisher 判别法等.

13.2.1　距离判别法

距离判别法 (或称直观判别法) 的基本思想是: 样品和哪个总体距离最近, 就判定它属于哪个总体.

两个总体的距离判别

设有两个总体 (或称两个类)G_1 和 G_2, 从第一个总体中抽取 n_1 个样品, 从第二个总体中抽取 n_2 个样品, 每个样品观测 m 个指标 $X_1,\ldots,X_m$, 所得的数据集称为训练样本.

今取一个样品 $\boldsymbol{X}$, 实测指标值为 $\boldsymbol{X}=(X_1,\ldots,X_m)$, 问该样品应该判为哪一类?

先计算样品 $\boldsymbol{X}$ 到 G_1 和 G_2 两个类的距离, 分别记为 $D(\boldsymbol{X},G_1)$ 和 $D(\boldsymbol{X},G_2)$, 按照距离判别归类, 即: 样品离哪个总体距离最近, 就判定它属于哪个总体; 如果样品到两个总体距离相等, 则暂时不归类. 因此, 判别准则可以表示为:

$$\begin{cases} \boldsymbol{X}\in G_1, & \text{如果}D(\boldsymbol{X},G_1)<D(\boldsymbol{X},G_2),\\ \boldsymbol{X}\in G_2, & \text{如果}D(\boldsymbol{X},G_2)<D(\boldsymbol{X},G_1),\\ \boldsymbol{X}\text{待判}, & \text{如果}D(\boldsymbol{X},G_1)=D(\boldsymbol{X},G_2). \end{cases} \tag{13.6}$$

距离 D 的定义有很多种, 但是考虑到判别分析中常涉及多个变量的问题, 且变量之间可能有相关性, 故多用马哈拉诺比斯 (Mahalanobis) 距离 (后简称马氏距离):

$$D(\boldsymbol{X},G)=(\boldsymbol{X}-\boldsymbol{\mu})^{\mathrm{T}}\boldsymbol{\Sigma}^{-1}(\boldsymbol{X}-\boldsymbol{\mu}), \tag{13.7}$$

其中 $\boldsymbol{\mu}=(\mu_1,\ldots,\mu_m)^{\mathrm{T}}$ 为 G 的均值向量, $\boldsymbol{\Sigma}=(\sigma_{ij})_{m\times m}$ 为 G 的协差阵.

在实际问题中, 通常 $G_i(i=1,2)$ 的均值向量 $\boldsymbol{\mu}_i$ 和协差阵 $\boldsymbol{\Sigma}_i$ 均未知, 故需要由来自它们的训练样品 $\boldsymbol{X}_t^{(i)}, t=1,2,\ldots,n_i, i=1,2$ 进行估计. 它们的极大似然估计分别为

$$\overline{\boldsymbol{X}}^{(i)}=\frac{1}{n_i}\sum_{t=1}^{n_i}\boldsymbol{X}_t^{(i)}, i=1,2,$$

$$S_i = \frac{1}{n_i - 1} \sum_{t=1}^{n_i} (\boldsymbol{X}_t^{(i)} - \overline{\boldsymbol{X}}^{(i)})(\boldsymbol{X}_t^{(i)} - \overline{\boldsymbol{X}}^{(i)})^{\mathrm{T}}, \ i = 1, 2.$$

特别地, 若假定两总体的协差阵相等, 则它们的共同的协差阵 $\boldsymbol{\Sigma} = \boldsymbol{\Sigma}_1 = \boldsymbol{\Sigma}_2$ 就用它们的样本合并协差阵 $\boldsymbol{S}$ 进行估计:

$$S = \frac{1}{n-2}[(n_1 - 1)\boldsymbol{S}_1 + (n_2 - 1)\boldsymbol{S}_2], \quad n = n_1 + n_2.$$

这时可由两马氏距离之差得到线性判别函数 $W(\boldsymbol{X}) = a^{\mathrm{T}}(\boldsymbol{X} - \boldsymbol{X}^*)$, 其中

$$a = \boldsymbol{S}^{-1}(\overline{\boldsymbol{X}}^{(1)} - \overline{\boldsymbol{X}}^{(2)}), \quad \boldsymbol{X}^* = (\overline{\boldsymbol{X}}^{(1)} + \overline{\boldsymbol{X}}^{(2)})/2.$$

相应的判别规则变成

$$\begin{cases} \boldsymbol{X} \in G_1, & \text{如果} W(\boldsymbol{X}) > 0, \\ \boldsymbol{X} \in G_2, & \text{如果} W(\boldsymbol{X}) < 0, \\ \boldsymbol{X} \text{待判}, & \text{如果} W(\boldsymbol{X}) = 0. \end{cases} \tag{13.8}$$

多个总体的距离判别

与两个总体的情况类似, 对于多个总体, 在按照距离最近的原则对 $\boldsymbol{X}$ 进行判别归类时, 首先计算样品到各类的马氏距离, 然后进行比较, 把待判样品判归距离最小的那个总体. 计算马氏距离时, 类似地可以考虑 $\boldsymbol{\Sigma}_1 = \boldsymbol{\Sigma}_2 = \cdots = \boldsymbol{\Sigma}_k$ 或者 $\boldsymbol{\Sigma}_i$ 不全相等的两种情况.

这种根据距离远近来判别的方法, 原理简单、直观易懂, 且是后面要介绍的 Fisher 判别法的基础.

13.2.2 Fisher 判别法

Fisher 判别的基本思想是投影: 将 k 组 m 维数据投影到某个方向, 使得投影后组与组之间尽可能地分开. 而衡量组与组之间是否分开的方法借助于一元方差分析的思想.

设从 p 维总体 $G_t(t = 1, 2, \ldots, k)$ 中分别抽取 n_t 个样品 $\boldsymbol{X}_j^{(t)}$, $j = 1, 2, \ldots, n_t$, 令 $\boldsymbol{a} = (a_1, a_2, \ldots, a_p)^{\mathrm{T}}$ 为 p 维空间中的任一向量, $u(\boldsymbol{X}) = \boldsymbol{a}^{\mathrm{T}}\boldsymbol{X}$ 表示 $\boldsymbol{X}$ 向以 $\boldsymbol{a}$ 为法线方向的投影. 通过这样的投影, 可以将原来的数据转换为 k 组一维数据: $\boldsymbol{a}^{\mathrm{T}}\boldsymbol{X}_j^{(t)}$,

$j = 1, 2, \dots, n_t, t = 1, 2, \dots, k$. 按一元方差分析的思想, 其组间平方和为

$$B_0 = \sum_{t=1}^{k} n_t (\boldsymbol{a}^{\mathrm{T}} \overline{\boldsymbol{X}}_j^{(t)} - \overline{\boldsymbol{X}})^2$$

$$= \boldsymbol{a}^{\mathrm{T}} \left[\sum_{t=1}^{k} n_t (\overline{\boldsymbol{X}}_j^{(t)} - \overline{\boldsymbol{X}})(\overline{\boldsymbol{X}}_j^{(t)} - \overline{\boldsymbol{X}})^{\mathrm{T}} \right] \boldsymbol{a} = \boldsymbol{a}^{\mathrm{T}} \boldsymbol{B} \boldsymbol{a}.$$

合并的组内平方和为

$$E_0 = \boldsymbol{a}^{\mathrm{T}} \left[\sum_{t=1}^{k} \sum_{j=1}^{n_i} (\overline{\boldsymbol{X}}_j^{(t)} - \overline{\boldsymbol{X}})(\overline{\boldsymbol{X}}_j^{(t)} - \overline{\boldsymbol{X}})^{\mathrm{T}} \right] \boldsymbol{a} = \boldsymbol{a}^{\mathrm{T}} \boldsymbol{E} \boldsymbol{a},$$

其中 $\overline{\boldsymbol{X}}_j^{(t)}$ 和 $\overline{\boldsymbol{X}}$ 分别为 G_t 的样本均值和总样本均值. 若 k 类的均值有显著差异, 则比值 $\Delta(\boldsymbol{a}) = \frac{\boldsymbol{a}^{\mathrm{T}} \boldsymbol{B} \boldsymbol{a}}{\boldsymbol{a}^{\mathrm{T}} \boldsymbol{E} \boldsymbol{a}}$ 应该充分大. 利用方差分析的思想, 问题化为求投影方向 $\boldsymbol{a}$, 使得 $\Delta(\boldsymbol{a})$ 达到极大值, 但 $\Delta(\boldsymbol{a})$ 达到极大值的 $\boldsymbol{a}$ 并不唯一. 等价地, 我们可以对 $\boldsymbol{a}$ 加一约束条件, 即选取 $\boldsymbol{a}$ 使得 $\boldsymbol{a}^{\mathrm{T}} \boldsymbol{E} \boldsymbol{a} = 1$. 这样问题就化为求 $\boldsymbol{a}$, 使得 $\Delta(\boldsymbol{a}) = \boldsymbol{a}^{\mathrm{T}} \boldsymbol{B} \boldsymbol{a}$ 在 $\boldsymbol{a}^{\mathrm{T}} \boldsymbol{E} \boldsymbol{a} = 1$ 条件下达到极大.

利用拉格朗日乘子法可以容易地导出线性判别函数 $u(\boldsymbol{X}) = \boldsymbol{a}^{\mathrm{T}} \boldsymbol{X}$, 其中 $\boldsymbol{a}$ 为特征方程 $|\boldsymbol{E}^{-1} \boldsymbol{B} - \lambda \boldsymbol{I}| = 0$ 的最大特征根所对应的满足 $\boldsymbol{a}^{\mathrm{T}} \boldsymbol{E} \boldsymbol{a} = 1$ 的特征向量.

若仅用一个线性判别函数不能很好地区分各个总体, 则可用第二大特征根、第三大特征根、……, 再用对应的特征向量构造线性判别函数, 并进行判别, 线性判别函数的个数不超过 $k - 1$ 个, 判别的效率用这些特征根来度量.

13.2.3 R 通用程序

我们先用命令

```
library(MASS)
```

加载 MASS 宏包, 再用其中的函数 lda( ) 就可完成 Fisher 判别分析, 其基本调用格式如下:

```
lda(formula, data, ... , subset, na.action)
```

说明: formula 用法为 group ~ x1 + x2 + ..., group 表明总体来源, x1, x2, ... 表示分类指标; subset 指明训练样本. 具体说明见 lda( ) 的帮助.

例 13.2.1   Fisher 于 1936 年发表的鸢尾花 (Iris) 数据被广泛地作为判别分析的例子. 数据是对 3 个品种 (species) 鸢尾花: 刚毛鸢尾花 (setosa)、变色鸢尾

花 (versicolor)、弗吉尼亚鸢尾花 (virginica) 各抽取一个容量为 50 的样本, 测量其花萼长 (Sepal.Lenth)、花萼宽 (Sepal.Width)、花瓣长 (Petal.Lenth)、花瓣宽 (Petal.Width), 单位为 cm. 试用 R 内置档案中的 iris 数据文件进行判别分析.

解 R 程序如下:

```
data(iris)
attach(iris)
names(iris)
library(MASS)
iris.lda <- lda(Species ~ Sepal.Length + Sepal.Width
                + Petal.Length + Petal.Width)
iris.lda
iris.pred=predict(iris.lda)$class
table(iris.pred, Species)
detach(iris)
```

predict( ) 是 R 的内置函数, 可以将 lda( ) 的输出应用于原 iris 数据进行预测, 并进行对比. 运行结果如下:

```
[1] "Sepal.Length" "Sepal.Width"  "Petal.Length"
[4] "Petal.Width"  "Species"
Call:
lda(Species ~ Sepal.Length + Sepal.Width + Petal.Length + Petal.Width)
Prior probabilities of groups:
    setosa versicolor  virginica
    0.3333     0.3333     0.3333
Group means:
          Sepal.Length Sepal.Width Petal.Length
setosa           5.006       3.428        1.462
versicolor       5.936       2.770        4.260
virginica        6.588       2.974        5.552
           Petal.Width
setosa           0.246
versicolor       1.326
virginica        2.026
```

```
Coefficients of linear discriminants:
                  LD1      LD2
Sepal.Length   0.8294   0.0241
Sepal.Width    1.5345   2.1645
Petal.Length  -2.2012  -0.9319
Petal.Width   -2.8105   2.8392
Proportion of trace:
   LD1    LD2
0.9912 0.0088
            Species
iris.pred  setosa versicolor virginica
  setosa       50          0         0
  versicolor    0         48         1
  virginica     0          2        49
```

结果说明:

1) Group means: 包含了每组的平均向量;

2) Coefficients of linear discriminants: 线性判别系数;

3) Proportion of trace: 表明了第 i 个判别式对区分各组的贡献大小;

4) Species: 表明将原始数据代入线性判别函数后的判别结果, setosa 组没有错判, versicolor 组有两个错判, virginica 组只有一个错判.

■

例 13.2.2   某地区经勘探证明 A 盆地是一个钾盐矿区, B 盆地是一个钠盐矿区, 其他盐盆地是否含钾盐有待判断. 今从 A, B 两盆地各抽取 5 个盐泉样品; 从其他盆地抽得 8 个盐泉样品, 18 个盐泉的 4 个指标数值见表13.3(数据存放在 disc.txt 中). 试对后 8 个待判盐泉进行含钾性判别.

解   R 程序如下:

```
w <- read.table("../Rdata/disc.txt")
names(w)=c("group", "x1", "x2", "x3", "x4")
library(MASS)
z <- lda(group ~ x1+x2+x3+x4, data=w, prior=c(1, 1)/2)
newdata <- rbind(
```

表 13.3 盐泉含钾数据

盐泉类别	序号	X_1	X_2	X_3	X_4	类别号
第一类: 含钾盐泉 (A 盆地)	1	13.85	2.79	7.80	49.60	A
	2	22.31	4.67	12.31	47.80	A
	3	28.82	4.63	16.18	62.15	A
	4	15.29	3.54	7.50	43.20	A
	5	28.79	4.90	16.12	58.10	A
第二类: 不含钾 盐泉 (B 盆地)	6	2.18	1.06	1.22	20.60	B
	7	3.85	0.80	4.06	47.10	B
	8	11.40	0.00	3.50	0.00	B
	9	3.66	2.42	2.14	15.10	B
	10	12.10	0.00	5.68	0.00	B
待判盐泉	1	8.85	3.38	5.17	26.10	
	2	28.60	2.40	1.20	127.0	
	3	20.70	6.70	7.60	30.20	
	4	7.90	2.40	4.30	33.20	
	5	3.19	3.20	1.43	9.90	
	6	12.40	5.10	4.43	24.60	
	7	16.80	3.40	2.31	31.30	
	8	15.00	2.70	5.02	64.00	

```
        c( 8.85, 3.38, 5.17, 26.10),  c(28.60, 2.40, 1.20, 127.0),
        c(20.70, 6.70, 7.60, 30.20),  c( 7.90, 2.40, 4.30, 33.20),
        c( 3.19, 3.20, 1.43,  9.90),  c(12.40, 5.10, 4.43, 24.60),
        c(16.80, 3.40, 2.31, 31.30),  c(15.00, 2.70, 5.02, 64.00))
dimnames(newdata) <- list(NULL, c("x1", "x2", "x3", "x4"))
newdata <- data.frame(newdata)
predict(z, newdata=newdata)
```

运行结果如下:

```
$class
[1] B A A B B B A A A
Levels: A B
```

```
$posterior
          A          B
1 1.640e-03 9.984e-01
2 1.000e+00 1.933e-83
3 1.000e+00 1.270e-20
4 8.302e-02 9.170e-01
5 1.191e-06 1.000e+00
6 1.000e+00 1.130e-10
7 1.000e+00 1.162e-26
8 1.000e+00 7.136e-22
$x
        LD1
1    1.0537
2  -31.2986
3   -7.5287
4    0.3947
5    2.2417
6   -3.7639
7   -9.8136
8   -8.0018
```

结果说明:

1) 由 $class 可以看出 8 个待判样品中, 待判样品 1, 4, 5 属于含钾盐泉 (A 盆地), 其余属于不含钾盐泉 (B 盆地);

2) $x 给出了线性判别函数的数值.

■

13.3　聚类分析

聚类分析 (cluster analysis) 是研究“物以类聚”的一种方法, 人类认识世界往往先将被认识的对象进行分类, 因此分类学便成了人类认识世界的基础科学. 在古老的分类学中, 人们主要靠经验和专业知识实现分类. 随着人类对自然的认识不断加深, 分类越来越细, 要求越来越高, 以致有时光凭借经验和专业知识还不能进行确切的分类, 于是数学这个有用的工具逐渐被引进到分类学中, 形成了数值分类学. 后来随着多元分析的引进, 从数值分类学中逐渐地分离出了聚类分析这个分支. 和多元分析的其他方法相比, 聚类分析方法是比较粗糙的, 理论尚不完善, 但由于它的应用取得了很大的成功, 和回归分析、判别分析一起被称为多元分析的三大方法.

值得一提的是聚类分析和判别分析都研究分类问题, 但两者有本质的区别. 聚类分析一般是寻求客观分类的方法, 事先对总体到底有几种类型无从知晓, 而判别分析则是在总体类型划分已知, 在各总体分布或来自各个总体训练样本的基础上, 对当前的新样品用统计分析的方法判定它们属于哪个总体.

13.3.1 基本思想

系统聚类法是将 n 个样品分成若干类的方法, 其基本思想是: 先将 n 个样品各自看成一类, 然后规定类与类之间的距离 (类之间的距离有多种定义方法), 选择距离最小的一对合并成新的一类, 计算新类与其他类的距离, 再将距离最近的两类合并, 这样每次减少一类, 直至所有的样品都成为一类为止.

常用的距离有以下几种:

(1) 绝对值距离 (R 语言中用 **Manhattan** 表示), 用公式表示为

$$d_{ij}(1) = \sum_{k=1}^{p} |x_{ik} - x_{jk}|. \tag{13.9}$$

(2) 欧氏 (**Euclid**) 距离, 用公式表示为

$$d_{ij}(2) = \left[\sum_{k=1}^{p} (x_{ik} - x_{jk})^2 \right]^{\frac{1}{2}}. \tag{13.10}$$

(3) 闵可夫斯基 (**Minkowski**) 距离, 用公式表示为

$$d_{ij}(q) = \left[\sum_{k=1}^{p} (x_{ik} - x_{jk})^q \right]^{\frac{1}{q}} \quad (p > 0). \tag{13.11}$$

(4) 切比雪夫 (Chebyshev) 距离 (R 语言中用 **maximum** 表示), 用公式表示为

$$d_{ij}(\infty) = \max_{1 \leqslant k \leqslant p} |x_{ik} - x_{jk}|. \tag{13.12}$$

(5) 马氏 (Mahalanobis) 距离, 用公式表示为

$$d_{ij}(M) = (\boldsymbol{X}_{(i)} - \boldsymbol{X}_{(j)})^{\mathrm{T}} \boldsymbol{S}^{-1} (\boldsymbol{X}_{(i)} - \boldsymbol{X}_{(j)}). \tag{13.13}$$

式中 $\boldsymbol{S}$ 是样本协方差矩阵.

(6) 兰氏 (R 语言中用 `canberra` 表示) 距离, 用公式表示为

$$d_{ij}(L) = \frac{1}{p} \sum_{k=1}^{p} \frac{|x_{ik} - x_{jk}|}{x_{ik} + x_{jk}} \quad (x_{ij} > 0). \tag{13.14}$$

在 R 语言中, `dist( )` 函数给出了各种距离的计算, 其调用格式为:

```
dist(x, method = "euclidean", diag = FALSE, upper = FALSE, p = 2)
```

说明: `method` 表示计算距离的方法, 默认值为 `euclidean`(欧氏距离), `diag` 是逻辑变量: 当 `diag=TRUE` 时, 输出距离矩阵对角线上的元素. `upper` 也是逻辑变量: 当 `upper=TRUE` 时, 输出距离矩阵上三角部分 (默认仅输出下三角矩阵).

类与类之间的距离有许多定义方法, 主要有下面 7 种:

1) 类平均法 (average linkage)

2) 重心法 (centroid method)

3) 中间距离法 (median method)

4) 最长距离法 (complete method)

5) 最短距离法 (single method)

6) 离差平方和法 (ward method)

7) Mcquitty 相似法 (Mcquitty method)

各类方法计算方式不同, 有学者推荐采用离差平方和法或最短距离法.

13.3.2　R 通用程序

利用 R 语言的 `hclust()` 函数就可完成系统聚类分析, 其基本调用格式如下:

```
hclust(d, method = "complete", members=NULL)
```

说明: `d` 是由"dist"构成的距离结构, `method` 是系统聚类的方法 (默认用最长距离法), 具体说明见 R 的帮助.

例 13.3.1　设有 5 个产品, 每个产品测得一项质量指标 X, 其值如下: 1, 2, 4.5, 6, 8, 试用最短距离法、最长距离法、中间距离法、离差平方和法分别对 5 个产品按质

量指标进行分类

解 R 程序如下:

```
x <- c(1, 2, 4.5, 6, 8)
dim(x) <- c(5, 1)
d <- dist(x)
hc1 <- hclust(d, "single")
hc2 <- hclust(d, "complete")
hc3 <- hclust(d, "median")
hc4 <- hclust(d, "ward")
opar <- par(mfrow=c(2, 2))
plot(hc1, hang=-1); plot(hc2, hang=-1)
plot(hc3, hang=-1); plot(hc4, hang=-1)
par(opar)
```

R 程序结果见图 13.1. 可以看到, 四种分类方法结果一致, 都将第 1, 2 个分在一类, 其余在第二类. ■

例 13.3.2 对例 13.2.1 中的鸢尾花数据进行聚类分析.

解 在判别分析中, 我们已知鸢尾花的品种并应用了这些数据. 现在假设我们只知道数据内有三种鸢尾花而不知道每朵花的真正分类, 只能凭借花萼及花瓣的长度和宽度去分成三类, 这就要用到聚类分析方法.

R 程序如下:

```
data(iris);
attach(iris)
iris.hc <- hclust(dist(iris[,1:4]))
plot(iris.hc1, hang = -1)
plclust(iris.hc,labels = FALSE, hang=-1)
re <- rect.hclust(iris.hc,k=3)
iris.id <-cutree(iris.hc,3)
table(iris.id,Species)
detach(iris)
```

R 程序的结果见图 13.2. 相应的输出为

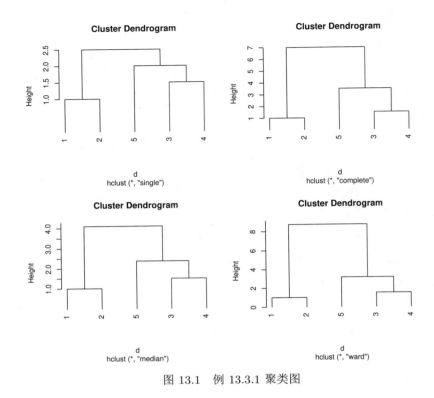

图 13.1　例 13.3.1 聚类图

	Species		
iris.id	setosa	versicolor	virginica
1	50	0	0
2	0	23	49
3	0	27	1

说明:

1) 程序中我们调用 R 内置数据 iris, 用函数 hclust( ) 进行聚类分析, 输出结果保存在 iris.hc 中, 用函数 rect.hclust( ) 按给定的类的个数 (或阈值) 进行聚类, 并用函数 plclust( ) 代替 plot( ) 绘制聚类的谱系图 (两者使用的方法基本相同), 各类用边框界定, 选项 labels=FALSE 只是为了省去数据的标签. 函数 cuttree( ) 将数据 iris 分类结果 iris.hc 编为三组, 分别以 1, 2, 3 表示, 保存在 iris.id 中.

2) 图 13.2 为典型的聚类树枝型分类图 (cluster dendrogram), 它是将两相近 (距离最短) 的数据向量连接在一起, 然后进一步组合, 直至所有数据都连接在一起;

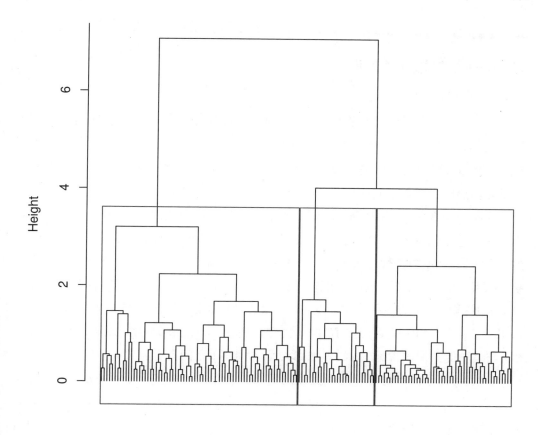

dist(iris[, 1:4])
hclust (*, "complete")

图 13.2　例 13.3.2 的聚类图

3) 将 iris.id 与 iris 中的 Species 做比较发现, 1 应该是 setosa 类, 2 应该是 virginica 类 (因为 virginica 的个数明显多于 versicolor), 3 是 versicolor 类. 聚类的结果明显与原始数据有着比较大的差异. ∎

13.4   典型相关分析

13.4.1   基本思想

在一元统计分析中, 研究两个随机变量之间的线性相关关系, 可用相关系数 (也称为简单相关系数); 研究一个随机变量与多个随机变量之间的线性相关关系, 可用复相关系数 (也称为全相关系数). 1936 年 Hotelling 首先将它推广到研究多个随机变量与多个随机变量之间的相关关系的讨论中, 提出了典型相关分析.

在实际问题中, 两组变量之间具有相关关系的问题很多, 例如几种主要产品如猪肉、牛肉、鸡蛋的价格 (作为第一组变量) 和相应这些产品的销售量 (作为第二组变量) 有相关关系; 投资性变量 (如劳动者人数、货物周转量、生产建设投资等) 与国民收入变量 (如工农业国民收入、运输业国民收入、建筑业国民收入等) 具有相关关系; 患某种疾病的患者的各种症状程度 (第一组变量) 和用物理化学方法检验的结果 (第二组变量) 具有相关关系; 运动员的体力测试指标 (如反复横向跳、纵跳、背力、握力等) 与运动能力测试指标 (如耐力跑、跳远、投球等) 之间具有相关关系等.

典型相关分析就是研究两组变量之间相关关系的一种多元统计方法, 设两组变量用 $X_1, X_2, \ldots, X_{p_1}$ 及 $X_{p_1+1}, X_{p_1+2}, \ldots, X_{p_1+p_2}$ 表示, 要研究两组变量的相关关系, 一种方法是分别研究 X_i 与 $X_j (i = 1, \ldots, p_1,\ j = p_1 + 1, \ldots, p_1 + p_2)$ 之间的相关关系, 然后列出相关系数表进行分析, 当两组变量较多时, 这样的做法不仅烦琐, 也不易抓住问题的要害; 另一种方法采用类似主成分分析的做法, 在每一组变量中都选择若干个有代表性的综合指标 (变量的线性组合), 通过研究两组的综合指标之间的关系来反映两组变量之间的相关关系. 比如猪肉价格和牛肉价格用 X_1, X_2 表示, 它们的销售量用 X_3, X_4 表示, 研究它们之间的相关关系, 从经济学观点出发就是希望构造一个 X_1, X_2 的线性函数 $y = a_{11}X_1 + a_{12}X_2$ 称为价格指数及 X_3, X_4 的线性函数 $y = a_{21}X_3 + a_{22}X_4$ 称为销售指数, 要求它们之间具有最大相关性, 这就是一个典型相关分析问题.

典型相关分析的基本思想: 首先在每组变量中找出变量的线性组合, 使其具有最大相关性, 然后再在每组变量中找出第二对线性组合, 使其分别与第一对线性组合不相关, 而第二对本身具有最大的相关性, 如此继续下去, 直到两组变量之间的相关性被提取完毕为止. 有了这样线性组合的最大相关性, 则讨论两组变量之间的相关性, 就转换为只研究这些线性组合的最大相关性, 从而减少了研究变量的个数.

典型相关分析是对两组变量 (指标) 的每一组作为整体考虑的. 因此, 它能够广泛应用于变量群之间的相关分析研究.

记两组随机变量 $\boldsymbol{X}^{(1)} = (X_1, X_2, \ldots, X_{p_1})^{\mathrm{T}}$, $\boldsymbol{X}^{(2)} = (X_{p_1+1}, X_{p_1+2}, \ldots, X_{p_1+p_2})^{\mathrm{T}}$, $p = p_1 + p_2$, 不妨设 $p_1 \leqslant p_2$, 假定 $\boldsymbol{X} = (\boldsymbol{X}^{(1)\mathrm{T}}, \boldsymbol{X}^{(2)\mathrm{T}})^{\mathrm{T}}$ 的协方差阵 $\boldsymbol{\Sigma} > \boldsymbol{0}$, 均值向量 $\boldsymbol{\mu} = \boldsymbol{0}$ (否则只要以 $\boldsymbol{X} - \boldsymbol{\mu}$ 代替 $\boldsymbol{X}$ 即可), 相应地将 $\boldsymbol{\Sigma}$ 剖分为

$$\boldsymbol{\Sigma} = \begin{pmatrix} \boldsymbol{\Sigma}_{11} & \boldsymbol{\Sigma}_{12} \\ \boldsymbol{\Sigma}_{21} & \boldsymbol{\Sigma}_{22} \end{pmatrix},$$

其中 $\boldsymbol{\Sigma}_{11}$ 是第一组变量的协方差阵, $\boldsymbol{\Sigma}_{12}$ 是第一组变量与第二组变量的协方差阵, $\boldsymbol{\Sigma}_{22}$ 是第二组变量的协方差阵. 要研究 $\boldsymbol{X}^{(1)}$ 与 $\boldsymbol{X}^{(2)}$ 两组变量之间的相关关系, 前面已介绍做两组变量的线性组合, 即

$$\boldsymbol{U} = l_1 \boldsymbol{X}_1 + l_2 \boldsymbol{X}_2 + \cdots + l_{p_1} \boldsymbol{X}_{p_1} \equiv \boldsymbol{l}^{\mathrm{T}} \boldsymbol{X}^{(1)},$$
$$\boldsymbol{V} = m_1 \boldsymbol{X}_{p_1+1} + m_2 \boldsymbol{X}_{p_1+2} + \cdots + m_{p_2} \boldsymbol{X}_{p_1+p_2} \equiv \boldsymbol{m}^{\mathrm{T}} \boldsymbol{X}^{(2)},$$

其中 $\boldsymbol{l}^{\mathrm{T}} = (l_1, l_2, \ldots, l_{p_1})$, $\boldsymbol{m}^{\mathrm{T}} = (m_1, m_2, \ldots, m_{p_2})$ 为任意的非零常向量, 易见:

$$\mathrm{Var}(\boldsymbol{U}) = \mathrm{Var}(\boldsymbol{l}^{\mathrm{T}} \boldsymbol{X}^{(1)}) = \boldsymbol{l}^{\mathrm{T}} \boldsymbol{\Sigma}_{11} \boldsymbol{l},$$
$$\mathrm{Var}(\boldsymbol{V}) = \mathrm{Var}(\boldsymbol{m}^{\mathrm{T}} \boldsymbol{X}^{(2)}) = \boldsymbol{m}^{\mathrm{T}} \boldsymbol{\Sigma}_{22} \boldsymbol{m},$$
$$\mathrm{Cov}(\boldsymbol{U}, \boldsymbol{V}) = \boldsymbol{l}^{\mathrm{T}} \mathrm{Cov}(\boldsymbol{X}_1, \boldsymbol{X}_2) \boldsymbol{m} = \boldsymbol{l}^{\mathrm{T}} \boldsymbol{\Sigma}_{12} \boldsymbol{m},$$
$$\rho_{UV} = \frac{\boldsymbol{l}^{\mathrm{T}} \boldsymbol{\Sigma}_{12} \boldsymbol{m}}{\sqrt{\boldsymbol{l}^{\mathrm{T}} \boldsymbol{\Sigma}_{11} \boldsymbol{l}} \sqrt{\boldsymbol{m}^{\mathrm{T}} \boldsymbol{\Sigma}_{22} \boldsymbol{m}}}.$$

我们寻求 $\boldsymbol{l}$ 与 $\boldsymbol{m}$ 使得 ρ_{UV} 达到最大, 但由于随机变量乘以常数时不改变它们的相关系数, 为防止不必要的结果重复出现, 最好的限制是令 $\mathrm{Var}(\boldsymbol{U}) = \boldsymbol{l}^{\mathrm{T}} \boldsymbol{\Sigma}_{11} \boldsymbol{l} = 1$, $\mathrm{Var}(\boldsymbol{V}) = \boldsymbol{m}^{\mathrm{T}} \boldsymbol{\Sigma}_{22} \boldsymbol{m} = 1$. 于是我们的问题就成为在约束条件 $\mathrm{Var}(\boldsymbol{U}) = 1$, $\mathrm{Var}(\boldsymbol{V}) = 1$ 下, 寻求 $\boldsymbol{l}$ 与 $\boldsymbol{m}$ 使得 ρ_{UV} 达到最大.

所以, 典型相关分析研究的是如何选取典型变量的最优组合. 选取的原则是: 在所有的线性组合 $\boldsymbol{U}, \boldsymbol{V}$ 中, 选取典型相关系数最大的 $\boldsymbol{U}, \boldsymbol{V}$, 即选取 $\boldsymbol{l}^{(1)\mathrm{T}}, \boldsymbol{m}^{(1)\mathrm{T}}$ 使得 $\boldsymbol{U}_1 = \boldsymbol{l}^{(1)\mathrm{T}} \boldsymbol{X}^{(1)}$ 与 $\boldsymbol{V}_1 = \boldsymbol{m}^{(1)\mathrm{T}} \boldsymbol{X}^{(2)}$ 之间的相关系数达到最大 (在所有的 $\boldsymbol{U}, \boldsymbol{V}$ 中), 然后选取 $\boldsymbol{l}^{(2)\mathrm{T}}, \boldsymbol{m}^{(2)\mathrm{T}}$ 使得 $\boldsymbol{U}_2 = \boldsymbol{l}^{(2)\mathrm{T}} \boldsymbol{X}^{(1)}$, $\boldsymbol{V}_2 = \boldsymbol{m}^{(2)\mathrm{T}} \boldsymbol{X}^{(2)}$ 之间的相关系数在与

U_1, V_1 不相关的组合 U, V 中达到最大 (第二大的相关). 如此继续下去, 直到选取出所有分别与 $U_1, U_2, \ldots, U_{k-1}$ 和 $V_1, V_2, \ldots, V_{k-1}$ 都不相关的线性组合 U_k, V_k 为止, 此时 k 为两组原始变量中个数较少的那个. 典型变量 U_1 和 V_1, U_2 和 $V_2, \ldots, U_k$ 和 V_k 是根据它们的相关系数由大到小逐对提取的, 直到两组变量之间的相关性被分解完毕为止.

13.4.2　R 通用程序

利用 R 语言的 `cancor()` 函数就可完成典型相关分析, 其基本调用格式如下:

```
cancor(x, y, xcenter = TRUE, ycenter = TRUE)
```

说明: x, y 是两组变量的数据矩阵, xcenter 和 ycenter 是逻辑变量, TRUE 表示将数据中心化 (默认选项), 具体说明见 R 的帮助.

例 13.4.1　研究投资性变量与反映国民经济变量之间的相关关系. 投资性变量选 6 个, 分别为 $X_1, X_2, \ldots, X_6$, 反映国民经济的变量选 5 个, 分别为 $Y_1, Y_2, \ldots, Y_5$. 抽取从 1975—2002 年共计 28 年的统计数据, 如表 13.4 (数据存放在文件 invest.txt 中), 采用典型相关分析方法来分析投资性变量与反映国民经济的变量的相关性.

解　R 程序如下:

```
invest <- read.table("../Rdata/invest.txt")
names(invest)=c("x1", "x2", "x3", "x4", "x5", "x6",
                "y1", "y2", "y3", "y4", "y5")
(ca <- cancor(invest[, 1:6], invest[, 7:11]))
```

R 程序结果:

```
$cor
[1] 0.8743 0.7373 0.5105 0.3542 0.1510
$xcoef
       [,1]     [,2]     [,3]      [,4]     [,5]
x1  0.07908 -0.14882  0.10699 -0.023654  0.1325
x2 -0.06231 -0.00533  0.16195  0.002344 -0.4738
x3  0.05901  0.18110 -0.08095  0.045803  0.1259
x4  0.02720 -0.14236 -0.11292 -0.015212 -0.0986
x5 -0.05047 -0.02627 -0.10552  0.250541 -0.4301
x6  0.09819  0.40874  0.07539 -0.489440  0.2518
       [,6]
```

表 13.4 1975—2002 年的投资性变量与反映国民经济的变量

序列	X_1	X_2	X_3	X_4	X_5	X_6	Y_1	Y_2	Y_3	Y_4	Y_5
1	173.28	93.62	60.10	86.72	38.97	27.51	75.3	117.4	74.6	61.8	4508
2	172.09	92.83	60.38	87.39	38.62	27.82	76.7	120.1	77.1	66.2	4469
3	171.46	92.73	59.74	85.59	38.83	27.46	75.8	121.8	75.2	65.4	4398
4	170.08	92.25	58.04	85.92	38.33	27.29	76.1	115.1	73.8	61.3	4068
5	170.61	92.36	59.67	87.46	38.38	27.14	72.9	119.4	77.5	67.1	4339
6	171.69	92.85	59.44	87.45	38.19	27.10	72.7	116.2	74.6	59.3	4393
7	171.46	92.93	58.70	87.06	38.58	27.36	76.5	117.9	75.0	68.3	4389
8	171.60	93.28	59.75	88.03	38.68	27.22	75.2	115.1	74.1	63.2	4306
9	171.60	92.26	60.50	87.63	38.79	6.63	74.7	117.4	78.3	68.3	4395
10	171.16	92.62	58.72	87.11	38.19	27.18	73.2	113.2	72.5	51.0	4462
11	170.04	92.17	56.95	88.08	38.24	27.65	77.8	116.9	76.9	65.6	4181
12	170.27	91.94	56.00	84.52	37.16	26.81	76.4	113.6	74.3	65.6	4232
13	170.61	92.50	57.34	85.61	38.52	27.36	76.4	116.7	74.3	61.2	4305
14	171.39	92.44	58.92	85.37	38.83	26.47	74.9	113.1	74.0	61.2	4276
15	171.83	92.79	56.85	85.35	38.58	27.03	78.7	112.4	72.9	61.4	4067
16	171.36	92.53	58.39	87.09	38.23	27.04	73.9	118.4	73.0	62.3	4421
17	171.24	92.61	57.69	83.98	39.04	27.07	75.7	116.3	74.2	51.8	4284
18	170.49	92.03	57.56	87.18	38.54	27.57	72.5	114.8	71.0	55.1	4289
19	169.43	91.67	57.22	83.87	38.41	26.60	76.7	117.5	72.7	51.6	4097
20	168.57	91.40	55.96	83.02	38.74	26.97	77.0	117.9	71.6	52.4	4063
21	170.43	92.38	57.87	84.87	38.78	27.37	76.0	116.8	72.3	58.0	4334
22	169.88	91.89	56.87	86.34	38.37	27.19	74.2	115.4	73.1	60.4	4301
23	167.94	90.91	55.97	86.77	38.17	27.16	76.2	110.9	68.5	56.8	4141
24	168.82	91.30	56.07	85.87	37.61	26.67	77.2	113.8	71.0	57.5	3905
25	168.02	91.26	55.28	85.63	39.66	28.07	74.5	117.2	74.0	63.8	3943
26	167.87	90.96	55.79	84.92	38.20	26.53	74.3	112.3	69.3	50.2	4195
27	168.15	91.50	54.56	84.81	38.44	27.38	77.5	117.4	75.3	63.6	4039
28	168.99	91.52	55.11	86.23	38.30	27.14	77.7	113.3	72.1	52.8	4238

```
x1   0.510517
x2  -0.965368
```

```
x3 -0.078797
x4  0.003271
x5  0.205370
x6  0.209683
$ycoef
          [,1]          [,2]          [,3]          [,4]
y1 -0.0097969  -0.0157649    0.1263997    -4.495e-02
y2 -0.0064202   0.0954303    0.0052806    -1.885e-02
y3  0.0179057  -0.0279923    0.0194826     9.233e-02
y4  0.0101075  -0.0082248   -0.0202538    -4.603e-02
y5  0.0009083  -0.0003599    0.0007781    -8.746e-06
          [,5]
y1  0.0042832
y2  0.0249265
y3 -0.1181715
y4  0.0097856
y5  0.0008253
$xcenter
     x1      x2      x3      x4      x5      x6
 170.37   92.20   57.69   86.07   38.48   27.17
$ycenter
      y1      y2      y3      y4      y5
   75.60  116.01   73.69   60.11 4251.36
```

结论:

1) $cor 给出了典型相关系数; $xcoef 是对应于数据 x 的系数, 即为关于数据 x 的典型载荷; $ycoef 为关于数据 y 的典型载荷; $xcenter 与 $ycenter 是数据 x 与 y 的中心, 即样本均值;

2) 对于该问题, 第一对典型变量的表达式为

$$U_1 = 0.079X_1 - 0.062X_2 + 0.059X_3 + 0.027X_4 - 0.050X_5 + 0.098X_6,$$

$$V_1 = -0.010Y_1 - 0.006Y_2 + 0.0179Y_3 + 0.010Y_4 + 0.001Y_5.$$

第一对典型变量的相关系数为 0.8743.

我们还可以进行典型相关系数的显著性检验, 经检验也只有第一组典型变量.

13.5 对应分析

对应分析 (correspondence analysis) 又称为相应分析, 是 1970 年由法国统计学家 J. P. Beozecri 提出来的. 对应分析是因子分析的进一步推广, 该方法已成为多元统计分析中同时对样品和变量进行分析, 从而研究多变量内部关系的重要方法, 它是在 R 型和 Q 型因子分析基础上发展起来的一种多元统计方法. 而且我们研究样本之间或指标之间的关系, 归根结底是为了研究样本与指标之间的关系, 而因子分析没有办法做到这一点, 对应分析则是为了解决这个问题而出现的统计分析方法.

13.5.1 基本思想

由于 R 型因子分析和 Q 型因子分析都反映一个整体的不同侧面, 因而它们之间一定存在着内在的联系. 对应分析就是通过对应变换后的过渡矩阵 $\boldsymbol{Z}$ 将两者有机地结合起来.

假设有 n 个样本, 每个样本有 p 个指标, 原始数据矩阵用 $\boldsymbol{X}_{n \times p}$ 来表示. 研究指标或样本之间的关系是分别通过研究它们的协方差矩阵 $\boldsymbol{A}_{p \times p}$ 或相似矩阵 $\boldsymbol{B}_{n \times n}$ 进行的, 实际上用到的只是这些矩阵的特征根和特征向量, 因此, 如能由矩阵 $\boldsymbol{A}_{p \times p}$ 的特征根和特征向量直接得出矩阵 $\boldsymbol{B}_{n \times n}$ 的特征根和特征向量, 而不必计算相似矩阵 $\boldsymbol{B}_{n \times n}$, 就解决了当样本数很大时做 Q 型因子分析计算上的困难.

对应分析就是利用降维的思想, 通过一个过渡矩阵 $\boldsymbol{Z}$ 将上述两者有机地结合起来, 具体地说, 先给出变量点的协差阵 $\boldsymbol{A} = \boldsymbol{Z}^{\mathrm{T}} \boldsymbol{Z}$ 和样品点的协差阵 $\boldsymbol{B} = \boldsymbol{Z} \boldsymbol{Z}^{\mathrm{T}}$. 由于 $\boldsymbol{A} = \boldsymbol{Z}^{\mathrm{T}} \boldsymbol{Z}$ 和 $\boldsymbol{B} = \boldsymbol{Z} \boldsymbol{Z}^{\mathrm{T}}$ 有相同的非零特征根记为 $\lambda_1 \geqslant \lambda_2 \geqslant \cdots \geqslant \lambda_m, 0 \leqslant m \leqslant \min(n, p)$. 如果 $\boldsymbol{A}$ 的特征根 λ_i 对应的特征向量为 $\boldsymbol{U}_i$, 则 $\boldsymbol{B}$ 的特征根 λ_i 对应的特征向量就是 $\boldsymbol{Z} \boldsymbol{U}_i = \boldsymbol{V}_i$, 根据这个结论就可以很方便地借助 R 型因子分析得到 Q 型因子分析的结果. 因此求出 $\boldsymbol{A}$ 的特征根和特征向量后就很容易地写出变量协差阵对应的因子载荷阵, 记为 $\boldsymbol{F}$, 则

$$\boldsymbol{F} = \begin{bmatrix} u_{11}\sqrt{\lambda_1} & u_{12}\sqrt{\lambda_1} & \cdots & u_{1m}\sqrt{\lambda_m} \\ u_{21}\sqrt{\lambda_1} & u_{22}\sqrt{\lambda_1} & \cdots & u_{2m}\sqrt{\lambda_m} \\ \vdots & \vdots & & \vdots \\ u_{p1}\sqrt{\lambda_1} & u_{p2}\sqrt{\lambda_1} & \cdots & u_{pm}\sqrt{\lambda_m} \end{bmatrix}.$$

这样一来样品点协差阵 $\boldsymbol{B}$ 对应的因子载荷阵记为 $\boldsymbol{G}$, 则

$$\boldsymbol{G} = \begin{bmatrix} v_{11}\sqrt{\lambda_1} & v_{12}\sqrt{\lambda_1} & \cdots & v_{1m}\sqrt{\lambda_m} \\ v_{21}\sqrt{\lambda_1} & v_{22}\sqrt{\lambda_1} & \cdots & v_{2m}\sqrt{\lambda_m} \\ \vdots & \vdots & & \vdots \\ v_{n1}\sqrt{\lambda_1} & v_{n2}\sqrt{\lambda_1} & \cdots & v_{nm}\sqrt{\lambda_m} \end{bmatrix}.$$

由于 $\boldsymbol{A}$ 和 $\boldsymbol{B}$ 具有相同的非零特征根, 而这些特征根又正是各个公共因子的方差, 因此可以用相同的因子轴同时表示变量点和样品点, 即把变量点和样品点同时反映在具有相同坐标轴的因子平面上, 以便对变量点和样品点一起考虑进行分类. 那么矩阵 $\boldsymbol{A}_{p\times p}$ 与矩阵 $\boldsymbol{B}_{n\times n}$ 是否存在必然的联系呢? 这种联系的确是存在的, 因为 $\boldsymbol{A}_{p\times p}$ 和 $\boldsymbol{B}_{n\times n}$ 都来自同样的原始数据 $\boldsymbol{X}_{n\times p}$, $\boldsymbol{X}_{n\times p}$ 中的每一个元素 x_{ij} 都具有双重含义, 同时代表指标和样本. 实际上指标与样本是不可分割的, 指标的特征如均值、协方差等是通过指标在不同样本上的取值来表现的, 而样本的特征如样本属于哪一类型, 正是通过其在不同指标上的取值来表现的. 但是, 要由矩阵 $\boldsymbol{A}_{p\times p}$ 的特征根和特征向量直接求出矩阵 $\boldsymbol{B}_{n\times n}$ 的特征根和特征向量还是有困难的, 因为 $\boldsymbol{A}_{p\times p}$ 与 $\boldsymbol{B}_{n\times n}$ 的阶数不一样, 一般来说, 其非零特征根也不相等. 如果能将原始数据矩阵 $\boldsymbol{X}$ 进行某种变形后成为 $\boldsymbol{Z}$, 使得 $\boldsymbol{A} = \boldsymbol{Z}^{\mathrm{T}}\boldsymbol{Z}\boldsymbol{B} = \boldsymbol{Z}\boldsymbol{Z}^{\mathrm{T}}$, 由线性代数知识可知, $\boldsymbol{Z}^{\mathrm{T}}\boldsymbol{Z}$ 和 $\boldsymbol{Z}\boldsymbol{Z}^{\mathrm{T}}$ 有相同的非零特征根, 记为 $\lambda_1 \geqslant \lambda_2 \geqslant \cdots \geqslant \lambda_m, 0 \leqslant m \leqslant \min(n,p)$, 设 $\boldsymbol{u}_1,\ldots,\boldsymbol{u}_\gamma$ 为对应于特征根 $\lambda_1,\ldots,\lambda_\gamma$ 的 $\boldsymbol{A}$ 的特征向量, 则有

$$\boldsymbol{A}\boldsymbol{u}_j = \boldsymbol{Z}^{\mathrm{T}}\boldsymbol{Z}\boldsymbol{u}_j = \lambda_j\boldsymbol{u}_j.$$

将上式两边左乘 $\boldsymbol{Z}$, 得 $\boldsymbol{Z}\boldsymbol{Z}^{\mathrm{T}}\boldsymbol{Z}\boldsymbol{u}_j = \boldsymbol{Z}\lambda_j\boldsymbol{u}_j = \lambda_j\boldsymbol{Z}\boldsymbol{u}_j$, 即 $\boldsymbol{B}(\boldsymbol{Z}\boldsymbol{u}_j) = \lambda_j(\boldsymbol{Z}\boldsymbol{u}_j)$.

上式表明, $\boldsymbol{Z}\boldsymbol{u}_j$ 为对应于特征根 λ_j 的 $\boldsymbol{B}$ 的特征向量. 换句话说, 当 $\boldsymbol{u}_j$ 为对应于 λ_j 的 $\boldsymbol{A}$ 的特征向量时, 则 $\boldsymbol{Z}\boldsymbol{u}_j$ 就是对应于 λ_j 的 $\boldsymbol{B}$ 的特征向量. 这样就建立起了因子分析中 R 型与 Q 型的关系, 而且使计算变得方便多了.

综上所述, 若将原始数据矩阵 $\boldsymbol{X}$ 变换为 $\boldsymbol{Z}$, 则指标和样本的协方差阵可分别表示为 $\boldsymbol{A} = \boldsymbol{Z}^{\mathrm{T}}\boldsymbol{Z}$ 和 $\boldsymbol{B} = \boldsymbol{Z}\boldsymbol{Z}^{\mathrm{T}}$, $\boldsymbol{A}$ 和 $\boldsymbol{B}$ 具有相同的非零特征根, 相应的特征向量具有很密切的关系, 这样就可以很方便地从 R 型因子分析出发直接得到 Q 型因子分析的结果, 从而克服了大样本做 Q 型因子分析计算上的困难. 又由于 $\boldsymbol{A}$ 和 $\boldsymbol{B}$ 具有相同的非零特征根, 而这些特征根正是各个因子所提供的方差, 那么在 p 维指标空间

$\boldsymbol{R}^p$ 中和 n 维样本空间 $\boldsymbol{R}^n$ 中各个主因子在总方差中所占的比重就完全相同, 即指标空间中的第一主因子也是样本空间中的第一主因子, 以此类推. 这样就可用相同的因子轴同时表示指标和样本, 将指标和样本同时反映在有相同坐标轴的因子轴的因子平面上. 因此, 对应分析的关键在于如何将 $\boldsymbol{X}$ 变换成 $\boldsymbol{Z}$.

1970 年, 法国统计学家 J. P. Beozecri 提出了上述求 $\boldsymbol{Z}$ 的方法. 基本步骤为: $\boldsymbol{X}$ 标准化处理 $\longrightarrow$ 求指标的均值 (可证明亦是样本的均值)$\longrightarrow$ 求协方差矩阵 $\boldsymbol{A}$ $\longrightarrow$ 将 $\boldsymbol{A}$ 变形为 $\boldsymbol{A} = \boldsymbol{Z}^{\mathrm{T}}\boldsymbol{Z}$ $\longrightarrow$ $\boldsymbol{A}$.

13.5.2 R 通用程序

用 MASS 宏包的 corresp( ) 函数就可完成简单的对应分析, 其基本调用格式如下:

```
corresp(x,  nf = 1,  ...)
```

说明: x 是数据矩阵, nf 表示计算因子个数, 具体说明见 R 的帮助.

例 13.5.1 妇女就业问题: 利用 90 年代初期对某市若干个郊区已婚妇女的调查资料, 主要调查她们对 "男人应该在外工作, 妇女应该在家操持家务" 的态度, 依据文化程度和就业观点两个变量进行分类汇总, 数据如表 13.5.

表 13.5 妇女就业问题调查

文化程度	就业观点			
	非常同意	同意	不同意	非常不同意
小学以下	2	17	17	5
小学	6	65	79	6
初中	41	220	327	48
高中	72	224	503	47
大学	24	61	300	41

解 R 程序如下:

```
x.df=data.frame(HighlyFor=c(2, 6, 41, 72, 24),
                For =c(17, 65, 220, 224, 61),
                Against=c(17, 79, 327, 503, 300),
                HighlyAgainst=c(5, 6, 48, 47, 41))
rownames(x.df) <- c("BelowPrimary", "Primary",
                "Secondary", "HighSchool","College")
```

```
library(MASS)
biplot(corresp(x.df, nf=2))
```

说明: `biplot` 作出类似因子分析的载荷图, 这样可以直观地来展示两个变量各个水平之间的关系.

R 程序结果如图 13.3 所示. 结果说明:

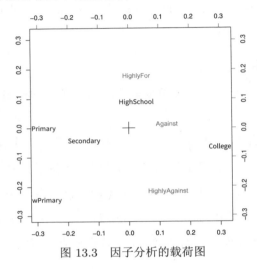

图 13.3　因子分析的载荷图

1) 对于该图, 主要看横坐标的两种点 (就业观点与文化程度) 的距离, 纵坐标的距离对于分析贡献意义不大.

2) 对于该图, 可以看出对该观点持赞同态度的是小学以下、小学、初中, 而大学文化程度的妇女主要持不同意或者非常不同意的观点, 高中文化程度的持有非常不赞同或者非常同意两种观点.

■

习题

练习 13.1　服装定型的分类问题: 为解决服装定型的分类问题, 对 128 个成年人的身材进行了测量, 每人各测得 16 项指标: 身高 (X_1), 坐高 (X_2), 胸围 (X_3), 头高 (X_4), 裤长 (X_5), 下档 (X_6), 手长 (X_7), 领围 (X_8), 前胸 (X_9), 后背 (X_{10}), 肩厚 (X_{11}), 肩宽 (X_{12}), 袖长 (X_{13}), 肋围 (X_{14}), 腰围 (X_{15}), 腿肚 (X_{16}). 16 项指标的相关阵见表 13.6 (数据文件 fig.txt), 试从相关阵出发进行主成分分析.

表 13.6　服装定型的分类问题数据

	X_1	X_2	X_3	X_4	X_5	X_6	X_7	Xy_8	X_9	X_{10}	Xy_{11}	X_{12}	Xy_{13}	X_{14}	Xy_{15}	X_{16}
Xy_1	1.00															
X_2	0.79	1.00														
X_3	0.36	0.31	1.00													
Xy_4	0.96	0.74	0.38	1.00												
X_5	0.89	0.58	0.31	0.90	1.00											
X_6	0.79	0.58	0.30	0.78	0.79	1.00										
Xy_7	0.76	0.55	0.35	0.75	0.74	0.73	1.00									
X_8	0.26	0.19	0.58	0.25	0.25	0.18	0.24	1.00								
X_9	0.21	0.07	0.28	0.20	0.18	0.18	0.29	-0.04	1.00							
Xy_{10}	0.26	0.16	0.33	0.22	0.23	0.23	0.25	0.49	-0.34	1.00						
X_{11}	0.07	0.21	0.38	0.08	-0.02	0.00	0.10	0.44	-0.16	0.23	1.00					
Xy_{12}	0.52	0.41	0.35	0.53	0.48	0.38	0.44	0.30	-0.05	0.50	0.24	1.00				
X_{13}	0.77	0.47	0.41	0.79	0.79	0.69	0.67	0.32	0.23	0.31	0.10	0.62	1.00			
X_{14}	0.25	0.17	0.64	0.27	0.27	0.14	0.16	0.51	0.21	0.15	0.31	0.17	0.26	1.00		
X_{15}	0.51	0.35	0.58	0.57	0.51	0.26	0.38	0.51	0.15	0.29	0.28	0.41	0.50	0.63	1.00	
X_{16}	0.21	0.16	0.51	0.26	0.23	0.00	0.12	0.38	0.18	0.14	0.31	0.18	0.24	0.50	0.65	1.00

练习 13.2   犯罪问题的主成分分析: 本例的输入资料文件是美国 50 个州 (state) 在 7 种犯罪项目上的发生频率. 这 7 种罪分别是: 谋杀, 强暴, 抢劫, 骚扰, 夜间偷窃 (简称夜盗), 盗窃及偷车, 数据见表13.7 (数据文件 crime.txt). 试用主成分分析进行降维处理.

表 13.7   各州犯罪数据

州名	谋杀	强暴	抢劫	骚扰	夜盗	盗窃	偷车
Alabama	14.2	25.2	96.8	278.3	1135.5	1881.9	280.7
Alaska	10.8	51.6	96.8	284.0	1331.7	3369.8	753.3
Arizona	9.5	34.2	138.2	312.3	2346.1	4467.4	439.5
Arkansas	8.8	27.6	83.2	203.4	972.6	1862.1	183.4
California	11.5	49.4	287.0	358.0	2139.4	3499.8	663.5
Colorado	6.3	42.0	170.7	292.9	1935.2	3903.2	477.1
Connecticut	4.2	16.8	129.5	131.8	1346.0	2620.7	593.2
Delaware	6.0	24.9	157.0	194.2	1682.6	3678.4	467.0
Florida	10.2	39.6	187.9	449.1	1859.9	3840.5	351.4
Georgia	11.7	31.1	140.5	256.5	1351.1	2170.2	297.9
Hawaii	7.2	25.5	128.0	64.1	1911.5	3920.4	489.4
Idaho	5.5	19.4	39.6	172.5	1050.8	2599.6	237.6
Illinois	9.9	21.8	211.3	209.0	1085.0	2828.5	528.6
Indiana	7.4	26.5	123.2	153.5	1086.2	2498.7	377.4
Iowa	2.3	10.6	41.2	89.8	812.5	2685.1	219.9
Kansas	6.6	22.0	100.7	180.5	1270.4	2739.3	244.3
Kentucky	10.1	19.1	81.1	123.3	872.2	1662.1	245.4
Louisiana	15.5	30.9	142.9	335.5	1165.5	2469.9	337.7
Maine	2.4	13.5	38.7	170.0	1253.1	2350.7	246.9
Maryland	8.0	34.8	292.1	358.9	1400.0	3177.7	428.5
Masssachusetts	3.1	20.8	169.1	231.6	1532.2	2311.3	1140.1
Michigan	9.3	38.9	261.9	274.6	1522.7	3159.0	545.5
Minnesota	2.7	19.5	85.9	85.8	1134.7	2559.3	343.1
Mississippi	14.3	19.6	65.7	189.1	915.6	1239.9	144.4

续表

州名	谋杀	强暴	抢劫	骚扰	夜盗	盗窃	偷车
Missouri	9.6	28.3	189.0	233.5	1318.3	2424.2	378.4
Montana	5.4	16.7	39.2	156.8	804.9	2773.2	309.2
Nebraska	3.9	18.1	64.7	112.7	760.0	2316.1	249.1
Nevada	15.8	49.1	323.1	355.0	2453.1	4212.6	559.2
New Hampshire	3.2	10.7	23.2	76.0	1041.7	2343.9	293.4
New Jersey	5.6	21.0	180.4	185.1	1435.8	2774.5	511.5
New Mexico	8.8	39.1	109.6	343.4	1418.7	3008.6	259.5
New York	10.7	29.4	472.6	319.1	1728.0	2782.0	745.8
North Carolina	10.6	17.0	61.3	318.3	1154.1	2037.8	192.1
North Dakota	0.9	9.0	13.3	43.8	446.1	1843.0	144.7
Ohio	7.8	27.3	190.5	181.1	1216.0	2696.8	400.4
Oklahoma	8.6	29.2	73.8	205.0	1288.2	2228.1	326.8
Oregon	4.9	39.9	124.1	286.9	1636.4	3506.1	388.9
Pennsylvania	5.6	19.0	130.3	128.0	877.5	1624.1	333.2
Rhode Island	3.6	10.5	86.5	201.0	1489.5	2844.1	791.4
South Carolina	11.9	33.0	105.9	485.3	1613.6	2342.4	245.1
South Dakota	2.0	13.5	17.9	155.7	570.5	1704.4	147.5
Tennessee	10.1	29.7	145.8	203.9	1259.7	1776.5	314.0
Texas	13.3	33.8	152.4	208.2	1603.1	2988.7	397.6
Utah	3.5	20.3	68.8	147.3	1171.6	3004.6	334.5
Vermont	1.4	15.9	30.8	101.2	1348.2	2201.0	265.2
Virginia	9.0	23.3	92.1	165.7	986.2	2521.2	226.7
Washington	4.3	39.6	106.2	224.8	1605.6	3386.9	360.3
West Virginia	6.0	13.2	42.2	90.9	597.4	1341.7	163.3
Wisconsin	2.8	12.9	52.2	63.7	846.9	2614.2	220.7
Wyoming	5.4	21.9	39.7	173.9	811.6	2772.2	282.0

练习 13.3 考试成绩分析: 某年级 44 名学生的期末考试共有 5 门课程, 有的用闭卷, 有的用开卷, 数据如表13.8 (数据文件 test.txt). 试用因子分析方法分析这组数据.

表 13.8 考试成绩分析数据

力学 (闭) X_1	物理 (闭) X_2	代数 (开) X_3	分析 (开) X_4	统计 (开) X_5
77	82	67	67	81
75	73	71	66	81
63	63	65	70	63
51	67	65	65	68
62	60	58	62	70
52	64	60	63	54
50	50	64	55	63
31	55	60	57	73
44	69	53	53	53
62	46	61	57	45
44	61	52	62	46
12	58	61	63	67
54	49	56	47	53
44	56	55	61	36
46	52	65	50	35
30	69	50	52	45
40	27	54	61	61
36	59	51	45	51
46	56	57	49	32
42	60	54	49	33
23	55	59	53	44
41	63	49	46	34
63	78	80	70	81
55	72	63	70	68
53	61	72	64	73
59	70	68	62	56
64	72	60	62	45
55	67	59	62	44

力学 (闭) X_1	物理 (闭) X_2	代数 (开) X_3	分析 (开) X_4	统计 (开) X_5
65	63	58	56	37
60	64	56	54	40
42	69	61	55	45
31	49	62	63	62
49	41	61	49	64
49	53	49	62	47
54	53	46	59	44
18	44	50	57	81
32	45	49	57	64
46	49	53	59	37
31	42	48	54	68
56	40	56	54	35
45	42	55	56	40
40	63	53	54	25
48	48	49	51	37
46	52	53	41	40

练习 13.4 医药行业数据分析: 表13.9 (数据文件 medical.txt) 列出了全国医药行业 20 个企业 1980－1982 年 3 年平均效益的几个数据: 总产值/消耗 (X_1), 净产值/工资 (X_2), 盈利/资金占用 (X_3), 销售收入/成本 (X_4), 试用因子分析方法找出这 4 个变量的公因子, 并合理解释.

表 13.9 医药行业效数据

总产值/消耗 X_1	净产值/工资 X_2	盈利/资金占用 X_3	销售收入/成本 X_4
1.611	10.59	0.69	1.67
1.429	9.44	0.61	1.50
1.447	5.97	0.24	1.25
1.572	10.72	0.75	1.71

续表

总产值/消耗 X_1	净产值/工资 X_2	盈利/资金占用 X_3	销售收入/成本 X_4
1.483	10.99	0.75	1.44
1.371	6.46	0.41	1.31
1.665	10.51	0.53	1.52
1.403	6.11	0.17	1.32
2.620	21.51	1.40	2.59
2.033	24.15	1.80	1.89
2.015	26.86	1.93	2.02
1.501	9.74	0.87	1.48
1.578	14.52	1.12	1.47
1.735	14.64	1.21	1.91
1.453	12.88	0.87	1.52
1.765	17.94	0.89	1.40
1.532	29.42	2.52	1.80
1.488	9.23	0.81	1.45
2.586	16.07	0.82	1.83
1.992	21.63	1.01	1.89

练习 13.5 胃癌的鉴别: 表13.10 (数据文件 cancer.txt) 是从病例中随机抽取的部分资料. 这里有 3 个类别 (group): 胃癌 (ca)、萎缩性胃炎 (ga) 和非胃炎患者 (non). 从每个总体抽 5 个患者, 每人化验 4 项生化指标: 血清铜蛋白 (X_1)、蓝色反应 (X_2)、尿乙酸 (X_3) 和中性硫化物 (X_4). 试对胃癌检验的生化指标值用 Fisher 判别的方法进行判别归类.

表 13.10　胃癌检验的生化指标值

类别	序号	血清铜蛋白 X_1	蓝色反应 X_2	尿乙酸 X_3	中性硫化物 X_4
胃癌患者	1	228	134	20	11
	2	245	134	10	40
	3	200	167	12	27

续表

类别	序号	血清铜蛋白 X_1	蓝色反应 X_2	尿乙酸 X_3	中性硫化物 X_4
胃癌患者	4	170	150	7	8
	5	100	167	20	14
萎缩性胃炎患者	6	225	125	7	14
	7	130	100	6	12
	8	150	117	7	6
	9	120	133	10	26
	10	160	100	5	10
非胃炎患者	11	185	115	5	19
	12	170	125	6	4
	13	165	142	5	3
	14	135	108	2	12
	15	100	117	7	2

练习 13.6 设有 6 个产品, 每个产品测得一项质量指标 X, 其值如下: 1, 2, 4, 6, 9, 11. 试对 6 个产品按质量指标进行分类, 试用各种系统聚类方法进行分析, 然后比较之.

练习 13.7 生活消费水平聚类分析: 表13.11 (数据文件 consume.txt) 中的资料是我国 16 个地区农民 1982 年支出情况的抽样调查的汇总资料, 每个地区都调查了反映每人平均生活消费支出情况的 6 个指标, 分别是食品 (X_1), 衣着 (X_2), 燃料 (X_3), 住房 (X_4), 生活用品及其他 (X_5), 文化生活服务支出 (X_6). 试利用调查资料对 16 个地区进行分类.

表 13.11 中国农民 1982 年各类支出

地区	食品 X_1	衣着 X_2	燃料 X_3	住房 X_4	生活用品及其他 X_5	文化生活服务支出 X_6
北京	190.33	43.77	9.73	60.54	49.01	9.04
天津	135.20	36.40	10.47	44.16	36.49	3.94
河北	95.21	22.83	9.30	22.44	22.81	2.80

续表

地区	食品 X_1	衣着 X_2	燃料 X_3	住房 X_4	生活用品及其他 X_5	文化生活服务支出 X_6
山西	104.78	25.11	6.40	9.89	18.17	3.25
内蒙古	128.41	27.63	8.94	12.58	23.99	3.27
辽宁	145.68	32.83	17.79	27.29	39.09	3.47
吉林	159.37	33.38	18.37	11.81	25.29	5.22
黑龙江	116.22	29.57	13.24	13.76	21.75	6.04
上海	221.11	38.64	12.53	115.65	50.82	5.89
江苏	144.98	29.12	11.67	42.60	27.30	5.74
浙江	169.92	32.75	12.72	47.12	34.35	5.00
安徽	153.11	23.09	15.62	23.54	18.18	6.39
福建	144.92	21.26	16.96	19.52	21.75	6.73
江西	140.54	21.50	17.64	19.19	15.97	4.94
山东	115.84	30.26	12.20	33.61	33.77	3.85
河南	101.18	23.26	8.46	20.20	20.50	4.30

练习 13.8   矿产数据的典型相关分析: 为了了解某矿区下部矿 Pt(铂), Pd(钯) 与 Cu(铜), Ni(镍) 的共生组合规律, 我们从其钻孔中取出 27 个样品, 数据见表13.12 (数据文件 tramcar.txt). 试用典型相关分析研究 Pt, Pd 与 Cu, Ni 的相关关系.

表 13.12   矿区下部的矿产数据

序号	Pt(铂) X_1	Pd(钯) X_2	Cu(铜) X_3	Ni(镍) X_4
1	0.14	0.30	0.03	0.14
2	0.20	0.50	0.14	0.22
3	0.06	0.11	0.03	0.02
4	0.07	0.11	0.04	0.13
5	0.12	0.22	0.06	0.12
6	0.52	0.87	0.19	0.20
7	0.23	0.47	0.14	0.10
8	1.19	0.38	0.09	0.11

续表

序号	Pt(铂) X_1	Pd(钯) X_2	Cu(铜) X_3	Ni(镍) X_4
9	0.37	0.66	0.14	0.15
10	0.36	0.60	0.14	0.15
11	0.42	0.77	0.17	0.10
12	0.35	0.85	0.30	0.19
13	0.50	0.87	0.23	0.22
14	0.56	1.15	0.29	0.28
15	0.43	0.90	0.13	0.22
16	0.47	0.97	0.26	0.22
17	0.49	0.79	0.21	0.20
18	0.47	0.77	0.51	0.22
19	0.40	0.88	0.33	0.19
20	0.66	1.30	0.21	0.30
21	0.63	1.30	0.45	0.28
22	0.52	1.43	0.31	0.23
23	0.44	0.87	0.17	0.25
24	0.03	0.07	0.05	0.08
25	0.20	0.28	0.04	0.08
26	0.04	0.10	0.11	0.07
27	0.17	0.28	0.15	0.09

练习 13.9   遗传数据的典型相关分析: 表13.13 (数据文件 descendibility.txt) 列举了 25 个家庭的成年长子和次子的头长和头宽 (单位: mm), 可以想象, 长子和次子之间有相当的相关性. 试对长子和次子之间做典型相关分析.

表 13.13   长子和次子的遗传数据

长子头长 X_1	长子头宽 X_2	次子头长 Y_1	次子头宽 Y_2
191	155	179	145
195	149	201	152

长子头长 X_1	长子头宽 X_2	次子头长 Y_1	次子头宽 Y_2
181	148	185	149
183	153	188	149
176	144	171	142
208	157	192	152
189	150	190	149
197	159	189	152
188	152	197	159
192	150	187	151
179	158	186	148
183	147	174	147
174	150	185	152
190	159	195	157
188	151	187	158
163	137	161	130
195	155	183	158
186	153	173	148
181	145	182	146
175	140	165	137
192	154	185	152
174	143	178	147
176	139	176	143
197	167	200	158
190	163	187	150

练习 13.10   农业生产的典型相关分析: 对表13.14 (数据文件 algriculture.txt) 中给出的 2001 年 31 个省市自治区农业产量 (主要是粮食、油料) 与农业投入 (农作物总播种面积、有效灌溉面积、化肥施用量、农业机械总动力) 做典型相关分析.

表 13.14 2001 年 31 个省市自治区农业产量

地区	粮食产量 (10000 t)	油料产量 (10000 t)	农作物总播种面积 (m²)	有效灌溉面积 (m²)	化肥施用量 (10000 t)	农业机械总动力
北京	104.9	4.3	386.4	322.7	15.7	395.0
天津	143.3	3.9	544.5	354.3	17.3	603.3
河北	2491.8	153.8	8990.8	4485.4	273.4	7244.4
山西	692.1	18.1	3672.3	1104.3	84.9	1767.5
内蒙古	1239.1	80.6	5707.3	2472.3	79.3	1423.6
辽宁	1394.4	46.3	3964.8	1482.8	109.8	1401.3
吉林	1953.4	34.3	4890.1	1382.6	114.1	1096.5
黑龙江	2651.7	36.3	9989.2	2090.4	123.2	1648.3
上海	151.4	12.8	490.9	280.6	20.3	133.9
江苏	2942.1	232.5	7777.4	3900.0	338.0	2957.9
浙江	1072.7	58.2	3245.9	1400.3	90.3	2017.2
安徽	2500.3	298.8	8733.1	3228.7	280.7	3165.0
福建	817.3	26.1	2713.1	942.4	117.4	888.8
江西	1600.0	90.5	5534.7	1897.5	109.7	1002.0
山东	3720.6	377.3	11266.1	4836.1	428.6	7689.6
河南	4119.9	362.6	13127.7	4766.0	441.7	6078.7
湖北	2138.5	279.4	7489.0	2027.9	245.3	1469.2
湖南	2700.3	137.4	7931.7	2676.3	184.3	2358.0
广东	1600.1	80.9	5193.1	1447.1	195.1	1760.
广西	1511.4	57.2	6288.1	1519.6	168.1	1552.4
海南	195.8	10.3	871.7	180.8	27.0	212.2
重庆	1023.5	30.0	3555.9	631.9	72.6	628.1
四川	2926.5	181.0	9571.5	2533.0	212.0	1735.1
贵州	1100.3	71.3	4650.7	659.8	70.0	647.9
云南	1486.3	27.7	5929.6	1424.3	120.0	1397.8
西藏	98.3	4.4	230.9	154.4	3.0	123.2
陕西	976.6	37.5	4331.9	1314.1	131.1	1099.8
甘肃	753.2	38.4	3688.9	982.3	66.1	1122.0

地区	粮食产量 (10000 t)	油料产量 (10000 t)	农作物总播 种面积 (m²)	有效灌溉 面积 (m²)	化肥施用量 (10000 t)	农业机械 总动力
青海	103.2	23.0	529.0	208.3	7.2	264.7
宁夏	274.8	7.3	1007.6	405.4	24.6	407.6
新疆	780.0	42.6	3404.1	3138.1	83.3	880.9

练习 13.11　城镇居民消费支出结构对应分析: 选取 8 个反映城镇居民消费支出结构的指标: X_1—食品支出比重; X_2—衣着支出比重; X_3—家庭设备用品及服务支出比重; X_4—医疗保健支出比重; X_5—交通和通信支出比重; X_6—娱乐教育文化服务支出比重; X_7—居住支出比重; X_8—杂项商品支出比重. 根据《2000 年统计年鉴》的资料 (见表 13.15, 数据文件 structure.txt), 进行对应分析.

表 13.15　城镇居民消费支出结构

地区	X_1	X_2	X_3	X_4	X_5	X_6	X_7	X_8
京	39.6	9.7	10.0	6.8	6.2	15.2	6.4	6.1
津	41.9	8.5	11.9	5.2	4.9	12.6	9.8	5.2
冀	37.1	12.8	9.0	7.1	6.8	13.4	9.1	4.7
晋	40.2	13.6	8.3	6.0	5.8	11.9	8.1	6.1
内	37.7	15.1	7.3	5.5	7.2	13.3	8.3	5.6
辽	43.3	13.9	6.2	7.0	6.0	11.2	8.3	4.1
吉	42.7	13.4	5.5	6.0	6.0	12.6	9.8	4.0
黑	40.4	14.7	6.1	8.0	6.5	10.8	9.1	4.4
苏	44.1	9.0	11.4	4.2	6.0	11.7	8.6	5.0
浙	40.3	8.5	10.6	6.7	7.9	12.2	8.8	5.0
皖	47.3	11.0	7.0	3.2	6.4	13.2	8.0	3.9
闽	51.4	8.1	6.3	3.1	7.7	8.8	10.2	4.4
赣	45.0	8.7	6.7	3.1	6.0	11.3	14.6	4.6
鲁	37.1	13.6	12.2	4.9	6.0	13.3	8.2	4.7
豫	40.8	12.3	8.3	6.0	6.2	9.7	12.0	4.7
鄂	41.1	11.8	6.5	4.6	5.5	14.2	12.1	4.2

续表

地区	X_1	X_2	X_3	X_4	X_5	X_6	X_7	X_8
湘	40.4	10.7	8.4	4.3	6.7	14.5	10.3	4.7
粤	40.7	4.7	7.5	4.7	10.8	11.6	14.4	5.6
桂	44.2	6.6	7.4	3.4	7.2	13.6	12.8	4.8
琼	51.3	4.6	5.0	4.3	8.2	11.9	7.8	6.9
渝	42.4	10.8	9.5	4.3	7.4	13.4	8.1	4.1
川	43.8	11.3	7.7	4.5	5.3	12.8	9.6	5.0
黔	42.3	11.0	11.6	3.9	6.4	11.2	8.7	4.8
滇	44.3	10.8	7.5	5.1	5.9	11.4	8.3	6.7
藏	49.9	15.8	3.9	3.9	7.1	7.0	5.1	7.3
陕	37.3	9.9	11.3	6.6	5.8	12.4	11.9	4.8
甘	41.5	12.8	8.9	6.0	5.6	12.2	6.8	6.2
青	42.4	11.2	6.6	7.8	6.3	12.3	7.4	6.0
宁	38.8	13.6	7.7	8.9	7.1	12.0	6.4	5.5
新	38.6	12.9	10.4	5.7	6.0	13.0	8.3	5.1

练习 13.12 在研究读写汉字能力与数学的关系时, 人们取得了 232 个美国亚裔学生的数学成绩和汉字读写能力的数据. 关于汉字读写能力的变量有三个水平: "纯汉字"意味着可以完全自由使用纯汉字读写, "半汉字"意味着读写中只有部分汉字 (比如日文), 而 "纯英文"意味着只能够读写英文而不会汉字. 而数学成绩有 4 个水平 (A, B, C, F). 这里只选取亚裔学生是为了消除文化差异所造成的影响. 这项研究是为了考察汉字具有的抽象图形符号的特性能否促进儿童空间和抽象思维能力. 列联表形式数据如表 13.16. 试根据此数据进行对应分析以回答上面的问题.

表 13.16 读写汉字能力与数学的关系数据

汉字使用	数学成绩				
	数学 A	数学 B	数学 C	数学 F	总分
纯汉字	47	31	2	1	81
半汉字	22	32	21	10	85
纯英文	10	11	25	20	66
总分	79	74	48	31	232

附录 A

R Commander 介绍

R 自带的 RGui 没有提供专门的用于统计分析的菜单. 然而 John Fox 基于 R 开发了一套菜单驱动的基础统计分析系统, 全称为 R Commander:A Basic Statistics GUI for R. 有关的信息可参见 John Fox 的主页.

下面简单介绍一下 R Commander 的功能、安装与使用.

A.1 功能

R Commander 是一个交互式菜单系统, 用于进行数据的读取、查看、编辑、存储、转换, 数据的描述性统计分析、数据的可视化、数据的建模与比较等常用的统计分析. 作者还添加了线性与广义线性模型等统计分析工具. 它起到了类似 SPSS 的功能, 而且可以查看菜单操作对应的 R 源代码. 此外, 通过 R Commander 代码窗口 R Script 和 R Markdown 窗口, 用户可以体验 Rstudio 的基本功能: 编程与撰写报告.

A.2 安装

R Commander 的网络安装比较方便, 但需要较长的时间. 其步骤如下:

1) 启动 R

2) 点击菜单 Pacakges Data $\longrightarrow$ Package Installer

3) 选择安装包的库源 (Repository) CRAN (binaries)

4) 输入包的名称"rcmdr"

5) 选择一个较快的 CRAN 镜像站点 (建议用国内的镜像)

6) 选中"rcmdr"并点击 Get List 安装. 期间会自动安装其他必要的程序包!

此外, R Commander 也可在 Rstudio 下安装, 基本步骤类似: 在 Rstudio 的右下窗口中依次选择 Packages $\longrightarrow$ Install $\longrightarrow$ 在安装包的库源 Repository (CRAN) 下

输入"rcmdr"⟶选中"rcmdr"并点击 Install 完成安装.

A.3　启动

1) 方法 1: 在命令窗口或 R 代码中输入命令
`library(Rcmdr)`

2) 方法 2: 在 Rstudio 右下窗口中依次选择 Packages ⟶ 在搜索框中输入
"rcmdr"⟶选中"rcmdr".

此后就激活了 R Commander, 2.8 版本的窗口如图 A.1 所示[1].

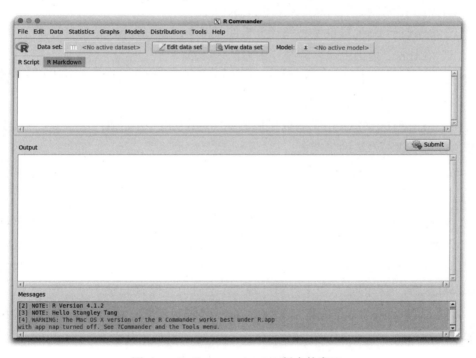

图 A.1　R Commander 2.8 版本的窗口

---

[1]在 Rstudio 中启动 R Commander 时不会显示 output 及 message 窗口, 进行统计分析的结果会直接显示在 Rstudio 的 Console 中.

A.4   结构与使用

R Commander 主要由上下两个窗口构成, 上方的窗口包括主菜单、工具条和代码/R Markdown 窗口; 下方的窗口提供代码执行的输出结果 (output) 和提示信息 (message). 上方的窗口 (见图 A.1) 从上到下的组成如下:

- 主菜单 (Menu), 包括:

  i. File: R 代码文件的读取与储存, 结果的储存, R Commander 的退出;

  ii. Edit: 不同场景下文本的编辑 (复制、剪切、粘贴等);

  iii. Data: 提供读取与处理数据的子菜单;

  iv. Statistics: 提供多种统计分析的子菜单;

  v. Graphs: 提供生成多种统计图形的子菜单;

  vi. Models: 提供由统计模型得到的概括统计量、置信区间、假设检验、诊断及图形菜单 (或子菜单), 还可添加诊断用的残差等;

  vii. Distribution: 用于获取累积概率、概率密度 (分布律)、分位数、统计分布图及由分布生成样本等的子菜单;

  viii. Tools: R Commander 的扩展工具, 包括加载 R 包、设置选项、安装辅助软件等;

  ix. Help: R Commander 的一些帮助信息, 包括帮助手册、每个对话框的帮助;

  R Commander 2.8 版本的完整菜单结构可通过菜单的 Help —→ Introduction to the R Commander 文档的 4–10 页查看. 在当前场景下不可使用的菜单显示为灰色, 表示未被激活, 还有的菜单在未开启的场景下会被完全隐藏起来.

- 工具条 (Tool bar), 包括: Data set(显示数据集), Edit data set(编辑数据集), View data set(浏览数据集) 和 Model(可用模型), 其中

  i. R Commander 启动后并没有激活的数据集, 我们可以从内存中选择并激活一个, 供 R Commander 中建模与分析使用;

  ii. R Commander 中数据的输入并激活有三种方式: 通过数据编辑器建立 (Data -> New data set ...); 从 R 包中已有的数据集读入; 从外面数据文件导入, 来源包括 Excel 表、Minitab/SPSS/SAS/Stata 等统计软件、本地或网上 (URL) 的文件、剪贴板等. 最为常用的文件格式是纯文本的 txt 文件和 csv 文件. 详见 R Commander 的帮助文件及第 2 章的说明.

iii. 刚开始 R Commander 内存中没有与已激活数据对应的激活模型, 经过线性回归、线性模型、广义线性模型、多项 logit 模型、有序回归模型、线性或广义线性混合效应模型等分析后将生成模型对象并成为新的激活模型, 供后期进一步的分析用.

- 代码 (R Scipt) 窗口. 通过菜单所进行的操作的 R 代码在这里显示出来, 并立即被执行. 在这里你也可以修改已有的代码, 也可以输入自己的 R 代码, 点击 R Scrip 窗口右下方的 Submit 按钮就可发送命令让 R 执行.

- 与 R Scrip 窗口并列的是 R Markdown 窗口: 撰写 R Markdown 文档, 点击 R Markdown 窗口右下方的 Generate report 按钮就可提交并生成 html/doc/pdf 格式的报告. 详见附录 B.

详细请阅读随 R Commander 安装的 Help 下的帮助文件 (John Fox, 2022) 以及 Fox(2005) 和 Fox(2017a) 的书.

A.5 示例

在 R Commander 中进行数据分析的步骤如下:

1) 通过 Data 菜单建立或载入数据;

2) 通过菜单的 Statistics ⟶ Summaries 和 Graphs 进行描述性统计分析, 包括得到概括统计量和数据可视化等;

3) 通过菜单的 Statistics ⟶ Fit models 进行统计建模 (包括线性回归分析和各类线性模型). 也可进行均值检验、方差检验、比例检验、联立表检验、多元分析和非参数检验等.

4) 完成分析后还可在 R Commander 中通过 R Markdown 生成和修改数据分析报告.

A.5.1 描述性统计分析

1) 由 R Commander 菜单依次选择 Data ⟶ Import data ⟶ from text file, clipboard, or URL... 读取本地文件 Nations.txt, 并将数据集的名字由默认的 Dataset 改为 Nations. 成功读取此数据集后, Nations 就成为当前已激活的数据集, 对此我们可通过工具条右侧的按钮进行浏览甚至必要的编辑; 此数据集中包括 4 个数值型变量: TFR, contraception, infant.mortality, GDP 和一个因子变量 region.

2) 由 R Commander 菜单依次选择 Statistics ⟶ Summaries ⟶Active data set 就可在 Output 窗口中输出数据集 Nations 的概括统计量 (显示从略);

3) 由 R Commander 菜单依次选择 Statistics ⟶ Summaries ⟶ Numerical summaries... 会弹出一个包含两个选项的对话窗口, 我们在 Data 选项的窗口中选择数值变量 infant.mortality(双击), 在选项 Statistics 的窗口中选择需要输出的统计量, 其中可指定多个分位数. 在此我们使用默认的均值、标准差、第一和第三四分位数、四分位数极差、最小值、最大值、中位数等, 再点击 OK, 就可在 Output 窗口中输出数值变量 infant.mortality 的概括统计量 (显示从略);

4) 在上面的 Data 选项窗口中点击下方的 Summarise by groups... 按钮, 并选中因子变量 region(双击), 再同时选中数值变量 infant.mortality 和 GDP(双击), 再点击 OK, 就可在 Output 窗口输出按因子变量分类的概括统计量, 如图 A.2 所示;

5) 由 R Commander 菜单依次选择 Graphs ⟶ Histogram..., 选中数值变量 infant.mortality(双击), 再点击 OK 就可在弹出的图形窗口中画出此变量的直方图 (显示从略).

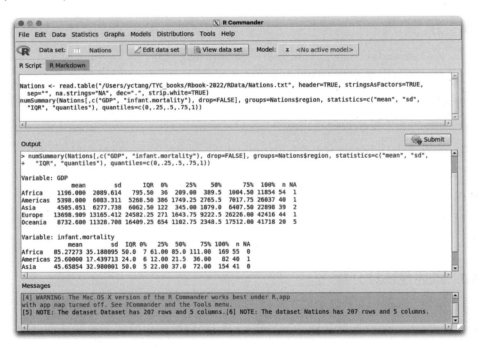

图 A.2　R Commander 中分类的概括统计量

A.5.2 线性回归分析

1) 数据的导入: 由 R Commander 菜单依次选择 Data $\longrightarrow$ Data in packages $\longrightarrow$ Read data set from an attached package, 读取 carData 软件包中的数据集 Prestige, 使其成为当前被激活的数据集. 该数据收集了 1971 年加拿大在职人员的一些信息, 其中有 4 个数值型变量: education (平均教育水平, 单位: 年), income (平均收入水平, 单位: 美元), women (妇女占比, 单位: %), prestige (职业声望分数), 和两个分类变量: census (职业代码), type (职业类型);

2) 建立模型并进行拟合: 由 R Commander 菜单依次选择 Statistics $\longrightarrow$ Fit models $\longrightarrow$ Linear Model, 然后在模型公式框中输入

```
prestige ~ (education + log(income)) * type
```

此公式可以手工方式逐一从左到右输入, 也可以借助左边的变量框和右边的公式工具条双击输入. 模型中若有混合效应, 则可指定所需样条或多项式的自由度或次数. 我们也可以指定权重变量或待分析观测的一个子集. 点击 OK, 就可在 R Script 窗口和 Output 窗口中输出如图 A.3 所示的信息. 同时生成模型 LinearModel.1, 并成为 Model 按钮的激活模型.

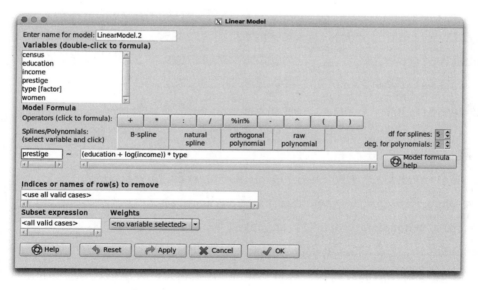

图 A.3 R Commander 线性模型的对话框

```
LinearModel.1 <- lm(prestige ~ (education + log(income))*type,
                    data=Prestige)
summary(LinearModel.1)
Call:
lm(formula = prestige ~ (education + log(income)) * type,
          data = Prestige)
Residuals:
    Min     1Q  Median      3Q     Max
-13.970  -4.124   1.206   3.829  18.059
Coefficients:
                          Estimate Std. Error t value Pr(>|t|)
(Intercept)              -120.0459    20.1576  -5.955 5.07e-08 ***
education                   2.3357     0.9277   2.518  0.01360 *
log(income)                15.9825     2.6059   6.133 2.32e-08 ***
type[T.prof]               85.1601    31.1810   2.731  0.00761 **
type[T.wc]                 30.2412    37.9788   0.796  0.42800
education:type[T.prof]      0.6974     1.2895   0.541  0.58998
education:type[T.wc]        3.6400     1.7589   2.069  0.04140 *
log(income):type[T.prof]   -9.4288     3.7751  -2.498  0.01434 *
log(income):type[T.wc]     -8.1556     4.4029  -1.852  0.06730 .
---
Signif. codes:  0 '***' 0.001 '**' 0.01 '*' 0.05 '.' 0.1 ' ' 1
Residual standard error: 6.409 on 89 degrees of freedom
  (4 observations deleted due to missingness)
Multiple R-squared:  0.871, Adjusted R-squared:  0.8595
F-statistic: 75.15 on 8 and 89 DF,  p-value: < 2.2e-16
```

3) 模型信息的提取与深入分析: 由 R Commander 菜单依次选择 Models —→ Hypothesis tests —→ Anova table..., 及默认的 II 型检验生成方差分析表, 结果如下所示.

```
Anova(LinearModel.1, type="II")
Anova Table (Type II tests)
Response: prestige
                 Sum Sq Df F value    Pr(>F)
education        1209.3  1 29.4446 4.912e-07 ***
log(income)      1690.8  1 41.1670 6.589e-09 ***
type              469.1  2  5.7103  0.004642 **
education:type    178.8  2  2.1762  0.119474
log(income):type  290.3  2  3.5344  0.033338 *
Residuals        3655.4 89
---
Signif. codes:  0 '***' 0.001 '**' 0.01 '*' 0.05 '.' 0.1 ' ' 1
```

附录 B

Rstudio 介绍

R 作为由统计学家专门为统计计算与可视化开发的语言, 要充分发挥其功能并便于使用, 需要有一个开发环境或平台的支撑. Rstudio 是由 Possit 公司开发的, 专门为基于 R 语言进行数据分析、报告的生成及二次开发等所定制的功能强大的集成开发环境 (IDE), 它是目前为止最为优秀的跨平台的 R 集成开发环境, 可以帮助我们成倍地提高数据分析的效率.

下面简单介绍一下 **Rstudio** 的功能、安装与使用等.

B.1 功能

在谢益辉等的努力下, Rstudio 的功能越来越强大, 除了早期设定的基本功能外, 通过 R 与 Markdown 的整合 (通过 rmarkdown 软件包实现), 并在需要时借助 TEX 强大的排版能力, 生成精美的输出文档. 通过 Rstudio IDE 可以:

1) 集成多个 R Markdown 文档类型/模板 (涉及报告、书稿、期刊、幻灯片、博客等), 实现与 R 的动态交互;

2) 进行高效的文学化统计编程 (详见附录 C);

3) 根据需要定制生成 html, doc, pdf 格式的报告、书籍、幻灯片等, 并快速发布或输出;

4) 与 Shiny 结合, 实现应用的快速开发与发布;

5) 根据需要定制窗口 (布局、颜色).

B.2 安装与启动

同 R 一样, Rstudio 是跨平台的集成开发平台, 可在其官方网站下载 Windows, Mac OS X, Ubuntu 及 Red hat 等系统下的安装软件 (后缀分别为 exe, dmg, deb, rpm).

安装并启动后, 就可看到如图 B.1 所示的四个基本的窗口/面板[1].

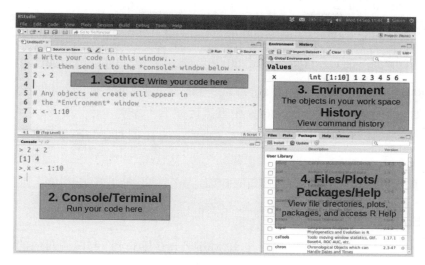

图 B.1 Rstudio 默认的四个窗口

1) 左上: 源代码编辑窗口 (Source)

2) 左下: 代码运行窗口 (Console)

3) 右上: 工作空间窗口 (Environment/History)

4) 右下: 文件/图形窗口 (Files/Plots/Packages/Help)

B.3 Rstudio 菜单及窗口介绍

Rstudio 之所以如此强大, 在于谢益辉在其博士毕业后将大量时间与精力致力于 R 新生态的重构与建设, 以 Rstuio 为载体 (集成开发环境, IDE), 文学化统计编程 (见附录 C) 为理念, 通过主菜单与四个窗口 (面板) 的打造, 为数据科学提供了一个 良好的学习与工作环境. 经过十多年不断迭代和完善, 现在不仅可融合 R 与 Python 统计与计算机两大最为流行的编程语言, Markdown 与 TEX 一轻一重两大写作与排 版工具, 并通过 knitr 和 Pandoc 有机地在 Rstuio 中整合在一起, 实现各种不同应用 场景下的多种输出. 熟悉 Rstudio 的主菜单与四个窗口, 是深入了解和使用 Rstudio

---

[1]不同场合各窗口的工具条略有差异, 窗口的位置、布局及每个窗口的组件也可以通过系统的全局选项 (Tools ⟶ Global Options ⟶ Pane Layout) 随意定制. 我们还可以通过鼠标来临时调整或隐藏窗口.

功能并提升学习与科研效率的基础, 为此我们逐一展开介绍.

B.3.1 Console 窗口

Console 窗口功能包括:

1) 如同 RGui, 可在 R Console 中直接运行 R 代码;

2) 可实现 R 代码自动补全: 已载入 workspace 中的对象与函数, 可用 Tab 触发补全;

3) 可方便获取历史命令 (使用 up, CTL+up).

B.3.2 Source 窗口

Source 窗口主要用作 R 代码与 R Markdown 编辑器, 与两者对应的工具条布局略有差异, 如下面的图所示:

- R 代码编辑器

- R Markdown 文档编辑器

在 Source 窗口中可实现如下一些功能:

1) R 代码语法高亮显示;

2) R 代码自动补全;

3) 窗口个性化定制: 编辑窗口主题 (theme) 及输出窗口 (layout) 的设置;

4) 借助标签页 (tab) 设计实现多个源文件的管理;

5) 方便添加注释 (Ctrl+Shift+C 切换) 与代码缩进, 以保持 R 代码编写的良好风格;

6) 快速执行代码:

  i. Ctrl+Enter: 执行当前的一行代码或执行多行选中的代码

  ii. Shift+Ctrl+Enter: 执行整个代码

7) 便捷地分段与折叠:

  i. R 函数自然分段

  ii. R 文档分段符: 任何 4 个及以上 "-" "=" "#" 结尾的注释行

  iii. Rmd 文档分段: 代码块 (code chunk) 和各级标题

8) 导航栏可快速切换:

  i. 在 R 文档中通过右上方的 Show document outline 按钮或 Source 窗口下方的滚动窗口 (通常显示为 Top Level) 查看程序中的函数, 因为在 R 文档中只有 R 函数是折叠块;

  ii. 在 R Markdown 文档 (简称为 Rmd 文档) 中通过右上方的 Show document outline 按钮或 Source 窗口下方的滚动窗口显示文档的各级标题和代码块;

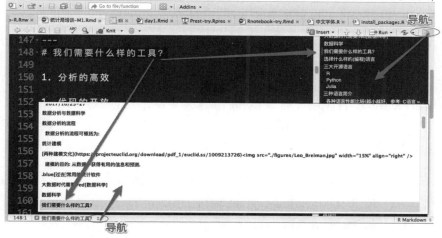

  iii. R Sweave 文档 (简称为 Rnw 文档) 是一类特殊的 TeX 与 R 代码块相结合的文档, 是谢益辉早期开发的 R Markdown 的雏形. 在 Rnw 文档中, 导航对 TeX 的章节和代码块有效, 操作方式与 R Markdown 文档类似.

B.3.3　Environment/History 窗口

Environment/History 窗口主要有三个标签, 各自的功能如下:

- Environment:
   i. 查看工作空间
  ii. 导入数据集

- History:
   i. 查看运行的历史记录
  ii. To Console: 将代码复制到 Console 窗口
 iii. To Source: 将代码复制到 Source 窗口的光标位置处

- Presentaion: R Presentation(一种 R Markdown 幻灯片) 的结果预览

B.3.4　Files/Plots/Packages/Help/Viewer 窗口

这个窗口侧重结果展示与管理, 从左向右主要标签依次为 Files, Plots, Packages, Help 和 Viewer, 它们的功能简述如下:

- Files: 查看当前工作目录中的文件 (通过 Console 中的小箭头也可转到 Files);
- Plots: 显示 R 文档中绘图程序的图形;

- Packages: R 程序包管理器 (安装、加载、更新);

- Help: 显示 R 的各类帮助, 包括数据、程序包和函数;
- Viewer: 预览 R Markdown 文档编辑后的 html 结果;

这需要预先对输出的显示位置设置: 在 Rstudio 的菜单中, 由 Tools ⟶ Global Options... ⟶ R Markdown ⟶ Show output preview in ⟶ Viewer Pane, 否则输

出结果由外部浏览器呈现[1].

B.3.5 Rstudio 主菜单

上面我们介绍了 Rstudio 的四个已经定制的窗口 (面板) 及其功能, 此外, 我们有必要再了解一下 Rstuio 的主菜单中一些与 R 编程效率提升有关的主要选项和使用方法. Rstudio 的菜单布局如下图所示:

• Rstudio 的选项: 通过主菜单的 Tools ⟶ Global Options... 我们就可看到下面图 B.2 的选项 (左侧) 及设置 (右侧)[2], 我们可以根据需要对设置做必要的修改.

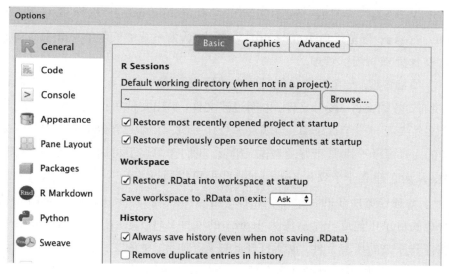

图 B.2 Rstudio 主菜单选项窗口

i. 窗口 (面板) 定制: 通过 Pane Layout 设置四个窗口的位置及相应的组件;

ii. 编辑器主题定制: 通过 Appearance ⟶ Editor Theme 选择自己喜欢的背景主题, 例如深色高亮显示突出的 Cobalt;

iii. 程序包镜像源设置: 通过 Packages ⟶ Package Management 修改 (Change...) 或添加 (Add...) 宏包镜像源地址, 例如国内的用户推荐使用最为稳定又

---

[1]由 R Markdown 生成的 pdf 文件可由系统指定的 pdf 阅读器预览, 也可指定由 Rstudio 自带的浏览器预览, 设置方法是: Tools ⟶ Global Options... ⟶ RSweave ⟶ PDF Preview ⟶ Preview PDF after compile using ⟶ Rstudio Viewer. 由 R Markdown 生成的 Doc 文件可由 Microsoft 的 Word 打开预览.

[2]在 Mac OS 系统中也可通过 Rstudio ⟶ Preferences... 打开.

快速的清华大学开源软件镜像站;

　　iv. **R Markdown** 定制: 通过 R Markdown $\longrightarrow$ Show output preview in $\longrightarrow$ Viewer Pane 让 R Markdown 文档编译生成的 html 文件在 Files/Plots... 窗口的 Viewer 中预览显示;

　　v. Python 解释器设置: 通过 Python $\longrightarrow$ Python interpreter $\longrightarrow$ Select... 选择/修改 **Python** 可执行文件的位置;

　　vi. Sweave 设置: 通过 Sweave $\longrightarrow$ PDF Generation $\longrightarrow$ Weave Rnw files using: 选择 **knitr** 处理 Rnw 文件, 通过 Sweave $\longrightarrow$ PDF Generation $\longrightarrow$ Typeset LaTeX into PDF using: 选择 X$_{\exists}$LATEX 编译由 **knitr** 转换生成的 TEX 文件[1], 通过 Sweave $\longrightarrow$ PDF Preview $\longrightarrow$ Preview PDF after compiling using: 选择 Rstudio 内置的 **Rstudio Viewer** 预览最后生成的 pdf 文件 (默认为系统中安装的 pdf 阅读器).

- 文件处理与项目管理:

　　i. 项目管理: 一个任务可能是一个项目或一篇大的文章, 通常都会涉及许多文件 (源文件、数据文件、图形文件、中间过渡文件、输出文件等), 我们通常将它们放在同一个文件夹及一些子目录中. 当涉及多个任务时, 在同一个 Rstudio 中打开来自不同任务的文件是一个非常不好的做法. 相反, 我们会习惯于将同一任务的文件按文件夹归类, 并为之建立一个项目 (project). 我们可以通过 File $\longrightarrow$ New Project... $\longrightarrow$ Browse... 选择任务所在的目录 (如图 B.3 所示), 点击 Creat Project, 这时系统会在任务所在的目录中建立一个后缀为 Rproj 的项目文件. 之后, 打开 Rproj 文件就可一次性打开原来的所有文件, 重新打开此任务 (项目) 中的文件也会直接定位到相应的目录下, 而且我们可同时打开多个项目文件, 它们的工作互不干扰.

　　ii. 编码管理: 尽管现在我们都建议使用 UTF-8 编码, 但有时偶尔也会遇到其他编码的文件, 特别是大部分的 Windows 用户可能还习惯使用 GBK 编码, 这时在 Mac OX 中打开这类源文件, 会出现其中的中文显示为乱码的情况. 这时我们可以通过 File $\longrightarrow$ Reopen with Encoding... 选择源文件本来的编码打开, 之后再通过 File $\longrightarrow$ Save with Encoding... $\longrightarrow$ UTF-8 实现将源文件的编码改为 UTF-8 编码.

　　iii. 外部数据文件的读入: 通过 File $\longrightarrow$ Import Datasets 可从纯文本文件 txt, csv, Excel, SPSS, SAS, Stata 等读取不同格式的数据, 其中对于 csv 文件 Rstudio 推荐使用的 R 软件包 **readr** 中的函数read_csv( )读取, 其速度远超 R 自带的函数read.csv( ).

---

[1]X$_{\exists}$LATEX 支持 UTF-8 编码, 并可直接调用系统字库, 具有跨平台的优势.

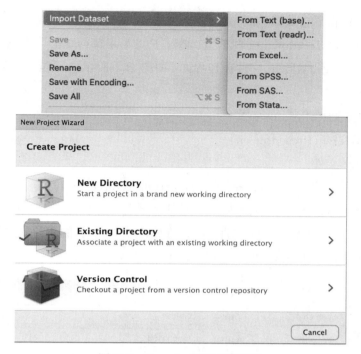

图 B.3　Rstudio 中的项目管理

iv. 支持的文件类型:

a) Rstudio 主要支持两类文件, 即 R 代码文件和 R Markdown 文件, 相应窗口 (面板) 的工具条也主要针对它们设置

b) R Notebook, R Sweave, R HTML, R Documentation [1]

c) 其他脚本语言: Python, Shell, SQL, C/C++, Stan [2]

d) 前端开发语言: Text, Markdown, html, CSS, Javascript, D3 [3]

e) 小程序开发: Shiny 应用程序, Plumber 接口 [4]

• Rstudio 同样很好地支持 $\TeX$, 不仅可直接编译 $\TeX$ 文件生成 pdf(支持正向与反向搜索), 而且可简单地将 R Sweave 文件 (Rnw 文件) 和需要 $\TeX$ 支持的 R

---

[1] R Documentation 是一种为 R 程序包开发定制的说明文档.

[2] Stan 是一种贝叶斯概率编程语言.

[3] D3.js 是一个可视化前端 js 框架.

[4] Plumber 是一个开源的 R 包, 可以把现有的 R 代码转换成 web API.

Markdown 文件在后台编译生成 pdf[1].

- 丰富的 R Markdown 文件类型: 通过 File ⟶ New File ⟶ R Markdown...
打开一个新的 R Markdown 文件创建界面 (如图 B.4 所示), 可创建的 R Markdown
文件有 4 类:

    i. 普通的 R Markdown 文件

    ii. 演示文稿 (Presentation)

    iii. Shiny 文件

    iv. 基于第三方模板各式各样的文件 (From Template)

R Markdown 文件最后生成最为常见的形式是 HTML, 但在 TEX 支持下也可
以生成 pdf, 还可以生成 DOC 文件, 它们通常通过 `knitr` 的下拉式菜单选择 html,
Word, pdf 进行编译并生成. 我们将在附录 C 中进一步说明.

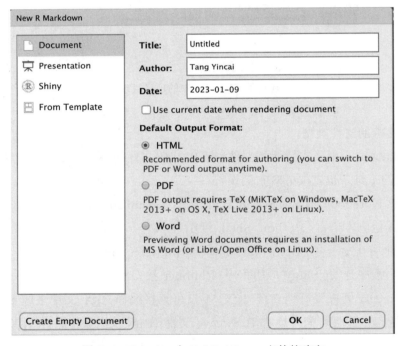

图 B.4   Rstudio 中 R Markdown 文件的建立

---

[1]通常 TEX 文件是在 TeXStudio 中由 TeXLive(或其封装的子集) 的 XƎLATEX 或 pdfLATEX 引擎编译生成 pdf.

附录 C

文学化统计编程

大数据与数据科学已经成为当下最为热门的关键词, 面对高效的编程与高质量的写作需求, 我们要重新审视什么样的编程与写作软件是符合这个时代需要的. 基于开源工具打造一个跨平台并兼顾编程与写作两大核心需求, 实现一劳永逸的可重复数据分析与报告输出就是文学化统计编程所考虑和期待实现的.

我们认为文学化统计编程是一名优秀的数据分析师和一位统计学或数据科学相关专业的老师和学生必须具有的一种素质或能力. 可以这么说, 它可伴随整个数据分析的流程 (见图 C.1 [1]). 下面我们就文学化统计编程的历史、工具、实现方式等做一简单介绍.

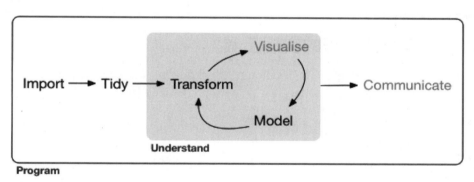

图 C.1　数据分析的流程

C.1　文学化编程的历史

通常写作与编程是分离的, 整个过程会涉及大量烦琐的复制和粘贴. 针对如何避免这类重复低效的工作, TeX 的鼻祖 Donald Knuth 于 1984 年就提出了文学化

---

[1] 图片来源于 Hadley Wickham 的 *R for Data Science* 一书.

编程 (literate programming) 的概念, 其核心的观点是文章应该由文本与代码 (code chunks) 组成的流构成, 其中

- 代码对结果 (包括分析的图、表格等) 格式化
- 文本解释所发生的
- 代码与文本编织 (weave/tangle/knitr) 成人与机器可读的文章

C.2 文学化编程的作用

文学化统计编程[1] 可实现

- 文本与代码合二为一
- 混合编程, 达到写作过程中的交互式可视化
- 结果随数据与代码自动更新
- 避免烦琐的复制与粘贴工作, 实现可重复的研究/分析 (reproducible research/ analysis)

这是时代的大趋势, 并在此基础上期望实现数据的统计分析报告能自动生成!

C.3 文学统计编程的实现工具

- 开源软件的强强联手: R/Python + Markdown + TeX/Mathjax[2]
- 编程语言 R/Python 的优势:
  - i. 分析的高效
  - ii. 代码的开放/开源
  - iii. 费用的低廉 —— 免费
  - iv. 极易入门 (基本功能简单)
  - v. 无平台限制
  - vi. 计算的高速: 并行与分布式
  - vii. 可视化容易
  - viii. 编程能力强

---

[1] 文学化统计编程中的"统计"一词是作者所加, 强调统计分析的在数据科学这个热门专业中的重要地位.

[2] MathJax 是一款运行在浏览器中的开源的数学符号渲染引擎, 使用 MathJax 可以方便地在浏览器中显示数学公式 (不需要使用图片). 目前, MathJax 可以解析 LaTeX, MathML 和 ASCIIMathML 等标记语言.

ix. 报告易生成

- 写作工具 Markdown 与 TeX 的选择

i. 世界上 90% 的书是 TeX 排出来的

ii. TeX 入门不难, 精通并不容易

iii. TeX 编译实在太耗时!

iv. Markdown 是轻量级的标记语言

v. Markdown 语法极为简单, 极易上手

vi. 选择: Markdown 优先, TeX 补充

- 实现工具:

i. RMarkdown:

a) 一个谢益辉等开发并多年迭代更新成熟的文档格式, 并以 R 程序包的形式作为基本的文学化统计编程脚本"语言";

b) 完美衔接了 R, TeX 和 Markdown, 使得文章既有 Markdown 的简洁语法, 又有 TeX 和 R 强大的数学表达式和图表生成能力;

c) 将描述的文字与代码编织在一起产生各种应用场景下美观的输出格式 (包括 html/pdf/word 等), 实现理想的文学化统计编程, 讲述数据背后的故事;

ii. knitr: 实现将 R 代码与文字编织在一起的 R 软件包[1];

iii. Pandoc: 万能文档格式转换器, 被喻为瑞士军刀.

C.4 R Markdown 写作流程

1) 在 Rstudio 中建一个 R Markdown 文档 (.Rmd 文件)

2) 编辑 Rmd 文档

- 文本使用 Markdown 语法
- R 代码使用 chunk 环境 (见后面的说明)

3) 点击按钮 Knit 实现文档转换: 由 knit to HTML/knit to PDF/knit to WORD 生成 HTML/PDF/DOC 格式文档, 见图 C.2, 整个流程如图 C.3 所示.

---

[1] 若要用 Python 代替 R 或进一步实现 R 与 Python 交互, 需要安装 Python, 并在 R 中安装并加载软件包 `reticulate`.

图 C.2   Rstudio 中文档的转换

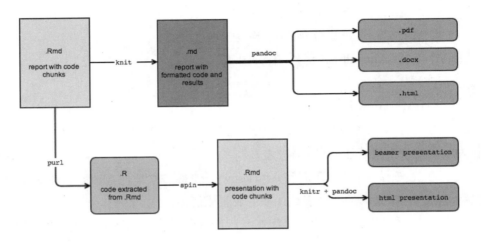

图 C.3   Rstudio 中文学化统计编程的流程

C.5   R Markdown 文档的建立与组成

1) 建立 R Markdown 文档: File $\longrightarrow$ New File $\longrightarrow$ R Markdown... $\longrightarrow$ OK

2) 编写 R Markdown 文档, 其组成包括

- YAML 渲染参数

- 文本: 包括标题、列表、超链接、粗斜体, 等等, 由 Markdown 实现

- 代码块: 由 R(或 Python) 实现

- 公式: 由 TEX 或 Mathjax 实现. 包括行中公式、行间公式及 equation, aligned, align, cases 等公式环境, 而且公式可以添加标签 (label) 并在文中被引用

- 图形: 由 R(或 Python) 实现生成[1], 必要时我们也可以插入本地图形

- 表格: 使用 kable 或 xtable 软件包实现

---

[1]Python 图形输出需要 reticulate 程序包支持.

其中代码可以是行内 (inline) 或代码块形式出现在文档中, 代码块的选项如下:

- eval: (TRUE; FALSE) 执行或不执行代码
- echo: (TRUE; FALSE) 显示/隐藏源代码
- warning: (TRUE; FALSE) 显示/隐藏警告文本
- error: (TRUE; FALSE) 错误消息
- message: (TRUE; FALSE) 是否保留 message() 给出的消息
- tidy: (TRUE; FALSE) 代码重排, 由 formatR 包支持
- prompt: (TRUE; FALSE) 是否在 R 代码前添加代码 ">"
- comment: (##; 字符串) 在 R 代码前添加注释符
- fig.width, fig.height: 设置图形的宽度与高度

3) 编译生成相应的文档类型 (html/pdf/doc) [1]

C.6 R Markdown 的文档类型与模板

通过 CSS 或 $\mathrm{T_EX}$ 定制输出的类型, 由此形成多种 R Markdown 的文档模板, 以适用于不同场景的需要, 在此我们作一简单归类:

1) 报告类

- R html (*.Rhtml) $\Rightarrow$ html
- R Notebook (*.Rmd) $\Rightarrow$ html, pdf, word
- R Markdown (*.Rmd) $\Rightarrow$ html, pdf, word

2) 书稿/毕业论文/期刊类

- R bookdown/bookdownplus (*.Rmd) $\Rightarrow$ html, pdf, epub
- R Markdown 学术期刊 (*.Rmd) (rticle 程序包支持) $\Rightarrow$ pdf
- R Markdown 毕业论文 (*.Rmd) (ctex 或 xeCJK 程序包支持) $\Rightarrow$ pdf
- R Sweave (*.Rnw) $\Rightarrow$ pdf
- R Documentation (*.Rd) $\Rightarrow$ Rd
- R vignette (*.Rmd) $\Rightarrow$ html

3) 幻灯类

- R Presentation (*.Rpres) $\Rightarrow$ html5 (具有反向搜索功能)

---

[1] 编译生成 pdf 都需要 $\mathrm{T_EX}$ 的支持, 建议安装跨平台的 TeXLive, 可从清华大学开源软件镜像站点下载.

- R Markdown + Slidy/ioslides (*.Rmd) ⇒ html5 (具有反向搜索功能)
- R Markdown + xaringan/xaringanExtra (*.Rmd) ⇒ html5
- R Markdown + slidify (*.Rmd) ⇒ html5
- R Markdown + Beamer (*.Rmd) ⇒ pdf
- R Markdown + Powerpoint (*.Rmd) ⇒ ppt
- R Sweave (*.Rnw) ⇒ pdf

4) 其他

- 博客: R blogdown
- 前端应用/接口: Shiny, Plumber

C.7 使用示例

C.7.1 示例 1: 一个极简的 R Markdown 文档

我们从一个极简的 R Markdown 文档开始, 按下面的步骤建立并测试:

1) 通过主菜单的 File ⟶ New File ⟶ R Markdown... 弹出下面的窗口, 输入文档的标题和姓名 (如图 C.4 所示).

2) 点击 OK 就会建立一个谢益辉预先准备好的 R Markdown 模板, 为了方便理解, 我们把其中的内容改为中文 (如图 C.5 左侧). 点击保存, 并给文档取一名字, 例如 "Rmd-示例 1.Rmd". 点击工具条中的 "knitr" 就可在当前目录下生成一个同名的 html 文件 (如图 C.5 右侧). 注意: 这个文档上面两个 "---" 之间的部分是 R Markdown 的设置部分, 称为 YAML 头文件. 有关 R Markdown 文件的定制均在这里完成. 刚开始只有四行, 分别给出 "title"(标题), "author"(作者), "date"(日期) 和 "output"(输出格式), 其中关键的是 "output", 输出格式通常有三种: HTML, PDF, WORD. 这里我们看到的是 output: html_document, 即为默认的 HTML 输出格式.

3) 点击工具条中的 "knitr" 右侧的小三角形, 展开一个下拉式菜单, 其中就包括待选的 HTML, PDF, WORD 三种输出格式. 选择 "knitr to WORD" 就可在当前目录下生成一个同名的 WORD 文件. 若系统已经安装 Microsoft Word, 就会自动打开它. 这时我们会看到在 YAML 头文件中的 "output:" 下方添加了一行 word_document: default, 并放在 html_document: default 之前;

4) 点击工具条中的 "knitr" 下拉式菜单中的 "knitr to PDF" 理论上就可在当前

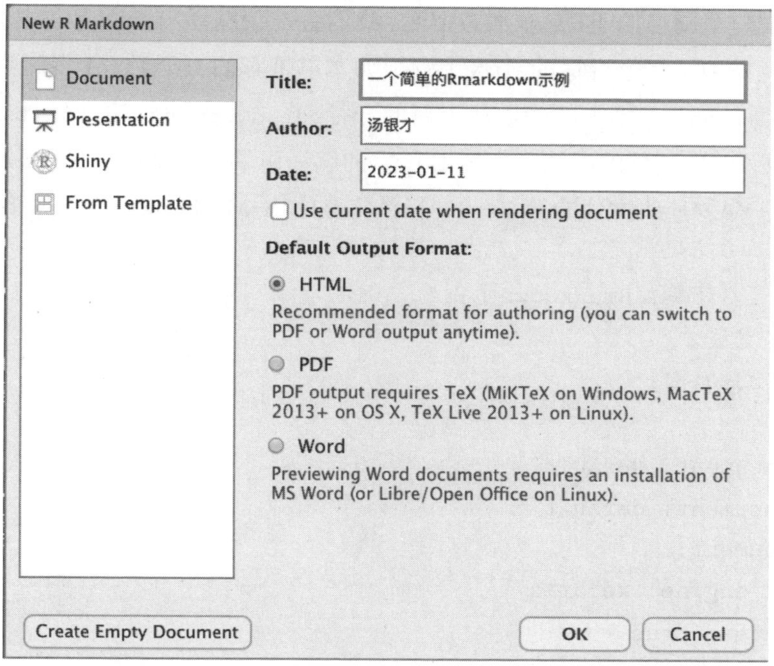

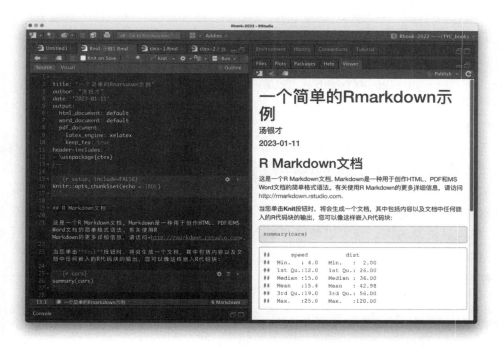

图 C.4 Rstudio 中 R Markdown 文件的建立

图 C.5 Rstudio 中 R Markdown 文件的编译

目录下生成一个同名的 PDF 文件. 但是, 我们会发现编译出错而无法生成 PDF(尽管我们已经安装了一个合适的 TeX 版本, 如本书推荐的 TeXLive), 而在 YAML 头文件中的 "output:" 下方的确添加了新的一行pdf_document: default. 解决无法生成带中文 PDF 文件的办法是指定 LATeX 的编译引擎为 XƎLATeX, 并添加 ctex 宏包 (见下面 YAML 头文件的第 7 — 11 行), 完整的 R Markdown 文件如下:

```
---
title: "一个简单的Rmarkdown示例"
author: "汤银才"
date: '2023-01-11'
output:
  html_document: default
  word_document: default
  pdf_document:
    latex_engine: xelatex
    keep_tex: true
header-includes:
- \usepackage{ctex}
---


```{r setup, include=FALSE}
knitr::opts_chunk$set(echo = TRUE)
```

R Markdown文档
这是一个R Markdown文档, Markdown是一种用于创作HTML, PDF和MS Word文档的简单格式语法. 有关使用R Markdown的更多详细信息请访问:

当您单击**Knit**按钮时, 将会生成一个文档, 其中包括内容以及文档中任何嵌入的R代码块的输出, 您可以像这样嵌入R代码块:
```{r cars}
summary(cars)
```

这时再点击 "knitr" 下拉式菜单中的 "knitr to PDF" 就可在当前目录下生成一个同名的 PDF 文件, 并由 Rstudio 的内置的 PDF 阅读器 Rstudio Viewer 打开供预览.
```

C.7.2 示例 2: 定制一个 TeX Beamer 幻灯片

在此我们建立一个 R Markdown 与 TeX Beamer 幻灯片文档类相结合的 Rmd 文件, 其中

- 幻灯片显示比例为 16:9, 这通过 classoption 中的设置 aspectratio=169 实现;
- Beamer 的幻灯片主题为 Madrid, 颜色主题为 whale, 它们可根据需要做必要的修改, 可参考 Beamer Matrix, 其中共有 26*14 种组合.

在此我们仅列出此源文件"Rmd-示例 2.Rmd"的源代码, 读者可自行测试.

```
---
title: "R Markdown Slides/Beamer"
subtitle: ECNU统计学院模板 --- 16:9
institute: 华东师范大学统计学院
author: "汤银才"
date: '`r Sys.Date()`'
fontsize: 12pt
output:
  beamer_presentation:
    latex_engine: xelatex
    keep_tex: true
    slide_level: 3
    highlight: tango
    theme: "Madrid"
    colortheme: "whale"
    fonttheme: "professionalfonts"
    incremental: FALSE
    toc: False
    fig_width: 4.5
    fig_height: 3.5
    includes:
      in_header: ./beamersetup/stat-RmdBeamer.tex
classoption: "aspectratio=169, 12pt,table,t,utf-8,hyperref"
---
```

````markdown
```{r global_options, include=FALSE}
knitr::opts_chunk$set(fig.path = 'figures/',
                      echo = FALSE,
                      warning = FALSE,
                      message = FALSE,
                      fig.align = "center",
                      fig.pos = "h")
library(showtext)
showtext_auto(enable = TRUE)
font_add('SimSun', regular = 'simsun.ttc')
par(family='SimSun')
```
````

报告提纲

\tableofcontents

学术幻灯片制作

相关介绍

强大的*Markdown+R+Beamer*

* Beamer

    Beamer是\LaTeX{}上用来制作演示文档的一个套件.

* markdown

    Markdown是一种轻量级的标记性语言.

* knitr + pandoc

    实现文档转换，knitr支持多种语言引擎，目前有r,python,bash,pl等
\vspace{10pt}

R Markdown + Beamer $\Longrightarrow$ Perfect Academic Presentation!

*Markdown*标题与幻灯片标题对应关系

```

# 一级标题为对应*TeX*的*section*

## 二级标题为对应*TeX*的*subsection*
```

```
### 三级标题为beamer幻灯片的frame环境标题
#### 四级标题为beamer幻灯片的block环境标题
```

示例
R代码与分析结果输出
统计量输出
```{r cars, echo = TRUE, comment=""}
summary(cars)
```

R图形输出
```{r pressure, fig.cap="R图形", fig.align='center',
                out.width='0.65\\linewidth'}
fit = lm(dist ~ 1 + speed, data = cars)
plot(cars, pch = 19, col = 'darkgray', xlab="速度", ylab="距离")
abline(fit, lwd = 2)
```

表格输出：使用kable
```{r Kable, echo = TRUE, warning=FALSE, results='asis'}
n <- 100
x <- rnorm(n)
y <- 2*x + rnorm(n)
out <- lm(y ~ x)
library(knitr)
kable(caption = "kable", summary(out)$coef, digits=2)
```

表格输出：使用xtable
R代码
```{r xtable, echo = TRUE, results='asis'}
library(xtable)
lmcoef<- xtable(caption = "xtable", summary(out)$coef,
```

```
                     digits=2)
print(lmcoef,caption.placement="top",comment=FALSE)
```

*Python*代码在*Rstudio*中的实现
```{r, echo=FALSE}
library(reticulate)
```

Python 代码测试
```{python, echo = TRUE, warning=FALSE, results='asis'}
import numpy as np
import pandas as pd
print(pd.__version__)
a = 7
print(a)
```

```{r PyinR, echo = TRUE, warning=FALSE, results='asis'}
py_run_string("x = 10");
py$x
```

*Python*图形输出
```{python, eval=FALSE, echo=TRUE}
import matplotlib.pyplot as plt
import numpy as np
t = np.arange(0.0, 2.0, 0.01)
s = 1 + np.sin(2*np.pi*t)
plt.plot(t, s)
plt.grid(True)
plt.show()
```

*Python*图形输出

````
```{python sine, fig.cap="Python图形", fig.align='center',
                out.width='0.5\\linewidth'}
import matplotlib.pyplot as plt
import numpy as np
t = np.arange(0.0, 2.0, 0.01)
s = 1 + np.sin(2*np.pi*t)
plt.plot(t, s)
plt.grid(True)
plt.show()
```
````

```
## 数学公式
- 行内公式 `$x^2+y^2=1$` 或 `\(x^2+y^2=1\)` 输出:
\(x^2+y^2=1\).
- 独立行公式:
```

```
$$
\oint_C x^3\, dx + 4y^2\, dy
$$
```

```
输出
$$
\oint_C x^3\, dx + 4y^2\, dy
$$
```

此 Rmd 文件的 YMAL 头文件中有一个 TEX 设置文件: `RmdBeamer.tex`, 其内容如下

```
% 字体
\setmainfont{Times New Roman}
\newcommand{\song}{\sonti}
\newcommand{\hei}{\heiti}
\newcommand{\kai}{\kaishu}
```

```latex
\newcommand{\you}{\youyuan}
\usepackage{xeCJK}%中文字体
\newcommand{\STSong}{\CJKfamily{STSong}}
\setCJKfamilyfont{hei}{FandolHei-Regular}
% 宏包
\usepackage{setspace}
\usepackage{xcolor}
\usepackage{graphicx}
\usepackage{booktabs}
\usepackage{animate}
\usepackage{hyperref}
\hypersetup{
  unicode={true},
  bookmarksopen={true},
  pdfborder={0 0 0},
  citecolor=blue,
  linkcolor=blue,
  anchorcolor=blue,
  urlcolor=blue,
  colorlinks=true,
  pdfborder=000
}
% 设定图表caption
\usepackage{caption}
\captionsetup{%
figurename=图,
tablename=表
}
\setbeamertemplate{theorems}[numbered]
\setbeamertemplate{caption}[numbered]
```

```
\beamertemplatetransparentcovereddynamic
\beamertemplateballitem
\beamertemplatenumberedballsectiontoc
\beamertemplateboldpartpage
\def\hilite<#1>{
\temporal<#1>{\color{gray}}{\color{blue}}
{\color{blue!25}}
}
\graphicspath{{figures/}}
\everydisplay{\color{red}}
\setbeamercovered{transparent}
\AtBeginSection[]
{
\begin{frame}
\frametitle{报告提纲}
\tableofcontents[currentsection,hideallsubsections]
\end{frame}
}
\AtBeginSubsection[]
{
\begin{frame}[shrink]
\frametitle{报告提纲}
\begin{spacing}{1.4}
\tableofcontents[sectionstyle=show/          shaded,subsectionstyle=show/
shaded/hide]
\end{spacing}
\end{frame}
}
```

结果的前两页如图 C.6 所示, 与 TEX 中的效果完全一样, 在这里除了必要的 TEX 定制, 只需要少量的 Markdown 命令就能实现.

图 C.6   Rstudio 中 Rmd Beamer 的建立实现

作者定制了许多 R Markdown 和 TeX 的模板, 有兴趣的读者可从 Github 网站下载.

参考文献

方开泰. 实用多元统计分析. 上海: 华东师范大学出版社, 1989

梁小筠, 祝大平. 抽样调查的方法和原理. 上海: 华东师范大学出版社, 1994

Ihaka, R., Gentleman, R. R: A Language for data analysis and graphics. J. Comput. Graph. Stat., 5(3): 299-314, 1996

吴喜之, 赵博娟. 非参数统计. 5 版. 北京: 中国统计出版社, 2009

茆诗松, 周纪芗, 张日权. 概率论与数理统计. 4 版. 北京: 中国统计出版社, 2020

高惠璇. 实用统计方法与 SAS 系统. 北京: 北京大学出版社, 2001

Dalgaard, P. Introductory Statistics with R. Springer, 2002

Fox, J. An R and S-Plus Companion to Applied Regression. Sage Publications, Inc., 2002

Verzani, J. Using R for Introductory Statistics. CRC Press, 2014

Zivot, E., Wang, J. Modelling Financial Time Series with S-PLUS. 2nd Ed. Springer, 2005

Maindonald, J., Braun J. Data Analysis and Graphics Using R — An Example-based Approach. 3rd Ed. Cambridge University Press, 2010

Faraway, J. J. Linear Models With R. 2nd Ed. CRC Press, 2014

吴喜之. 统计学: 从数据到结论. 4 版. 北京: 中国统计出版社, 2013

耿修林. 应用统计学: 学习指导、软件介绍及习题, 北京: 科学出版社, 2004

茆诗松, 程依明, 濮晓龙. 概率论与数理统计教程. 3 版. 北京: 中国统计出版社, 2019

Fox, J. The R Commander: A basic-statistics graphical user interface to R. Journal of Statistical Software, 19(9): 1-42, 2005

Paradis, E. R for Beginners. R CRAN, 2005

王星, 褚挺进. 非参数统计. 2 版. 北京: 清华大学出版社, 2014

王静龙, 梁小筠. 定性数据统计分析. 北京: 中国统计出版社, 2008

Faraway, J. J. Extending the Linear Model with R. 2nd Ed. CRC Press, 2016

Murrell, P. R Graphics. 3rd Ed. CRC Press, 2018

Team, T. R. D. C. R: A Language and Environment for Statistical Computing — Reference Index. R CRAN, 2018

何书元. 概率论与数理统计. 2 版. 北京: 高等教育出版社, 2006

王静龙, 邓文丽. 非参数统计分析. 2 版. 北京: 高等教育出版社, 2020

陈毅恒, 梁沛霖, R 软件操作入门. 北京: 中国统计出版社, 2006

王斌会, 方匡南. R 语言统计分析软件教程. 深圳: 中国教育文化出版社, 2006

薛毅, 陈立萍. 统计建模与 R 软件. 2 版. 北京: 清华大学出版社, 2021

Maindonald, J. Braun J. Data Analysis and Graphics Using R — An Example-Based Approach. 3rd Ed. Cambridge University Press, 2010

吴喜之. 统计学—基于 R 的应用. 北京: 中国人民大学出版社, 2014

李舰, 肖凯, 吴喜之. 数据科学中的 R 语言. 西安: 西安交通大学出版社, 2015

Peng, R. D. Report Writing for Data Science in R. Lulu, 2015

Wickham, H. ggplot2—Elegant Graphics for Data Analysis. 2nd Ed. Springer, 2016

Xie, Y. Dynamic Documents with R and Knitr. 2nd Ed. CRC Press, 2016

Fox, J. Using the R Commander: A Point-and-Click Interface for R. CRC Press, 2017

Wickham, H., G. Grolemund. R for Data Science — Import, Tidy, Transform, Visualize, and Model Data. O'Reilly, 2016

Wickham, H. Advanced R. 2nd Ed. CRC Press, 2019

张敬信. R 语言编程—基于 tidyverse. 上海: 中国水利水电出版社, 2022

王斌会. 多元统计分析及 R 语言建模. 5 版. 暨南: 暨南大学出版社, 2020

薛震, 孙玉林. R 语言统计分析与机器学习. 微课版. 上海: 中国水利水电出版社, 2020

刘顺祥. R 语言: 数据分析、挖掘建模与可视化. 北京: 清华大学出版社, 2021

李庆华, 周青. R 语言数据分析与数据挖掘应用. 北京: 清华大学出版社, 2021

贾俊平. 统计学—基于 R. 4 版. 北京: 中国人民大学出版社, 2021

Xie, Y., J. Allaire, G. Grolemund (2022a). R Markdown Cookbook. CRC Press, 2022

Xie, Y., C. Dervieux, E. Riederer (2022b). R Markdown Cookbook. CRC Press, 2022

赵鹏, 谢益辉, 黄湘云. 现代统计图形. bookdown.org, 2023

本书特色

统计学以数据为研究对象, 它是一门以概率统计为基础、运用统计学的基本原理和方法并结合统计软件对实际数据进行收集、整理和分析的学科. 数据的统计分析一方面涉及大量的统计计算, 包括向量与矩阵的运算, 另一方面需要将数据生动直观地可视化展示, 这时必须要借助于算法驱动的统计计算工具, 特别是在参数不断增多、数据维数不断增大、变量之间相关关系错综复杂的经济、金融、生物、制药、社会、心理等领域, 高度集成的统计算法与工具的使用显得尤为重要, 以充分体现数据统计分析的效率. 随着数据科学作为一门统计与计算机等学科交叉而成的新型学科的诞生, 我们——不管是学生、老师, 还是数据从业人员, 不仅要通过数理统计这门课程的学习掌握统计学中的基本理论与方法, 更应该将这些理论与方法运用于实践, 并学会一种高效、灵活的统计编程语言, 如当下最为流行的 R 或 Python, 通过它们用图形直观展示数据中存在的特征, 用具体的统计方法揭示其中存在的规律, 由此解决一些具体的实际问题. 作为自由、免费、开源、易用、维护更新及时、兼具强大的图形展示和统计分析功能的 R 语言, 已经成为统计学及其相关专业学生学好数理统计的最好辅助、甚至是必需的工具.

作为数据统计分析的教科书, 本书有如下几个特点:

1) R 语言介绍精简实用, 自成一体;

2) 原理讲解与代码演示高度结合;

3) 内容全面, 涵盖统计学各分支需要的主要统计方法;

4) 内容安排循序渐进, 又相对独立, 便于筛选与组合;

5) 突出对原理与方法的理解、更注重通过实例和 R 代码讲解求解过程和对结果的解释;

6) 全书基于 R Markdwon 并结合 LaTeX 由作者亲自编辑排版, 代码呈现规范, 印刷质量一流, 是中英文 LaTeX 排版及文学化统计编程的经典作品.

统计学丛书

书号	书名	著译者
9787040607710	R 语言与统计分析（第二版）	汤银才 主编
9787040608199	基于 INLA 的贝叶斯推断	Virgilio Gomez-Rubio 著 汤银才、周世荣 译
9787040610079	基于 INLA 的贝叶斯回归建模	Xiaofeng Wang、Yu Ryan Yue、Julian J. Faraway 著 汤银才、周世荣 译
9787040604894	社会科学的空间回归模型	Guangqing Chi、Jun Zhu 著 王平平 译
9787040612615	基于 R-INLA 的 SPDE 空间模型的高级分析	Elias T. Krainski 等 著 汤银才、陈婉芳 译
9787040607666	地理空间健康数据：基于 R-INLA 和 Shiny 的建模与可视化	Paula Moraga 著 汤银才、王平平 译
9787040557596	MINITAB 软件入门：最易学实用的统计分析教程（第二版）	吴令云 等 编著
9787040588200	缺失数据统计分析（第三版）	Roderick J. A. Little、Donald B. Rubin 著 周晓华、邓宇昊 译
9787040554960	蒙特卡罗方法与随机过程：从线性到非线性	Emmanuel Gobet 著 许明宇 译
9787040538847	高维统计模型的估计理论与模型识别	胡雪梅、刘锋 著
9787040515084	量化交易：算法、分析、数据、模型和优化	黎子良 等 著 冯玉林、刘庆富 译
9787040513806	马尔可夫过程及其应用：算法、网络、基因与金融	Étienne Pardoux 著 许明宇 译
9787040508291	临床试验设计的统计方法	尹国至、石昊伦 著
9787040506679	数理统计（第二版）	邵军
9787040478631	随机场：分析与综合（修订扩展版）	Erik Vanmarke 著 陈朝晖、范文亮 译

书号	书名	著译者
9787040447095	统计思维与艺术：统计学入门	Benjamin Yakir 著 徐西勒 译
9787040442595	诊断医学中的统计学方法（第二版）	侯艳、李康、宇传华、 周晓华 译
9787040448955	高等统计学概论	赵林城、王占锋 编著
9787040436884	纵向数据分析方法与应用（英文版）	刘宪
9787040423037	生物数学模型的统计学基础（第二版）	唐守正、李勇、符利勇 著
9787040419504	R 软件教程与统计分析：入门到精通	潘东东、李启寨、唐年胜 译
9787040386721	随机估计及 VDR 检验	杨振海
9787040378177	随机域中的极值统计学：理论及应用 （英文版）	Benjamin Yakir 著
9787040372403	高等计量经济学基础	缪柏其、叶五一
9787040322927	金融工程中的蒙特卡罗方法	Paul Glasserman 著 范韶华、孙武军 译
9787040348309	大维统计分析	白志东、郑术蓉、姜丹丹
9787040348286	结构方程模型：Mplus 与应用（英文版）	王济川、王小倩 著
9787040348262	生存分析：模型与应用（英文版）	刘宪
9787040321883	结构方程模型：方法与应用	王济川、王小倩、姜宝法 著
9787040319682	结构方程模型：贝叶斯方法	李锡钦 著 蔡敬衡、潘俊豪、周影辉 译
9787040315370	随机环境中的马尔可夫过程	胡迪鹤 著

书号	书名	著译者
9787040256390	统计诊断	韦博成、林金官、解锋昌 编著
9787040250626	R 语言与统计分析	汤银才 主编
9787040247510	属性数据分析引论（第二版）	Alan Agresti 著 张淑梅、王睿、曾莉 译
9787040182934	金融市场中的统计模型和方法	黎子良、邢海鹏 著 姚佩佩 译

购书网站：高教书城（www.hepmall.com.cn），高教天猫（gdjycbs.tmall.com），京东，当当，微店

其他订购办法：

各使用单位可向高等教育出版社电子商务部汇款订购。书款通过银行转账，支付成功后请将购买信息发邮件或传真，以便及时发货。购书免邮费，发票随书寄出（大批量订购图书，发票随后寄出）。

单位地址： 北京西城区德外大街4号
电　　话： 010-58581118
传　　真： 010-58581113
电子邮箱： gjdzfwb@pub.hep.cn

通过银行转账：

户　　名： 高等教育出版社有限公司
开 户 行： 交通银行北京马甸支行
银行账号： 110060437018010037603

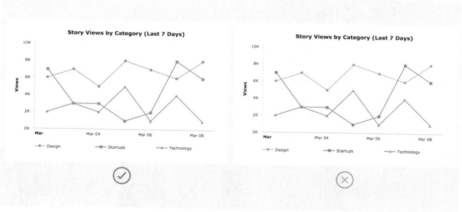

图 4.14 图表设计可靠性原则

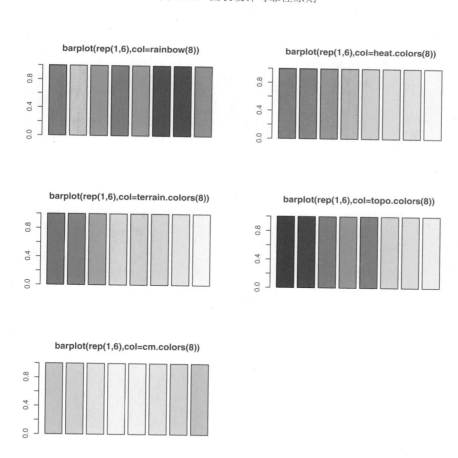

图 4.27 8 个主题颜色

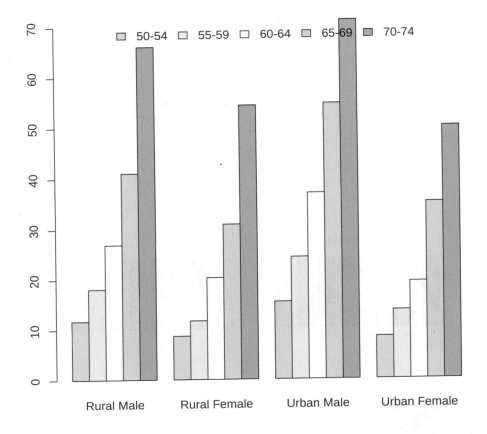

图 4.31　条形图

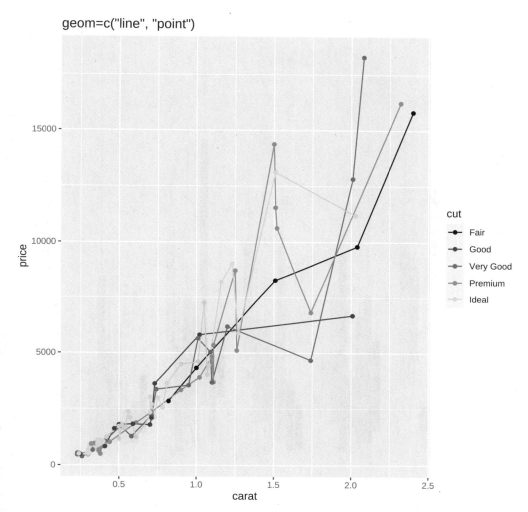

图 5.17　钻石克拉对价格的散点图和连线图

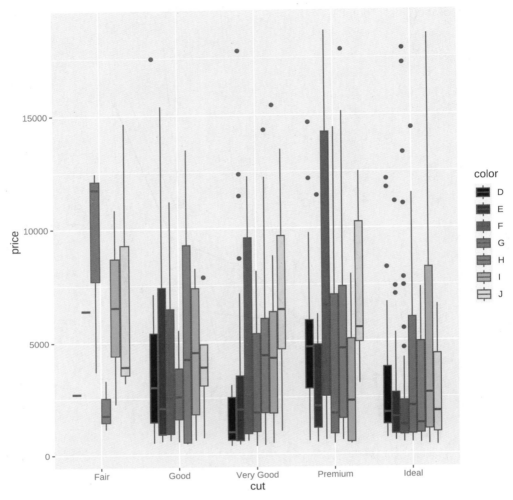

图 5.27 按切工分类的箱式图

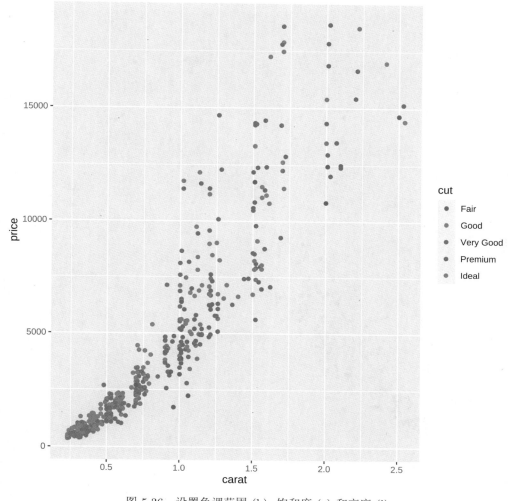

图 5.36 设置色调范围 (h)、饱和度 (c) 和亮度 (l)

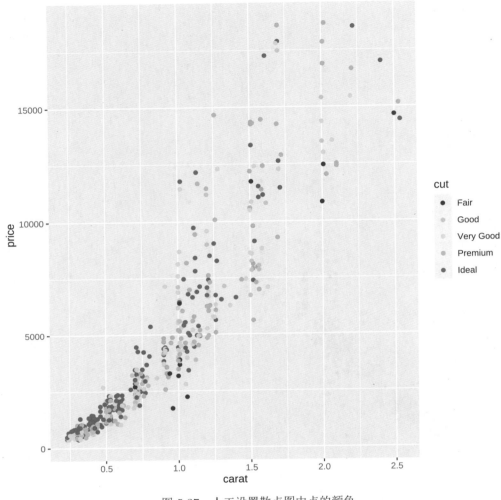

图 5.37　人工设置散点图中点的颜色

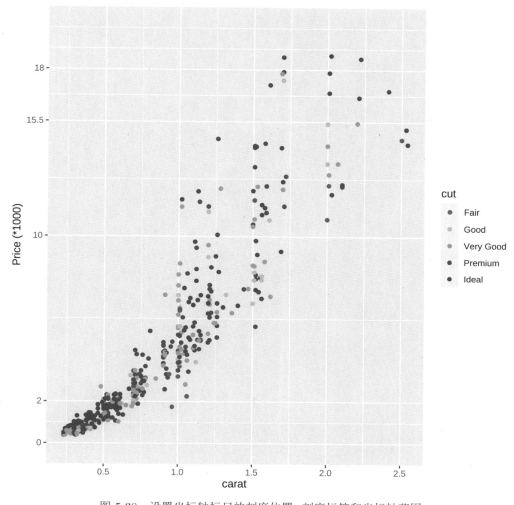

图 5.38　设置坐标轴标尺的刻度位置、刻度标签和坐标轴范围